Alexander Bormann · Ingo Hilgenkamp
Industrielle Netze

Zum Thema Automatisierung erhalten Sie außerdem:

Alexander Büsing · Holger Meyer
INTERBUS-Praxisbuch
Projektierung, Programmierung, Anwendung, Diagnose
2002. XV, 343 Seiten. Kart. Mit CD-ROM. ISBN 3-7785-2862-9 Hüthig

Frank J. Furrer
Industrieautomation mit Ethernet-TCP/IP und Webtechnologie
3., neu bearbeitete und erweiterte Auflage 2003
XIV, 349 Seiten. Geb. ISBN 3-7785-2860-2 Hüthig

Frank Iwanitz · Jürgen Lange
OPC
Grundlagen, Implementierung und Anwendung
3., neu bearbeitete und erweiterte Auflage 2005
XIV, 271 Seiten. Kart. Mit CD-ROM. ISBN 3-7785-2903-X Hüthig

Helmut Kernler
Logistiknetze
Mit Supply Chain Management erfolgreich kooperieren
2003. X, 205 Seiten. Kart. ISBN 3-7785-2892-0 Hüthig

Manfred Popp
Das PROFINET IO-Buch
Grundlagen und Tipps für Anwender
2005. X, 290 Seiten. Kart. ISBN 3-7785-2966-8 Hüthig

Klaus-D. Walter
Embedded Internet in der Industrieautomation
Einsatz von Internet- und Intranet-Technologien
2004. XIII, 232 Seiten. Kart. Mit CD-ROM. ISBN 3-7785-2899-8 Hüthig

Diese Bücher erhalten Sie in jeder guten Buchhandlung oder direkt beim Verlag:

Hüthig GmbH & Co. KG
Im Weiher 10
69121 Heidelberg
Tel.:   06221/489-555
Fax: 06221/489-279
E-Mail: kundenservice@huethig.de
Internet: www.huethig.de

Alexander Bormann · Ingo Hilgenkamp

Industrielle Netze

Ethernet-Kommunikation für Automatisierungsanwendungen

Hüthig Verlag Heidelberg

Diejenigen Bezeichnungen von im Buch genannten Erzeugnissen, die zugleich eingetragene Warenzeichen sind, wurden nicht besonders kenntlich gemacht. Es kann also aus dem Fehlen der Markierung ™ oder ® nicht geschlossen werden, dass die Bezeichnung ein freier Warenname ist. Ebensowenig ist zu entnehmen, ob Patente oder Gebrauchsmusterschutz vorliegen.

Autoren und Verlag haben alle Texte und Abbildungen mit großer Sorgfalt erarbeitet. Dennoch können Fehler nicht ausgeschlossen werden. Deshalb übernehmen weder die Autoren noch der Verlag irgendwelche Garantien für die in diesem Buch gegebenen Informationen. In keinem Fall haften Autoren oder Verlag für irgendwelche direkten oder indirekten Schäden, die aus der Anwendung dieser Informationen folgen. Ebenfalls erfolgt die Verwendung der CD-ROM unter Ausschluss jeglicher Haftung und Garantie. Insbesondere wird jegliche Haftung für Schäden, die aufgrund der Benutzung der auf der CD-ROM enthaltenen Programme entstehen, ausgeschlossen.

Das Werk ist urheberrechtlich geschützt. Die dadurch begründeten Rechte, insbesondere die der Übersetzung, des Nachdrucks, der Entnahme von Abbildungen, der Funksendung, der Wiedergabe auf fotomechanischem oder ähnlichem Wege und der Speicherung in Datenverarbeitungsanlagen bleiben, auch bei nur auszugsweiser Verwertung, vorbehalten. Bei Vervielfältigungen für gewerbliche Zwecke ist gemäß § 54 UrhG eine Vergütung an den Verlag zu zahlen, deren Höhe mit dem Verlag zu vereinbaren ist.

ISBN 3-7785-2950-1

© 2006 Hüthig GmbH & Co. KG Heidelberg
Printed in Germany
Satz: DREI-SATZ, Husby
Druck und Bindung: Media-Print, Paderborn
Umschlagabbildung: Phoenix Contact GmbH & Co. KG, Blomberg
Umschlaggestaltung: R. Schmitt, Lytas, Mannheim

Geleitwort

Wer hätte vor einigen Jahren gedacht, dass die Automatisierungstechnik derart stark und vor allen Dingen so schnell von den Informationstechnologien beeinflusst und verändert wird?

Erklärtes Ziel der Hersteller ist es, neben der schnellen Prozessdatenübertragung auch TCP/IP-Anwendungen mit Standardprotokollen aus der Internetwelt zu ermöglichen und damit eine bisher nicht erreichte vertikale Durchgängigkeit von der Leit- bis in die Feldebene zu ermöglichen.

Ungefähr sieben Jahre ist es jetzt her, als wir erkannten, dass die nächste Generation der industriellen Netzwerktechnik wahrscheinlich Ethernet sein wird. Von technischer Seite erschien die heute vorwiegend noch im Weitverkehrsbereich eingesetzte Technologie ATM geeigneter, da sie die Echtzeitanforderungen deutlich besser erfüllt als Ethernet. Doch die schon damals starke Verbreitung im Büro-Umfeld und die schnelle Innovationsgeschwindigkeit sprach für Ethernet. Aus diesem Grund entwickelten wir eine Produktfamilie, mit der industrietaugliche Netze realisiert werden können.

Nun haben wir es in dem Büroumfeld und der Industrieautomation doch mit unterschiedlichen Anforderungen und Innovationszyklen zu tun. Wir können daher davon ausgehen, dass die etablierten Feldbusse und das Echtzeit-Ethernet noch eine lange Zeit nebeneinander existieren werden. Der Grund dafür liegt darin, dass die Feldbustechnik ausgereift und erprobt ist, während dem Ethernet erst noch eine Reihe von elementaren Automatisierungstechnik-spezifischen Funktionalitäten beizubringen sind. Hierzu zählen neben der Echtzeitfähigkeit und Robustheit vor allem die einfache Inbetriebnahme und die Diagnose. Hier gibt es an vielen Stellen noch Forschungs- und Entwicklungsbedarf, was mich als jetziger Vertreter der Wissenschaft freut!

Das im Vergleich zu den Feldbussystemen deutlich weiter verbreitete Know-how um Ethernet wird sein Übriges in der Akzeptanz tun. Trotzdem muss klar sein, dass Ethernet kein einfacheres Feldbussystem, sondern durchaus ein komplexes Netzwerk ist. Aus diesem Grund gibt es auch Bedarf für das vorliegende Buch, das sich in sehr praxisorientierter Weise diesem Themenkomplex widmet. Dabei greift es auch die im Umfeld von Ethernet liegenden Aspekte wie Wireless und Security auf.

In diesem Sinne wünsche ich Ihnen viel Freude beim Lesen und Erfolg beim Anwenden des erworbenen Wissens!

Lemgo, im Oktober 2005

Prof. Dr.-Ing. Jürgen Jasperneite
Fachhochschule Lippe und Höxter

Vorwort

Als der Hüthig Verlag uns fragte, ob wir uns vorstellen könnten, ein Buch über Ethernet in Industrieanwendungen zu schreiben, stand der Inhalt gedanklich beinahe fest. Warum ist das Buch so geschrieben, wie Sie es jetzt in den Händen halten? Im Vordergrund der Ausführungen stand eindeutig die Anwenderbezogenheit. Das bedeutet, dass Sie hier keine wissenschaftlichen Abhandlungen über den TCP/IP-Datenverkehr, und auch keine Untersuchungen des Datenstroms einer Echtzeitkommunikation auf einer Ethernet-Leitung finden. Stattdessen treffen Sie auf einen Überblick über Kommunikationsprotokolle, Telegrammschichten, Normen oder Standards. Von diesem Buch dürfen Sie erwarten, eine Übersicht über die vielfältigen Dienste und Anwendungen für industrielle Applikationen zu bekommen. Wenn Sie heute eine DVD brennen, interessiert Sie wahrscheinlich weniger, wie der Datensatz auf den Datenträger gelangt. Welcher Standard sich bei den verwendeten Datenträgern durchsetzt und warum viele Formate zueinander inkompatibel sind, interessiert Sie vermutlich schon mehr. Unsere Erfahrungen im Bereich der Ethernet-Kommunikation zeichnen ein ähnliches Bild. In der Vergangenheit sind viele Entscheidungen für industrielle Kommunikationssysteme aufgrund der technischen Eigenschaften getroffen worden. Mittlerweile geht es mehr und mehr um die Möglichkeiten der praktischen Anwendung. Kommunikation in den unterschiedlichsten Anwendungsfeldern ist längst etabliert und die Frage nach dem Austausch von Bits und Bytes wird nur noch selten gestellt. Die Funktionalität eines Systems, seine Handhabbarkeit und seine Diagnosemöglichkeiten stehen heute im Vordergrund. Aus diesem Grund finden Sie in diesem Buch einen Schwerpunkt auf der Installation, der Konfiguration und darauf aufsetzend die Möglichkeiten zur Nutzung der verschiedenen Protokolle zur Diagnose des Netzes. Ihrem Netz wird zukünftig eine zentrale Bedeutung innerhalb der Kommunikationsstruktur zukommen. Es ist unabhängig davon, ob Sie auf der Feldebene ein Feldbussystem als E/A-Datensammler einsetzen werden oder ob Sie mit Ethernet von der Feld- bis in die Leitebene vernetzen. Diese Bedeutung wird zusätzlich mit dem Kapitel „Security" unterstrichen, denn in der Vergangenheit war eine Industrieanlage zwar mindestens genauso anfällig, aber es hat fast niemanden interessiert. Wenn Sie also im World-Wide-Web, mit seinen unendlichen Möglichkeiten, alles gefunden haben, um Ihren Urlaubsfilm auf eine DVD zu brennen und schließlich feststellen, dass dieser Datenträger von Ihrem Wohnzimmer-Player nicht akzeptiert wird, ist das sicher unbefriedigend. Um Ihnen für Ihre Installationen und die Funktion Ihres Industrienetzes eine Übersicht der Möglichkeiten zu bieten, wurde dieses Buch so geschrieben. Auf der beiliegenden CD-ROM finden Sie zusätzlich eine Menge hilfreicher Tools, die Ihnen die Recherche im WWW abnehmen soll. Viel Spaß beim Lesen und bei der Umsetzung von Applikationen „powered by Ethernet".

Vielen Dank an den Hüthig Verlag und die Fa. Phoenix Contact, die uns bei der Herausgabe des Fachbuchs mit allen Mitteln unterstützt haben. Ein spezieller Dank gilt Fr. Angela Josephs-Olesch, die das Projekt als Leiterin der Abteilung Presse und Öffentlichkeitsarbeit bei Phoenix Contact begleitet hat.

Blomberg, im Oktober 2005

Alexander Bormann
Ingo Hilgenkamp

Inhaltsverzeichnis

1	**Ethernet in der Automatisierung**		1
	1.1 Entwicklung der Ethernet-Technologie		1
		1.1.1 Historie	1
	1.2 Ethernet im industriellen Einsatz		3
		1.2.1 Anforderungen an Netzwerke im Vergleich	3
	1.3 Organisationen		4
	1.4 Netzwerktypen		6
		1.4.1 Ethernet	6
		1.4.2 Fast Ethernet	10
		1.4.3 Prompt-Befehle der Eingabeaufforderung	22
		1.4.4 IP-Parameter	25
		1.4.5 Gigabit Ethernet	39
		1.4.6 Router	40
	1.5 Power over Ethernet		41
		1.5.1 Die Technik	41
		1.5.2 Grenzwerte	42
		1.5.3 Einspeisung (Schema)	42
		1.5.4 Kompatibilitätsprüfung und Geräteschutz	43
	1.6 VLAN – Virtual Local Area Network		44
		1.6.1 Grundlagen	44
		1.6.2 Zuordnung von VLANs	45
	1.7 Bluetooth		47
		1.7.1 Einsatzgebiete und Handhabung	47
		1.7.2 Auszüge aus der Bluetooth-Spezifikation	48
		1.7.3 Profile	50
		1.7.4 Verbindungsaufbau und Netztopologien	51
	1.8 Security bei Bluetooth		52
		1.8.1 Kryptographische Sicherheitsmechanismen	52
		1.8.2 Verschlüsselung	53
		1.8.3 Sicherheitsbetriebsarten	53
	1.9 ZigBee		54
		1.9.1 Interoperabilität	54

1.10 Wireless Local Area Network 55
    1.10.1 Allgemeines 55
    1.10.2 Vorteile der Funktechnologie 55
    1.10.3 Risiken beim Einsatz von Funktechnologie 55
    1.10.4 Funktechnologie 56
    1.10.5 Dämpfung von Funkwellen 60
    1.10.6 Antennengewinn 62
    1.10.7 Berechnungsbeispiel für eine Sende-/Empfangsanlage 63
    1.10.8 Empfängerreserve und Qualität der Übertragung 63
    1.10.9 Fresnel-Zone 64
    1.10.10 Drahtloses Ethernet im ISM-Band 66
    1.10.11 Der IEEE 802-Standard 67
    1.10.12 Kanalzugriff 69
    1.10.13 Infrastruktur Modus – Basic Service Set 70
    1.10.14 Roaming 70
    1.10.15 Fragmentierung 71
    1.10.16 Modulationsverfahren 71
    1.10.17 Der Standard IEEE 802.11b 72
    1.10.18 Der Standard IEEE 802.11a/h 74
    1.10.19 Zusammenfassung der Standards 77
1.11 COM-Server 79
    1.11.1 Kabelersatz 79
    1.11.2 Modbus Gateway 80
    1.11.3 RAS-Server 80

2 Installation 81
  2.1 Übertragungsmedien 81
    2.1.1 Kabel und Leitungen 81
    2.1.2 Messtechnik zur Überprüfung der Installationsqualität 82
    2.1.3 Glasfaserleitungen 83
    2.1.4 Lichtwellenleitertypen 85
    2.1.5 LWL-Stecker 89
    2.1.6 Hinweise zur Verlegung von Lichtwellenleitern 91
    2.1.7 Kupferkabel 92
    2.1.8 Allgemeine Installationshinweise bei Kupferleitungen 95
    2.1.9 Grenzwerte für Kupferleitungen nach EN 50 173 96
    2.1.10 Topologie 104
    2.1.11 Detaillierte Kabelkennzeichnung nach DIN 104
    2.1.12 Aufbau der elektrischen Leiter/Adern 105
    2.1.13 Mindestanforderungen an Twisted-Pair-Leitungen 107
    2.1.14 Ethernet-Patchfeld 110
    2.1.15 Störquellen 113

2.2 Blitz-/Überspannungsschutz 115
2.2.1 Überspannung 115
2.2.2 Überspannungsableiter 116
2.2.3 Blitzschutzklassen 116
2.2.4 Einkopplung von Überspannung 117
2.2.5 Maßnahmen gegen Überspannung 118
2.2.6 Fangeinrichtungen auf Gebäuden und Anlagen 120
2.2.7 Schutzmaßnahmen für besonders wichtige Erdkabel 121
2.2.8 Anwendung von Blitzstrom- und Überspannungsableiter .. 122
2.2.9 Anschlussleitungen zwischen Überspannungsableitern und Potenzialausgleich 124
2.2.10 Fundamenterder 124
2.2.11 Maßnahmen gegen elektrostatische Entladungen 126
2.2.12 Entstörmaßnahmen an induktiven Verbrauchern/Schaltrelais . 126
2.2.13 RC-Schaltungsvarianten 128
2.2.14 Schalten von Wechsel-/Gleichstromlasten 129
2.3 Spannungsversorgung 130
2.3.1 Steuerspannung 24-V-DC 130
2.3.2 Installationshinweise 131
2.4 EMV-Maßnahmen 133
2.4.1 Allgemeines 133
2.4.2 Störquellen in elektrischen Anlagen und Netzwerken .. 133
2.4.3 Filtereinsatz 134
2.4.4 Hochfrequente Störungen 135
2.4.5 Niederfrequente Störungen 138
2.4.6 Erdung/Potenzialausgleich/Massebezug 139
2.4.7 Empfehlungen laut EMV-Norm 142
2.4.8 Ausführung und Verkabelung besonders geschützter Schaltschrankinstallationen 142
2.5 Frequenzumrichter 147
2.5.1 Anwendung 147
2.5.2 Einsatz von Netzdrosseln/-filtern 148
2.5.3 Rückspeisefähige Frequenzumrichter 150
2.5.4 Grundregeln für den Einsatz von Steckverbindungen bei Frequenzumrichtern 151

3 Konfiguration und Planung 153
3.1 Management 153
3.1.1 Teilbereiche des Netzwerkmanagements 154
3.2 SNMP – Simple Network Management Protocol 155
3.2.1 SNMP im Prinzip 155
3.2.2 Hintergrund: SNMP 155

	3.2.3	Versionen von SNMP	157
	3.2.4	Das SNMP Management-Modell	157
	3.2.5	Sprachen von SNMP	161
	3.2.6	Das Network Management System bei SNMP	163
3.3	SNMP OPC		167
	3.3.1	OPC	167
	3.3.2	COM	168
	3.3.3	DCOM	168
	3.3.4	OPC-Funktionalitäten	168
	3.3.5	OPC DX	169
	3.3.6	SNMP-OPC-Gateway	171
3.4	Echtzeit-Ethernet-Kommunikation		174
	3.4.1	Allgemeine Situation	174
	3.4.2	Basis für echtzeitfähige Systeme	174
	3.4.3	Synchronisation	180
3.5	EtherNet/IP		184
	3.5.1	TCP und UDP	185
3.6	Multicasts		187
	3.6.1	Statische Multicast-Gruppen	188
	3.6.2	Dynamische Multicast-Gruppen	189
	3.6.3	Broadcasts	191
3.7	Profinet		192
	3.7.1	Profinet Komponentenmodell	194
	3.7.2	Komponentenerzeugung	195
	3.7.3	Verschaltung der Automatisierungsobjekte – Technologische Struktur	196
	3.7.4	Aufbau und Abbau einer Kommunikationsbeziehung	201
	3.7.5	NRT-Funktionen	205
	3.7.6	Profinet Gerätetaufe	206
	3.7.7	Integration von Feldbussen	209
	3.7.8	Programmierung und Prozessdatenzuordnung	211
	3.7.9	IRT-Kommunikation	212
3.8	Modbus TCP		215

4 IT-Security 219
    4.1 Sicherheit in Netzwerken 219
        4.1.1 Gefahren erkennen und bewerten 219
    4.2 Notfallvorsorge 219
        4.2.1 Sicherheitsverletzungen und -maßnahmen 222
        4.2.2 Security in der Automation 222
        4.2.3 Security in Feldbussystemen 223

4.3		Erkennung und Behandlung von Angriffen im Netzwerk	224
	4.3.1	Ausgangssituation	224
	4.3.2	Ablauf eines Angriffs auf das Netzwerk	225
	4.3.3	Weitere Schwachstellen	226
	4.3.4	Öffnen von Diensten	230
	4.3.5	Rootkits	231
4.4		Abwehrmechanismen	231
	4.4.1	Abgestufte Schutzmechanismen	231
	4.4.2	Firewall	234
	4.4.3	Paketfilter	234
	4.4.4	Intrusion Detection/Response	235
	4.4.5	Schadenstypen	235
	4.4.6	Angriffe und deren Spuren erkennen	235
	4.4.7	Schwachstellen	236
	4.4.8	Sicherheitsrichtlinie und Notfallplan	237
4.5		Security bei Bluetooth	239
	4.5.1	Kryptographische Sicherheitsmechanismen	239
4.6		Security in Wireless LANs	240
	4.6.1	Betriebsarten im WLAN	241
	4.6.2	Maßnahmen zur Erhöhung der Sicherheit	243
	4.6.3	Erweiterte Sicherheitsverfahren	245
	4.6.4	IEEE 802.11i	247
	4.6.5	Virtual Private Network – VPN	247
	4.6.6	Erhöhung der Verfügbarkeit	248

Glossar 249

Literaturverzeichnis 291

Stichwortverzeichnis 293

Wir machen **Ethernet** einfach **leistungsfähig!**

FL Switch MCS und MMHS

Wir machen Ethernet einfach leistungsfähig!

Unsere Managed Switches sorgen dafür, dass alle Informationen schnell und zuverlässig innerhalb des Automatisierungsnetzwerks zur Verfügung stehen. I/O-Daten müssen beispielsweise in Echtzeit übertragen werden. Kein Problem für die FL Switches MCS und MMS, denn beide Geräte unterstützen die entsprechenden Profinet Realtime- sowie Ethernet/IP-Funktionen. Weitere Software-Features wie Multicast Filtering, Rapid Spanning Tree und VLAN erhöhen sowohl die nutzbare Bandbreite als auch die Übertragungssicherheit und Verfügbarkeit. Überzeugen Sie sich!

Mehr Informationen unter Telefon (05235) 3-40222 oder www.phoenixcontact.de

PHŒNIX CONTACT
INSPIRING INNOVATIONS

© PHOENIX CONTACT 2005

Mehrwert ...
... muss nicht mehr kosten!

✓ Wollen Sie mehr über unsere Bücher erfahren?
✓ Möchten Sie virtuell in einem Buch blättern, das Sie interessiert?
✓ Wollen Sie sich vorab über den Inhalt der Publikation erkundigen?

Nutzen Sie die vielfältigen Angebote unseres Internetportals!

✓ Kaufen Sie bequem von zu Hause oder vom Büro aus Ihre Fachliteratur ein.

✓ Laden Sie kostenfrei Inhaltsverzeichnisse und Probekapitel herunter.

✓ Halten Sie sich auf dem Laufenden mit unseren Fachportalen und unseren Fachpublikationen.

Sie finden bei uns nicht nur ein vielfältiges Spektrum an hochqualifizierter Fachliteratur, sondern auch Zeitschriften von Profis für Profis und auch Online-Versionen ausgewählter Titel.

www.huethig.de

1 Ethernet in der Automatisierung

1.1 Entwicklung der Ethernet-Technologie

Ethernet ist die Bezeichnung für eine weit verbreitete, standardisierte Kommunikationsinfrastruktur mit verschiedenen Kommunikationsmedien (Koaxialkabel, Zweidrahtleitung, Lichtwellenleiter, Funk). Ethernet bildet zusammen mit übergeordneter Kommunikationssoftware die Basis für eine Vielzahl von Lokalnetzwerken.

Die immer stärkere Verbreitung von Computern in Verbindung mit immer höherem Datenaufkommen zum einen und das Internet zum anderen, tragen maßgeblich zu intensiver Nutzung vorhandener und zum Aufbau neuer Netzwerkressourcen bei. Die Netzwerkkommunikation und die zugehörigen verschiedenen Netzwerkprotokolle wurden fest in alle Betriebssysteme integriert und standen dem Anwender damit leicht zugänglich zur Verfügung.

Die wichtigste Aufgabe kommt dabei zwei Technologien zu: Ethernet als physikalische Basis und TCP/IP als Kommunikationsprotokoll.

Nachdem Ethernet im Office-Bereich weltweit einen Marktanteil von mehr als 90 % erreicht hat, zeichnet sich im Bereich der industriellen Automatisierung eine ähnliche Entwicklung ab.

Die Kommunikation in der Automatisierungstechnik unterliegt einem Wandel, der in Richtung offener und transparenter Systemlösungen geht. Dabei gewinnt die Durchgängigkeit von Informationen immer größere Bedeutung.

Aus diesem Grunde entwickeln immer mehr Hersteller von Automatisierungssystemen Ethernet-basierte Systeme. Daraus entsteht die Herausforderung industrielle Netzwerke so zu planen, zu installieren und zu administrieren, dass sie unter härtesten Bedingungen und in rauester Umgebung zuverlässig funktionieren und ein kontrollierbares Verhalten zeigen.

1.1.1 Historie

Mitte der 70-er Jahre stellte die amerikanische Firma XEROX in Palo Alto das innovative Konzept Ethernet vor, bei dem über 100 Netzwerkstationen mit der (für die damalige Zeit) sehr hohen Datenübertragungsrate von zunächst 3 MBit/s, später mit 10 MBit/s über ein rund 1000 m langes Koaxial-Kabel miteinander kommunizieren konnten, ohne vorher etwas voneinander zu wissen.

Zitat aus The Ethernet Sourcebook, ed. Robyn E. Shotwell (New York: North-Holland, 1985):

``The diagram ... was drawn by Dr. Robert M. Metcalfe in 1976 to present Ethernet ... to the National Computer Conference in June of that year. On the drawing are the original terms for describing Ethernet. Since then other terms have come into usage among Ethernet enthusiasts.''

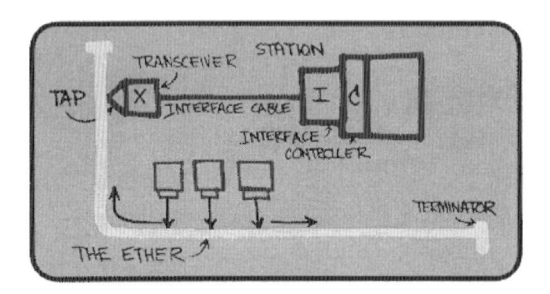

Bild 1.1 Die inzwischen berühmt gewordene Skizze von Dr. Robert M. Metcalfe

Durch eine Vielzahl von wissenschaftlichen Arbeiten wurde das damals eingeführte Verfahren Carrier Sense Multiple Access with Collision Detection (CSMA/CD) zu einer konsistenten und leistungsfähigen Lokalnetzwerk-Technologie verfeinert. In verschiedenen Schritten wurde anschließend die Ethernet-Technologie verbessert und den neuen technischen Möglichkeiten angepasst.

Heute bildet Ethernet mit der zugehörigen Kommunikationssoftware eine reife, zuverlässige und kostengünstige Technologie, die mit hohen Datenübertragungsraten (fast) jede Applikation ermöglicht.

Ethernet-Technologie

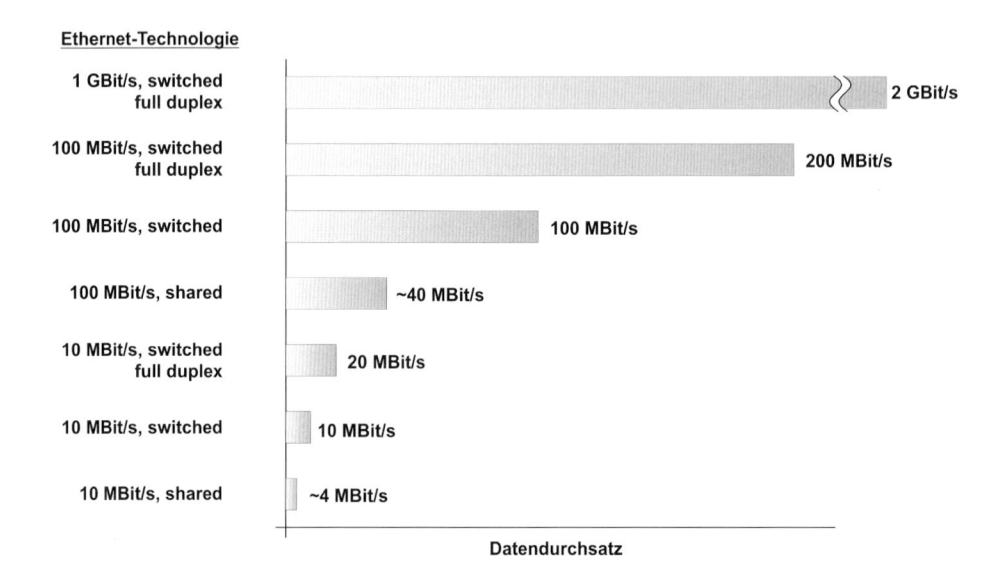

Technologie	Datendurchsatz
1 GBit/s, switched full duplex	2 GBit/s
100 MBit/s, switched full duplex	200 MBit/s
100 MBit/s, switched	100 MBit/s
100 MBit/s, shared	~40 MBit/s
10 MBit/s, switched full duplex	20 MBit/s
10 MBit/s, switched	10 MBit/s
10 MBit/s, shared	~4 MBit/s

Bild 1.2 Durchsatzraten der verschiedenen Ethernet-Technologien

1.2 Ethernet im industriellen Einsatz

Die industrielle Kommunikationen erfolgt typischerweise über ein hierarchisches System aus Betriebs-, Leit- und Feldebene. In den oberen beiden Ebenen, der Betriebs- und der Leitebene, ist die Nutzung von Ethernet bereits zum Standard geworden. In der Feldebene finden sich die Feldbusse, allen voran Interbus und Profibus.

In die Bereiche der Feldebene, in denen beste EMV-Eigenschaften, Isochronität und hohe mechanische Qualität nicht zwingend gefordert werden, hält Ethernet bereits heute Einzug. Ziel der Verwendung von Ethernet bis in die unterste Feldebene ist die Schaffung eines durchgängigen Kommunikationsnetzes, das optimalen Umgang mit den vorhanden Ressourcen ermöglicht. Durchgängige Kommunikation von der Administrative bis zur Produktion ohne Medienbrüche ist zum entscheidenden Produktionsfaktor geworden.

In der Office-Welt hat sich Ethernet gegen FDDI, Token Ring oder ATM durchgesetzt.

1.2.1 Anforderungen an Netzwerke im Vergleich

Durch die Normen ISO/IEC 11801 bzw. (DIN) EN 50173 wird eine anwendungsneutrale informationstechnische Vernetzung für Gebäudekomplexe definiert. Dabei wird von einer büroähnlichen Nutzung ausgegangen, so dass Anforderungen aus dem industriellen Umfeld keine Berücksichtigung finden.

Tabelle 1.1 Vergleich der Anforderungen an Netzwerke und deren Komponenten im Büroumfeld und im industriellen Einsatz

	Büroumfeld	**Industrieumfeld**
Installation	− Feste Grundinstallation im Gebäude − Variabler Netzwerkanschluss für Arbeitsplätze − Verlegung der Leitungen in Zwischenböden − Vorkonfektionierte Anschlusskabel − Standardarbeitsplätze − Baumförmige Netzwerkstrukturen − Versorgung mit 230 V AC − Verwendungsdauer ca. 5 Jahre − 19"-Schrank − Geräte mit Lüfter	− Anlagenspezifische Leitungsführung − Anlagenabhängige Installation − Selten Änderungen an Anschlusspunkten − Individueller Vernetzungsgrad für jede Anlage oder Maschine − Feldkonfektionierbare Anschlusstechnik − Häufiger Einsatz von LWL-Technologie − Häufig linien- oder ringförmige Netzführung − Sorgfältiges Erdungskonzept − Häufig Redundanz gefordert − Versorgung mit 24 V DC oder Power-over-Ethernet − Verwendungsdauer ca. 10 Jahre − Schleppkettentauglichkeit − Schaltschrank oder Klemmkasten mit Hutschiene − Lüfterloses Design − Meldekontakt zur Fehlersignalisierung
Übertragungs-anforderung	− Mittlere Netzverfügbarkeit − Übertragung großer Dateien − Übertragungszeit bis in den Sekundenbereich − Überwiegend azyklische Übertragung − Starke Lastschwankungen möglich − Keine Isochronität	− Sehr hohe Netzverfügbarkeit − Kleine Datenpakete − Übertragungszeit im Mikrosekundenbereich − Überwiegend zyklische Übertragung − Isochronität

Tabelle 1.1 Vergleich der Anforderungen an Netzwerke und deren Komponenten im Büroumfeld und im industriellen Einsatz (Forts.)

	Büroumfeld	Industrieumfeld
Umweltanforderungen	– Moderate Temperaturen mit geringer Schwankungsbreite – Geringe Staubbelastung – Keine Feuchtigkeit oder Nässe – Kaum Erschütterung oder Vibration – Geringe EMV-Belastung – Geringe mechanische Belastung oder Gefährdung – Keine chemische Gefährdung – Keine Gefährdung durch Strahlung, z. B. UV	– Extreme Temperaturen mit starken Schwankungen – Hohe Staubbelastung – Feuchtigkeit/Nässe möglich – Vibration oder Schock möglich – Hohe EMV-Belastung – Hohe mechanische Belastung und Gefährdung – Chemische Belastung durch ölige oder aggressive Atmosphären – Hohe UV-Belastung im Außenbereich – Strahlungsbelastung möglich

1.3 Organisationen

IEEE – Institute of Electric and Electronic Engineering [2]

Das IEEE ist ein Normungsgremium für elektrische und elektronische Verfahren. Verschiedene Arbeitsgruppen bemühen sich um die Standardisierung internationaler Anwendungen. Mit mehr als 360.000 Mitgliedern aus 150 Ländern ist die IEEE die führende Organisation auf Gebieten von der Raumfahrt, über Computer und Telekommunikation bis zur biomedizinischen Ingenieurstechnik, elektrischen Energie und elektronischen Geräten.

IETF – Internet Engineering Task Force [19]

Die IETF wurde 1986 gegründet. Die IETF kümmert sich um die kurzfristige Entwicklung des Internets. Sie ist eine offene, internationale Vereinigung von Netzwerktechnikern, Herstellern und Anwendern, die für Vorschläge zur Standardisierung des Internets zuständig ist. Es existieren über 80 Arbeitsgruppen mit mehr als 700 Mitgliedern.

Zurzeit werden neun Bereiche von der IETF bearbeitet:

– Anwendungen (APP)
– Internet-Dienste (INT)
– IP – Nächste Generation (IPNG)
– Netzwerkmanagement (MNT)
– Betrieb (OPS)
– Routing (RTG)
– Sicherheit
– Transportdienste (TSV)
– Benutzerdienste (USV)

CERT – Computer Emergency Response Team [37]

Das CERT erarbeitet Studien und Strategien zur Internet-Sicherheit, berät Institutionen und gibt zugleich Tipps und Hinweise für private Anwender, die sich vor Missbrauch der Datenkommunikation über weltweite Netze besser schützen wollen. So wird unter anderem über die Gefahren von Viren, Würmern und Trojanern, dynamischen Codes oder den Nut-

1.3 Organisationen

zen von Firewalls und die Funktionsweise von Protokollen im Internet aufgeklärt. Das "CERT Coordination Center" (CERT/CC) gehört zum Software Engineering Institute an der Carnegie Mellon University.

DeNIC eG – Deutsches Network Information Center [41]

Die Organisation ist für die Vergabe von Domains und IP-Nummern in der Top-Level-Domain ".de" zuständig. DeNIC verwaltet zusätzlich den primären Namensserver der Domain ".de", der die Namen und IP-Nummern aller im deutschen Internet angeschlossenen Computer dokumentiert. "DeNIC" administriert das Internet in Zusammenarbeit mit internationalen Gremien sowie dem "Interessenverbund Deutsches Network Information Center", das sich aus den wichtigen deutschen Internet-Anbietern zusammensetzt.

IANA – Internet Assigned Numbers Authority [42]

Die IANA ist eine internationale Organisation zur Vergabe von IP-Adressen. Verfügbar sind u. a. Listen der Top-Level Domains und international relevante RFC-Dokumentationen zum Thema Internet. Außerdem kann man sich über die Verfahrensweise informieren, wie eine IP-Adresse oder eine Domain zu beantragen ist.

ICANN – Internet Corporation for Assigned Names and Numbers [43]

Die gemeinnützige Organisation regelt die Verantwortlichkeit für die Vergabe von Domains, Network Solutions, und Adressen im Internet. Im Gegensatz zu den bisherigen Institutionen soll bei der "ICANN" darauf geachtet werden, dass sowohl alle "geographischen Regionen" als auch Vertreter der Industrie-, Provider- und erstmals User-Verbände in der Führung der "ICANN" repräsentiert sind.

Interbus Club [33]

Der Interbus Club ist eine internationale Vereinigung von Unternehmen mit dem gemeinsamen Ziel, Interbus technologisch und in seiner Verbreitung auf den weltweiten Märkten voranzutreiben, sowie Automatisierungslösungen mit Interbus und komplementären Technologien wie Ethernet zu fördern.

InterNIC – Internet Network Information Center [30]

Die Organisation ist ein Zusammenschluss von verschiedenen Institutionen in den USA zur Registrierung der US-Domain-Namen.

ISOC – Internet Society

Die Organisation und koordiniert die technische Weiterentwicklung des Internets. Unter ihrem Dach arbeiten u. a. die maßgeblichen Organisationen für die Pflege und Erarbeitung weltweiter Infrastrukturstandards im Internet, wie z. B. die "Internet Engineering Task Force" (IETF) und das "Internet Architecture Board" (IAB).

W3C – World Wide Web Consortium [29]

Die Organisation ist ein von verschiedenen Firmen und Konzernen, die eng mit dem Internet verbunden sind, gegründeter Interessenverband unter der Leitung des Laboratory for Computer Science am Massachusetts Institute of Technology in Cambridge, Massachusetts. Das Konsortium erarbeitet Standards (z. B. für HTML) und entwickelt die Kompatibilität von Web-Anwendungen weiter.

IAONA [23]

Organisation für die Verbreitung von Industrial Ethernet. Die IAONA hatte es sich ursprünglich zum Ziel gesetzt, das industrielle Ethernet herstellerunabhängig zu normieren. Mittlerweile beziehen sich die Bemühungen besonders auf der Normierung im Bereich Layer 1.

PNO – Profibus Nutzerorganisation [28]

Organisation von Herstellern und Anwendern des standardisierten Kommunikationssystems PROFIBUS, um gemeinsam die technische Weiterentwicklung der Technologie zu fördern.

1.4 Netzwerktypen

1.4.1 Ethernet

Shared Ethernet

Beim Shared Ethernet sind alle Netzwerkteilnehmer gleichberechtigt. Jeder Teilnehmer kann zu jedem Zeitpunkt, solange das Übertragungsmedium frei ist, mit jedem beliebigen Teilnehmer Daten austauschen.

Shared Ethernet ist wie ein logisches Bussystem konzipiert, daher empfängt jeder Netzwerkteilnehmer die ausgesendeten Daten der anderen Teilnehmer. Jeder Ethernet-Teilnehmer, in der Regel Endgeräte, filtert die für ihn bestimmten Datenpakete und Broad-/Multicasts aus dem Datenverkehr heraus und ignoriert alle nicht für ihn bestimmten Pakete. Bei jedem Netz gibt es die physikalischen Verbindungswege (Kanäle), über welche die einzelnen Stationen miteinander kommunizieren.

Die Art und Weise, wie die einzelnen Stationen diese Kanäle nutzen und belegen, hängt vom jeweiligen System des Zugriffs, dem Zugriffsverfahren, ab. Da sich alle Netzwerkteilnehmer innerhalb einer Kollisionsdomäne befinden, kommt das CSMA/CD-Verfahren zum Einsatz. Wesentliches Merkmal eines lokalen Netzes, das der Norm ISO/IEC 8802-3 genügt, ist der gleichberechtigte Zugriff aller Netzteilnehmer auf das Übertragungsmedium. Für die hierdurch bedingten Datenkollisionen ist die sichere Kollisionserkennung und deren einheitliche Behandlung zwingend erforderlich.

CSMA/CD – Carrier Sense Multiple Access with Collision Detection

Jeder angeschlossene Netzteilnehmer hört das Übertragungsmedium ab und beginnt, sofern das Medium frei ist, sofort mit dem Senden der Daten. Es gibt keine zentrale Station, die den Zugriff auf das Netzwerk überwacht oder steuert.

Der Sendevorgang läuft in drei Schritten ab:

Carrier Sense: Die Netzteilnehmer überprüfen, ob das Übertragungsmedium frei ist.

Multiple Access: Bei freiem Medium kann jeder Teilnehmer mit dem Senden von Daten beginnen.

Collision Detection: Beginnen mehrere Teilnehmer gleichzeitig zu senden, kommt es zu einer Datenkollision. Die sendenden Teilnehmer erkennen die Kollision und brechen ihren

Sendeversuch ab. Gemäß einer festgelegten Backoff-Strategie versuchen die Teilnehmer erneut, die Daten zu senden.

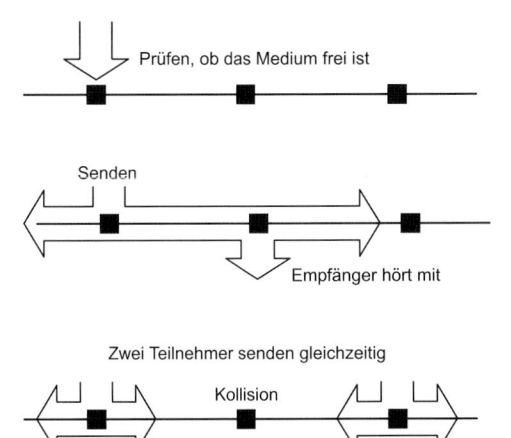

Bild 1.3 *Schema eines Sendeversuchs*

Ablaufdiagramm eines Sendeversuchs

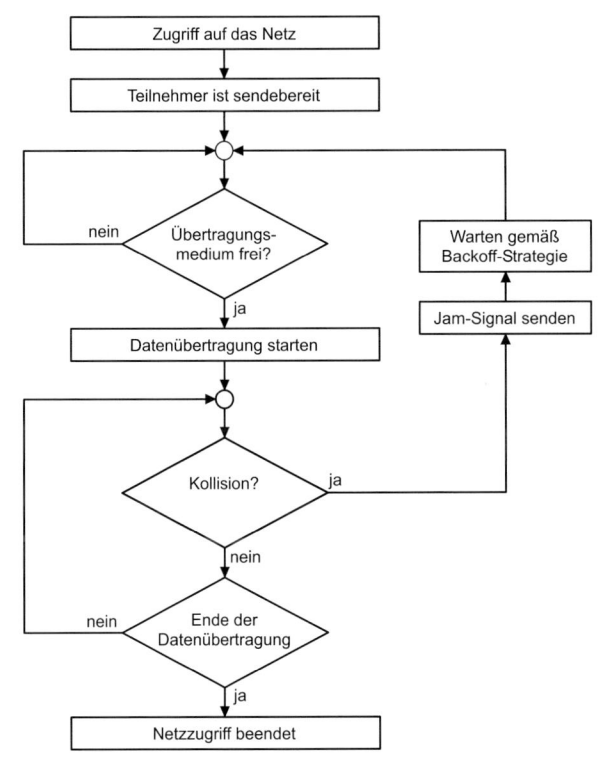

Bild 1.4 *Ablaufdiagramm eines Sendeversuches*

Auftreten von Kollisionen

Da es bei dem CSMA/CD-Verfahren zu Doppel- oder Mehrfachbelegungen des Mediums kommen kann, muss das Zugriffsverfahren über einen Mechanismus verfügen, mit dem aufgetretene Kollisionen abgehandelt werden können (Backoff-Strategie).

Dieser Mechanismus muss folgende Anforderungen erfüllen:

– Erkennen jeder Kollision bei jedem beteiligten Netzteilnehmer.

– Beenden der Datenübertragung bei einer Kollision.

– Erneuter Sendeversuch, wenn die Übertragung wegen einer Kollision abgebrochen werden musste.

Um diese Anforderungen zu erfüllen, geltende folgende Vereinbarungen:

Die Signallaufzeit ist abhängig von der minimalen Datenpaketlänge. Als Zeitfenster (Slottime) definiert die Norm ISO/IEC 8802-3 die Zeitdauer, die vom Sendebeginn bis zum Eintreffen einer eventuell am anderen Ende des Übertragungsmediums aufgetretenen Kollision vergeht. Die Slottime beträgt 51,2 µs.

Die minimale Datenpaketlänge ist gleich dem Betrag der Slottime. Nur so ist sichergestellt, dass der sendende Netzteilnehmer noch während des Sendevorgangs eine Kollision erkennt und bemerkt, dass der Sendeversuch gescheitert ist.

Dieser Mechanismus zur Kollisionserkennung muss aber nicht während der ganzen Übertragungszeit angewandt werden. Bei 10 MBit/s bzw. 100 MBit/s-Netzen muss diese Überprüfung nur für die Übertragung der ersten 576 Bits durchgeführt werden. Man spricht hier von 576 Bitzeiten [1].

Dieser Wert berechnet sich aus den kleinstmöglichen Frames von 64 Byte = 512 Bit plus einer Sperrzeit für die Kollisionserkennung. Nach der vorgeschriebenen Kollisionserkennung kann die Station die verbliebenen Frame-Daten ohne weitere Überprüfungen versenden. Sie kann hier davon ausgehen, dass nun endgültig alle Stationen im Netz erkannt haben, dass der Bus belegt ist und keine Daten mehr senden.

Beispiel:

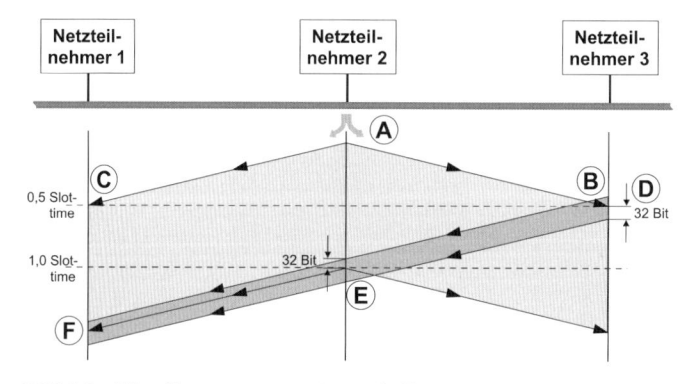

Bild 1.5 *Ablaufdiagramm einer Datenkollision*

Zum Zeitpunkt A stellt Teilnehmer 2 fest, dass das Medium frei ist und beginnt zu senden. Kurz bevor die Daten Teilnehmer 3 erreichen (Zeitpunkt B), beginnt Teilnehmer 3 eben-

1.4 Netzwerktypen

falls Daten zu senden (Zeitpunkt D). Zum Zeitpunkt C/D erreichen die Daten von Teilnehmer 2 die anderen Stationen (Zeitpunkt C). Teilnehmer 3 erkennt die Kollision und sendet noch 32 Bit Jam-Signal. Dann bricht der Teilnehmer die Übertragung ab.

Innerhalb der Slottime von 51,2 µs erreicht das Jam-Signal die anderen Teilnehmer (Zeitpunkt E und F), so dass auch diese die Kollision sicher erkennen. Ist das Datenpaket kürzer als die Slottime, kann der sendende Teilnehmer unter Umständen nicht erkennen, dass das gesendete Datenpaket durch eine Kollision zerstört wurde. Daher wird das Datenpaket im dem Fall nicht erneut gesendet.

Erneuter Sendeversuch nach einer Kollision

Konnte ein Teilnehmer aufgrund einer Kollision nicht das Datenpaket komplett senden, versucht er nach einer vorgegebenen Backoff-Strategie einen erneuten Sendeversuch. Die Norm ISO/IEC 8802-3 sieht bis zu 16 Sendeversuche vor, bevor das Datenpaket verworfen wird. Der Backoff-Wert kann maximal 1024 erreichen, nach dem zehnten Sendeversuch erhöht sich der Backoff-Wert nicht weiter.

Ablaufdiagramm eines erneuten Sendeversuchs nach einer Datenkollision

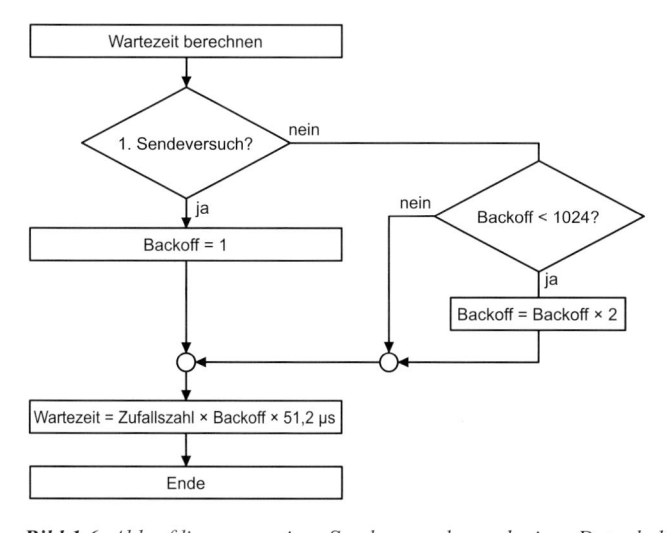

Bild 1.6 Ablaufdiagramm eines Sendeversuchs nach einer Datenkollision

Late Collisions

Nach der vorgeschriebenen Kollisionserkennung kann die Station die verbliebenen Frame-Daten ohne weitere Überprüfungen versenden. Sie kann hier davon ausgehen, dass nun endgültig alle Stationen im Netz erkannt haben, dass das Netzwerk belegt ist und keine Daten mehr senden. Ist dies nicht der Fall, z. B. weil die maximale Ausdehnung des Netzsegments zu groß ist oder über Repeater/Hubs zu viele Netzsegmente gekoppelt wurden, dann kann es trotzdem zu Kollisionen – den sogenannten "Late Collisions" kommen. Diese Kollisionen werden dann von der Sendestation nicht mehr erkannt und können nur von höheren Protokollebenen (z. B. Schicht 4 eines verbindungsorientierten Protokolls) korrigiert werden.

Jabber

Sendet eine Station ohne Unterbrechung längere Zeit, also Frames mit mehr als den maximal zugelassenen 1518 Bytes, dann bezeichnet man dies als Jabber. Hauptursache sind hier defekte Netzwerkkarten und/oder Treiber.

Short Frames

Short Frames sind Frames, die kleiner als die minimal zugelassenen 64 Bytes sind. Grund hierfür sind ebenfalls Defekte beim Netzwerkinterface oder im Treiber.

Ghost Frames

Ghost Frames sind in ihrer Erscheinung ähnlich einem Datenframe, haben jedoch Fehler schon im Start-Delimiter. Potenzialausgleichsströme und Störungen, die auf das Kabel einwirken, können einem Repeater ein ankommendes Datenpaket vorspiegeln. Der Repeater sendet das Geisterpaket dann weiter ins Netz.

Slottime

Als Slottime bezeichnet man das Zweifache der Zeit, die ein Datenpaket benötigt, um sich über die maximale Entfernung im Netz auszubreiten. Die Slottime entspricht damit der Summe der maximalen Laufzeit eines Paketes bis zum entferntesten Punkt in der gegebenen Netzanlage und der Rücklaufzeit eines möglichen Kollisionssignals [2].

Sie ist also der Zeitraum, der maximal bis zum Erkennen einer Kollision vergeht. Erst nach dieser Slottime ist das Medium eindeutig durch eine Station belegt. Die Slottime (auch: Maximum Round Trip Delay; RTD) ist im IEEE 802.3-Standard auf $64 + 512 = 576$ Bit-Perioden festgelegt. Wird dieser Wert überschritten, versagt die Kollisionsentdeckung. Der RTD-Wert stellt eine grundlegende Einschränkung hinsichtlich der Netzausdehnung dar. Als empfohlene Planungsgröße gilt für Netzwerkplaner: ein CSMA/CD-Segment – auch als Collision Domain bezeichnet, sollte so klein gehalten werden, dass die Slottime (RTD) weniger als 480 Bit-Zeiten beträgt.

1.4.2 Fast Ethernet

Fast Ethernet nach IEEE 802.3 [2] ist kein neuer Standard, sondern eine Erweiterung des bestehenden klassischen Ethernets um folgende Eigenschaften:

– Datenübertragungsrate bis 100 MBit/s;

– Switching mit geeigneten Geräten;

– Vollduplex-Betrieb.

Segmentierung von Netzwerken

Durch Aufteilung von Netzwerken in physikalische oder logische Segmente ist eine geplante Lastverteilung möglich. Kommunikationsbeziehungen zwischen Netzwerkteilnehmern beschränken sich in der Mehrzahl auf ein Teilnetz ohne Beeinflussung der Bandbreite anderer Teilnetze. Durch die Lastverteilung infolge der Segmentierung steht in jedem Segment die volle Übertragungskapazität zur Verfügung, nur für die Kommunikation zwischen den Segmenten wird die Bandbreite beider Segmente genutzt.

Die einfachste Form der Lastverteilung durch Segmentierung ist, neben der geschickten räumlichen Platzierung von Geräten und der direkten Verbindung zwischen ihnen, die Verwendung von Switches.

Switched Ethernet

Mit dem Wechsel zu Twisted-Pair-Kabeln ersetzte man die ursprüngliche physische Busstruktur durch eine Sternarchitektur, bei der Punkt-zu-Punkt-Verbindungen über einen zentralen Knoten verschaltet sind. Mit dieser Sternarchitektur kann man das Prinzip des geteilten Zugriffs auf das Kabel zugunsten einer leistungsstärkeren Vorgehensweise aufgeben, dem Switching.

Ein Netzwerk, bei dem jedem Teilnehmer genau ein Port eines Switches zugeordnet ist, nennt man Switched Ethernet. Mit Hilfe von Switches werden bisherige Kollisionsdomänen in reine Punkt-zu-Punkt-Verbindungen zwischen Switch und anderen Netzwerkteilnehmern (Endgeräte oder Infrastruktur-Komponenten) aufgelöst.

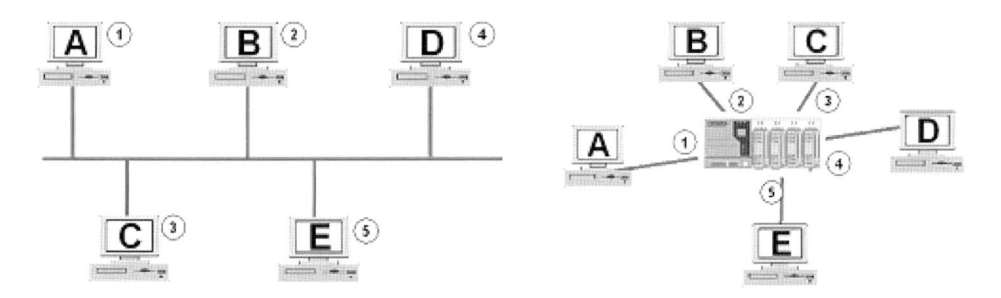

Bild 1.7 Punkt-zu-Punkt vs. Sternarchitektur

Analysiert der zentrale Knoten die Quelladressen der eingehenden Pakete, lernt er, an welchem Port welche Station angeschlossen ist. Empfängt der zentrale Knoten auf einem Port ein Paket für eine bekannte Station, reicht es aus, das Paket nur auf den Port zu leiten, an dem die Zielstation angeschlossen ist. Dadurch wird eine deutlich höhere Bandbreite erzielt, denn Stationen können jeweils paarweise miteinander kommunizieren, ohne die Übertragung der anderen Stationen zu beeinflussen. Zwei Faktoren sind zu beachten: Da die Übertragung parallel durch die Verschaltungsmatrix des Switch erfolgt, wird dessen Bandbreite aufgeteilt. Innerhalb eines Gerätes lassen sich jedoch sehr viel höhere Bandbreiten erzielen und die Datenströme parallelisieren.

Durch den Ausschluss von Kollisionen steht jeder Punkt-zu-Punkt-Verbindung die volle Bandbreite, also Vollduplex, zur Verfügung, da das zweite Adernpaar nicht mehr zur Kollisionserkennung bzw. Kollisionsmeldung, sondern zur Datenübertragung genutzt werden kann.

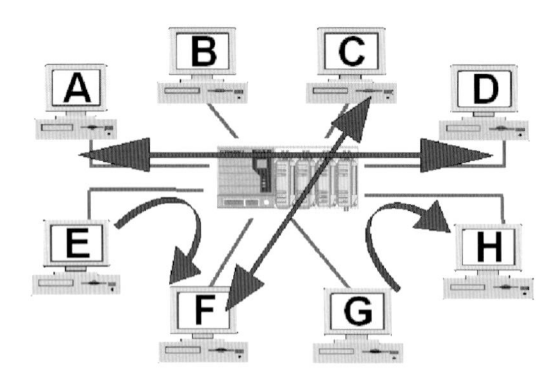

Bild 1.8 *Switching-Prinzip*

Vorteile von Switched Ethernet

– Erhebliche Steigerung des Datendurchsatzes durch Vollduplex-Betrieb,

– applikationsgerechte Skalierung der Netzsegmente bis zur völligen Kollisionsfreiheit,

– die Kollisionsfreiheit ermöglicht deterministischen Betrieb.

Ethernet-Switches als zentrale Netzwerkkomponenten

Der Switch ist ein Gerät des OSI-Layers 2 (Sicherungsschicht), d. h. er kann LANs mit verschiedenen physikalischen Eigenschaften verbinden, z. B. LWL- und Twisted-Pair-Netzwerke. Allerdings müssen alle Protokolle der höheren Ebenen 3 bis 7 identisch sein [38]. Ein Switch ist somit protokolltransparent. Er wird oft auch als Multi-Port-Bridge bezeichnet, da dieser ähnliche Eigenschaften wie eine Bridge aufweist. Der Switch verarbeitet 48-Bit-MAC-Adressen und legt dazu eine SAT (Source Address Table) an.

Jeder Port eines Switch bildet ein eigenes Netzsegment. Jedem dieser Segmente steht die gesamte Netzwerk-Bandbreite zu Verfügung.

Die einzelnen Ports eines Switches können unabhängig voneinander Daten empfangen und senden. Diese sind über einen internen Hochgeschwindigkeitsbus (*Backplane*) miteinander verbunden. Datenpuffer sorgen dafür, dass nach Möglichkeit keine Datenpakete verloren gehen.

Dadurch erhöht ein Switch nicht nur die Netzwerk-Performance im Gesamtnetz, sondern auch in jedem einzelnen Segment. Der Switch untersucht jedes durchlaufende Paket auf die MAC-Adresse des Zielsegmentes und kann es direkt dorthin weiterleiten. Der große Vorteil eines Switches liegt nun in der Fähigkeit, seine Ports direkt miteinander verschalten zu können, d. h. dedizierte Verbindungen aufzubauen. Switches brechen die Ethernet-Busstruktur in eine Bus-/Sternstruktur auf. Teilsegmente mit Busstruktur werden sternförmig über je einen Port des Switch gekoppelt. Zwischen den einzelnen Ports können Pakete mit maximaler Ethernet-Geschwindigkeit übertragen werden.

Wesentlich ist die Fähigkeit von Switches, mehrere Übertragungen zwischen unterschiedlichen Segmenten gleichzeitig durchzuführen. Dadurch erhöht sich die Bandbreite des gesamten Netzes entsprechend. Die volle Leistungsfähigkeit von Switches kann nur dann genutzt werden, wenn eine geeignete Netzwerktopologie vorhanden ist bzw. geschaffen werden kann. Die Datenlast sollte nach Möglichkeit gleichmäßig über die Ports verteilt werden. Außerdem sollte man versuchen, Systeme die viel miteinander kommunizieren, gemeinsam an einen Switch anzuschließen, um so die Datenmengen, die mehr als ein Segment durchlaufen müssen, zu reduzieren.

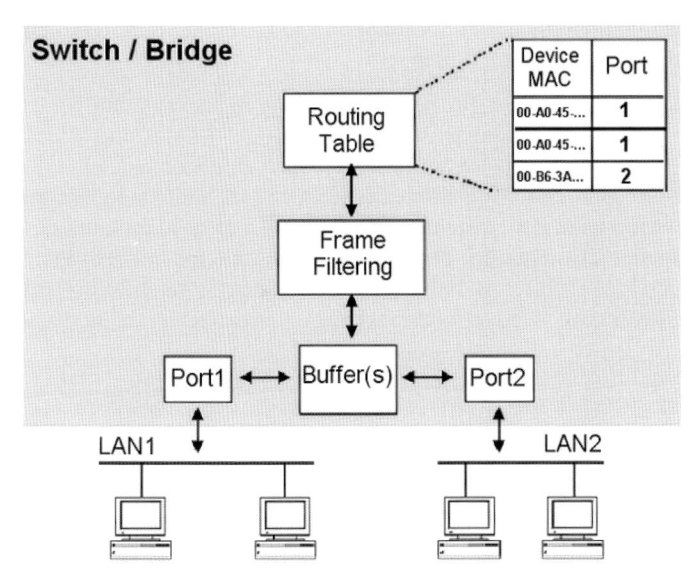

Bild 1.9 *Arbeitsweise eines Switches*

Switching-Technologie

Allgemein haben sich in der Switching-Technologie zwei Gruppen herauskristallisiert: "Cut-Through" bzw. "On The Fly" und "Store-and-Forward". In beiden Gruppen gibt es Switches mit und ohne Blockierung.

Cut-Through

Ein Cut-Through-Ethernet-Switch wartet im Gegensatz zu normalen Bridges nicht, bis er das vollständige Paket gelesen hat, sondern er überträgt das ankommende Paket nach Empfang der 6-Byte-Destination-Adresse. Da nicht das gesamte Paket abgewartet werden muss, tritt eine Zeitverzögerung von nur etwa 40 µs ein. Sollte das Zielsegment bei der Übertragung gerade belegt sein, speichert der Ethernet Switch das Paket entsprechend zwischen.

Bei den Switches werden, im Gegensatz zu Bridges, fehlerhafte Pakete auch auf das andere Segment übertragen. Ausnahme bei Modified Cut-Through oder Fragment Free Switching: Short Frames (Pakete, die kleiner als die minimal zulässigen 64 Bytes sind) werden nicht weitergeleitet. Grund hierfür ist, dass die CRC-Prüfung (Cyclic Redundancy Check) erst bei vollständig gelesenem Paket durchgeführt werden kann. Solange der Prozentsatz von fehlerhaften Paketen im Netz gering ist, entstehen keine Probleme. Sobald aber (z. B. aufgrund eines Konfigurationsfehlers, fehlerhafter Hardware oder extrem hoher Netzlast bei gleichzeitig langen Segmenten mit mehreren Repeatern) der Prozentsatz der Kollisionen steigt, können Switches auch dazu führen, dass die Leistung des Gesamtnetzes deutlich sinkt!

Cut-Through-Switching bietet dann einen Vorteil, wenn man geringe Verzögerungen bei der Übertragung zwischen einzelnen Knoten benötigt. Diese Technologie sollte also eingesetzt werden, wenn es darum geht, in relativ kleinen Netzen eine große Anzahl Daten zwischen wenigen Knoten zu übertragen. Außerdem sollten gesicherte Protokolle wie TCP oder IPX verwendet werden, da defekte Daten erkannt werden und ein Retransmission ausgelöst wird. Bei Verwendung von ungesicherten Protokollen wie UDP oder NetBIOS können defekte Pakete zum Verbindungsabbruch führen.

Adaptive Cut-Through oder *Error-Free-Cut-Through* – Ein Kompromiss aus den beiden vorherigen Methoden. Der Switch arbeitet zunächst im "Cut through"-Modus und schickt das Paket auf dem korrekten Port weiter ins LAN. Es wird jedoch eine Kopie des Frames im Speicher behalten, über die dann eine Prüfsumme berechnet wird. Sollte sie nicht mit der im Paket übereinstimmen, so kann der Switch das defekte Paket zwar nicht mehr aufhalten, aber er kann einen internen Counter mit der Fehlerrate pro Zeiteinheit hochzählen. Wenn zu viele Fehler in kurzer Zeit auftreten, fällt der Switch in den Store-and-Forward-Modus zurück. Wenn die Fehlerrate wieder niedrig genug ist, schaltet er in den Cut through-Modus um.

Store-and-Forward

Die Switches dieser Kategorie untersuchen im Gegensatz zu den vorher erwähnten Cut-Through-Switches das gesamte Datenpaket. Dazu werden die Pakete kurz zwischengespeichert, auf ihre Korrektheit und Gültigkeit überprüft und anschließend verworfen oder weitergeleitet. Einerseits hat dies den Nachteil der größeren Verzögerung beim Weiterschicken des Paketes, andererseits werden keinerlei fehlerhafte Pakete auf das andere Segment übertragen. Diese Lösung ist bei größeren Netzen mit vielen Knoten und Kommunikationsbeziehungen besser, weil nicht einzelne fehlerhafte Segmente durch Kollisionen das ganze Netz belasten können. Bei diesen Anwendungen ist die Gesamttransferrate entscheidend, die Verzögerung wirkt sich hier kaum aus.

Blockierung / Wire-Speed

Jeder Switch verfügt über eine Anzahl von Ports, die über die Switching-Matrix miteinander verbunden sind. Kann die Switching-Matrix alle Datenverbindungen auf allen Ports ohne Verzögerung gleichzeitig bewältigen, spricht man von nicht-blockierendem Switch oder vom Wire-Speed-Switch.

Vorteile

Wenn zwei Netzwerk-Teilnehmer gleichzeitig senden, gibt es keine Datenkollision, da der Switch intern über die Backplane beide Sendungen gleichzeitig übermitteln kann. Sollten an einem Ausgangsport die Daten schneller ankommen, als sie über das Netz weitergesendet werden können, werden die Daten gepuffert. Wenn möglich wird Flow Control benutzt, um den/die Sender zu einem langsameren Verschicken der Daten aufzufordern. Somit ist ein 8-Port-Switch bei entsprechend hoher Netzwerkauslastung bis zu achtmal schneller als ein 8-Port-Hub, weil ein Paket nicht auf allen Ports Bandbreite verbraucht.

Der Switch zeichnet in einer Tabelle auf, welche Station über welchen Port erreicht wird. Hierzu werden die MAC-Adressen (der Sender) der Frames gespeichert. So werden Daten im Idealfall nur an den Port weitergeleitet, an dem sich tatsächlich der Empfänger befindet.

Wenn ein Paket mit unbekannter Ziel-MAC-Adresse eintrifft, wird es wie beim Hub an alle Ports weitergeleitet, außer dem Quellport. Dies gilt auch für Broadcasts.

Der Voll-Duplex-Modus kann benutzt werden, so dass an einem Port gleichzeitig Daten gesendet und empfangen werden können. In diesem Fall kann es überhaupt keine Kollisionen mehr geben und die maximal erreichbare Geschwindigkeit wird verdoppelt. An jedem Port kann unabhängig die Geschwindigkeit und der Duplex-Modus ausgehandelt werden.

Nachteile

Ein Nachteil von Switches ist, dass ein Netzwerk nicht mehr einfach zu debuggen ist, da Pakete nicht mehr auf allen Strängen im Netzwerk sichtbar sind, sondern nur auf denen, die tatsächlich zum Ziel führen. Um dem Administrator trotzdem die Beobachtung von Traffic zu ermöglichen, beherrschen managed Switches in der Regel *Port Mirroring*. Der Administrator stellt dabei am Switch ein, welcher Zielport auf welchem Quellport gespiegelt werden soll. Der Switch schickt dann Kopien von Paketen der beobachteten Ports an den Rechner des Beobachters, wo sie z. B. von einem Sniffer aufgezeichnet werden können. Um das Port Mirroring zu standardisieren, wurde das SMON-Protokoll entwickelt.

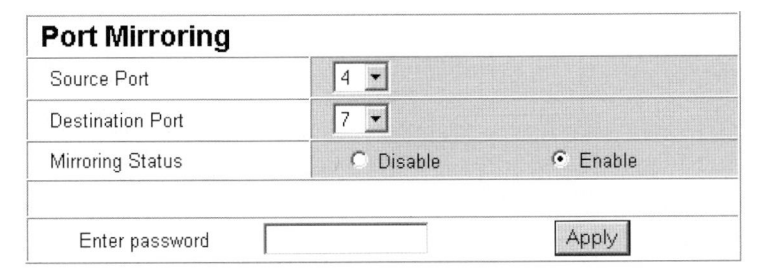

Bild 1.10 *Konfiguration von Port-Mirroring*

Unterschiede Hub – Switch

Hub

– Es kann immer nur ein Datenpaket nach dem anderen den Hub passieren.

– Die Geschwindigkeit beträgt 10 oder 10/100 MBit/s bei Dual-Speed-Hubs

– Hubs „wissen" nicht, an welchem Port welche Station angeschlossen ist, sie können es auch nicht „lernen". Hubs müssen nicht konfiguriert werden.

– Hubs sind preisgünstiger als Switches.

Switch

– Mehrere Datenpakete können den Switch gleichzeitig passieren.

– Die Gesamtbandbreite (der Datendurchsatz) ist wesentlich höher als bei einem Hub.

– Switches lernen nach und nach, welche Stationen mit welchen Ports verbunden sind, somit werden bei weiteren Datenübertragungen keine anderen Ports unnötig belastet, sondern nur der Port, an dem die Zielstation angeschlossen ist.

– Merkmale von Switches: Betriebsart: Store and Forward
                                         (Modified / Adaptive) Cut Through

                          Management: Unmanaged
                                         Managed

                          Blockierung: Blockierend

                                         Wire-Speed

Steigerung der Netzperformance

Durch Filterung (gezielte Weiterleitung) des Datenverkehrs bleibt lokaler Datenverkehr lokal. Anhand der MAC-Adressen lernen die Switches, welche Teilnehmer an welchen Ports angeschlossen sind und senden so zielgerichtet die Daten an die Teilnehmer. Dadurch wird das Datenaufkommen in den einzelnen Segmenten reduziert, die Netzlast in den Segmenten sinkt.

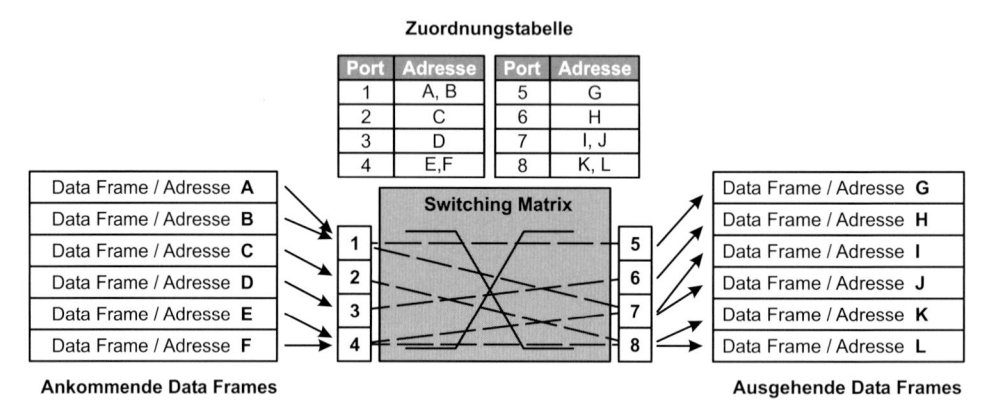

Bild 1.11 Zielgerichtetes Weiterleiten von Data Frames

Lernen von Adressen

Ein Switch „lernt" durch Auswertung der Quelladressen in den Datenpaketen, welche Endgeräte an welchen Ports angeschlossen sind. Diese Informationen werden in der Adresstabelle gespeichert. Die Adresstabelle wird laufend aktualisiert und Adressen, die während der Dauer der Aging-Time inaktiv waren, werden aus der Adresstabelle gelöscht. Eine Adresstabelle kann mehrere Tausend Einträge umfassen. Datenpakete, deren Empfänger nicht in der Adresstabelle eingetragen ist, werden über alle Ports weitergeleitet.

Ablaufdiagramm Lernen von IP-Adressen

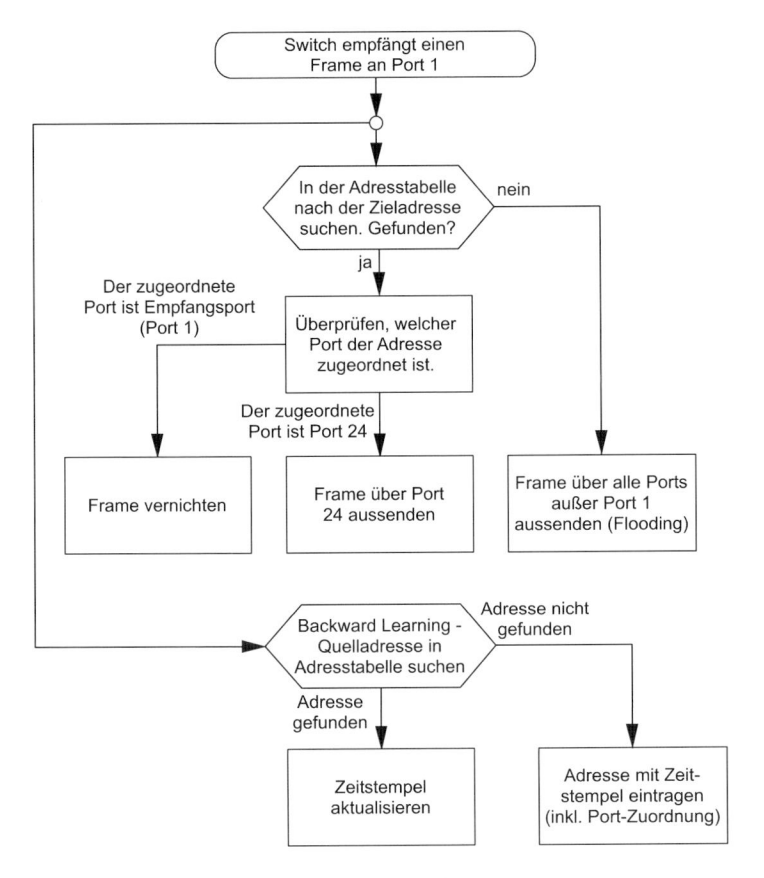

Bild 1.12 *Ablaufdiagramm Lernen von IP-Adressen*

Löschen von Adressen

Die Switches überwachen das Alter der gelernten Adressen. Adresseinträge, die ein bestimmtes Alter (Aging-Time) überschritten haben, werden gelöscht. Wird vor Ablauf der Aging-Time ein Telegramm mit der zum Adresseintrag passenden Source-Adresse empfangen, dann wird das Alter der Adresse auf Null gesetzt und der Eintrag bleibt erhalten. Die gesamte Adresstabelle wird durch einen Neustart des Gerätes gelöscht.

Fehlerbegrenzung

Ein Switch leitet nur gültige Datentelegramme weiter, ungültige Telegramme (z. B. Datenfragmente) werden verworfen und breiten sich somit nicht weiter aus.

Einfache Netzausdehnung

Die Beschränkung der Netzausdehnung, die durch das CSMA/CD-(Kollisionserkennungs-)Verfahren verursacht wird, kann durch die Switches aufgehoben werden. Im Vollduplex-Betrieb gilt diese Restriktion für Switches nicht.

Übertragungsparameter

Autonegotiation (Autosensing)

Der Switch erkennt automatisch die Übertragungsgeschwindigkeit (10 MBit/s oder 100 MBit/s) mit der ein angeschlossenes Netzsegment oder Gerät arbeitet und stellt sich auf diese Geschwindigkeit ein. Arbeitet das angeschlossene Gerät ebenfalls im Autonegotiation-Mode, wird zusätzlich ausgehandelt, ob die Datenübertragung im Halb- oder im Vollduplex-Betrieb stattfindet.

Autopolarity

Ist das Empfangsleiterpaar einer Twisted-Pair-Leitung vertauscht angeschlossen (RD+ und RD- gegeneinander vertauscht), erfolgt durch den Switch automatisch eine Umkehrung der Polarität.

Autocrossing / Auto-Cross-Over

Die Autocrossing-Funktion macht eine Unterscheidung zwischen Crossover- und 1:1-Leitungen überflüssig.

Häufig steht die Autocrossing-Funktion nur dann zur Verfügung, wenn auch die Autonegotiation-Funktion aktiviert ist. Das wird durch eine Besonderheit des verwendeten Chip-Satzes ausgelöst.

Latenzzeit

Die von der Kollisionsüberwachung festgelegten 576 Bit-Zeiten bestimmen die maximal zulässige Laufzeit eines Signals zwischen den am weitesten auseinanderliegenden Stationen innerhalb eines LAN. Der Wert der 576 Bit-Zeiten ist im Standard unter der Bezeichnung Round Trip Delay (RTD) festgehalten. Überschreitet RTD 576 Bit-Zeiten, so versagt die Kollisionserkennung.

Addiert man nun alle Verzögerungen auf den Kabelstrecken und innerhalb der an der Übertragung beteiligten Hardware, so lässt sich daraus die maximale Ausdehnung eines Netzes berechnen. Da sich die Signale im Kupfer- oder Glasfasermedium mit einer Geschwindigkeit von etwa 200.000 km/s ausbreiten (wobei die Geschwindigkeit unabhängig von der Datenrate ist), lässt sich ein bestimmter theoretischer Maximalwert für die Längenausdehnung innerhalb einer Kollisionsdomäne bestimmen:

– Ethernet mit 10 MBit/s: Bit-Dauer 0,1 µs, maximale Ausdehnung etwa 2000 m;
– Fast Ethernet mit 100 MBit/s: Bit-Dauer 0,01 µs, maximale Ausdehnung etwa 200 m;

Aufgrund der Arbeitsweise unterscheiden sich das Cut-Through-Verfahren und Store-and-Foreward-Verfahren in ihren Latenzzeiten. Der Cut-Through-Switch benutzt die Zieladresse als ein Entscheidungskriterium, um einen Zielport aus einer Adresstabelle zu erhalten. Nach der Bestimmung des Zielports wird eine Querverbindung durch den Switch geschaltet, und der Frame wird zum Zielport geleitet Da diese Switching-Methode nur die Speicherung eines kleinen Teils des Frames erfordert, bis der Switch die Zieladresse erkennt und den Switching-Vorgang einleitet, ist die Latenzzeit in diesem Fall nur minimal. Die Latenzzeit für einen 100-MBit/s-Ethernet-Frame berechnet sich wie folgt: Der Switch muss zunächst 14 Bytes einlesen (8 Bytes für die Präambel und 6 Bytes für die Zieladresse). Jeder Ethernet-Frame wird durch eine Präambel eindeutig eingeleitet. Zwischen der Präambel und den 6 Bytes für die MAC-Adresse befindet sich noch eine Lücke, damit es nicht zu Verfälschungen der Präambel kommen kann. Diese zeitliche Lücke wird als Interframe Gap bezeichnet.

Die Lücke entspricht der Zeit, die 96 Bits benötigen, um auf dem Medium mit einer bestimmt Geschwindigkeit übertragen zu werden. Von daher unterscheiden sich die Lücken in den unterschiedlichen Geschwindigkeitsraten wie folgt:

1 Mbps: 96,000 µs

10 Mbps: 9,600 µs

100 Mbps: 0,960 µs

Für die Latenzzeit T_L eines Cut-Through-Ethernet-Switchs ergibt sich:

$$T_L = T_{IG} + 14 \times 8 \times T_{BT} \text{ [µs]}$$

Bei einer Bitdauer von 0,01 µs und einem Interframe Gap von 0,960 µs ergibt sich eine theoretische Latenzzeit T_L

$$T_L = 0{,}96\,\text{µs} + 14 \times 8 \times 0{,}01\,\text{µs} = 2{,}08\,\text{µs}$$

Ein Store-and-Forward-Switch speichert erst den gesamten Frame, bevor die Verarbeitung der Datenfelder der Frames beginnen. Ist der Frame fehlerfrei, wird er vom Zwischenspeicher zum Zielport geleitet, andernfalls verworfen. Für die Latenzzeit T_L eines Ethernet Store-and-Forward-Switches gilt also theoretisch mit der Framegröße FG:

$$T_L = T_{IG} + FG \times 8 \times T_{BT} \text{ [µs]}$$

Da die minimale Größe eines 100-MBit/s-Ethernet-Frames 64 Bytes beträgt, berechnet sich die minimale Latenzzeit TL_{min} eines Store-and-Foreward Ethernet-Switches:

$$T_L = T_{IG} + 64 \times 8 \times T_{BT} \text{ [µs]}$$

Mit einem Interframe-Gap von $T_{IG} = 0{,}96$ µs und einer Bitdauer von $T_{BT} = 0{,}01$ µs ergibt sich:

$$T_L = 0{,}96 + 64 \times 8 \times 0{,}01 = 6{,}08 \text{ µs}$$

Aufgrund der Speicherung des gesamten Frames ist die Latenzzeit beim Store-and-Foreward Switching abhängig von der Framegröße, sodass für Frames maximaler Größe (1518 Bytes) gilt:

$$T_L = 0{,}96 + 1518 \times 8 \times 0{,}01 = 122{,}4 \text{ µs}$$

Die Latenzzeit der Switches innerhalb eines Netzwerks können Einfluss auf die Echtzeitfähigkeit der angeschlossenen E/A-Teilnehmer haben, aber mit einer sinnvollen Netzwerkarchitektur sollte die Durchlaufzeit innerhalb der Switches vernachlässigbar klein sein. Wenn man davon ausgeht, dass in den angeschlossenen Teilnehmern die Verarbeitungszeit der eingehenden Pakete wesentlich größer ist als die Durchlaufzeit im überlagerten Netzwerk, können Switches auch in einer größeren Reihe hintereinander liegen, ohne dass die eigentliche Verarbeitung im Controller oder E/A-Gerät beeinträchtigt wird. Bei Systemen mit harter Echtzeitkommunikation und einer Synchronisation der Teilnehmer wie beispielsweise beim Profinet IRT werden Switches mit Cut-Through-Technologie zum Einsatz kommen.

Layer-3-Switching

Layer-3-Switching ist eine Kombination der beiden Technologien Ethernet-Switching auf Layer 2 und Routing auf Layer 3. Diese neuartige Technologie wird verwendet, um Router zu ersetzen, die einzig und allein die Aufgabe haben, zwei Netzwerke miteinander zu verbinden. Dabei verhält sich ein Layer-3-Switch, wenn er das erste Paket eines unbekannten Teilnehmers erhält, wie ein Router, er analysiert Absender- und Empfänger-IP-Adressen und leitet das Paket weiter. Gleichzeitig ermittelt der Switch dabei die MAC-Adressen. Erhält der Switch nachfolgend von diesem Stationspaar weitere Daten-Frames, kann er die Pakete mit hoher Geschwindigkeit als Layer-2-Switch weiterleiten. Layer-3-Switching liegt noch nicht als RFC vom IEEE vor, somit ist mit dem Einsatz dieser Technologie noch abzuwarten.

Das ISO-OSI-Referenzmodell

Das OSI-7-Schichtenmodell ist ein Referenzmodell für herstellerunabhängige Kommunikationssysteme. OSI bedeutet Open System Interconnection (Offenes System für Kommunikationsverbindungen). Das ISO steht für International Organization for Standardization.

Das ISO/OSI-Modell ist also die Grundlage für alle Kommunikationsbeziehungen wie beispielsweise der Feldbusse und natürlich auch der Ethernet-Kommunikation.

Innerhalb des ISO/OSI-Modells gibt es sieben verschiedene Schichten, von denen die Schichten 1, 2, 3, 4 und 7 zurzeit für die Automatisierungstechnik relevant sind.

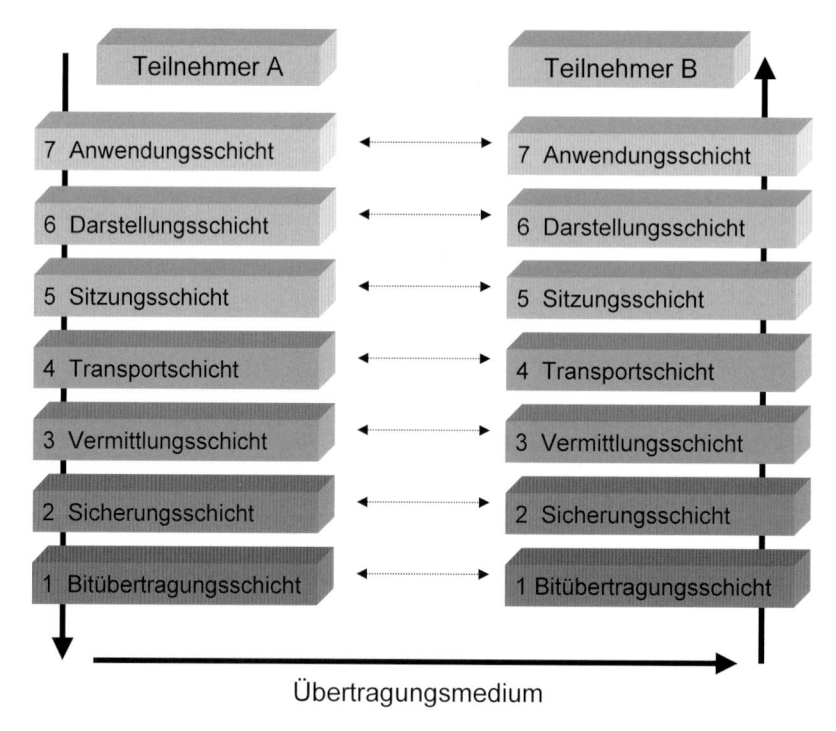

Bild 1.13 ISO-OSI-Referenzmodell

Dabei haben die verschiedenen Schichten unterschiedliche Aufgaben:

Tabelle 1.2 Aufgaben der Übertragungsschichten

Schicht	Aufgabe
1 Physical Layer	Die Bitübertragungsschicht definiert die elektrische, mechanische und funktionale Schnittstelle zum Übertragungsmedium. Die Protokolle dieser Schicht unterscheiden sich nur nach dem eingesetzten Übertragungsmedium und -verfahren. Das Übertragungsmedium ist jedoch kein Bestandteil der Schicht 1.
2 Data Link Layer	Die Sicherungsschicht sorgt für eine zuverlässige und funktionierende Verbindung zwischen Endgerät und Übertragungsmedium. Zur Vermeidung von Übertragungsfehlern und Datenverlust enthält diese Schicht Funktionen zur Fehlererkennung, Fehlerbehebung und Datenflusskontrolle. Auf dieser Schicht findet auch die physikalische Adressierung von Datenpaketen statt.
3 Network Layer	Die Vermittlungsschicht steuert die zeitlich und logisch getrennte Kommunikation zwischen den Endgeräten, unabhängig vom Übertragungsmedium und -topologie. Auf dieser Schicht erfolgt erstmals die logische Adressierung der Endgeräte. Die Adressierung ist eng mit dem Routing (Wegfindung vom Sender zum Empfänger) verbunden.
4 Transport Layer	Die Transportschicht ist das Bindeglied zwischen den transportorientierten und anwendungsorientierten Schichten. Hier werden die Datenpakete einer Anwendung zugeordnet.
5 Session Layer	Die Kommunikationsschicht organisiert die Verbindungen zwischen den Endsystemen. Dazu sind Steuerungs- und Kontrollmechanismen für die Verbindung und dem Datenaustausch implementiert.
6 Presentation Layer	Die Darstellungsschicht wandelt die Daten in verschiedene Codes und Formate. Diese Schicht wandelt die Daten für die bzw. von der Anwendungsschicht in ein geeignetes Format um.
7 Application Layer	Die Anwendungsschicht stellt Funktionen für die Anwendungen zu Verfügung. Diese Schicht stellt die Verbindung zu den unteren Schichten her. Auf dieser Ebene findet die Dateneingabe und -ausgabe statt.

Auf den verschiedenen Schichten im ISO/OSI-Modell setzen eine Vielzahl von unterschiedlichen Protokollen auf. Die unterschiedlichen Kommunikationsmedien erlauben ihrerseits eine Fülle von Möglichkeiten, beispielsweise um die Geräte zu konfigurieren, zum Zugriff und zur Analyse der Teilnehmer, für Datei Up- und Downloads und zur Netzwerkdiagnose. Zur Konfiguration eines Teilnehmers im Netzwerk gibt es bekannte Mechanismen aus der IT-Umgebung, wie DHCP (Dynamic Host Configuration Protocol) oder RARP (Reverse Address Resolution Protocol). Im Vergleich zu den Standard-Techniken im EDV bzw. Internet-Umfeld, werden in der Automatisierung heute zwar die Protokolle und Dienste genutzt, aber vielfach werden die Geräte bei der Projektierung Schritt für Schritt in Bertrieb genommen, weil eine entsprechende Infrastruktur in vielen Fällen nicht zur Verfügung steht. Bei der Verwendung von DCHP benötigen die Teilnehmer auch einen entsprechenden DHCP-Server. Meldet man sich temporär über einen Internet Service Provider im Internet an, bekommt man für die Dauer der Session dynamisch eine IP-Adresse seines Providers zugewiesen. Wird die Session geschlossen, steht diese IP-Adresse wieder anderen Anwendern zur Verfügung. Solch ein Verfahren kann grundsätzlich auch in der Automatisierung angewendet werden, allerdings steht in den seltensten Fällen ein DHCP-Server für eine Produktionsanlage zur Verfügung.

Ähnliches gilt auch für die Vergabe von Namen oder Zuordnungen in Industrie-Applikationen. Die verschiedenen Protokollschichten werden häufig auch als Stack bezeichnet. Stack ist dabei die englische Bezeichnung für die zu verarbeitenden Protokollstapel. Innerhalb des Stacks sind also viele einzelne Protokollschichten ineinander „gestapelt". Genau diese Tatsache hat dafür gesorgt, dass man in der Automatisierungstechnik überhaupt über andere Kommunikationsmöglichkeiten nachdenken musste, denn die Bearbeitung des aufwändigen, in der EDV standardmäßig verwendeten, TCP/IP-Stacks ist für E/A-Geräte nicht in einer adäquaten Zeit möglich.

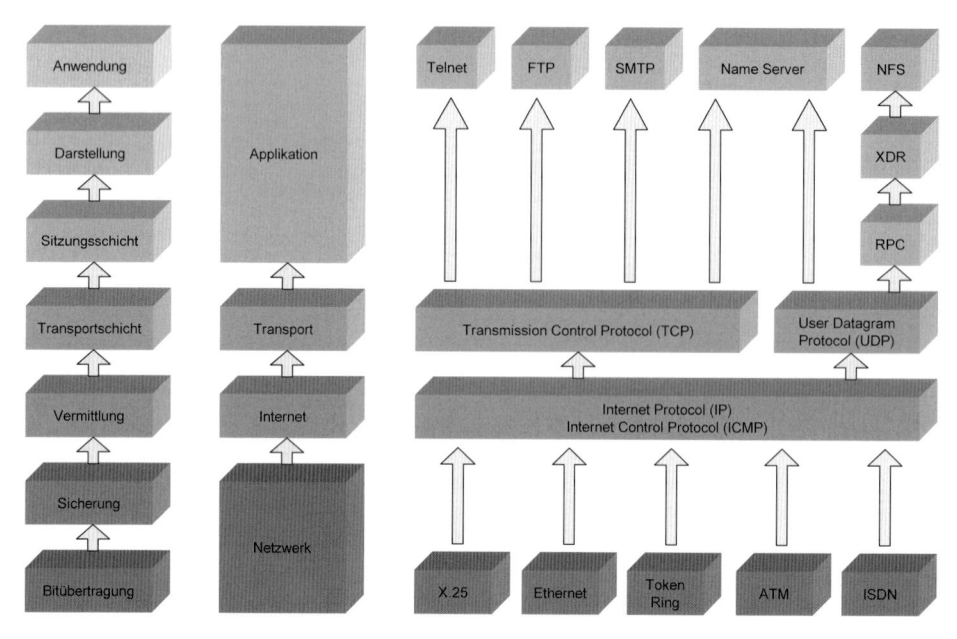

Bild 1.14 *Protokolle im ISO-OSI-Modell*

1.4.3 Prompt-Befehle der Eingabeaufforderung

Tabelle 1.3 Prompt-Befehle

Befehl	Funktion und Zusatzbefehle
arp = address resolution protocol	Ändert und zeigt die Übersetzungstabellen für IP-Adressen / physische Adressen an, die vom ARP (Address Resolution Protocol) verwendet werden. Syntax: ARP –s IP_Adr Eth_Adr [Schnittst] ARP -d IP_Adr [Schnittst] ARP -a [IP_Adr] [-N Schnittst] arp –a zeigt aktuelle ARP-Einträge durch Abfrage der Protokolldaten an. Falls IP-Adressen angegeben wurden, werden die IP- und physikalische Adresse für den angegebenen Teilnehmer angezeigt. Wenn mehr als eine Netzwerkschnittstelle ARP verwendet, werden die Einträge für jede ARP-Tabelle angezeigt. Die ARP-Tabelle ist leer, wenn noch keine Verbindung mit anderen Rechnern aufgenommen wurde.
Finger	Zeigt Informationen über einen oder mehrere Benutzer auf dem angegebenen Host an. Diesen Befehl gibt es nicht unter Windows 9x.
ftp = file transfer protocol	Starten einer FTP-Sitzung. Befehlsübersicht mit ?. Beenden mit quit. Hier ist als Alternative für interaktive Aktionen ein Programm mit graphischer Oberfläche wie WSFTP oder CuteFTP weitaus angenehmer.

1.4 Netzwerktypen

Tabelle 1.3 Prompt-Befehle (Forts.)

Befehl	Funktion und Zusatzbefehle
ipconfig = IP configuration	Gibt Auskunft über die eigene IP-Adresse, die Subnet Mask, das Standard-Gateway. Syntax: ipconfig [/?	/all	/renew [Adapter]	/release [Adapter]	/flushdns	/displaydns	/registerdns	/showclassid adapter	/setclassid adapter [Klassenkennung] Optionen: /? Zeigt die Hilfe an. /all Zeigt alle Konfigurationsinformationen an. /release Gibt die IP-Adresse für den angegebenen Adapter frei. /renew Erneuert die IP-Adresse für den angegebenen Adapter. /flushdns Leert den DNS-Auflösungscache./registerdns, aktualisiert alle DHCP-Leases und registriert DNS-Namen. /displaydns Zeigt den Inhalt des DNS-Auflösungscaches an. /showclassid Zeigt alle DHCP-Klassenkennungen an, die für diesen Adapter zugelassen sind. /setclassid Ändert die DHCP-Klassenkennung. Für Adapter/Verbindungsname sind auch Platzhalter * und ? zulässig.
ipconfig /all	Gibt auch Auskunft über alle Netzwerkkarten einschl. MAC Adresse.
ipxroute	Netware Link IPX-Routingprogramm
nbtstat	NetBIOS über TCP/IP Statistik nbtstat -n zeigt lokale NetBIOS Namen an
net	NET CONFIG zeigt Computername, Benutzername, Arbeitsgruppe, Arbeitsstation an. NET USE stellt die Verbindung zu einer freigegebenen Ressource her, trennt eine solche Verbindung oder zeigt Informationen über bestehende Verbindungen an. **Netsh** Umfangreiches Netzwerk Programm mit vielen Unterfunktionen, Den Befehl gibt es ab Windows 2000, nicht unter 9x/ME. Syntax: netsh [-a Aliasdatei] [-c Kontext] [-r Remotecomputer] [Befehl	-f Skriptdatei]
Befehle	? Zeigt eine Liste der Befehle an. add Fügt der Liste einen Konfigurationseintrag zu. bridge Wechselt zum "netsh bridge"-Kontext. delete Löscht einen Konfigurationseintrag aus der Liste der Einträge. diag Wechselt zum "netsh diag"-Kontext. dump Zeigt ein Konfigurationsskript an. exec Führt eine Skriptdatei aus. firewall Wechselt zum "netsh firewall"-Kontext. help Zeigt eine Liste der Befehle an. ras Wechselt zum "netsh ras"-Kontext. routing Wechselt zum "netsh routing"-Kontext. set Aktualisiert Konfigurationseinstellungen. show Zeigt Informationen an. winsock Wechselt zum "netsh winsock"-Kontext.
netstat = network statistics	netstat -e zeigt eine Schnittstellenstatistik an mit Angabe der gesendeten und empfangenen Bytes und Pakete. netstat -a zeigt die aktiven Verbindungen über die vorhandenen Ports an.
ping = Packet InterNet Groper	Syntax: ping <Name> Oder ping <IP-Adresse> Damit kann überprüft werden, ob eine Netzwerkverbindung zu dem Rechner mit dem angegebenen Argument besteht.

Tabelle 1.3 *Prompt-Befehle (Forts.)*

Befehl	Funktion und Zusatzbefehle
rcp = remote copy	Damit werden Dateien auf Host Teilnehmern kopiert, ohne dass die Dateien lokal zwischengespeichert werden. Dieser Befehl ist in Windows 9x nicht enthalten.
telnet = telecommunication network	Syntax:telnet <IP-Adresse> Oder telnet <Name> Beim Aufruf von Telnet öffnet sich in der Regel ein neues Fenster und man startet eine Sitzung im Textkommando-Modus. Mit Telnet kann man sich remote auf einen anderen Rechner oder Server aufschalten. Der andere Rechner muss dafür bereit sein, d. h. als Telnet Server laufen. Der eigene Rechner bzw. das gestartete Telnetfenster ist ein Terminal des anderen Teilnehmers.
tftp = trivial file transfer protocol	Senden oder Empfangen von Dateien mit Teilnehmern, die den tftp-Dienst gestartet haben. Es wird das UDP-Protokoll verwendet. Dieser Befehl ist in Windows 9x nicht enthalten.
tracert = trace route unter Windows	Syntax:tracert <Name> Oder tracert <IP Adresse> Damit kann überprüft werden, ob eine IP-Netzwerkverbindung zu einem anderen Rechner besteht und welcher Weg dabei beschritten wird. Bei bekannter IP-Adresse können Namen ermittelt werden, oder bei bekannten Namen die IP-Adressen.
winipcfg = Windows IP Configuration	Es öffnet sich ein neues Fenster. Angezeigt werden der Hostname, IP-Adresse, Netzwerkkartenadressen (Physische Adresse, MAC Adresse) etc. des eigenen Rechners.

MAC-Adressen

Die MAC-Adresse (<u>M</u>edia <u>A</u>ccess <u>C</u>ontrol) ist die Hardware-Adresse von aktiven Netzwerkkomponenten. Netzwerkgeräte brauchen nur dann eine MAC-Adresse, wenn sie aktiv im Netzwerk, also auch auf der Anwendungsschicht kommunizieren können sollen. Leitet das Gerät wie ein Hub die Netzwerkpakete nur weiter, ist es auf der Sicherungsschicht nicht sichtbar und benötigt keine MAC-Adresse. Unmanaged Switches untersuchen zwar die Pakete der Sicherungsschicht, um das Netzwerk physikalisch in mehrere Kollisionsdomänen aufzuteilen, nehmen aber selbst nicht aktiv an der Kommunikation teil, brauchen also ebenfalls keine MAC-Adresse.

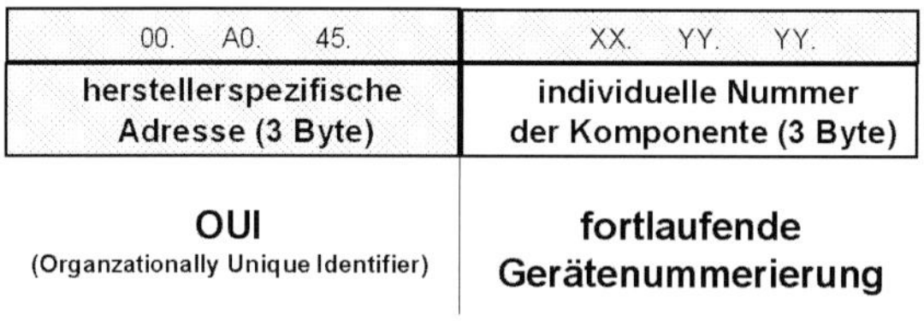

00. A0. 45.	XX. YY. YY.
herstellerspezifische Adresse (3 Byte)	individuelle Nummer der Komponente (3 Byte)
OUI (Organzationally Unique Identifier)	fortlaufende Gerätenummerierung

Bild 1.15 *Aufbau der MAC-Adressen*

Auf dem gemeinsamen Übertragungsmedium eines Lokalnetzwerkes benötigt jede aktive Station eine eindeutige Adresse. Diese wird als Ethernet-Adresse, physikalische Adresse, Stationsadresse, Adapter Card Address oder eben MAC-Adresse bezeichnet. Sie ist vom Hersteller des Ethernet-Controllers vergeben und in einem ROM (Read-Only Memory) auf dem Teilnehmer nichtflüchtig gespeichert.

1.4 Netzwerktypen 25

Die Ethernet-Adresse hat eine feste Länge von 48 Bit (6 Bytes) und ist in zwei Gruppen von je 3 Bytes aufgeteilt. Die erste enthält den Adresstyp und die Hersteller-Kennzeichnung des Ethernet-Controllers, die zweite ist eine Seriennummer des Controllers. Dies erlaubt die folgende Anzahl der Ethernet-Teilnehmer:

- D47, D46 reserviert (Adresstyp)
- D45 bis D24 Hersteller-Identifikation: $(2^{22} - 2) = 4\,194\,302$ Hersteller
- D23 bis D0 Seriennummer: $(2^{24} - 2) = 16\,777\,214$ Controller pro Hersteller

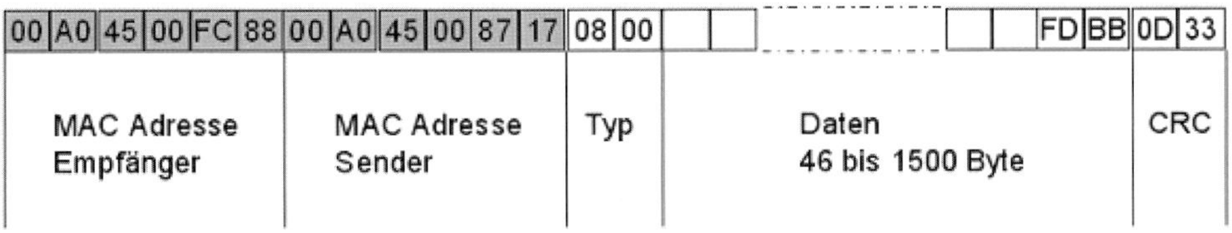

00	A0	45	00	FC	88	00	A0	45	00	87	17	08	00					FD	BB	0D	33
MAC Adresse Empfänger			MAC Adresse Sender			Typ		Daten 46 bis 1500 Byte								CRC		

Bild 1.16 *Aufbau von Ethernet-Frames*

Die Ethernet-Adressen sind weltweit theoretisch eindeutig, d. h. die gleiche Ethernet-Adresse wird nie mehrfach verwendet. Sie wird durch das IEEE (Institute of Electrical and Electronics Engineers, New York, USA) zentral verwaltet. Jeder Hersteller von Ethernet-Controllern muss sich beim IEEE um eine entsprechende Hersteller-Identifikation bewerben.

Vom IEEE kann auch eine Liste aller vergebenen und veröffentlichten Hersteller-Identifikationen (Company ID's) bezogen werden. Der Hersteller ist dafür verantwortlich, dass er die gleiche Seriennummer (D23 – D0) nicht mehrmals verwendet.

Rundspruchadresse (**Broadcast**): Beim Senden eines Packets zu einer individuellen Station ist das Destination-Address-Bit D47 = 0. Setzt der Sender D47 = 1 und D46 = 1, so ist es eine Gruppenadresse, d. h. das Packet geht an mehrere Empfänger. Sind D45 bis D0 = 1, so ist es eine Broadcast-Adresse (FF'FF'FF'FF'FF'FFH). Alle Stationen auf dem Ethernet nehmen diese Meldung auf, leiten sie an ihre Kommunikationssoftware weiter und geben keine Antwort.

Gruppenadresse (**Multicast**): Erkennt der Empfänger in der Destination-Adresse D47 = 1, so prüft er D31. Findet er D31 = 1, so ist es eine Rundspruchadresse; ist aber D31 = 0, so ist es eine Gruppenadresse, D30 bis D0 sind die Gruppenidentifikationen. Die Zuteilung von global verwalteten, d. h. weltweit eindeutigen Gruppenadressen (D46 = 0), geschieht ebenfalls durch das IEEE.

1.4.4 IP-Parameter

Das Internet Protocol (IP) ist wohl das am weitesten verbreitetste Netzwerkprotokoll. Es ist eine (oder besser die) Implementierung der Internet-Schicht des TCP/IP-Modells bzw. der Vermittlungs-Schicht des OSI-Modells. Neben den Internet-Anwendungen wird das IP-Protokoll aber auch in Automatisierungsanwendungen genutzt, denn IP bildet die erste vom Übertragungsmedium unabhängige Schicht der Internet-Protokoll-Familie. Im Gegensatz zu der physikalischen Adressierung (mittels MAC-Adresse) der darunter liegenden Schicht, bietet IP logische Adressierung. Das bedeutet, dass mittels IP-Adresse und Subnetzmaske (subnet mask) Teilnehmer innerhalb eines Netzwerkes in logische Einheiten, so genannte Subnetze, gruppiert werden können. Dabei wird heute typischerweise eine 32-Bit-Adresse verwendet. Auf Grund der eingeschränkten Möglichkeiten der Adressierung von „nur" ca. 4,3 Milliarden Teilnehmern und zusätzlich zu implemtierenden Funktionen wird zukünftig auch das sogenannte IPv6 eingesetzt.

Das Internet Protokoll (IP) erfüllt die Aufgabe, Datagramme von einem Teilnehmer zu einem anderen im selben oder in einem verbundenen Netz zu übertragen. Die Bezeichnung Internet bringt zum Ausdruck, dass jeder Teilnehmer jeden anderen Teilnehmer ebenso einfach erreichen kann, unabhängig davon, ob er sich im selben Netz oder in einem anderen Netz befindet. Die verschiedenen Netzwerke sind dabei über Router verbunden, welche anhand der Internet-Adressen der Empfänger die Vermittlung der Datagramme durchführen. IP stellt damit einen Datagramm-Übertragungsweg vom Sender zum Empfänger zur Verfügung, der unabhängig von der Anzahl, von den Eigenschaften oder von den Leistungsdaten der durchlaufenen Netzwerke ist.

Ein IP-Benutzer (hier das TCP-Protokoll) muss sich nicht um die Parameter (Datenrate, maximale Paketlänge etc.) der Netzwerke kümmern. IP passt die Datagramme in jedem Rechner und in jedem Router automatisch den Eigenschaften des benutzten Netzwerks an. Die Router sind sogar in der Lage, verschiedene Pfade durch einen Netzwerkverbund zu wählen und damit Netzstörungen oder Überlastungen zu umgehen.

IP ist, wie Ethernet, ein unzuverlässiges Übertragungsprotokoll. IP garantiert weder, dass ein im Sender angenommenes Datagramm wirklich beim Empfänger abgeliefert wird (Datagramm-Verlust), noch, dass die Reihenfolge der Datagramme beim Empfänger stimmt. In gewissen Fällen kann das gleiche Datagramm sogar mehrfach abgeliefert werden. IP macht nur die Netzwerkstruktur transparent, was bereits einen großen Kommunikationssoftwareaufwand bedeutet!

Das IP erhält von der übergeordneten Kommunikationssoftware (TCP) ein Datagramm mit Source- und Destination-Adresse. Das IP zerlegt im Sender das Datagramm in kleinere Fragmente (falls das Kommunikationsnetzwerk dies verlangt), wählt für jedes Datagramm oder Fragment das momentan optimale Kommunikationsnetzwerk für die Übertragung (falls mehrere Möglichkeiten bestehen) und sendet das Datagramm, bzw. Fragment ab. Damit ist die Aufgabe des Senders erfüllt.

Das Internet-Protokoll verwendet eine 32Bit-Adresse, die typischerweise in dezimaler Notation angegeben wird. Die Dotted decimal notation (Dezimalschreibweise mit Punkt) ist die gängige Darstellung von IP-Adressen und Netzwerkmasken in IP Version 4. Hierbei wird jedes der vier Oktetts in eine Dezimalzahl umgewandelt, und die Zahlen mit einem Punkt dazwischen aneinandergehängt. Diese Schreibweise ist nur eine Konvention, auf Maschinenebene sind IP-Adressen und Netzwerkmasken 32-Bit-Binärzahlen. Der dezimale Wert eines jeden Bytes wird, durch Punkte getrennt, von links nach rechts geschrieben, z. B.: 192.168.100.25

Auswahl von IP-Parametern

Bei der Verwendung von IP (Internet Protocol) ist es erforderlich, dass jeder Teilnehmer im Netzwerk ein einmaliges Erkennungsmerkmal, die IP-Adresse (genauer IP-Parameter), besitzt. Diese IP-Adresse ist vom Anwender auszuwählen und dem Gerät mitzuteilen.

Normalerweise werden IP-Adressen mit einer der vier Methoden vergeben:

– BootP,

– DHCP,

– Auslieferung mit voreingestellter IP-Adresse, über die die Verbindung zum Konfigurations-Interface hergestellt wird, um eine neue IP-Adresse zu vergeben,
– Einstellung über mechanische Schalter, z. B. über DIP-Schalter.

Aufbau von IP-Adressen

Die IP-Adresse ist eine 32 Bit lange Adresse, die aus Netzwerkteil und Benutzerteil besteht. Der Netzwerkteil besteht aus der Netzklasse und der Netzadresse.

Zur Zeit sind fünf Netzklassen definiert, von denen die Klassen A, B und C für heutige Anwendungen genutzt werden. Die Klassen D und E werden sehr selten genutzt. Daher ist es im Regelfall ausreichend, wenn ein Netzteilnehmer nur die Klassen A, B und C „kennt".

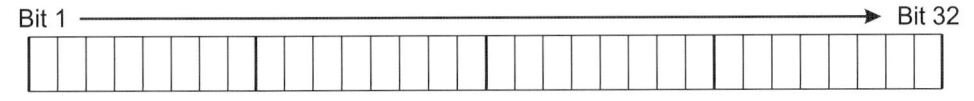

Bild 1.17 *Lage der Bits innerhalb einer IP-Adresse*

Gültige IP-Parameter

Die drei Elemente „IP-Adresse", „Subnetz-Maske" und „Default Gateway/Router" bilden die IP-Parameter.

Gültige IP-Adressen sind:

000.000.000.001 bis 126.255.255.255 und

128.000.000.000 bis 223.255.255.255

Gültige Multicast-Adressen sind:

224.000.000.001 bis 239.255.255.255

Gültige Subnetzmasken sind:

255.000.000.000 bis 255.255.255.252

Default Gateway/Router:

Die IP-Adresse des Gateways/Router muss im gleichen Subnetz liegen, wie die des Switches.

Die Netzklasse wird, bei binärer Darstellung der IP-Adresse, durch die ersten Bits dargestellt. Dabei ist die Anzahl der „Einsen" bis zur ersten „Null" entscheidend. In der nachfolgenden Tabelle ist die Zuordnung der Klassen dargestellt. Die freien Zellen der Tabelle sind für die Netzklasse nicht mehr relevant und gehören schon zur Netzadresse.

Tabelle 1.4 Netzklassen

	Bit 1	Bit 2	Bit 3	Bit 4	Bit 5
Klasse A	0				
Klasse B	1	0			
Klasse C	1	1	0		
Klasse D	1	1	1	0	
Klasse E	1	1	1	1	0

Im Anschluss an die Bits der Netzklasse folgen die Bits der Netzwerkadresse und der Benutzeradresse. Je nach Netzklasse stehen sowohl für die Netzadresse (Netz-ID), als auch für die Benutzeradresse (Host-ID) unterschiedlich viele Bits zur Verfügung.

Tabelle 1.5 *Netzwerkadressen / Netzwerkklassen*

	Netz-ID	Host-ID
Klasse A	7 Bit	24 Bit
Klasse B	14 Bit	16 Bit
Klasse C	21 Bit	8 Bit
Klasse D	28 Bit Multicast-Identifikator	
Klasse E	27 Bit (reserviert)	

Die Darstellung von IP-Adressen kann dezimal oder hexadezimal erfolgen. Um eine logische Zusammengehörigkeit der einzelnen Oktette darzustellen, werden die Oktette, bei dezimaler Darstellung, durch Punkte getrennt (Dotted Decimal Notation).

Durch die Punkte wird die Adresse nicht in Netzwerk- und Benutzeradresse getrennt. Nur die Wertigkeit der ersten Bits (bis zur ersten „Null") gibt Auskunft über Netzklasse und damit über die Anzahl der verbleibenden Bits der Adresse.

Mögliche Adresskombinationen

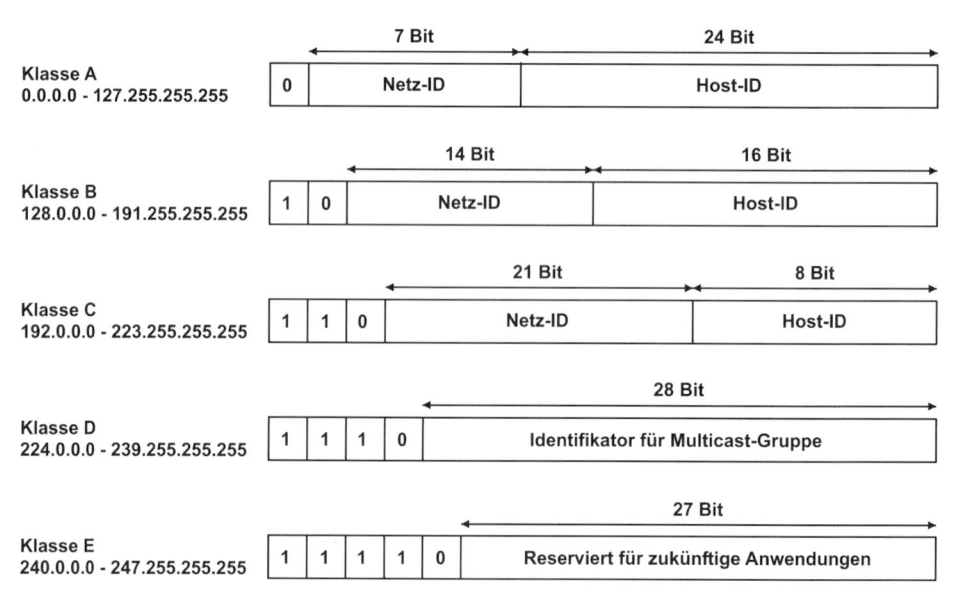

Bild 1.18 *Aufbau von IP-Adressen*

1.4 Netzwerktypen

Tabelle 1.6 Beispielhafte IP-Parameter-Kombinationen

IP-Adresse/ Netzwerk	Adresse	Netzmaske	Adressen im Netzwerk	Broadcast
0.0.0.0	-	0.0.0.0	alle	-
10.0.0.44	10.0.0.44	255.0.0.0	10.0.0.1 bis 10.255.255.254	10.255.255.255
134.60.1.111	134.60.1.111	255.255.0.0	134.60.0.1 bis 134.60.255.254	134.60.255.255
192.168.0.1	192.168.0.1	255.255.255.0	192.168.0.1 bis 192.168.0.254	192.168.0.255
192.168.10.23	192.168.10.23	255.255.255.255	192.168.10.23	-

IP-Sonderadressen für spezielle Anwendungen

Einige IP-Adressen sind reserviert, um Sonderfunktionen zu ermöglichen. Die nachfolgend aufgeführten Adressen sollten nicht als Standard-IP-Adressen vergeben werden.

127.x.x.x-Adressen

Die Klasse-A-Netzadresse „127" ist bei allen Rechnern, unabhängig von der Netzklasse, für eine sogenannte Loopback-Funktion reserviert. Diese Loopback-Funktion darf ausschließlich zu internen Testzwecken der vernetzten Rechner genutzt werden.

Wird ein Telegramm mit dem Wert 127 im ersten Oktett an einen Rechner adressiert, so schickt der Empfänger das Telegramm umgehend an den Sender zurück.

Auf diese Weise kann geprüft werden, ob z. B. die TCP/IP-Software korrekt installiert und konfiguriert ist.

Da die Schichten 1 und 2 des ISO/OSI-Modells nicht in den Test einbezogen sind, sollte zur vollständigen Prüfung die Ping-Funktion verwendet werden.

Wert 255 im Oktett

Der Wert 255 ist als Broadcast-Adresse definiert. Dabei wird das Telegramm an alle Rechner gesendet, die sich im gleichen Netzwerkteil befinden. Beispiele: 004.255.255.255, 198.2.7.255 oder 255.255.255.255 (alle Rechner in allen Netzen). Falls das Netzwerk in Subnetze unterteilt ist, müssen die Subnetz-Masken bei der Berechnung berücksichtigt werden, andernfalls werden nicht alle Teilnehmer erreicht. Vereinfacht kann gesagt werden, dass die letzte Adresse eines Bereiches als Broadcast-Adresse reserviert ist.

0.x.x.x-Adressen

Der Wert 0 ist als Kennung des eigenen Netzes vergeben. Enthält die IP-Adresse am Anfang eine Null, dann befindet sich der Empfänger im eigenen Netz. Beispiel: 0.2.1.1, gemeint ist der Teilnehmer 2.1.1 in diesem Netz.

Nach einer älteren Definition ist die Null als Broadcast-Adresse vorgesehen. Falls Sie ältere Geräte betreiben, kann es bei Benutzung der IP-Adresse 0.x.x.x zu ungewollten Broadcast und damit zu einer totalen Überlastung des Netzes (Broadcaststorm) kommen.

Subnetze

Router und Gateways unterteilen große Netze in mehrere Subnetze. Durch die Subnetzmaske werden die IP-Adressen der einzelnen Geräte bestimmten Subnetzen zugeordnet. Der Netzwerkteil einer IP-Adresse wird durch die Subnetzmaske nicht verändert. Aus der Benutzeradresse und der Subnetzmaske wird eine erweiterte IP-Adresse generiert. Da das maskierte Subnetz nur den lokalen Rechnern bekannt ist, erscheint allen anderen Teilnehmern diese erweiterte IP-Adresse wie eine Standard-IP-Adresse.

Die Zuordnung von IP-Adressen zu Subnetzen und die Bezeichnung des Subnetzes erfolgen durch Angabe einer IP-Adresse und einer Netzmaske. Dabei bestimmt die Netzmaske die Bits der IP-Adresse, die für alle IP-Adressen des Subnetzes gleich sind. Die restlichen Bits können variieren und bestimmen den Adressraum.

Die erste IP-Adresse (alle Hostbits auf 0) eines Subnetzes adressiert das Subnetz selbst (Netzwerkkennung) und kann deshalb keinem Host zugewiesen werden

Die letzte IP-Adresse (alle Hostbits auf 1) eines Subnetzes dient als Broadcast-Adresse für das Netz und kann ebenfalls keinem Host zugewiesen werden. Es gibt einige IP-Bereiche, die für spezielle Zwecke vorgesehen sind. Dazu gehören z. B. die Loopback-Adresse oder private IP-Adressen.

Alle Rechner mit der gleichen Netzwerkadresse gehören zu einem Netz und sind untereinander erreichbar. Je nach Zahl der zu koppelnden Rechner wird die Netzwerkklasse gewählt. In einem Netz der Klasse C können z. B. 254 verschiedene Rechner gekoppelt werden (Rechneradresse 1 bis 254). Die Hostadresse 0 wird für die Identifikation des Netzes benötigt und die Adresse 255 für Broadcast-(Rundruf-) Meldungen. Zur Kommunikation von Netzen unterschiedlicher Adressen muss eine spezielle Hardware- oder Softwarekomponente, ein Router, eingesetzt werden.

Ein Router arbeitet auf der Netzwerkschicht des OSI-Modells und kann durch bitweise Verundung von Netzmaske und IP-Adresse ermitteln, ob letztere zum eigenen oder in anderes Subnetz gehört. Dadurch sind Router in der Lage, Subnetze zu verbinden.

Damit man nun lokale Netze ohne Internetanbindung mit TCP/IP betreiben kann, ohne IP-Nummern beantragen zu müssen und um auch einzelne Rechnerverbindungen testen zu können, gibt es einen ausgesuchten Nummernkreis, der von keinem Router nach außen gegeben wird. Es gibt ein Class-A-Netz, 16 Class-B-Netze und 255 Class-C-Netze:

Class-A-Netz: 10.0.0.0 – 10.255.255.255

Class-B-Netze: 172.16.0.0 – 172.31.255.255

Class-C-Netze: 192.168.0.0 – 192.168.255.255

Tabelle 1.7 Klasse-A-Netze

Netzanteil in Bit	Hostanteil in Bit	Subnetzanzahl	Hostanzahl pro Subnetz	Subnetzmaske
8	24	1	256*65536	255.0.0.0
9	23	2	128*65536	255.128.0.0
10	22	4	64*65536	255.192.0.0
11	21	8	32*65536	255.224.0.0

Tabelle 1.7 Klasse-A-Netze (Forts.)

Netzanteil in Bit	Hostanteil in Bit	Subnetzanzahl	Hostanzahl pro Subnetz	Subnetzmaske
12	20	16	16*65536	255.240.0.0
13	19	32	8*65536	255.248.0.0
14	18	64	4*65536	255.252.0.0
15	17	128	2*65536	255.254.0.0

Tabelle 1.8 Klasse-B-Netze

Netzanteil in Bit	Hostanteil in Bit	Subnetzanzahl	Hostanzahl pro Subnetz	Subnetzmaske
16	16	1	65536	255.255.0.0
17	15	2	128*256	255.255.128.0
18	14	4	64*256	255.255.192.0
19	13	8	32*256	255.255.224.0
20	12	16	16*256	255.255.240.0
21	11	32	8*256	255.255.248.0
22	10	64	4*256	255.255.252.0
23	9	128	2*256	255.255.254.0

Tabelle 1.9 Klasse-C-Netze

Netzanteil in Bit	Hostanteil in Bit	Subnetzanzahl	Hostanzahl pro Subnetz	Subnetzmaske
24	8	1	256	255.255.255.0
25	7	2	128	255.255.255.128
26	6	4	64	255.255.255.192
27	5	8	32	255.255.255.224
28	4	16	16	255.255.255.240
29	3	32	8	255.255.255.248
30	2	64	4	255.255.255.252

Aufbau der Netzmaske

Die Netzmaske enthält grundsätzlich die gleiche Anzahl an Bits wie eine IP-Adresse. Dabei wird bei der Netzmaske die gleiche Anzahl der Bits (an der gleichen Position) auf „Eins" gesetzt, die bei der IP-Adresse die Netzklasse widerspiegeln.

Beispiel: Eine IP-Adresse der Klasse A enthält ein Byte Netzadresse und drei Bytes Rechneradresse. Dem entsprechend darf das erste Byte der Subnetzmaske nur „Einsen" enthalten.

Die verbleibenden Bits (drei Byte) enthalten dann die Adresse des Subnetzes und des Rechners. Durch eine UND-Verknüpfung der Bits der IP-Adresse und der Bits der Subnetz-Maske entsteht dann die erweiterte IP-Adresse. Da das Subnetz nur den lokalen Teilnehmern bekannt ist, erscheint eine solche IP-Adresse allen anderen Teilnehmern wie eine „normale" IP-Adresse.

Anwendung

Ergibt die UND-Verknüpfung der Adress-Bits die eigene, lokale Netzadresse und die lokale Subnetzadresse, so befindet sich der Teilnehmer im lokalen Netz. Erbringt die UND-Verknüpfung ein anderes Resultat, wird das Datentelegramm an den Subnetzrouter gesendet.

Beispiel für eine Subnetzmaske der Klasse B:

```
Dezimale Darstellung:    255.255.192.0

Binäre Darstellung:      1111 1111.1111 1111.1100 0000.0000 0000
                                                  └┘
                                                  Subnetzmaskenbits
                         └──────────────────┘
                                Klasse B
```

Durch diese Subnetzmaske unterscheidet die TCP/IP-Protokollsoftware zwischen den Geräten, die an das lokale Subnetz angeschlossen sind und den Geräten, die sich in anderen Subnetzen befinden.

Beispiel: Teilnehmer 1 mit der oben dargestellten Subnetzmaske möchte eine Verbindung mit Teilnehmer 2 aufbauen. Teilnehmer 2 hat die IP-Adresse 59.EA.55.32.

Darstellung der IP-Adresse von Teilnehmer 2:

Hexadezimale Darstellung: 59.EA.55.32

Binäre Darstellung: 0101 1001.1110 1010.0101 0101.0011 0010

Um festzustellen, ob der Teilnehmer 2 sich im lokalen Subnetz befindet, führt die Software jetzt eine bitweise UND-Verknüpfung sowohl der eigenen Subnetzmaske und der eigenen IP-Adresse als auch der Subnetzmaske von Teilnehmer 2 und der IP-Adresse von Teilnehmer 2 durch. Sind die Ergebnisse der UND-Verknüpfung identisch, liegen beide im selben Subnetz, weichen die Verknüpfungsergebnisse von einander ab, werden die Pakete an den Router / an das Standard-Gateway geleitet.

UND-Verknüpfung von Subnetzmaske und IP-Adresse von Teilnehmer 2:

```
Subnetzmaske:          1111 1111. 1111 1111.1100 0000.0000 0000
            UND
IP-Adresse:            0101 1001.1110 1010.0101 0101.0011 0010
_____
Verknüpfungsergebnis:  0101 1001.1110 1010.0100 0000.0000 0000
```

Konfiguration

Das **Bootstrap Protocol** (BootP) dient dazu, einem Computer in einem TCP/IP-Netzwerk eine IP-Adresse und eine Reihe weiterer Parameter zuzuweisen.

Verwendet wird BootP zum Beispiel zur Einstellung der Netzwerkadresse von Terminals und plattenlosen Workstations, die ihr Betriebssystem von einem Bootserver beziehen. Die Übertragung des Betriebsprogramms geschieht dann üblicherweise über das TFTP-Protokoll. Daneben können einige Peripheriegeräte wie beispielsweise Netzwerkdrucker das BootP-Protokoll zur Ermittlung ihrer IP-Adresse und Netzwerkkonfiguration (Subnetz/Gateway) verwenden.

1.4 Netzwerktypen

Früher wurde das RARP-Protokoll zur Ermittlung der IP-Adresse bei plattenlosen Geräten verwendet. Im Gegensatz zu RARP, das ausschließlich die IP-Adresse liefert, besitzt BootP eine ganze Reihe von Parametern, insbesondere können Subnetzmaske, Gateway sowie Bootserver übermittelt werden. Zur Konfiguration von Workstations und PCs reichen diese jedoch nicht aus, da hier zusätzliche Einstellungen wie Drucker, Zeitserver und andere nötig sind. Das DHCP-Protokoll stellt eine Erweiterung der BootP-Parameter dar.

Der Ablauf einer BootP Anfrage besteht aus einer Anforderung und einer Antwort:

Die BootP-Anforderung

Beim Einschalten des festplattenlosen Rechners kennt dieser weder seine eigene IP-Adresse noch die des BootP-Servers. Es wird ein Bootrequest gesendet. Dies ist ein normales IP/UDP Paket. Als Absender wird, da nichts anderes bekannt ist, die Adresse 0.0.0.0 eingesetzt. Die Empfängeradresse ist die 255.255.255.255, was als Broadcast im eigenen Netz interpretiert wird. (Der BootP-Client kennt schließlich auch die Netznummer nicht.)

Ein Bootrequest von einem Client wird immer auf dem Zielport 67 (BootP Server) gesendet. Anschließend lauscht der Client auf dem Port 68 (BootP Client), auf dem die Bootreply gesendet wird.

Dass zwei reservierte Ports verwendet werden, ist nicht bei jeder IP-Verbindung so. Die meisten Protokolle verwenden als Ausgangs-Port (der Port vom Client) eine zufällige Portnummer. Auf diesem Port wird dann auch die Antwort des Servers erwartet.

Beim BootP-Protokoll würde dies jedoch nicht funktionieren, da die Antwort des BootP-Servers (Bootreply) nicht unbedingt auf eine bestimmte Zieladresse gesendet wird, sondern auch als Broadcast an alle Station im eigenen Subnetz gehen kann. Würden keine festen Portnummern verwendet werden, könnte es vorkommen dass ein anderer Host gerade auf dem gleichen Port lauscht, jedoch etwas ganz anderes erwartet.

Mit dem Bootrequest sendet der Client einige Informationen über sich: Das wichtigste ist die eigene Hardware-Adresse der Netzwerkkarte (MAC-Adresse). Dies ist das einzige Erkennungsmerkmal der Station. Der Client generiert außerdem eine 4 Byte lange Zufallszahl, die im Bootreply wieder auftauchen muss. Weiterhin ist ein Timer vorgesehen, der zählt wie lange der Client schon auf sein Bootreply wartet.

Die BootP-Antwort

Bekommt der BootP-Server eine gültige Anfrage auf dem entsprechenden Port, so betrachtet dieser zunächst die MAC-Adresse. Die MAC-Adresse aus der Anfrage wird mit einer Datenbank verglichen, in der die MAC-Adressen den IP-Adressen zugeordnet sind. Wird für die Anfrage ein Eintrag gefunden, gibt der Server eine Antwort (Bootreply). Meist wird die Antwort auch einfach als Broadcast gesendet, es ist jedoch auch möglich die ARP-Tabelle des Clients manuell zu bearbeiten. Die Möglichkeit hierfür muss jedoch der Kernel bieten. Wird die Antwort als Broadcast gesendet, enthält diese folgende Informationen:

- Die Hardware-Adresse des Clients. Der Client erwartet eine Antwort mit seiner Hardware-Adresse, um zu erkennen, dass das Paket für ihn ist.
- Die Zufallszahl, die in der Anfrage vom Client erzeugt wurde.
- Das wichtigste überhaupt: Die IP-Adresse der Client-Maschine.

- Die IP-Adresse und der Hostname des Boot-Servers. Von dort kann im nächsten Schritt über TFTP ein Betriebssystem geladen werden.
- Der Name und die Pfadangabe der Bootdatei. Die Bootdatei enthält den Kernel, der anschließend mit TFTP übertragen wird.
- Name des Verzeichnisses, das vom Kernel über NFS als root (/) Partition eingebunden werden soll.

Der festplattenlose BootP-Client lauscht also auf dem vorgegebenen Port, und wartet auf eine Antwort vom Server. Empfängt er ein Paket, wird die MAC-Adresse mit der eigenen, sowie die Zufallszahl mit der gesendeten verglichen. Erkennt der Client, dass die Antwort für ihn gedacht ist, wird die IP-Adresse dem Netzwerk-Interface zugewiesen.

Das DHCP (Dynamic Host Configuration Protocol) ermöglicht mit Hilfe eines entsprechenden Servers die dynamische Zuweisung einer IP-Adresse und weiterer Konfigurationsparameter an Computer in einem Netzwerk (z. B. Internet oder LAN).

Konzept

Durch DHCP ist die Einbindung eines neuen Computers in ein bestehendes Netzwerk ohne weitere Konfiguration möglich. Es muss lediglich der automatische Bezug der IP-Adresse am Client eingestellt werden. Ohne DHCP ist ein relativ aufwändiges Setup nötig, das neben der IP-Adresse die Eingabe weiterer Parameter wie Netzmaske, Gateway, DNS-Server, WINS-Server usw. verlangt. Per DHCP kann ein DHCP-Server diese Parameter beim Starten eines neuen Rechners (DHCP-Client) automatisch vergeben.

DHCP verwendet das BootP-Protokoll, mit dem sich laufwerklose Workstations realisieren lassen, die sich zunächst eine IP-Adresse vom BootP-Server holen, und anschließend ein Kernel-Image aus dem Netz nachladen, mit dem sie dann booten. DHCP ist weitgehend kompatibel zu BootP und kann mit BootP-Clients und -Servern eingeschränkt zusammenarbeiten.

DHCP wurde im Hinblick auf zwei Einsatzszenarien entwickelt:

- Große Netzwerke mit häufig wechselnder Topologie.
- Anwender, die "einfach nur Netzwerkverbindung" haben wollen und nicht mit Netzwerkkonfiguration belastet werden sollen.

In großen Netzwerken bietet DHCP den Vorteil, dass bei Topologieänderungen nicht mehr alle betroffenen Workstations per Hand umkonfiguriert werden müssen, sondern die entsprechenden Vorgaben vom Administrator nur einmal in der Konfigurationsdatei des DHCP-Servers gemacht werden müssen. Auch für Rechner mit häufig wechselndem Standort (z. B. Notebooks) entfällt die fehleranfällige Konfiguration – der Rechner wird einfach ans Netzwerk gesteckt und erfragt alle relevanten Parameter vom DHCP-Server. Dies wird manchmal auch als Plug'n'Play für Netzwerke bezeichnet.

Der DHCP-Server

Der DHCP-Server ist als Daemon (z. B. dhcpd) implementiert und wartet auf UDP-Port 67 auf Client-Anfragen. In seiner Konfigurationsdatei befinden sich Informationen über den zu vergebenden Adresspool. Zusätzliche Angaben über netzwerkrelevante Parameter wie die Subnetzmaske, die lokale DNS-Domäne oder das zu verwendende Gateway komplettieren die Konfigurationsdatei des DHCP-Servers.

Automatische Zuordnung

In diesem Modus wird jedem Client eine IP-Adresse fest und auf unbestimmte Zeit zugeordnet. Der größte Nachteil liegt hier in der Tatsache begründet, dass eine IP-Adresse an die MAC-Adresse des jeweiligen Clients gebunden wird. Sobald die Anzahl der verschiedenen Rechner die der verfügbaren Adressen im Pool überschreitet, können keine Adressen mehr vergeben bzw. muss der Cache des Servers gelöscht werden.

Manuelle Zuordnung

Hier wird der MAC-Adresse des Clients innerhalb der Konfigurationsdatei eine IP-Adresse fest zugeordnet.

Dynamische Zuordnung

Dieses Verfahren gleicht der automatischen Zuordnung, allerdings hat der Server hier in seiner Konfigurationsdatei eine Angabe, wie lange eine bestimmte IP-Adresse an einen Client „vermietet" werden darf, bevor der Client sich erneut beim Server melden und eine „Verlängerung" beantragen sollte. Diese Zeit, die vom Administrator bestimmt werden kann, heißt **Lease**-Zeit.

Ablauf der DHCP-Kommunikation

Initiale Adresszuweisung

Damit der Client einen DHCP-Server nutzen kann, muss sich dieser im selben Subnetz befinden. Befindet sich der DHCP-Server in einem anderen Subnetz muss ein DHCP-Relay installiert werden. Wenn ein Client erstmalig eine IP-Adresse benötigt, schickt er eine DHCPDISCOVER-Nachricht als Netzwerk-Broadcast, an die verfügbaren DHCP-Server (es kann durchaus mehrere davon im gleichen Subnetz geben) die mit DHCPOFFER antworten und einen Vorschlag für eine IP-Adresse machen. Dieser Broadcast hat als Absenderadresse 0.0.0.0 und als Zieladresse 255.255.255.255. Der Client darf nun unter den eingetroffenen Angeboten wählen. Wenn er sich für eines entschieden hat (z. B. wegen längster Lease-Zeit), kontaktiert er den entsprechenden Server mit der Nachricht DHCPREQUEST, woraufhin der Server ihm in einer DHCPACK-Nachricht die IP-Adresse mit den weiteren relevanten Daten übermittelt. Bevor der Client sein Netzwerkinterface mit der zugewiesenen Adresse konfiguriert, sollte er noch prüfen, ob nicht versehentlich noch ein anderer Rechner die Adresse verwendet.

DHCPv6

IPv6 sollte DHCP als eigenständiges Protokoll ursprünglich überflüssig machen, da viele DHCP-Funktionen serienmäßig in IPv6 enthalten sind. Ein IPv6-fähiger Rechner kann aus der MAC-Adresse seines Netzwerk-Interfaces eine Link-lokale IPv6-Adresse errechnen, unter der er dann im lokalen Netz erreichbar ist.

Mit einer Anfrage an eine bestimmte Multicast-Gruppe kann der Client nach erreichbaren Routern suchen und diese als Gateway verwenden.

Es existieren verschiedene Lösungsansätze, wie z. B. eine weitere Multicastgruppe, an der die DNS-Server des lokalen Netzwerks lauschen. Diese sind jedoch bislang nicht standardisiert, so dass man für autokonfiguriertes DNS unter IPv6 bislang auf DHCP angewiesen bleibt.

IPv6

Warum ein neues Internet-Protokoll?

Das alte IPv4 bietet einen Adressraum von etwas über 4 Milliarden IP-Adressen, mit denen Computer und andere Geräte angesprochen werden können. In den Anfangstagen des Internet, als es nur wenige Rechner gab, die eine IP-Adresse brauchten, galt dies als mehr als ausreichend. Kaum jemand konnte sich vorstellen, dass überhaupt jemals so viele Rechner zu einem einzigen Netzwerk zusammengeschlossen würden, dass es im vorgegebenen Adressraum eng werden könnte.

Viele der theoretisch 4 Milliarden IP-Adressen sind in der Praxis nicht nutzbar, da sie Sonderaufgaben dienen (zum Beispiel Multicast) oder zu großen Teilnetzen (Subnetzen) gehören: Den ersten großen Teilnehmern am Internet wurden riesige Adressbereiche (so genannte Class-A-Netze) mit je 16,8 Millionen Adressen zugeteilt, die diese Organisationen bis heute behalten haben, ohne sie jemals voll ausnutzen zu können. Die Amerikaner (und teilweise die Europäer) teilten die relativ wenigen großen Adressbereiche unter sich auf, während die Internet-Späteinsteiger wie Südamerika, aber vor allem Asien, zunächst außen vor blieben.

Auf Grund des Wachstums und der Wichtigkeit des Internet konnte dies kein Dauerzustand bleiben. Auch ist abzusehen, dass in den nächsten Jahren durch neue technische Innovationen (beispielsweise Mobiltelefone mit Internet-Anschluss, bald wohl auch Autos und Elektrogeräte in Privathaushalten) der Bedarf an Adressen auch im Rest der Welt ansteigen wird.

Die folgenden Punkte geben einen Überblick über die wesentlichen neuen Eigenschaften von IPv6:

– Vergrößerung des Adressraums von 2^{32} bei IPv4 auf 2^{128} bei IPv6,

– Autokonfiguration (ähnlich DHCP), Mobile IP und automatische Umnummerierung ("Renumbering"),

– Dienste wie IPSec, QoS und Multicast "serienmäßig",

– Vereinfachung und Verbesserung der Protokollrahmen (Header). Dies ist insbesondere wichtig für Router.

Adressaufbau von IPv6

Eine IPv6-Adresse ist 128 Bit lang (IPv4: 32 Bit). Damit gibt es etwa $3,4 \times 10^{38}$ IPv6-Adressen.

IPv6-Adressen werden nicht mehr in dezimaler (zum Beispiel 80.130.234.185), sondern in hexadezimaler Notation mit Doppelpunkten geschrieben:

243f:6a88:85a3:08d3:1319:8a2e:0370:7344. Wenn eine 16-Bit-Gruppe den Wert 0000 hat, können die Ziffern weggelassen werden, so dass zwei Doppelpunkte aufeinander folgen. Wenn dann mehr als zwei Doppelpunkte aufeinander folgen, können diese auf zwei Doppelpunkte reduziert werden, solange es in der resultierenden Adresse nur einmal zwei aufeinander folgende Doppelpunkte gibt. 0588:2353::1428:57ab ist also das selbe wie 0588:2353:0000:0000:0000:0000:1428:57ab, aber 3906::25de::cade wäre nicht erlaubt, da zweimal zwei Doppelpunkte in der Zeichenkette vorkommen – ein Computer wüsste nicht, wo mit wie vielen Nullen aufzufüllen wäre.

Die ersten 64 Bit der IPv6-Adresse dienen üblicherweise der Netzadressierung, die letzten 64 Bit können zur Host-Adressierung verwendet werden – hiermit wird elegant das Konzept der Netzmasken von IPv4 implementiert. Bei Bedarf können auch andere Netzmasken eingesetzt werden.

Die korrekte Form einer IPv6-Adresse in einer URL ist
http://[243f:6a88:85a3:08d3:1319:8a2e:0370:7344]/ .

Arten von IPv6-Adressen

Es gibt verschiedene IPv6-Adressen mit Sonderaufgaben und unterschiedlichen Eigenschaften. Diese werden durch die ersten Bits der Adresse (das "Präfix") signalisiert:

Das Präfix 00 steht für IPv4 und IPv4-über-IPv6-Kompatibilitätsadressen. Ein geeigneter Router kann diese Pakete zwischen IPv4 und IPv6 konvertieren und so die neue mit der alten Welt verbinden. Zwei weitere Adressen tragen ebenfalls dieses Präfix; ::0 ist die undefinierte Adresse, ähnlich der 0.0.0.0 in IPv4, und ::1 ist die Adresse des eigenen Standortes (localhost loopback device).

Die Präfixe 2 oder 3 stehen für globale Unicast-Adressen, also eine routbare und weltweit einzigartige Adresse.

Eine Abart davon sind die 6Bone-Testadressen 3ffe, die einem Rechner gehören, der Teil des IPv6-Testnetzwerkes 6Bone ist (der 6Bone wird mittelfristig eingestellt werden).

fe80 bis febf sind so genannte linklokale Adressen (link local address), die von Routern nicht weitergeleitet werden dürfen und daher nur im gleichen Teilnetz erreichbar sind. Interessant werden sie bei der Autokonfiguration.

Adressen mit Präfixen fec0 bis feff sind die Nachfolger der privaten IP-Adressen (beispielsweise 192.168.x.x). Sie dürfen nur innerhalb der gleichen Organisation geroutet werden. Man nennt sie auch Site-local (standortlokal). Diese Adressen sind inzwischen abgelehnt (engl. deprecated) und werden aus zukünftigen Standards möglicherweise verschwinden.

Die Nachfolger der Site-localen Adressen werden wohl die Unique Local Addresses mit dem Präfix ffc.

Das Präfix ff steht für Multicast-Adressen. Dem Präfix folgen Angaben über den Gültigkeitsbereich des Pakets. Anstelle des x in der folgenden Aufstellung steht jeweils eine 0, wenn es sich um eine permanente Multicastgruppe handelt, und eine 1, wenn die Gruppe nur temporär besteht.

Autokonfiguration

Ein IPv6-fähiges Interface kann aus seiner Layer 2-MAC-Adresse eine so genannte linklokale Adresse errechnen, mit der es sich auf die Suche nach den Routern in seinem Netzwerksegment machen kann. Der Router kann dem Gerät dann eine Unicast-Adresse aus seinem Adressbereich zuweisen, mit der das Gerät aufs Internet zugreifen kann. Der ganze Vorgang läuft ohne Benutzereingriff vollautomatisch ab und ist eine Verbesserung des IPv4-DHCP (er kommt ohne Server aus). Ein IPv6-fähiges Gerät ist so ohne weitere Einstellungen startklar, was besonders für unerfahrene Endnutzer oder auch Administratoren ein großer Vorteil ist.

Umnummerierung

Sobald man bei IPv4 genügend Rechner zu einem Teilnetz zusammengeschlossen hat, bekommt man Probleme, wenn sich an den Adressparametern dieses Netzes etwas ändert (zum Beispiel ein Providerwechsel). Jeder Rechner muss in diesem Fall manuell umkonfiguriert werden – wenn das Netz groß ist, eine zeitraubende, stupide und unpraktikable Arbeit. Deshalb hat man bei IPv4 häufig den Adressraum fragmentiert, d. h. ein Teil der IP-Adressen eines Subnetzes wurde anders geroutet als der Rest. Für die Router brachte dies eine vergrößerte Routing-Tabelle, da sie sich die Ausnahmen merken und beachten müssen, und damit Leistungsverlust. Bei IPv6 gibt es wegen des Autokonfigurationsmechanismus diese Probleme nicht. Der neue Adressbereich muss lediglich einmal neu am Router eingestellt werden, und schon haben alle Clients ihre neuen Adressen.

Unique Local Addresses

Für private Adressen gibt es die Unique Local Addresses (ULA). Dabei unterscheidet man zwischen lokal vergebenen ULA mit dem Präfix fc00 und von zugewiesen und damit sicher global eindeutigen ULA mit dem Präfix fc01. Auf dieses Präfix folgen dann 40 Bits, die als eindeutige Netz-ID fungieren. Diese Netz-ID ist bei den ULA mit dem Präfix fc00 nur sehr wahrscheinlich eindeutig, bei den global vergebenen ULA jedoch auf jeden Fall eindeutig. Eine Beispiel-ULA wäre also z. B. fc00:dead:cafe::a:b:c:d.

Der Grund für die Netz-ID liegt darin, dass möglicherweise private Adressen an die Öffentlichkeit gelangen. Da bei IPv4 die privaten Adressen immer die gleichen waren, waren so versehentliche Verbindungen zu den eigenen Hosts, und nicht zu den fremden Hosts, wie eigentlich gemeint, unvermeidbar ("mein" 192.168.0.1 ist ein anderer Rechner als 192.168.0.1 eines anderen privaten Netzes). Da mit IPv6 jetzt jedes private Netz eigene IP-Adressen besitzt, laufen solche versehentlich gesendeten Pakete ins Leere.

Effizienzsteigerungen und neues Header-Format

Im Gegensatz zu IPv4 hat der IP-Header bei IPv6 eine feste Länge. Router müssen überlange Pakete nicht mehr selbst fragmentieren, sondern fordern den Absender mit einer ICMP-Nachricht auf, kleinere Pakete zu schicken. Zudem werden keine Prüfsummen mehr über das IP-Paket berechnet, man nutzt nur noch die Fehlerkorrektur in den Schichten 2 und 4. Die meisten Felder im Header sind auf 64-Bit-Grenzen ausgerichtet, so dass der Speicherzugriff im Router nicht unnötig ausgebremst wird. Die Flags liegen jetzt in Zwischenheadern zwischen dem IP-Header und dem Layer-4-Header (TCP/UDP). Dadurch können sich Hochleistungsrouter auf ihre Kernaufgaben konzentrieren und müssen nicht mehr die Fehler anderer Schichten korrigieren.

1.4 Netzwerktypen

IPv6 macht intensiv Gebrauch von Multicast, der von jedem Host beherrscht werden muss. Das ARP-Protokoll wurde beispielsweise durch das neue Verfahren "Neighbor Solicitation" ergänzt: Die MAC-Adresse eines Hosts lässt sich nun auch über eine aus seiner IP gebildeten Multicastgruppe herausfinden. Als Nebeneffekt werden diese Anfragen nicht mehr wie Broadcasts im ganzen LAN verteilt, sondern gehen in Umgebungen mit Netzwerk-Switch idealerweise nur noch über den direkten Weg zum eigentlichen Ziel.

IPv6 und DNS

Auf Grund der Länge der IP-Nummern, die man sich nur in den seltensten Fällen merken können wird, ist IPv6 in besonderem Maße von einer funktionierenden Nameserver-Infrastruktur abhängig. Gerade dieser wichtige Bereich ist jedoch bis heute eine Baustelle. Es ergeben sich im Wesentlichen folgende Probleme:

– IPv6-Autokonfiguration sucht normalerweise nicht nach Nameservern,
– Privacy Extensions und DNS sind wegen der sich häufig ändernden Adressen schlecht unter einen Hut zu bekommen,
– Chaos bei den DNS-Record-Typen für IPv6.

Bei der Autokonfiguration erhält ein IPv6-Gerät vollautomatisch eine Adresse und ein Gateway, über das es ins Internet kommunizieren kann. Leider fehlt jedoch die Möglichkeit, auch automatisch einen DNS-Server zu suchen, was die Autokonfiguration fast wieder wertlos macht. Dies ist einer der Gründe, warum DHCPv6 entwickelt wurde, obwohl eigentlich DHCP durch IPv6 überflüssig gemacht werden sollte. Wer ohne DHCP einen Nameserver finden will, muss auf Bastellösungen zurückgreifen, die meist ganz ähnlich wie die Router-Suche funktionieren. Statt einer Anfrage an die Multicast-Gruppe aller Router wird dabei eine Anfrage an alle Nameserver abgesetzt. Falls es mehrere DNS-Server im lokalen Netz gibt, sucht sich der Client dann den Server seiner Wahl aus den eintreffenden Antworten heraus. Die Verwendung von Datenschutzerweiterungen ("Privacy Extensions") ist insofern eine Herausforderung an das DNS, als sich IP-Adressen dabei häufig und unvermittelt ändern. Wenn ein Client auf Erreichbarkeit unter einem DNS-Namen angewiesen ist, benötigt er ein zuverlässiges und sicheres Verfahren, um dem DNS-Server eine Adressänderung mitteilen zu können. Auf diesem Gebiet ist bis heute (2005) noch viel Bewegung zu verzeichnen und es hat sich noch kein verwendbarer Standard herauskristallisiert.

Was ist mit IPv5?

Wenn es IPv4 und IPv6 gibt, was ist dann mit IPv5? gehört mit zu den häufigsten Fragen, die sich IPv6-Neueinsteiger stellen. Ein Protokoll mit dem Namen IPv5 gibt es nicht, allerdings hat die IANA die IP-Versionsnummer 5 für das Internet Stream Protocol Version 2 reserviert, das gegenüber IPv4 verbesserte Echtzeitfähigkeiten haben sollte, dessen Entwicklung dann aber zu Gunsten von IPv6 und RSVP eingestellt wurde.

1.4.5 Gigabit Ethernet

Gigabit Ethernet bietet dem Anwender die zehnfache Bandbreite im Vergleich zu Fast Ethernet. Neben der erhöhten Bandbreite ist der wichtigste Unterschied aber, das Gigabit Ethernet andere Verkabelungsstrukturen nutzt als es bei 10/100 MBit/s Ethernet der Fall ist.

Der **Hauptunterschied** zwischen Gigabit Ethernet und 10/100 MBit/s Ethernet ist: Gigabit Ethernet (1000BASE-T) nutzt zur Vollduplex-Übertragung alle vier Adernpaare eines Kabels. Damit wird der Bandbreitenbedarf und dadurch die Anforderung an die Übertragungsqualität an die Einzelader reduziert. Da aber industrietaugliche Netzwerkleitungen in der Regel nur zwei Aderpaare besitzen, ist eine Änderung der Netzwerkinstallation beim Einsatz von Gigabit Ethernet unumgänglich. Beim Einsatz von Gigabit Ethernet nach 1000BASE-T ist eine Verkabelung nach Cat 5(e) erforderlich, höhere Kategorien sind möglich, bringen aber keinerlei Vorteile.

Die Kosten für Gigabit Ethernet nach 1000BASE-T sind deutlich höher als für Fast Ethernet, allerdings mit fallender Tendenz. Die Ursache dafür ist, dass je Port vier (zur Zeit noch sehr) teure Richtkoppler erforderlich sind. Diese Richtkoppler ermöglichen die bidirektionale gleichzeitige Übertragung der Daten mit einer relativ niedrigen Schwerpunktfrequenz von 62,5 MHz. Diese Schwerpunktfrequenz resultiert aus der PAM5-Kodierung, die fünf Spannungsstufen auf vier Paaren verwendet => 5^4 = 625 mit einer Rate von 100 kHz.

An Verfahren, die Gigabit Ethernet bei vertretbarem Aufwand zur Sicherstellung der Übertragungsqualität über nur zwei Aderpaare ermöglichen, wird zur Zeit noch gearbeitet. Ein weiteres Verfahren ist Gigabit nach 1000BASE-T**X** (TIA 854) mit einer unidirektionalen Übertragung auf vier Paaren. Dieses Übertragungsverfahren findet nicht die erforderliche Akzeptanz am Markt, so dass es wohl nicht lange Bestand haben wird.

Zugriffsverfahren auf das Netzwerk

Der Aufbau der Datenpakete ist im Vergleich zu 10/100 MBit/s Ethernet identisch und auch das Protokoll zum Umgang mit Kollisionen CSMA/CD findet unverändert Verwendung. Damit sind keine Änderung an den Netzwerkbetriebssystemen, an der Netzwerkmanagementsoftware und den Applikationsprogrammen erforderlich.

1.4.6 Router

Mit Hubs und Switches als aktive Komponenten lassen sich Netzwerke mit gleichen MAC-Protokollen aufbauen, wie z. B. Ethernet. Übergänge von einer Netzwerktechnologie in eine andere sind mit diesen, sog. Layer-2-Geräten nicht möglich. Darüber hinaus sind auch die Strukturierungsmöglichkeiten begrenzt. Mit Routern kann man diese Systemgrenzen überwinden und von einem Protokoll auf ein anderes Netzwerkprotokoll umsetzen.

Ein weiterer wichtiger Grund für den Einsatz von Routern ist, dass sie als einzige Komponenten die Möglichkeit der Strukturierung auf Netzwerkebene bieten, bei Ethernet mit TCP/IP z. B. die Bildung von Subnetzen ermöglichen. Router verhindern durch die Subnetzbildung, dass Broadcasts einen erheblichen Anteil der verfügbaren Bandbreite belegen und die Broadcasts auf ein Subnetz beschränkt bleiben. Als Eigenschaft (bewusst nicht als Nachteil bezeichnet) bleibt die Tatsache, dass die Subnetze an den physikalischen Aufbau, an die Topologie des Netzwerkes gebunden sind.

Ein weiterer wesentlicher Aspekt für den Einsatz von Routern ist die Erhöhung der Sicherheit. Ein Automatisierungsnetzwerk kann durch strikte und individuell angepasste Zugangsregeln geschützt werden. Ein Router analysiert jedes Datenpaket vor der Weiterleitung in die entsprechenden Subnetze. Diese Analyse muss um die Zugangsregeln erweitert werden. Geräte zur Einhaltung von Zugangsregeln werden Firewall genannt und sind heute als Router/Firewall-Kombinationen erhältlich oder als Einzelgeräte.

1.5 Power over Ethernet

Seit dem 12. Juni 2003 existiert der internationale Standard IEEE 802.3af „DTE Power via MDI", der oft auch als Power over Ethernet (PoE), Power over LAN (PoL) oder Active Ethernet bezeichnet wird. Die Technologie von Power over Ethernet erlaubt es, kleinere Netzwerkgeräte wie beispielsweise IP-Telefonie, Lesegeräte für RFID-Tags, Access Points für WLAN oder Bluetooth, Netzwerkkameras oder intelligente Sensoren/Aktoren ohne eine externe Spannungsversorgung über die bestehende Ethernet-Verkabelung zu betreiben.

Außerdem lassen sich PoE-Geräte auf einfache Weise an Unterbrechungsfreie Stromversorgungs (USV)-Systeme anschließen. So müssen keine neuen Leitungen verlegt werden und vorhandene Ressourcen werden effektiver genutzt. Dadurch verringern sich Installationsaufwand und Installationskosten.

Bei der Verwendung von PoE ist zu berücksichtigen, dass neben den Endgeräten auch alle Infrastrukturkomponenten PoE-tauglich sein müssen. Allerdings sind PoE-Komponenten wegen der zusätzlichen Bauteile für die Fernspeisung gegenüber Standard-Komponenten um etwa 20 Prozent teurer. Allerdings werden an den ferngespeisten Komponenten die entsprechenden externen Netzteile wiederum eingespart.

Nach einer Studie des Marktforschungsinstituts VDC wird der Umsatz von entsprechenden Elektronik-Modulen von rund 133 Millionen Einheiten in 2004 auf 496 Millionen Einheiten in 2007 ansteigen.

Einschränkung: PoE ist auf Netzwerke mit 10 MBit/s und/oder 100 MBit/s beschränkt.

1.5.1 Die Technik

In der IEEE 802.3af wird zwischen zwei Kernkomponenten unterschieden:

- Power Sourcing Equipment (PSE)
  Diese Geräte speisen die benötigte Energie in das Netz. Es handelt sich zumeist um aktive Netzkomponenten mit direkter PoE-Unterstützung oder geeignete PoE-Patch-Felder.
- Powered Devices (PD)
  Die ferngespeisten Geräte können im DTE-Power-via-MDI-Modus betrieben werden, also ferngespeist und nicht über den meist optionalen externen Netzteilanschluss versorgt.

Bei den Geräten zur Energieeinspeisung wird zwischen zwei Varianten unterschieden:

Endspan Insertion

PSE (Power Source Equipment) – Geräte speisen Endgeräte (Powered Devices) direkt über ihre Ports mit Energie und versorgen sie gleichzeitig mit Daten. Diese Geräte sind fast ausschließlich Switches, die kompakte Funktionseinheiten mit geringem Platzbedarf bilden. Die hohe Energieaufnahme, die durch den Betrieb von vielen Ports im PoE-Modus erzeugt wird, sorgt für entsprechende Abwärme im Schaltschrank. Der Wert entspricht in etwa der Abwärme, die ein Midspan-Insertion-Gerät aufgrund des Wirkungsgrades des Netzteils im Rahmen der getrennten Funktionseinheiten Switch/Midspan Insertion erzeugt. Endspan Insertion ist in 10 MBit/s-, 100 MBit/s- und Gigabit-Netzwerken möglich.

Midspan Insertion

Hierbei handelt es sich um Geräte, welche die Daten der aktiven Komponenten durchleiten und gleichzeitig die Energie in die Ethernet-Leitung einspeisen (aktive Patch-Felder). Midspan Insertion wird in der Regel als Nachrüstmöglichkeit für bestehende Netzwerkinfrastruktur eingesetzt oder verwendet, wenn nur ein kleiner Teil der benötigten Ports PoE-tauglich sein muss. Allerdings ist PoE über Midspan Insertion zur Zeit auf Netzwerke mit 10 MBit/s und/oder 100 MBit/s beschränkt.

1.5.2 Grenzwerte

Nach dem Standard IEEE 802.3af ist eine Einspeisung von 350 mA im Dauerbetrieb zulässig. Gespeist wird PoE mit einer 48-V-Gleichspannung. Damit ergibt sich eine maximale Speiseleistung von 15,4 W, wobei die maximale Leistungsaufnahme des gespeisten Gerätes aufgrund der Leitungsverluste 13 W (bei maximal 100 mV Ripple) betragen kann. Während des Gerätestarts darf das ferngespeiste Gerät für die Dauer von maximal 100 ms einen Anlaufstrom von bis zu 500 mA aufnehmen.

Während des Betriebs ist eine kurzzeitige, maximal 50 ms dauernde Erhöhung des Stroms auf 400 mA zulässig. Ab einem Strom von 425 mA sollen die PSEs den Strom begrenzen. Weiterhin ist im Standard eine Isolationsspannungsfestigkeit der Potenzialtrennung von 1.500 V/50 Hz für eine Minute zwischen dem 48-V-System und dem Kommunikationssystem gefordert (sowohl beim PSE als auch beim PD). Die Fernspeisung der Endgeräte erfolgt mit Leitungen nach Cat 3/5/6, als Stecker werden herkömmliche RJ45-Stecker der jeweiligen Kategorie verwendet.

1.5.3 Einspeisung (Schema)

Bei PoE über Midspan Insertion werden die Adernpaare 4/5 (+) und 7/8 (-) verwendet. Im Rahmen von Industrial Ethernet sind diese in der Regel frei, sofern im Kabel überhaupt vorhanden. Falls die beiden Paare mit Signalen belegt oder nicht vorhanden sind, wird die Energie über Übertrager eingekoppelt (Endspan Insertion, Phantom-Speisung).

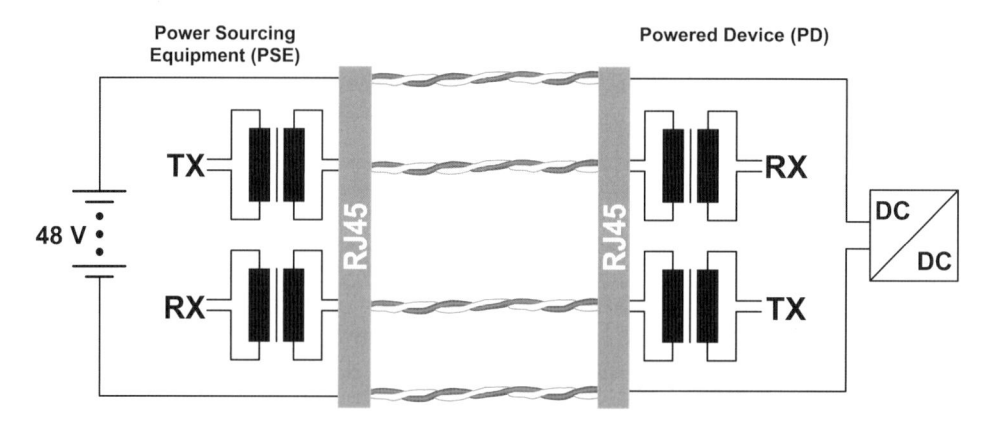

Bild 1.19 *Midspan Insertion über alle vier Paare*

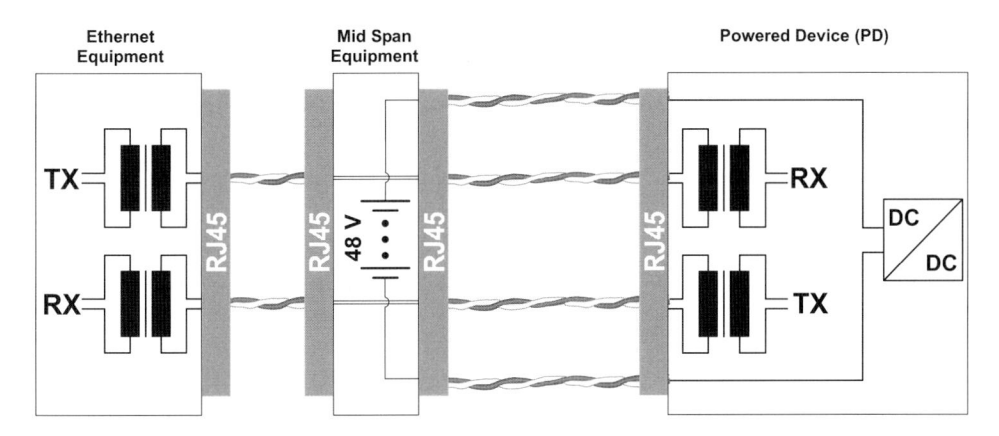

Bild 1.20 Midspan Insertion mit aktivem Patch-Feld

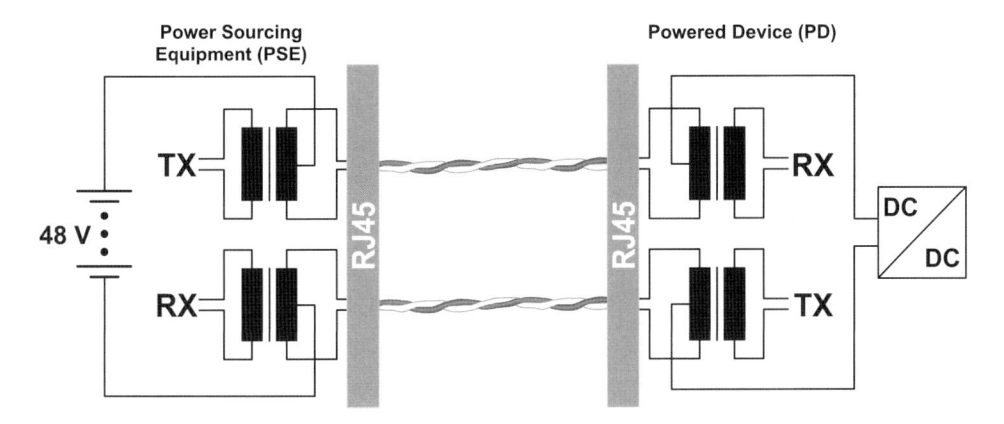

Bild 1.21 Endspan Insertion

1.5.4 Kompatibilitätsprüfung und Geräteschutz

Um einen Mischbetrieb von PoE-Geräten und herkömmlicher Hardware zu ermöglichen, hat das IEEE das Resistive-Power-Discovery-Verfahren eingeführt. Bei dem Verfahren wird ein minimaler Strom zyklisch auf die Netzwerkleitung gegeben. Damit wird geprüft, ob das Endgerät den vorgeschriebenen 25 kOhm-Abschlusswiderstand besitzt. Falls der Abschlusswiderstand nicht detektiert werden kann, wird die Versorgungsspannung nicht auf den jeweiligen Port geschaltet, um das angeschlossene Gerät zu schützen.

Falls ein Powered Device (PD) erkannt wurde, wird anschließend die Signatur zur Einstufung der Leistungsklasse gesucht. Das PD signalisiert jetzt innerhalb von einer Sekunde, welcher der fünf Leistungsklassen es angehört. Erst nach Abschluss des Erkennungsverfahrens wird die Versorgungsspannung vom Power Sourcing Equipment (PSE) auf den Port zugeschaltet. Falls die Einstufung in die einzelnen Leistungsklassen fehlschlägt, wird das PD aus Sicherheitsgründen in die Klasse 0 mit dem höchsten Verbrauch eingestuft.

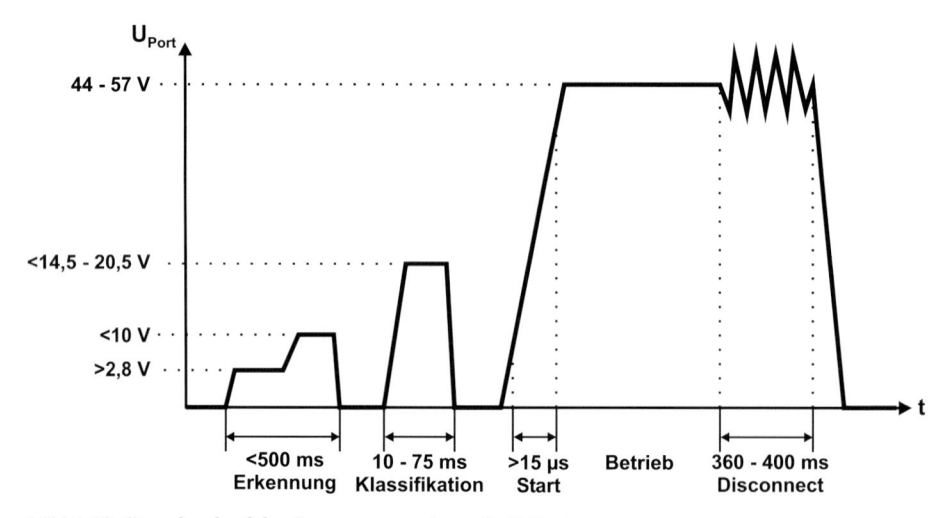

Bild 1.22 Signalverlauf der Spannung an einem PoE-Port

Tabelle 1.10 Leistungsklassen von PSEs/PDs

Klasse	Verwendung	Einspeiseleistung maximal am PSE	Entnahmeleistung maximal vom PD
0	Default	15,4 Watt	0,44 bis 12,95 Watt
1	Optional	4,0 Watt	0,44 bis 3,84 Watt
2	Optional	7,0 Watt	3,84 bis 6,49 Watt
3	Optional	15,4 Watt	6,49 bis 12,95 Watt
4	Reserviert	15,4 Watt	Reserviert

Wird ein PD vom Netz getrennt oder ein Stromfluss von 5 bis 10 mA unterschritten, wird die Energieeinspeisung für diesen Port vom PSE unterbrochen. Mit dem beschriebenen Disconnect-Mechanismus soll verhindert werden, dass ein herkömmliches Gerät angeschlossen und durch die Spannung zerstört wird.

Fazit

Mit PoE hat Ethernet ein neues Anwendungsfeld erobert, das sich durch niedrige Systemkosten, Unabhängigkeit von der Netzstromversorgung sowie weltweiter Kompatibilität bei gesteigertem Anwendungsvorteil auszeichnet. Wegen der erheblichen Kosteneinsparung bei der Installation weit entfernter einzelner Komponenten ist PoE stark beim Betrieb von Wireless-LAN-Access-Points und bei IP-gestützten Überwachungskameras verbreitet. IP-Telefonie, der verstärkte Einsatz von RFID-Tags und intelligenter Sensoren/Aktoren in der Gebäudetechnik werden in Zukunft zu einer starken Verbreitung von PoE führen.

1.6 VLAN – Virtual Local Area Network

1.6.1 Grundlagen

Ein VLAN ist ein in sich geschlossenes Netzwerk, das aber nicht physikalisch, sondern logisch/funktional von anderen Netzwerken getrennt ist. Ein VLAN bildet eine eigene

Broadcast-Domain, die nach bestimmten logischen Kriterien vom Anwender definiert wird. Das Ziel beim Einsatz von VLANs ist die Trennung von physikalischer und logischer Netzwerkstruktur:

– Datenpakete werden ausschließlich innerhalb des jeweiligen VLANs weitergeleitet.
– Die Mitglieder eines VLANs können räumlich weit verteilt sein.

Eine Broadcast-/Kollisionsdomäne kann über mehrere Switches verteilt sein, aber durch die reduzierte Ausbreitung von Broadcasts und Multicasts steigert sich die verfügbare Bandbreite innerhalb eines Netzwerksegments. Zusätzlich wird durch die strikte Trennung des Datenverkehrs die Sicherheit erhöht.

Eigenschaften von VLANs

– Logische Trennung von Subnetzen
– Zusammenfassung von Steuerungen, Server, IPCs und Workstations in Funktionsgruppen
– geschlossene Broadcast-/Kollisionsdomäne, auch über mehrere Switches
– Erhöhung der Funktionssicherheit durch strikte Trennung
– einfache Abbildung von Funktionseinheiten auf die Netzwerkstruktur
– räumliche Distanz ohne Einfluss auf die Aufgabenverteilung der Geräte
– Kostenreduzierung durch den teilweisen Wegfall von Routern
– Kostenreduzierung beim Administrationsaufwand, da keine Subnetzmasken angepasst werden müssen

1.6.2 Zuordnung von VLANs

Von den drei übergeordneten Zuordnungsmöglichkeiten sind sogenannte Level-2-VLANs und Protokollbasierte-VLANs für ein Automatisierungsnetzwerk unüblich bis hin zu nicht praktizierbar. Einzig Portbasierende-VLANs bringen handfeste Vorteile für die Automatisierung und deren Netzwerke.

Portbasierte VLANs

Die einzelnen Switch-Ports werden den unterschiedlichen VLANs zugeordnet. Daraus folgt, dass an einem Port immer nur Teilnehmer desselben VLANs angeschlossen sein können. Im Fehlerfall wird durch die starre Zuordnung die Fehlersuche erheblich erleichtert.

Die VLANs können in einem Netzwerk statisch oder dynamisch angelegt werden. Bei der dynamischen Konfiguration werden die Datenrahmen mit einem entsprechenden Tag versehen. Dieser Tag wird bei der Übertragung vom ersten Switch der Übertragungskette hinzugefügt und vom letzten wieder entfernt.

Current VLANs			
VID	Status	Group	Membership
1	static	Ports 1-8	U U U U U U U U
1	static	Ports 9-16	U U U U U U U U
12	static	Ports 1-8	– T T – – – – –
12	static	Ports 9-16	– – – – – – – –
24	static	Ports 1-8	– – – – – – – –
24	static	Ports 9-16	– – – – T U – –

(T=Tagged, U=Untagged, -=Non Member)

This table, indicates, out of which ports, each VLAN's data is to be sent, using configuration data entered manually (i.e. web page **Static VLANs**) or entered automatically from **GVRP**.

Note: This web page will be refreshed in 23 sec automatically (change the interval at the web page 'Device Configuration / User Interfaces')!

Bild 1.23 *Beispiel für statisch angelegte VLANs*

Transparent-Modus

Im „Transparent"-Modus verarbeitet ein Switch die eingehenden Datenpakete so wie im Kapitel „Switching-Technologie" auf Seite 13, beschrieben. Die Datenpakete werden weder in ihrer Struktur noch in ihrem Inhalt verändert.

(Explizites) Tagging

Im „Tagging"-Modus werden eingehende Pakete daraufhin überprüft, ob sie schon ein Tag haben. Falls nicht, fügt der Switch einen entsprechend Tag hinzu. Dieser Tag enthält dann die zu diesem Empfangsport zugehörige VLAN-ID (die VALN-ID wird vom Administrator vergeben). Danach wird das Paket entsprechend den Informationen aus dem Tag vom Switch und auch dem Management bearbeitet. Beim Versenden der Ethernet-Pakete berücksichtigt der Switch die vorgegebenen Regeln für das jeweilige VLAN bzw. den jeweiligen Ausgangsport. Der letzte Switch einer Übertragungskette entfernt den Tag wieder und das Datenpaket erhält seine ursprüngliche Struktur zurück.

GVRP

Das GVRP kann im Modus „VLAN Tagging" zur dynamischen Registrierung der VLANs am jeweiligen Nachbarn aktiviert werden. GVRP steht für GARP VLAN Registration Protocol und dient der dynamischen Bildung von VLANs über Switch-Grenzen hinweg. Ist GVRP deaktiviert, so ist ein Switch für GVRP-PDUs transparent.

Ist GVRP aktiv, sendet ein Switch GVRP-BPDUs im Abstand von etwa zehn Sekunden. Wird die VLAN-Zugehörigkeit eines Ports zu einem bestimmten VLAN verändert, dann bekommen benachbarte Switches diese Änderung nach maximal 10 Sekunden mitgeteilt.

Das Ausschalten des GVRP führt dazu, dass auch die benachbarten Switches die dynamisch gelernten Ports nach maximal zehn Sekunden entfernen. Bleiben GVRP-Pakete aus, werden die erlernten Gruppenzugehörigkeiten nach ca. 20 Sekunden verworfen. Ist auf einem Switch ein statisches VLAN eingerichtet, kann ein Port diesem VLAN über GVRP hinzugefügt werden.

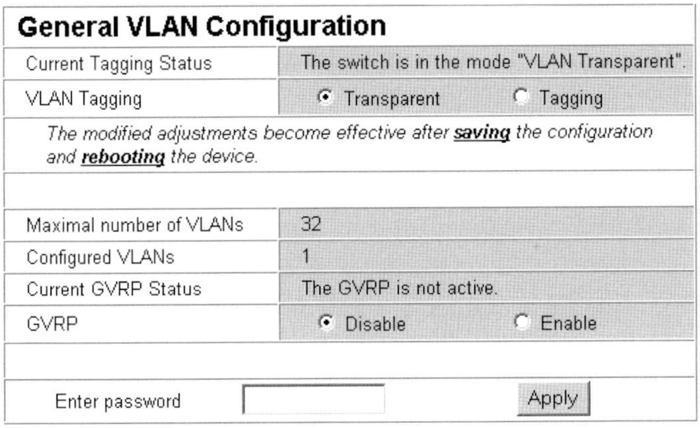

Bild 1.24 *Beispiel für GVRP-VLANs*

1.7 Bluetooth

Bluetooth ist ein offener Standard eines lizenz- und anmeldefreien Nahbereichsfunkverfahren. Bluetooth dient in erster Linie zur kabellosen Datenkommunikation zwischen Peripheriegeräten verschiedener Hersteller. Im Bereich Mobilfunk wird Bluetooth allerdings auch zur drahtlosen Sprachkommunikation verwendet.

Die Entwicklung der Bluetooth-Technologie wurde im Jahr 1998 durch die Bluetooth Special Interest Group (SIG) initiiert und bis heute voran getrieben. Die SIG wurde von den Firmen Ericsson, Nokia, IBM, Intel und Toshiba gegründet, heute gehören der SIG mehr als 2.500 Hersteller an. Die Bluetooth-Spezifikation liegt in verschiedenen Versionen vor, die kompatibel zueinander sind.

Bluetooth nutzt das 2,4 GHz-Band im ISM-Frequenzbereich. Neben Bluetooth (IEEE 802.15.1) nutzen auch WLAN (IEEE 802.11b/g) und ZigBee (IEEE 802.15.4) das genannte Frequenzband. Falls durch die intensive Nutzung des Frequenzbandes einzelne Kanäle ausgelastet sind, ermöglicht Bluetooth ab der Version 1.2 mit Hilfe des sogenannten adaptiven Frequenz-Hopping genau diese überlasteten Kanäle aus der Sprungsequenz auszulassen.

Zur optimalen Nutzung des Frequenzbandes wird die Sendeleistung automatisch an die erforderliche Reichweite angepasst. Durch diese Sendeleistungsanpassung werden zum einen die Funkemissionen gesenkt und zum anderen stehen die genutzten Funkkanäle innerhalb eines Netzwerks mehrfach, für räumlich getrennte Teilnehmer, zur Verfügung.

1.7.1 Einsatzgebiete und Handhabung

Im industriellen Umfeld wird Bluetooth aufgrund technischer und wirtschaftlicher Aspekte vermehrt in Applikationen eingesetzt, in denen Kommunikationsverbindungen zu bewegten, rotierenden oder mobilen Teilnehmern erforderlich sind. Die genannten Applikationen sind in der Regel durch eine zyklische und deterministische Übertragung von wenigen, aber zeitkritischen Steuersignalen in rauer Umgebung über eine geringe Reichweite gekennzeichnet.

Für eine optimale Integration in ein Automatisierungsnetzwerk ist eine einfache Konfiguration und ein automatischer Verbindungsaufbau zum Funknetzwerk wünschenswert. Unverzichtbar ist allerdings die Möglichkeit, bei einem Verbindungsabbruch oder sonstigen Datenübertragungsstörungen die Ausgänge der Komponenten in einen zuvor parametrierten Zustand zu versetzen.

1.7.2 Auszüge aus der Bluetooth-Spezifikation

Technische Grundlagen

Bluetooth arbeitet im 2,4-GHz-ISM-Frequenzband auf 79 1-MHz-Kanälen. Die Übertragungsfrequenz f lässt sich nach folgender Formel ermitteln: $f = (2402 + k)$ MHz, wobei $k = \{0, 1...78\}$. Die Übertragung der modulierten Datenpakete erfolgt zeitschlitzgesteuert und damit deterministisch (Time Division Duplex). Die Zeitschlitzlänge beträgt 625 µs; damit ergibt sich eine maximale Frequenzwechselhäufigkeit von bis zu 1600 hops/s (für Datenpakete mit einer Dauer von 625 µs, sog. 1-slot-Pakete). Die maximale Paketlänge beträgt 5 Time Slots. Die Hopping-Sequenz wird aus der Hardware-Adresse des Masters abgeleitet und ist (pseudo) zufällig und wiederholt sich nach etwa 23,3 Stunden. Mit Hilfe eines Frequenzsprungverfahrens und insbesondere des adaptiven Frequenz-Hopping wird die Empfindlichkeit gegenüber Störungen erheblich reduziert.

Die Reichweite hängt von der Sendeleistung und von den Umgebungsparametern ab und reicht von bis zu zehn Metern bei Geräten der Klasse 3 (maximal 1 mW Sendeleistung – 0 dBm) über Reichweiten von bis zu 50 Metern bei Geräten der Klasse 2 (maximal 2,5 mW Sendeleistung – 4 dBm) bis zu rund 100 Metern bei Geräten der Klasse 1 mit bis zu maximal 100 mW Sendeleistung – 20 dBm. Die nutzbare Bandbreite hängt wiederum von der Qualität der Funkverbindung ab, so dass Geräte mit höherer Sendeleistung in Einzelfällen auch eine höhere nutzbare Bandbreite bieten.

Bluetooth unterstützt in der Version 1.1 sowohl eine asynchrone verbindungslose Übertragung mit maximal 723,2 kBit/s in der einen und 57,6 kBit/s in der anderen Richtung (ACL – Asynchronous Connectionless Link) als auch eine symmetrische Übertragung mit maximal 433,9 kBit/s in beide Richtungen (SCO – Synchronous Connection Oriented). Zur Zeit wird an neuen Chipsätzen gearbeitet, die mit Enhanced Data Rates bis zu 2,1 MBit/s erreichen sollen.

Datenübertragung bei ACL

– Packet Switched

– Zu allen aktiven Slaves gleichzeitige Verbindung möglich

– Symmetrisch / Asymmetrisch

Tabelle 1.11 Mögliche Datenübertragungsraten ohne FEC

Type	Symmetrisch (kBit/s)	Asymmetrisch (kBit/s)	
DH1	172,8	172,8	172,8
DH3	384,0	576,0	86,4
DH5	433,9	723,20	57,6

1.7 Bluetooth

Tabelle 1.12 Mögliche Datenübertragungsraten mit 2/3 FEC

Type	Symmetrisch (kBit/s)	Asymmetrisch (kBit/s)	
DM1	108,8	108,8	108,8
DM3	256,0	384,0	54,4
DM5	286,7	477,8	36,3

Datenübertragung bei SCO

- Circuit Switched
- Für Sprache und immer symmetrisch
- Ein Master baut bis zu 3 gleichzeitige SCO-Links zu einem oder mehreren Slaves auf
- Ein Slave unterstützt bis zu zwei gleichzeitige Links zu verschiedenen Mastern
- Verschiedene Frame-Typen
  HV (1/3 FEC, 10 Byte Sprache)
  HV2 (2/3 FEC, 20 Byte Sprache)
  HV3 (30 Byte Sprache)
  DV (10Bytes Sprache und 9 Byte Daten mit 2/3 FEC)

Protokollarchitektur/Anwendungsprofile

Neben den hardwarenahen Protokollen für die eigentliche Funktechnik und die Verwendung des Basisbands ist für das Verbindungsmanagement eine Link-Schicht in der Spezifikation definiert. In der Link-Schicht sind sowohl Verfahren/Profile zur Fehlerkorrektur der Funkübertragung (z. B. die 2/3-Forward Error Correction (2/3 FEC) zur Korrektur einfacher Fehler ohne Telegrammwiederholung oder 1/3 FEC, bei der jedes Bit dreimal wiederholt wird) als auch kryptographische Sicherheitsmechanismen implementiert. Zusätzlich stellt sie diverse Protokolle für andere abweichende Applikationen bereit.

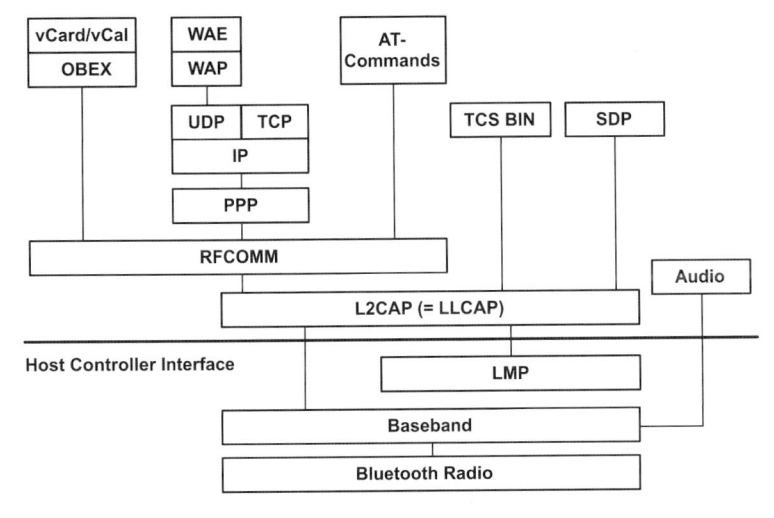

Bild 1.25 Protokollarchitektur bei Bluetooth

Beispiele für die Protokollverwendung:

- Service Discovery Protocol (SDP)
  - Liefert Informationen über die unterstützten Dienste der einzelnen Teilnehmer.
- Logical Link Protocol (L2CAP)
  - Ermöglicht Protocol Multiplexing bei der drahtlosen Kommunikation.
- Link Manager Protocol (LMP)
  - Startet, managt und terminiert Verbindungen zu anderen Teilnehmern
  - Versetzt/erweckt Slave-Geräte in die verschiedenen Powersave-Modi.
  - Handelt die Verbindungsart mit den zugehörigen Parametern aus.

1.7.3 Profile

Damit die Interoperabilität der unterschiedlichen Geräte sichergestellt ist, ohne dass in allen Geräten immer alle existierenden Protokolle implementiert sind, hat die SIG so genannte Anwendungs-Profile definiert. In den Anwendungs-Profilen sind die verschiedenen Funktionen und deren Verwendung auf der Protokollebene beschrieben. Beispiel hierfür ist das HDI-Profil, bei dem zur Erhöhung der Verfügbarkeit der Funkübertragung alle Telegramme doppelt versendet werden ohne das deterministische Zeitverhalten zu beeinträchtigen (5 ms-SNIFF-Intervall).

Tabelle 1.13 *Verwendete Profile [7]*

Abkürzung	Bluetooth-Profilbezeichnung	Anwendungsbereich
A2DP	Advanced Audio Distribution Profile	Audioübertragung
AVRCP	Audio Video Remote Control Profile	Audio/Video-Fernbedienung
BIP	Basic Imaging Profile	Bildübertragung
BPP	Basic Printing Profile	Einfache Druckanwendungen
CIP	Common ISDN Access Profile	ISDN über CAPI
CTP	Cordless Telephony Profile	Schnurlose Telefonie
DUN	Dial-up Networking Profile	Internet über Wählverbindung
ESDP	Extended Service Discovery Profile	Erweiterte Diensteerkennung
FAXP	Fax Profile	Telefax
FTP	File Transfer Protocol	Dateiübertragung
GAP	Generic Access Profile	Zugriffsregelung
GAVDP	Generic AV Distribution Profile	Audio-/Videoübertragung
GOEP	Generic Object Exchange Profile	Objektaustausch
HCRP	Hardcopy Cable Replacement Profile	Druckanwendungen
Headset	Headset Profile	Headset-Sprachausgabe
HFP	Hands Free Profile	Telefonie im Auto
HID	Human Interface Design Profile	Eingabe
INTP	Intercom Profile	Sprechfunk
LAP	LAN Access Profile (ab Bluetooth Spezifikation 1.2 nicht mehr enthalten)	Netzwerkverbindung per PPP

Tabelle 1.13 Verwendete Profile [7] (Forts.)

Abkürzung	Bluetooth-Profilbezeichnung	Anwendungsbereich
OPP	Object Push Profile	Adress-/Terminaustausch
PAN	Personal Area Networking Profile	Netzwerkverbindungen
SAP	SIM Access Profile	SIM-Karten auslesen
SDAP	Service Discovery Application Profile	Auffinden von Geräten
SPP	Serial Port Profile	Serielle Datenübertragung
Sync	Synchsonisation Profile	Datenabgleich

1.7.4 Verbindungsaufbau und Netztopologien

Um jedes Bluetooth-Gerät als Kommunikationspartner zweifelsfrei zu identifizieren, verfügen die Geräte über eine öffentlich bekannte und weltweit eindeutige 48 Bit lange Geräteadresse, die so genannte Bluetooth Device Address (ähnlich der MAC-Adresse im Ethernet). Der Verbindungsaufbau erfolgt über die zwei Kommandos „Inquiry" und „Paging".

Inquiry

Per Inquiry-Prozedur, einem Scan über das verwendete Frequenzband, kann ein Bluetooth-Gerät feststellen, ob sich andere Geräte im Sende-/Empfangsbereich befinden. Nach einem Inquiry liegen alle Geräteadressen und die zugehörigen Zeittakte der im Umfeld gefundenen kommunikationsbereiten Geräte vor.

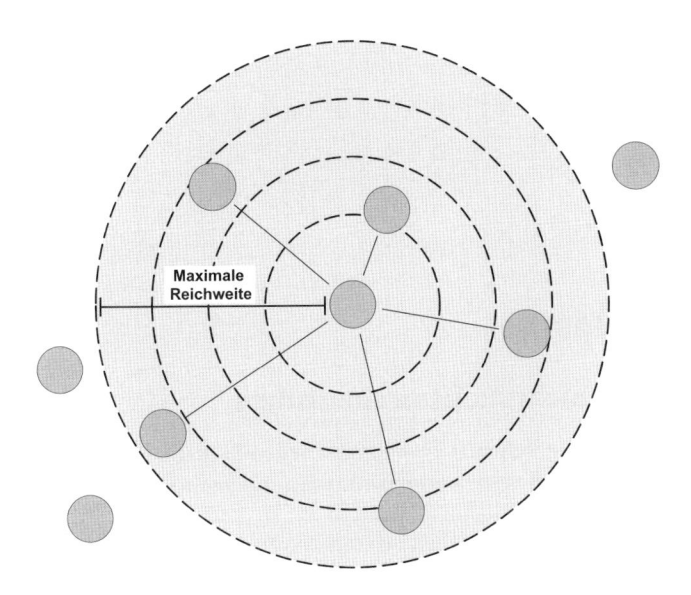

Bild 1.26 *Bildung eines Piconets über eine Inquiry/Paging Message*

Paging

Durch eine Paging-Anforderung wird eine Kommunikationsverbindung zu einem dieser bei der Inquiry-Prozedur gefundenen kommunikationsbereiten Geräte aufgebaut. Es entsteht ein Piconet. Ein Piconet bildet sich automatisch und dynamisch. Das Gerät, das die

Verbindung initialisiert und den Inquiry durchgeführt hat, wird Master genannt, das andere Slave. Während des Pagings für den Verbindungsaufbau sendet der Master seine Geräteadresse und seinen Zeittakt an den Slave. Dabei wird die Sprungsequenz des Slaves verwendet, die so genannte Page-Hopping-Sequence.

Für die weitere Kommunikation wird anschließend die Sprungsequenz des Masters verwendet, die so genannte Channel-Hopping-Sequence. Bis zu 255 Bluetooth-Geräte (im Sonderfall auch mehr) können in einem so genannten Piconet als Slaves im Park-, Hold- oder Sniff-Mode (Stromspar-Modi) mit einem Master vernetzt sein. Davon können bis zu 7 Slaves gleichzeitig aktiv mit dem Master kommunizieren. Den Geräten wird entweder eine Active Member Address (3 Bit) oder eine Parked Member Address zugewiesen.

Prinzipiell sieht Bluetooth sogar die Möglichkeit einer Vernetzung von bis zu zehn Piconets zu einem so genannten Scatternet vor. In diesen sich überlappenden Piconets kann der Master des einen Piconets als Slave im anderen Piconets eingebunden sein.

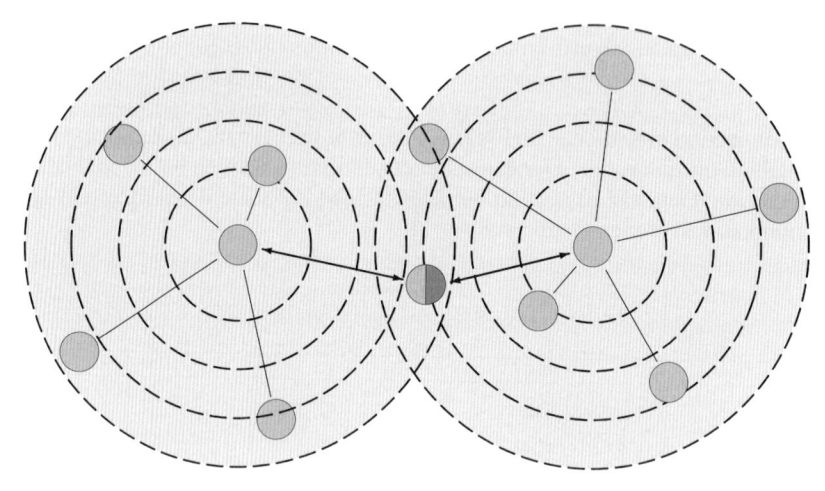

Bild 1.27 Scatternet

1.8 Security bei Bluetooth

1.8.1 Kryptographische Sicherheitsmechanismen

Die in der Bluetooth-Spezifikation vorgesehenen kryptographischen Sicherheitsmechanismen verfolgen zwei Ziele, zum einen sollen sie verhindern, dass unberechtigte Bluetooth-Teilnehmer die Kommunikation abhören und zum anderen sollen sie eine aktive unberechtigte Kommunikation vollständig unterbinden. Neben den nicht-kryptographischen Verfahren zur Erkennung und Behebung von Übertragungsfehlern sieht die Spezifikation kryptographische Authentisierungs- und Verschlüsselungs-Algorithmen vor. Da diese bereits auf Chip-Ebene implementiert sind, stehen sie auf der Link-Schicht in einheitlicher Form zur Verfügung.

Verbindungsschlüssel, sogenannte Link Keys bilden Basis der verwendeten kryptographischen Verfahren. Diese Verbindungsschlüssel (Link Keys) werden jeweils zwischen zwei Bluetooth-Geräten beim so genannten Pairing vereinbart.

Pairing und Verbindungsschlüssel

Wenn zwei Bluetooth-Geräte kryptographische Sicherheitsmechanismen nutzen wollen, wird zuvor, durch Pairing, ein nur für die Verbindung dieser beiden Geräte genutzter, 128 Bit langer Kombinationsschlüssel (Combination Key) erzeugt und in jedem Gerät für die zukünftige Nutzung als Verbindungsschlüssel gespeichert.

Der Kombinationsschlüssel wird aus den Geräteadressen und je einer Zufallszahl beider Geräte generiert. Für die gesicherte Übertragung dieser Zufallszahlen wird ein Initialisierungsschlüssel verwendet, der sich aus einer weiteren (öffentlichen) Zufallszahl, einer Geräteadresse und einer PIN berechnet. Dazu muss in beide Geräte die gleiche PIN eingegeben werden. Die PIN kann 1 bis 16 Byte lang sein und ist entweder durch den Nutzer konfigurierbar oder fest voreingestellt. Falls eines der Geräte über eine feste PIN verfügt, so ist diese in das andere Gerät einzugeben. Bei zwei Geräten mit fest voreingestellter PIN ist Pairing nicht möglich.

1.8.2 Verschlüsselung

Eine verschlüsselte Datenübertragung kann dann optional verwendet werden, wenn sich mindestens eines der beiden kommunizierenden Geräte gegenüber dem anderen authentisiert hat. Die Verschlüsselung kann durch jedes der teilnehmenden Geräte initiiert werden. Die eigentliche Verschlüsselung startet jedoch immer der Master, nachdem er die notwendigen Parameter mit dem Slave ausgehandelt hat. Als erstes wird die Schlüssellänge festgelegt, danach startet der Master die Verschlüsselung, indem er eine Zufallszahl an den Slave sendet. Der Chiffrier-Schlüssel berechnet sich aus dem Verbindungsschlüssel, einem Cipher Offset und der Zufallszahl. Zuerst wird der Verbindungsschlüssel durch einen Master-Schlüssel ersetzt, bevor die Verschlüsselung gestartet wird.

Zum Verschlüsseln wird ein Strom-Chiffre eingesetzt. Für jedes Datenpaket wird ein neuer Initialisierungsvektor aus der Geräteadresse, sowie dem Zeittakt des Masters berechnet. Verschlüsselt sind die Daten nur während des Transports per Funk. Vor und nach der Funkübertragung liegen die Daten in allen beteiligten Geräten unverschlüsselt vor.

1.8.3 Sicherheitsbetriebsarten

Die Bluetooth-Spezifikation beschreibt drei Sicherheitsmodi:

– Sicherheitsmodus 1: Das Bluetooth-Gerät selbst initiiert keine Verwendung der zur Verfügung stehenden Sicherheitsmechanismen, reagiert aber auf Authentisierungsanfragen anderer Geräte.

– Sicherheitsmodus 2: Auswahl und Nutzung von Sicherheitsmechanismen werden durch den Anwender in Abhängigkeit vom Bluetooth-Gerät und vom verwendeten Dienst festgelegt. Das Gerät startet erst dann die Sicherheitsmechanismen, wenn es eine Aufforderung zum Verbindungsaufbau erhalten hat.

– Sicherheitsmodus 3: Es ist immer eine Authentisierung schon beim Verbindungsaufbau erforderlich; optional können die zu übertragenden Daten verschlüsselt werden.

Zusätzlich sind folgende Inquiry-Modi für Erkennbarkeit von Bluetooth-Geräten beschrieben:

- Non-discoverable: Das Gerät beantwortet nicht die Inquiries anderer Geräte.
- Limited-discoverable: Das Gerät beantwortet nur auf Anwenderbefehl hin die Inquiries anderer Geräte.
- General-discoverable: Das Gerät beantwortet automatisch Inquiries anderer Geräte. Weiterhin gibt es die Betriebsmodi "non-connectable" (keine Reaktion auf Paging-Anforderungen) bzw. "connectable", sowie "non-pairable" (keine Pairing möglich) bzw. "pairable".

1.9 ZigBee

ZigBee ist ein neuer Funkstandard (IEEE 802.15.4), der die oberen Protokollschichten eines globalen offenen Funknetzstandards im ISM-Band zur lizenzfreien Funkvernetzung mit geringer Sendeleistung und mittlerer Reichweite spezifiziert. ZigBee ist eine neuartige Übertragungstechnik, die durch niedrige Übertragungsraten, geringe Kosten und minimalen Stromverbrauch charakterisiert ist.

Das ZigBee-Konzept wurde von der ZigBee Alliance, zu der federführend Motorola, Philips, Honeywell und Invensys gehören, entworfen. Nach der ZigBee Alliance soll der Standard Anwendung für Vernetzungs- und Steuerungsaufgaben im privaten und im industriellen Umfeld finden. Die zur Zeit vorläufige Spezifikation 0.10 wird wahrscheinlich im Jahr 2005 in die Version 1.0 überführt und damit umsetzbar für die verschiedenen Hersteller.

Die Übertragung der Informationen erfolgt unter Anwendung eines DSSS-Bandspreizverfahrens mit einer Sendeleistung von <0,5 Watt und erreicht somit eine Übertragungsreichweite von 10 m bis 70 m. Der Zugriff auf den Funkkanal erfolgt über ein zeitschlitzgesteuertes CSMA/CA-Zufallsverfahren. Ein ZigBee-Datenpaket ist 28 kByte groß und wird mit 250 kBit/s übertragen. Ein ZigBee-Netz besteht aus einem Master und bis zu 254 Clients, am selben Ort können bis zu 100 Netze parallel betrieben werden.

Mit ZigBee wird durch Redundanz und dynamische Kanalwahl eine hohe Funk-Übertragungssicherheit erreicht. Die Sicherung der Informationen erfolgt über optionale Sicherheitsmechanismen für die Authentisierung und die Verschlüsselung (32- bis 128-Bit AES). Ein effektives Schlüsselmanagement ist zur Zeit nicht spezifiziert [8].

Tabelle 1.14 Übertragungsparameter von ZigBee

Band	Frequenz	Abdeckung	Anzahl der Kanäle	Datendurchsatz
ISM	2,4 GHz	Weltweit	16	250 kBit/s
ETSI	868 MHz*	Europa	1	20 kBit/s
ISM	915 MHz*	Nordamerika	10	40 kBit/s

* Die Verwendung der Kanäle unterhalb 1 GHz ist optional.

1.9.1 Interoperabilität

Die ZigBee Alliance hat genau definierte Interoperabilitätsstandards festgelegt, deren Einhaltung mit dem Instrument „ZigBee fest" verifiziert wird [2].

1.10 Wireless Local Area Network

1.10.1 Allgemeines

Die Nutzung der drahtlosen Technologie, insbesondere von Wireless LAN zur Erhöhung der Flexibilität und Unabhängigkeit, sowie zur Reduzierung der Installationskosten findet sich in allen Bereichen der industriellen Kommunikation, sowohl bei der Übermittlung von Produktionsdaten, als auch bei Administration und Konfiguration von Automatisierungssystemen.

1.10.2 Vorteile der Funktechnologie

Im industriellen Umfeld trifft man häufig auf Situationen, die eine Anbindung von Geräten über Kupferkabel nur unter erschwerten Bedingungen oder teils gar nicht zulassen. Häufig sind es Anwendungen, bei denen Daten auf bewegte, rotierende oder mobile Teilnehmer zu übertragen sind.

Die hohen Anforderungen bezüglich der Qualität der Datenübertragung sind mit mechanischen Lösungen, aufgrund der ständigen mechanischen Beanspruchung und des damit verbundenen Verschleißes der Leitungen, nur mit hohem Aufwand zu erfüllen.

Weitere Vorteile bieten sich durch Nutzung der Funktechnologie bei temporären Installationen, also überall dort, wo häufig umgebaut und geändert wird. Weitere Anwendungsvorteile bietet die Funktechnologie überall dort, wo nur einzelne, weit entfernte oder schwer zugängliche Teilnehmer erreicht werden müssen. Die wesentlichen Vorteile der Funktechnologie sind somit:

– Kein mechanischer Verschleiß des Übertragungsmediums,
– Mobilität und Bewegungsfreiheit der Teilnehmer,
– flexible und ortsunabhängige Integration von Teilnehmern durch großflächige Funkfelder,
– Überbrückung großer Distanzen oder problematischer Zonen, wie Straßen oder Bahngleise,
– spontane Integration neuer oder temporärer Teilnehmer.

1.10.3 Risiken beim Einsatz von Funktechnologie

Die Nutzung der Funktechnologie im 2,4 GHz- oder im 5 GHz-ISM-Band ist weltweit lizenz- und kostenfrei möglich. Dieser Vorteil ist gleichzeitig ein Nachteil, da beliebig viele Teilnehmer, sowohl eigene als auch fremde, das Übertragungsmedium Luft gemeinsam und zeitgleich nutzen. Alle Teilnehmer müssen sich die verfügbare Bandbreite teilen. Daher ist eine sorgfältige Ressourcenplanung bei der Nutzung des öffentlichen Shared-Mediums empfehlenswert. Bereits ein einziger Kanal des Standards IEEE 802.11b/g belegt 22 MHz des 80 MHz breiten ISM-Bandes. Technologien wie Bluetooth nutzen das Frequenzband wesentlich effektiver. Beim gleichzeitigen Betrieb mehrerer Funktechnologien sind Beeinflussungen und Konflikte zwischen den Funksystemen möglich. Eine Koexistenz der verschiedenen Funktechnologien kann durch folgende Maßnahmen erreicht werden:

- Adaptive Frequency Hopping – Die durch andere Funktechnologien benutzten Kanäle werden erkannt und für die eigene Übertragung ausgespart.

- Reduzierung der Sendeleistung – Die Sendeleistung wird auf das notwendige Maß, das zur Aufrechterhaltung der Kommunikation erforderlich ist, gesenkt.

- Funkfeldplanung – Durch sorgfältige Auswahl der Antennencharakteristik, z. B. Flächenstrahler oder Richtfunkantenne, kann das Funkfeld auf die erforderliche Fläche begrenzt werden.

- Nutzung festgelegter Kanäle – Durch sorgfältige Funkfeldplanung können die verwendeten Kanäle so gewählt werden, dass es im Betrieb zu keiner Überlappung der Bereiche/Kanäle kommt.

Unterschiedliche Anforderungen in Industrie / Office-Umfeld

Tabelle 1.15 *Unterschiedliche Anforderungen in Industrie / Office-Umfeld*

Anforderungen im Industriebereich	Anforderungen im Office-Umfeld
Schutzart IP65/67	IP20
Metallgehäuse	Kunststoffgehäuse
Erweiterter Temperaturbereich –30°C bis 60°C	Normaler Temperaturbereich 0°C bis 40°C
Automatischer Start auch bei großer Kälte	-
Vibrationsgeschützte Befestigung, auch für Stecker, Leitungen und Antennen	-
Redundanter Betrieb zur Erhöhung der Verfügbarkeit	-
Überwachung der Funkverbindung mit automatischer Störungsmeldung	-
Reservierte Bandbreite für ausgewählte Applikationen	Bandbreite ist Shared Medium
24-V-DC-Versorgungsspannung	230-V-AC-Versorgungsspannung
Beständig gegen Staub, Öl, Lösemittel, Schweißspritzer, aggressive Gase usw.	Beständig gegen Staub
Zulassungen nach EN 60950 (Sicherheit) EN 50082-2 (EMV – Industrie) cUL 1604 Class 1 Div.2 GL	Zulassungen nach EN 60950 (Sicherheit) EN 50082-1 (EMV – Wohnbereich)

1.10.4 Funktechnologie

Die Funktechnologie beruht auf der Ausbreitung und dem Empfang von elektromagnetischen Wellen. Diese Wellen unterliegen keinerlei Verschleiß, verhalten sich aber in Abhängigkeit ihrer Frequenz in Bezug auf Ausbreitung, Streuung und Reflexion stark unterschiedlich. Die Ausbreitung der Wellen erfolgt, in unterschiedlicher Stärke, dreidimensional im Raum.

Zahlreiche Faktoren beeinflussen diese Ausbreitung, dennoch darf keiner dieser Faktoren die Ausbreitung so verändern, dass ein sicheres Erkennen des Signals beim Empfänger verhindert wird.

1.10 Wireless Local Area Network

Das nutzbare Frequenzspektrum ist durch physikalische Eigenschaften oder auch durch staatliche Gesetzesvorgaben begrenzt. Jede genutzte Frequenz kann, je nach Sendeleistung, in einem gewissen Radius um den Sender nur einmal benutzt werden (Shared Medium).

Tabelle 1.16 Wellenlänge und Frequenzbänder

Wellenlänge	Frequenz	Anwendung
$10^5 - 10^4$ m	3 – 30 kHz	VLF / Ultralangwelle
$10^4 - 10^3$ m	30 – 300 kHz	LF / Langwelle
$10^3 - 10^2$ m	300 kHz – 3 MHz	MF / Mittelwelle
$10^2 - 10$ m	3 – 30 MHz	HF / Kurzwelle
10 – 1 m	30 – 300 MHz	UKW / Ultrakurzwelle
1 m – 10 cm	300 MHz – 5,825 GHz	Mikrowelle mit D-Netz: 890 – 960 MHz E-Netz: 1710 – 1880 MHz DECT: 1,8 – 1,9 GHz UMTS: 1,97 – 2,2 GHz Bluetooth: 2,402 – 2,480 GHz Mikrowellenherd: 2,455 GHz WLAN/ISM: 2,4 – 2,4835 GHz WLAN/UNII 1-3: 5,15 – 5,725 GHz WLAN/ISM: 5,725 – 5,825 GHz
10 – 1 cm	3 – 30 GHz	Radar
1 cm – 10 mm	30 – 300 GHz	Hochfrequenzradar
1 – 0,1 mm	300 GHz – 3 THz	
300 µm – 720 nm	1 – 417 THz	Infrarot
720 – 320 nm	417 – 789 THz	Sichtbares Licht
380 – 100 nm		Röntgenstrahlung
100 – 1 pm		Kosmische Strahlung

Tabelle 1.17 Übersicht Wireless-LAN Technologien

Technologie	Frequenzband	Maximale Datenüber-tragungsrate	Maximale Reichweite
IEEE 802.11	2,4 GHz	2 MBit/s	100 m
IEEE 802.11b	2,4 GHz	11 MBit/s	100 m
IEEE 802.11g	2,4 GHz	54 MBit/s	100 m
IEEE 802.11a	5 GHz	54 MBit/s	100 m
IEEE 802.11h	5 GHz	54 MBit/s	100 m

Wellenausbreitung

Jede elektromagnetische Welle hat unterschiedliche, frequenzabhängige Ausbreitungseigenschaften. Zur Vereinfachung kann die Wellenausbreitung beim Wireless-LAN mit der von sichtbarem Licht verglichen werden.

Jedes Material hat eine frequenzabhängige Dämpfung, jedes Oberflächenmaterial beugt, reflektiert, bricht, absorbiert oder streut auftreffende elektromagnetische Wellen in irgendeiner Form. Daher muss jedes Hindernis zwischen Sender und Empfänger bei der Datenübertragung beachtet werden.

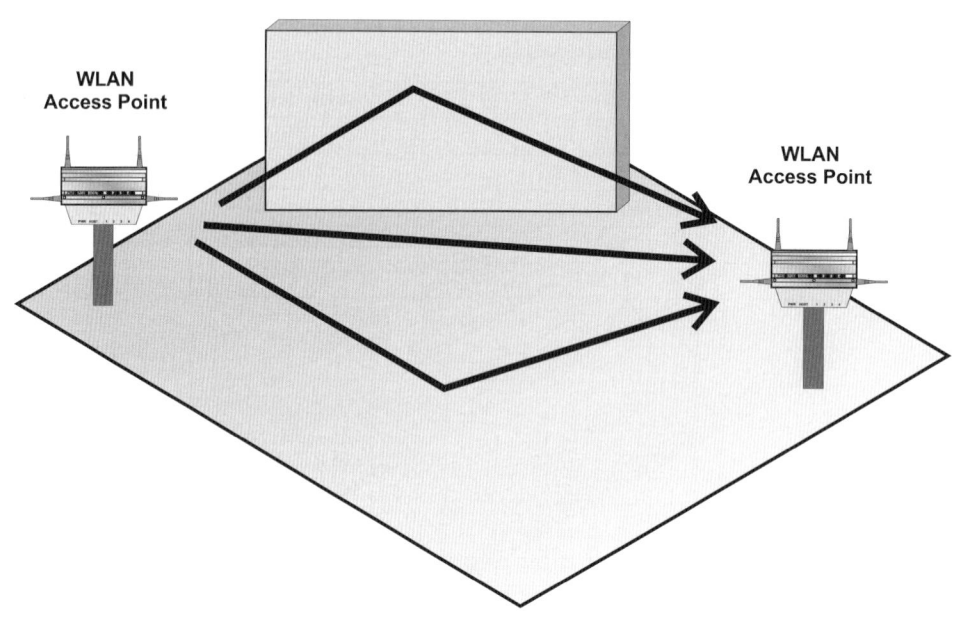

Bild 1.28 *Wellenausbreitung – Mehrwegeempfang*

Durch die verschiedenen Hindernisse, wie z. B. Fußboden, Hallendecke, Maschinen, Personen oder Fahrzeuge werden die ausgestrahlten Wellen beeinflusst und erreichen den Empfänger über mehrere Wege. Die dabei empfangenen Wellen unterscheiden sich in Intensität, Phasenlage und Signallaufzeit. Durch die Überlagerung kommt es zu Verstärkung oder zu Abschwächung der Empfangssignale. Der Empfänger muss das für ihn beste Signal auswählen und darf nicht durch den Mehrwegeempfang gestört werden.

Die Überlagerung von Wellen und deren Auswirkung auf die Signalform wird als Interferenz bezeichnet. Da die Ursachen für Interferenzen nicht leicht zu ermitteln sind oder sich auch häufig nicht verändern lassen, wurden zur Abhilfe Empfänger mit Antennen-Diversität entwickelt.

Dabei erhält der Empfänger zwei Empfangsantennen, die ungefähr im Abstand von einem Viertel der Wellenlänge angebracht sind. Dadurch erhält eine der beiden Antennen (fast) immer ein Signal von ausreichender Qualität. In der nachfolgenden Grafik wird die Empfangsantenne 1 von einem Signal mit hohem Pegel erreicht, wo hingegen die Antenne 2 kein brauchbares Signal empfängt.

1.10 Wireless Local Area Network

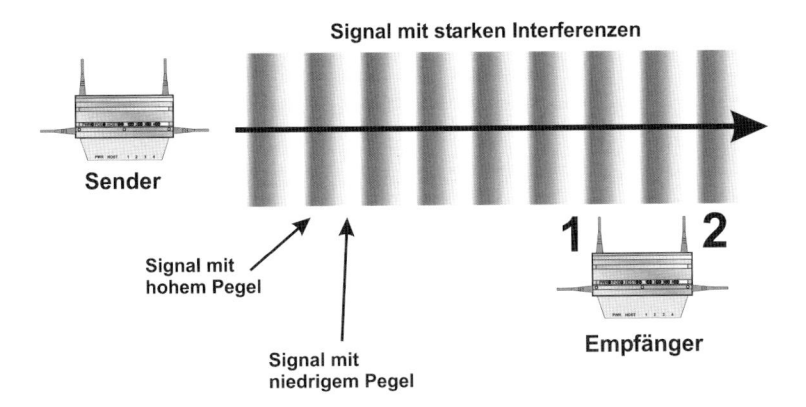

Bild 1.29 *Antennen-Diversität (Schema)*

In der nachfolgenden Grafik wurde die reale Verteilung der Signalstärke in einem geschlossenen Raum ermittelt. Die Grafik zeigt eine Draufsicht von oben, Bereiche mit hoher Signalstärke sind dunkel, Bereiche mit schwacher/keiner Signalstärke hell. Würde sich die Empfangsantenne eines Gerätes genau in einem hellen Bereich befinden, wäre keine Kommunikation möglich.

Der Streifen mit hoher Signalstärke oben rechts wurde durch eine offene Tür verursacht, unten links wurden durch Metallschaltschränke Zonen mit hoher Dämpfung verursacht.

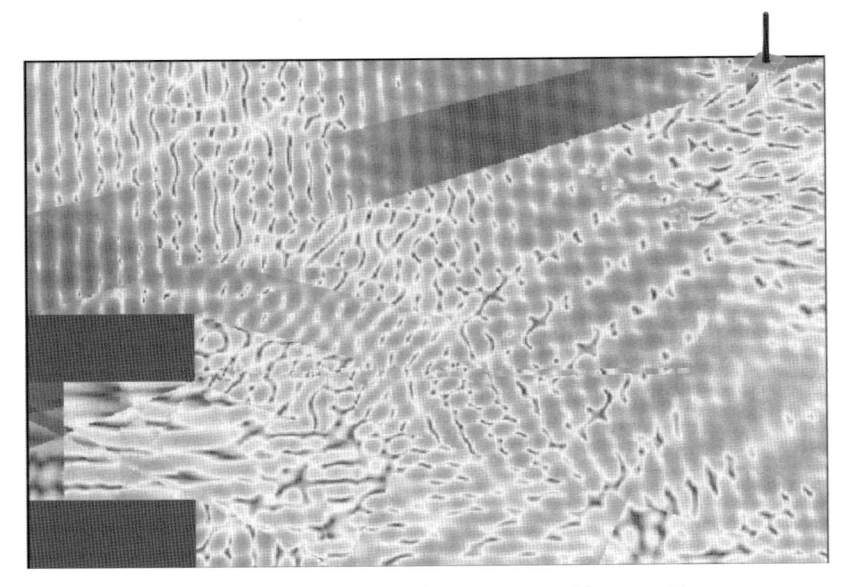

Bild 1.30 *Reale Verteilung der Signalstärke in einem geschlossenen Raum*

1.10.5 Dämpfung von Funkwellen

Die Dämpfung ist ein Maß für die Verminderung der Signalleistung auf einem Medium. Die Dämpfung ist stark frequenzabhängig und nur mittels Messgeräten zu erfassen. Die Einheit der Dämpfung ist „dB" (Dezibel). Je geringer der dB-Wert, desto niedriger die Dämpfung.

In Dezibel wird das logarithmierte Verhältnis zweier Werte angegeben und ermöglicht das Ermitteln von Verstärkung/Dämpfung entlang einer Übertragungskette durch einfache Addition der Einzeldämpfungen/Verstärkungen.

$$B = \log\left(\frac{Ausgangssignal}{Eingangssignal}\right) \qquad dB = 10 \times \log\left(\frac{Ausgangssignal}{Eingangssignal}\right)$$

Die Einheit dB stellt somit einen Faktor dar und lässt keinen Rückschluss auf den absoluten Wert zu.

Absolute Werte (**Pegel**) werden im Verhältnis zu einer festen Bezugsgröße angegeben. Für die Kennzeichnung auf welche Bezugsgröße sich der jeweilige Pegel bezieht, wird an das dB ein Buchstabe zur Kennzeichnung angehängt (Ausnahme: Schalldruckangaben, die die Leistungsfähigkeit des menschlichen Gehörs berücksichtigen, wie z. B. dBa). Übliche Größen sind z. B. dBm, dBµ oder dBi. Die Pegelangabe besagt also, um welchen Faktor ein Wert größer oder kleiner als die Bezugsgröße ist. Beispiel:

$$20\ dBm = 10 \times \log\left(\frac{Sendeleistung}{Bezugsgröße\ 1mW}\right) = 10^{\left(\frac{Sendeleistung}{10 \times Bezugsgröße\ (1mW)}\right)} = 100\ mW$$

Genauso kann man jeden absoluten Wert in einen Pegel umrechnen. Beispiel:

$$3\ mW = 10 \times \log\left(\frac{Sendeleistung}{Bezugsgröße\ 1mW}\right) = 10 \times \log\left(\frac{3\ mW}{Bezugsgröße\ 1mW}\right) = 4{,}77\ dBm$$

Freiraumdämpfung

Elektromagnetische Wellen werden beim Durchgang durch Medien gedämpft. Auch Luft gehört zu den Medien, die Funksignale dämpfen. Die exponentiell ansteigende Dämpfung durch das Medium Luft nennt man Freiraumdämpfung. Die Freiraumdämpfung lässt sich, bei freier Fresnel-Zone (siehe Seite 64 – Fresnel-Zone), nach folgender Formel berechnen:

$$\text{Freiraumdämpfung} = 32{,}4 + 20 \times \log(\text{Frequenz in MHz}) + 20 \times \log(\text{Distanz in km})$$

Zur Vereinfachung kann bei Berechnungen im 2,4-GHz-ISM-Band der Ausdruck „32,4 + 20 x log 2400 MHz" mit dem konstanten Wert 100 angenommen werden.

Tabelle 1.18 Freiraumdämpfung im 2,4/5 GHz-ISM-Band

	5 m	10 m	25 m	50 m	100 m
2,4 GHz	54 dB	60 dB	68 dB	74 dB	80 dB
5 GHz	60 dB	66 dB	74 dB	80 dB	87 dB

Dämpfung durch weitere Effekte

Funksignale werden durch Hindernisse und deren Oberfläche beeinflusst, im Außenbereich kommen variable Faktoren wie Regen, Schnee oder Feuchtigkeit auf Oberflächen hinzu.

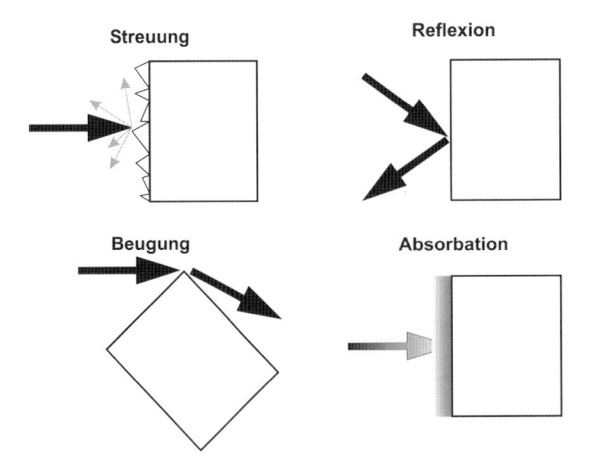

Bild 1.31 *Beeinflussung von Funksignalen*

Dämpfung durch Hindernisse

In der nachfolgenden Tabelle sind Richtwerte für typische Hindernisse aufgeführt und sind als „Daumenwerte" zu verstehen. Außerdem haben Faktoren, wie z. B. der Feuchtegehalt in Mauern oder Blättern oder die Art und Ausführung der Bewehrung in Beton maßgeblichen Einfluss auf die tatsächliche Dämpfung der Funkwellen. Darüber hinaus kann die Dämpfung auch vom Auftreffwinkel des Funksignals auf das Hindernis abhängen.

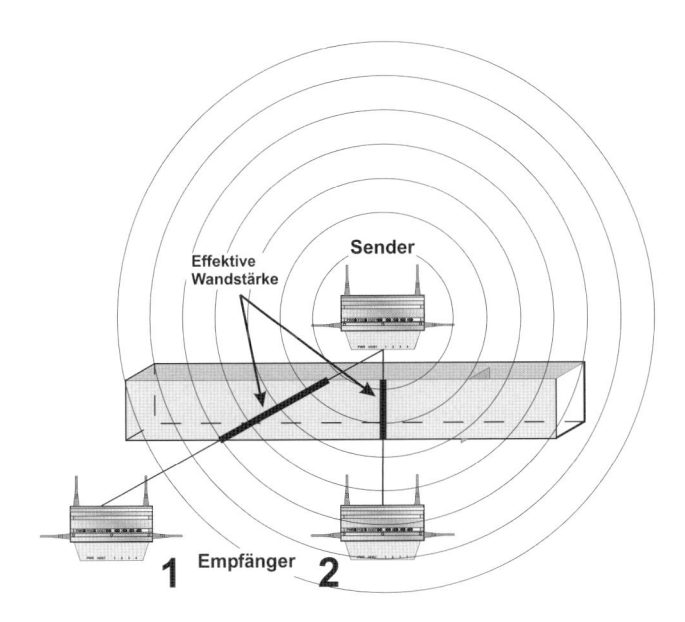

Bild 1.32 *Auftreffwinkel und Dämpfung*

Tabelle 1.19 Materialspezifische Dämpfung (Richtwerte)

Material	2,4 GHz Frequenzband	5 GHz Frequenzband
Regen/Schnee von 50 l/m²h	0,02 dB/km	0,4 dB/km
Nebel	0,02 dB/km	0,08 dB/km
Dünne Mauer	2 – 5 dB	3 – 8 dB
Ziegelwand	6 – 12 dB	10 – 18 dB
Betonwand	10 – 20 dB	35 – 50 dB
Betondecke	20 – 40 dB	50 – 80 dB
Hecke/Gebüsch 2 – 4 m	10 – 15 dB	10 – 28 dB
Doppelverglasung	25 – 35 dB	25 – 35 dB
Wald 30 – 50 m	30 – 50 dB	40 – 70 dB

1.10.6 Antennengewinn

Der Antennengewinn ist ein Maß, wie hoch der Gewinn der Signalstärke im Vergleich zu einem isotropen Kugelstrahler ist. Der isotrope Kugelstrahler ist eine imaginäre ideale Antenne, die in jede Richtung gleiche Eigenschaften hat. Der Gewinn eines isotropen Kugelstrahlers ist 0 dBi EIRP (Equivalent Isotropic Radiated Power).

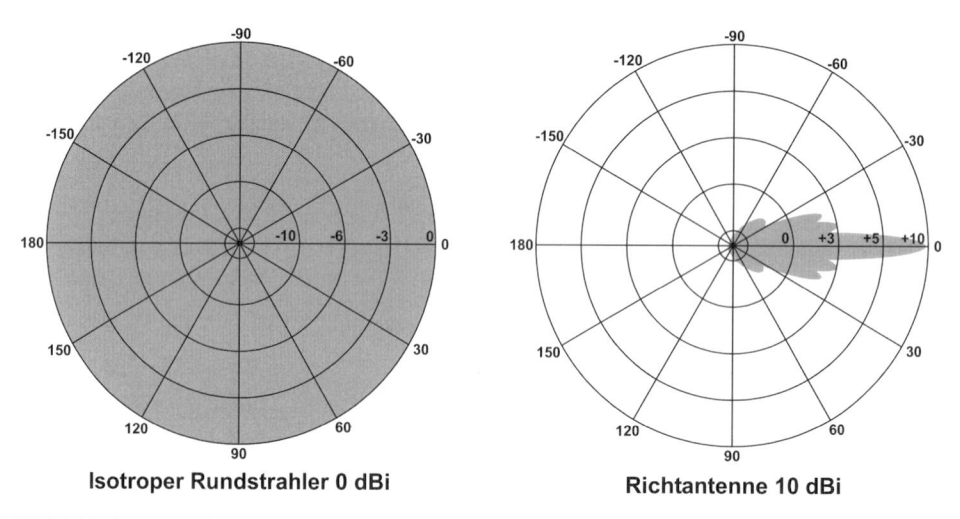

Isotroper Rundstrahler 0 dBi   **Richtantenne 10 dBi**

Bild 1.33 Antennencharakteritik

Warnung
Antennen im Außenbereich müssen sich im Fangbereich eines Blitzableiters befinden. Alle von Außen in Gebäude hinein geführten Leiter (Antennenkabel) müssen über Blitzschutz-Potenzialausgleichssysteme geführt werden. Die Anforderungen an Blitzschutzanlagen nach VDE 0182 bzw. IEC 62305 sind zu beachten. Phoenix Contact bietet ein umfangreiches Produktprogramm zum Schutz vor Überspannungen (www.myblitz.de).

1.10.7 Berechnungsbeispiel für eine Sende-/Empfangsanlage

Alle Dämpfungen und alle Verstärkungen entlang eines Sende-/Empfangsweges müssen bei der Berechnung der Funkstrecke berücksichtigt werden. Dafür müssen die Übertragungseigenschaften für den jeweiligen Frequenzbereich für alle Komponenten bekannt sein.

Beispiel für eine Strecke im 2,4-GHz-ISM-Band, dabei werden alle Werte aufsummiert (Verstärkungen mit positiven Vorzeichen, Dämpfungen mit negativen Vorzeichen):

Sendeleistung	P = 10 mW	+10,0	dBm
Sendekabel	3 m Kabel	- 1,5	dB
	2 Stecker	- 0,4	dB
	1 Pigtail-Kabel mit Stecker	-1,9	dB
Sendeantenne	Richtantenne	+9,0	dBi
Freiraumdämpfung	Optimale Sichtverbindung 3 km	-109,5	dB
Empfangsantenne	Richtantenne	+9,0	dBi
Empfangskabel	3 m Kabel	- 1,5	dB
	2 Stecker	- 0,4	dB
	1 Pigtail-Kabel mit Stecker	-1,9	dB
Empfängerempfindlichkeit	-105 dBm (muss positiv berücksichtigt werden)	+105,0	dB
Endsumme	Empfängerreserve	+13,9	dB

Die Empfängerreserve sollte größer 10 dB sein, anderenfalls kommt es zu Übertragungsstörungen. Für Funkverbindungen nach 802.11b sind folgende Fall-Back-Datenraten für nicht optimale Funkstrecken festgelegt (zum Ausgleich von Toleranzen sollten 2 dB mehr zur Verfügung stehen):

Erforderliche Empfängerreserve (SNR) bei 802.11b
       bei 11 MBit/s Übertragungsrate: 8 dB
       bei 5,5 MBit/s Übertragungsrate: 4 dB
       bei 2 MBit/s Übertragungsrate: 2 dB
       bei 1 MBit/s Übertragungsrate: 0 dB

1.10.8 Empfängerreserve und Qualität der Übertragung

Der folgenden Tabelle kann man „Daumenwerte" zur Übertragungsqualität (bei maximaler Übertragungsrate) in Abhängigkeit zur Empfängerreserve entnehmen. Die Werte sind Erfahrungswerte ohne Berücksichtigung der Fall-Back-Datenraten, die reale Funkstrecke vor Ort kann ein anderes Verhalten zeigen.

Tabelle 1.20 *Empfängerreserve und Qualität der Übertragung*

Empfängerreserve	Qualität der Übertragung
30 dB	Sehr hohe Übertragungsqualität
25 dB bis 30 dB	Hohe Qualität
20 dB bis 25 dB	Zufriedenstellende Qualität
15 dB bis 20 dB	Ausreichende Qualität, Paketverluste sind wahrscheinlich
10 dB bis 15 dB	Schlechte Qualität mit deutlichen Paketverlusten, Kommunikationsabbruch jederzeit möglich
10 dB	Kein Empfang, trotzdem Störungen anderer möglich

1.10.9 Fresnel-Zone

Darüber hinaus ist für eine optimale Funkverbindung eine zeppelinförmige freie Zone, die sog. Fresnel-Zone erforderlich. Nur wenn die Fresnel-Zone komplett frei ist, kann die Freiraumdämpfung (siehe Seite 60 – Freiraumdämpfung) nach der bekannten Formel berechnet werden.

Üblicherweise wird die Fresnel-Zone nur für Anwendungen im Außenbereich berücksichtigt, sie gilt aber auch für den Innenbereich. Im Innenbereich kommt sie aber fast nie zum Einsatz, da die Entfernungen gering sind und andere Faktoren die Reichweite maßgeblich bestimmen.

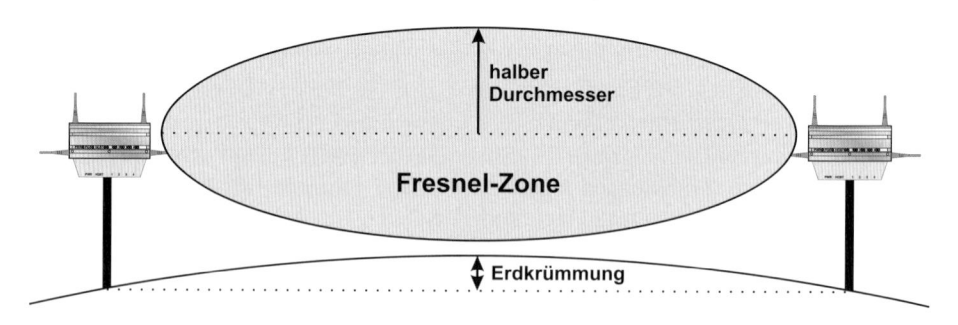

Bild 1.34 *Darstellung der Fresnel-Zone*

Antennenhöhe

Um die erforderlich Antennenhöhe zu bestimmen, muss die Entfernung zwischen den Antennen ermittelt werden. Danach kann mit Hilfe der nachfolgenden Tabelle der Durchmesser der Fresnel-Zone ermittelt werden.

Bei großen Entfernungen muss auch die Erdkrümmung berücksichtigt werden. Der Wert der Antennenhöhe setzt sich folgendermaßen zusammen: Höhe des höchsten Hindernisses plus halber Durchmesser der Fresnel-Zone plus Erdkrümmung. Beispiel:

– Entfernung zwischen den Antennen: 5 km
– Benutztes Frequenzband: 5-GHz-Band
– Höhe des höchsten Hindernisses: 8 m

Aus der Tabelle ergeben sich somit folgende Werte:

– Durchmesser der Fresnel-Zone: 16,7 m / halber Durchmesser ca. 8,4m
– Zu berücksichtigende Erdkrümmung: 0,5 m

1.10 Wireless Local Area Network

Folgende Berechnung für die Antennenhöhe gilt:

Antennenhöhe = 8 m (Hindernis) + 8,4 m (Fresnel-Zone) + 0,5 m (Erdkrümmung)
= 16,9 m

Wird die ermittelte Antennenhöhe unterschritten, so gilt die Formel für die Freiraumdämpfung nicht. Die höhere reale Dämpfung der Übertragungsstrecke ist dann nur messtechnisch zu ermitteln.

Tabelle 1.21 Durchmesser der Fresnel-Zone in Abhängigkeit der Frequenz und der Entfernung [20]

Entfernung in m	Fresnel-Zone in m im 2,4-GHz-Band	Fresnel-Zone in m im 5-GHz-Band	Erdkrümmung in m
5	0,8	0,5	-
10	1,1	0,7	-
20	1,6	1,1	-
30	1,9	1,3	-
50	2,5	1,7	-
100	3,5	2,4	-
200	5	3,3	-
300	6,1	4,1	-
500	7,9	5,3	-
1000	11,2	7,5	-
2500	17,7	11,8	0,1
5000	25	16,7	0,5
10000	35,4	23,6	1,9

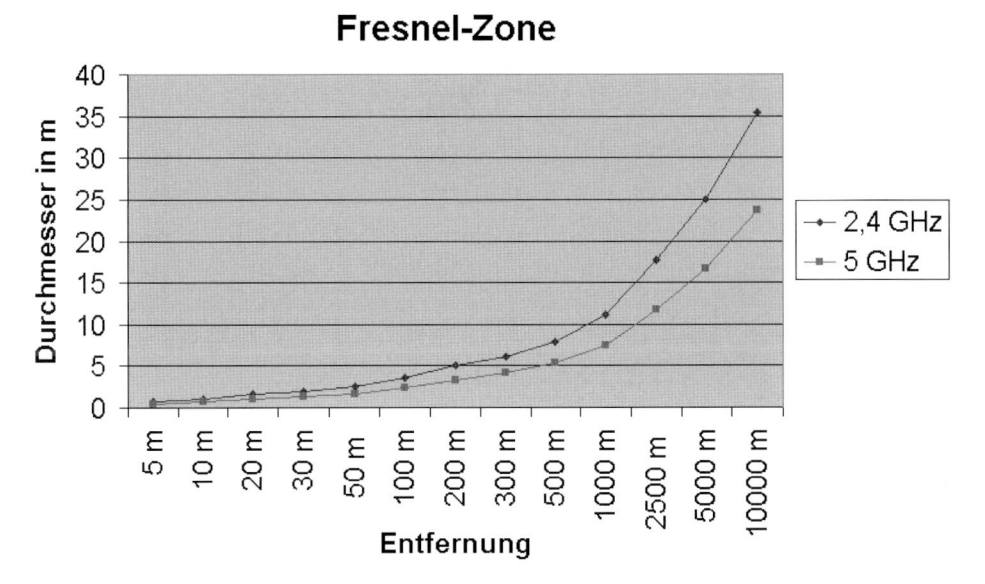

Bild 1.35 *Grafische Darstellung des Verlaufs der Fresnel-Zone*

1.10.10 Drahtloses Ethernet im ISM-Band

Im ISM-Band stehen mehrere Frequenzbereiche zur Verfügung, aber nicht alle sind für drahtloses Ethernet mit entsprechenden Datenraten geeignet. Für die Datenübertragung sind die Bereiche um 433 MHz, 860 MHz, 2,4 GHz, 5 GHz oder 24 GHz geeignet, wobei letzterer noch nicht benutzt wird. Beim Einsatz von Funktechnologie im ISM-Band sind nachfolgende länderspezifische Frequenzen und Zulassungen zu beachten:

Tabelle 1.22 Länderspezifische ISM-Frequenzen und Zulassungen [16]

Land	2,4 – 2,4835 GHz	5,15 – 5,25 GHz	5,25 – 5,35 GHz	5,47 – 5,725 GHz	5,725 – 5,825 GHz
Australien	Nein	Nein	Nein	Nein	1 W EIRP
Belgien	100 mW EIRP	60 mW EIRP	120 mW EIRP	Nein	Nein
Chile	100 mW EIRP	Nein	Nein	Nein	50 mW EIRP
China	100 mW EIRP	200 mW EIRP	200 mW EIRP	Nein	Nein
Dänemark	100 mW EIRP	200 mW EIRP	200 mW EIRP	1 W EIRP	Nein
Deutschland	100 mW EIRP	200 mW EIRP	200 mW EIRP	1 W EIRP	Nein
England	100 mW EIRP	200 mW EIRP	200 mW EIRP	1 W EIRP	Nein
Finnland	100 mW EIRP	200 mW EIRP	200 mW EIRP	1 W EIRP	Nein
Frankreich	100 mW EIRP	200 mW EIRP	200 mW EIRP	Nein	Nein
Griechenland	100 mW EIRP	Nein	Nein	Nein	Nein
Hong Kong	100 mW EIRP	200 mW EIRP	Nein	Nein	1 W TX
Irland	100 mW EIRP	200 mW EIRP	200 mW EIRP	1 W EIRP	Nein
Italien	100 mW EIRP	200 mW EIRP	200 mW EIRP	1 W EIRP	Nein
Kanada	1 W TX	200 mW TX	250 mW TX	Nein	4 W EIRP
Kuwait	1 W EIRP	Nein	Nein	Nein	Nein
Luxemburg	100 mW EIRP	200 mW EIRP	200 mW EIRP	1 W EIRP	Nein
Niederlande	100 mW EIRP	200 mW EIRP	200 mW EIRP	1 W EIRP	Nein
Norwegen	100 mW EIRP	200 mW EIRP	200 mW EIRP	1 W EIRP	Nein
Österreich	100 mW EIRP	60 mW EIRP	Nein	Nein	Nein
Portugal	100 mW EIRP	200 mW EIRP	200 mW EIRP	1 W EIRP	Nein
Schweden	100 mW EIRP	200 mW EIRP	200 mW EIRP	1 W EIRP	Nein
Singapur	100 mW EIRP	Nein	Nein	Nein	Nein
Spanien	100 mW EIRP	200 mW EIRP	200 mW EIRP	1 W EIRP	Nein
Südafrika	100 mW EIRP	200 mW EIRP	200 mW EIRP	1 W EIRP	Nein
Taiwan	Nein	Nein	50 mW TX	Nein	1 W EIRP
Tschechien	100 mW EIRP	200 mW EIRP	200 mW EIRP	Nein	Nein
Türkei	100 mW EIRP	200 mW EIRP	200 mW EIRP	Nein	Nein
Ungarn	1 W EIRP	200 mW EIRP	Nein	Nein	Nein
USA	1 W TX	50 mW TX	250 mW TX	Nein	1 W TX

EIRP: Equivalent Isotropic Radiated Power

TX: Sendeleistung ohne Berücksichtigung von Antennengewinn

1.10.11 Der IEEE 802-Standard

Der IEEE 802-Standard wurde nach einer Entwicklungsphase von sieben Jahren im Jahre 1997 erstmals verabschiedet. Der Standard beschreibt die Schichten 1 und 2 im ISO/OSI-Referenzmodell (Bitübertragungsschicht und Sicherungsschicht) mit ursprünglich drei physikalischen Interfaces, die einen gemeinsamen MAC-Layer bilden: Zwei Funkschnittstellen mit den Frequenzspreizverfahren FHSS (Frequency Hopping Spread Spectrum) und DSSS (Direct Sequence Spread Spectrum) im ISM-Band von 2400 – 2485 MHz, sowie eine optische Infrarot-Schnittstelle im Bereich von 850 – 950 nm zur Überbrückung von Distanzen von bis zu zehn Metern.

Die darüberliegenden Schichten sind nicht involviert und können in gewohnter Weise durch die jeweilige Applikation benutzt werden.

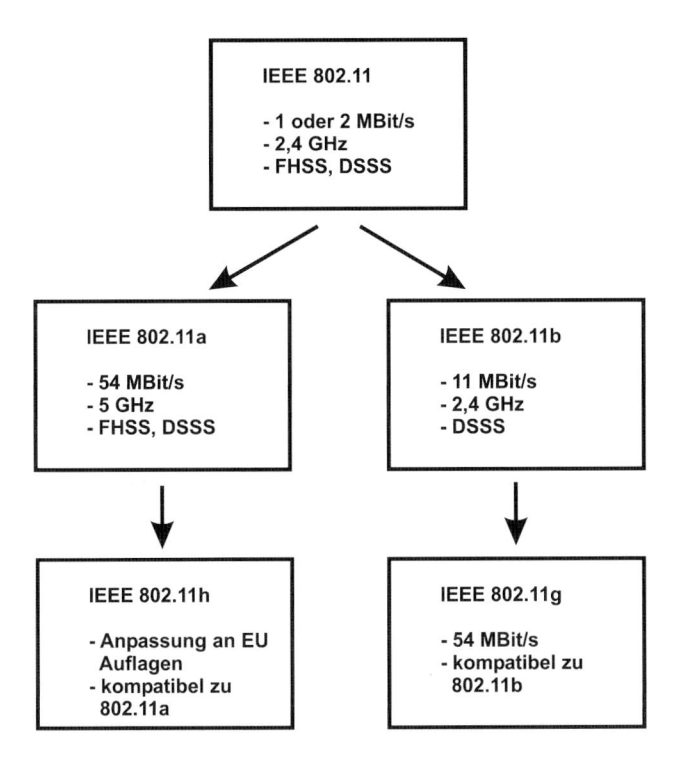

Bild 1.36 *Übersicht über 802.11*

Aus dem Standard ergeben sich die folgenden erreichbaren Entfernungen mit den zugehörigen Datenraten. Mit diversen technischen Maßnahmen lassen sich diese Werte jedoch übertreffen.

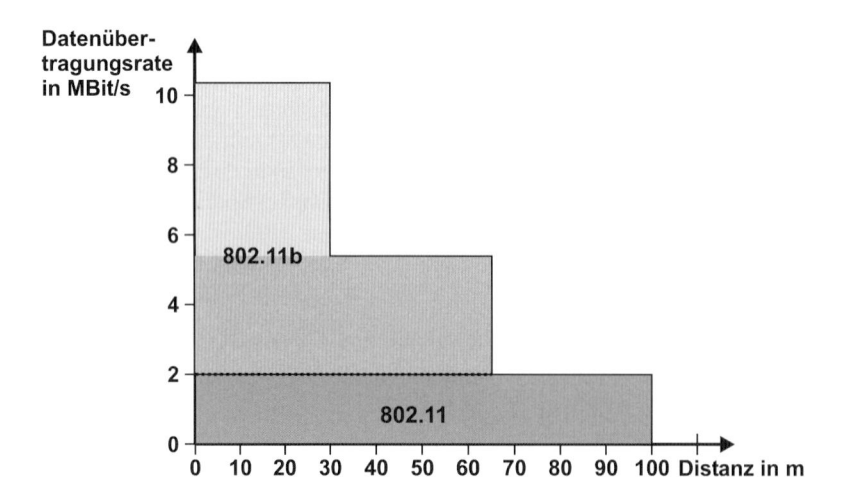

Bild 1.37 Datendurchsatz und Reichweiten laut IEEE 802.11(b)

Tabelle 1.23 Verabschiedete und in Arbeit befindliche IEEE 802.11-Standards [2]

Standard	Status	Bemerkung
802.11	IEEE-Standard seit 1997 / 1999	Grundlegende Definition von PHY (FHSS, DSSS, IR) bis 2 MBit/s und des MAC-Layer
802.11a	IEEE-Standard seit 1999	Definition von PHY: OFDM; 5,1 GHz; 54 MBit/s
802.11b	IEEE-Standard seit 1999	Definition von PHY: DSSS; 2,4 GHz; 11 MBit/s
802.11c	Verabschiedet als 802.1D	Wireless-Bridging-Funktionalität zwischen Access Points, kompatibel zu IEEE 802.1
802.11d	IEEE-Standard seit 2003	Internationale PHY-Definitionen – Anpassung der Komponenten mit Hilfe von Länder-Codes, „World Mode"
802.11e	Zur Zeit in Bearbeitung	Quality-of-Service- und Streaming-Erweiterung für 802.11a/g/h auf MAC-Ebene
802.11.f	IEEE-Standard seit 2003	Roaming für 802.11a/g/h über IAPP (Inter Access Point Protocol)
802.11g	IEEE-Standard seit 2003	PHY-Erweiterung von 802.11b für 54 MBit/s im 2,4-GHz-Band
802.11h	IEEE-Standard seit 2003	Anpassungen von EU-Auflagen bei 802.11a PHY und 802.11 MAC, dynamische Anpassung von Kanal, Frequenz und Sendeleistung
802.11i	Zur Zeit in Bearbeitung	Verbesserte Security-Mechanismen (Verschlüsselung, Integritätsschutz, Authentifizierung)
802.11j	Zur Zeit in Bearbeitung	Japanische Variante von 802.11a im Bereich von 4,9 – 5 GHz
802.11k	Zur Zeit in Bearbeitung	Bessere Auswertung/Messung/Verwaltung der Funkparameter für Location Based Service
802.11m	Zur Zeit in Bearbeitung	Zusammenfassung und Fehlerbereinigung vorangehender Versionen
802.11n	Zur Zeit in Bearbeitung	Definition von PHY >108 MBit/s, bis zu 320 MBit/s

Kompatibilität innerhalb des Standards

Um die Kompatibilität der Geräte der verschiedenen Hersteller sicherzustellen, haben sich ca. 40 Hersteller und ein neutrales unabhängiges Testlabor zur sogenannten WECA (Wireless Ethernet Compatibility Alliance) zusammengeschlossen.

Heute zertifiziert die WECA unter der Bezeichnung Wi-Fi (Wireless Fidelity) die Kompatibilität zwischen den nach dem 802.11-Standard arbeitenden Geräten und überwacht die Einhaltung des gemeinsamen Standards.

1.10.12 Kanalzugriff

Ähnlich dem Verfahren CSMA/CD in drahtgebundenen Netzen wird in IEEE 802 das Verfahren CSMA/CA (Carrier Sense Multiple Access with Collision Avoidance) für den Kanalzugriff in Funknetzen beschrieben. Dabei wird auch geprüft, ob das Medium frei, bevor der Sendevorgang gestartet wird.

Allerdings wird anstatt eines Kollisionserkennungsverfahren ein Kollisionsvermeidungsverfahren verwendet. Zur Vermeidung von Kollisionen wird ein Protokoll verwendet, dass einen Kanal vor einem Sendevorgang für einen kurzen Zeitraum reserviert und so einen störungsfreien Sendevorgang ermöglicht. Leider schützt das Verfahren nicht vor dem Hidden-Node-Problem.

Hidden Node

Eine Kollision tritt dann auf, wenn zwei Stationen auf dem selben Medium gleichzeitig senden, da jede Station das Medium als frei erkannt hat. Diese Art der Kollision tritt auf, wenn zwei Stationen, die sich nicht gegenseitig erreichen können, gleichzeitig an eine dritte Station, die sie aber beide erreichen können, senden.

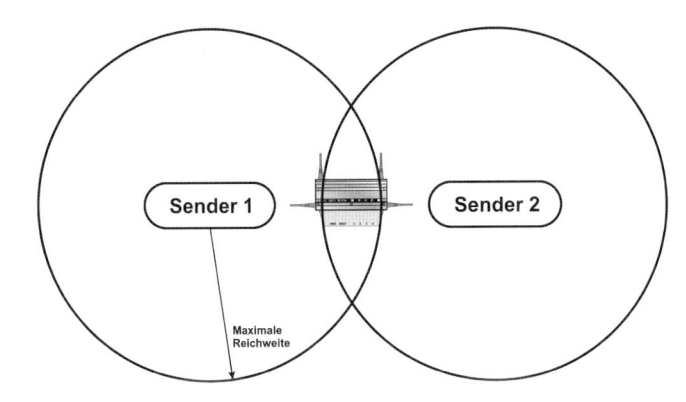

Bild 1.38 *Hidden Node*

Das in IEEE 802.11 spezifizierte MAC Level RTS/ CTS Protocol (Request to Send / Clear to Send) bietet hier mit einem speziellen Handshake-Verfahren Abhilfe. Dabei werden RTS- oder CTS-Telegramme (mit Bestätigungsmeldung) zur Reservierung eines Funkkanals für eine gewisse Zeitdauer ausgetauscht. Damit es nicht zu Kollisionen der RTS-/CTS-Telegramme, die den Nutzen außer Kraft setzen, kommt, sind diese Telegramme sehr kurz.

1.10.13 Infrastruktur Modus – Basic Service Set

Der Infrastruktur-Modus bildet die einfachste Form eines drahtlosen Netzwerks. Dabei erfolgt die Kommunikation aller Teilnehmer über einen gemeinsamen Access Point. Diese Konstellation wird Basis Service Set (BSS) genannt.

Ist der Funkbereich eines einzelnen Access Points nicht ausreichend, weil z. B. zu viele Teilnehmer vorhanden sind, die Sendereichweite oder die verfügbare Bandbreite nicht ausreichend ist, können mehrere, sich räumlich überlappende BSS zu einem gemeinsamen Funknetzwerk zusammengeschlossen werden. Dieser Ausbau wird Extended Service Set (ESS) genannt. In einem ESS müssen die Access Points miteinander gekoppelt sein. Diese Kopplung kann drahtgebunden, in der Regel über Ethernet erfolgen oder aber über Richtfunkstrecken. Durch die Einrichtung von ESS können auch Teilnehmer miteinander kommunizieren, die nicht in der Reichweite eines gemeinsamen Access Points liegen.

Außerdem ist es bei ESS mobilen Teilnehmern möglich, automatisch von einem Access Point an einen anderen weitergereicht zu werden, ohne dass die Kommunikation abreißt (Roaming).

Der Infrastruktur-Betrieb erlaubt insbesondere durch den Aufbau von ESS das Betreiben großer Netzwerke nach IEEE 802.11 und wird auch als Wireless Ethernet bezeichnet.

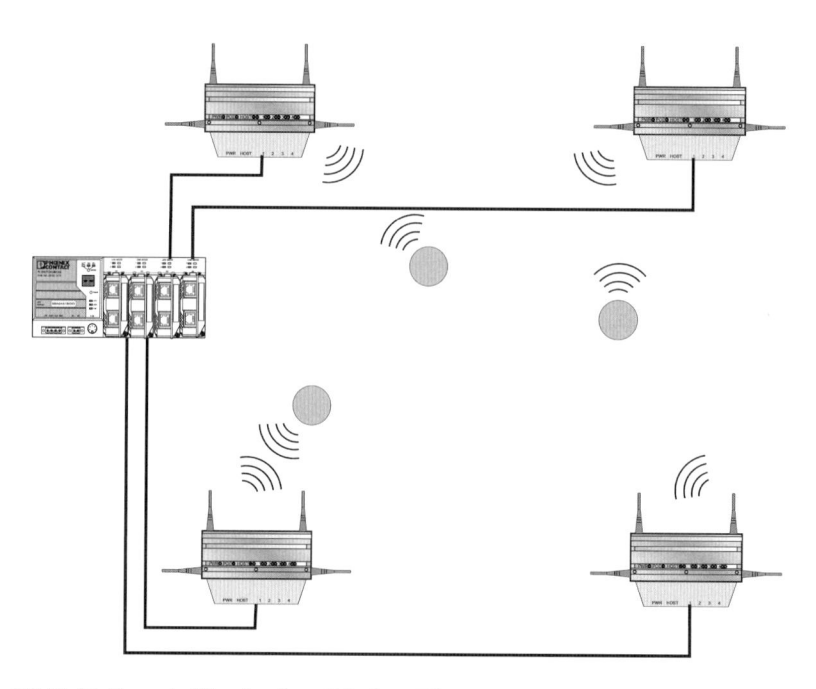

Bild 1.39 *Extended Service Set – Wireless Ethernet*

1.10.14 Roaming

Damit eine Kommunikationsverbindung von einem Access Point auf einen anderen übertragen werden kann, wurde in IEEE 802.11 Roaming definiert. Folgender Ablauf wurde für Roaming festgelegt:

1.10 Wireless Local Area Network 71

- Stellt ein Teilnehmer fest, dass das Signal eines Access Points zu schwach wird, sucht er einen Access Point, dessen Signal stärker ist (Scanning). Dabei wird zwischen Active-Scanning und Passive-Scanning unterschieden:
- Passive-Scanning: Abhören des Mediums, ob ein weiterer Access Point zu finden ist.
- Active-Scanning: Senden eines Requests auf allen Kanälen. Falls von einem Access Point eine Response gesendet wird, enthält dieser alle notwendigen Informationen, um die Kommunikation zu übertragen.
- Der Teilnehmer wählt anhand der Signalstärke den geeignetsten Access Point aus und schickt ihm ein Association-Request, als Anforderung, die Kommunikation zu übernehmen.
- Falls die Antwort auf den Association-Request positiv ausfällt, war das Roaming erfolgreich. Falls nicht, startet der Ablauf erneut.

1.10.15 Fragmentierung

Bei einer Übertragung können in einem Datenrahmen bis zu 2312 Bytes Nutzdaten übertragen werden. Bei 11 MBit/s dauert die Übertragung bis zu 2 ms und unterliegt einer hohen Wahrscheinlichkeit, dass die Übertragung gestört wird. Daher ist es nach IEEE 802.11 möglich, die Daten fragmentiert zu übertragen. Damit sinkt die Wahrscheinlichkeit, dass die Daten gestört werden und falls doch, dauert die Wiederholung des zerstörten Paketes nicht so lange.

Allerdings erhöht sich der Protokoll-Overhead etwas und der Nettodatendurchsatz reduziert sich. Daher ist die fragmentierte Übertragung üblicherweise ein-/ausschaltbar.

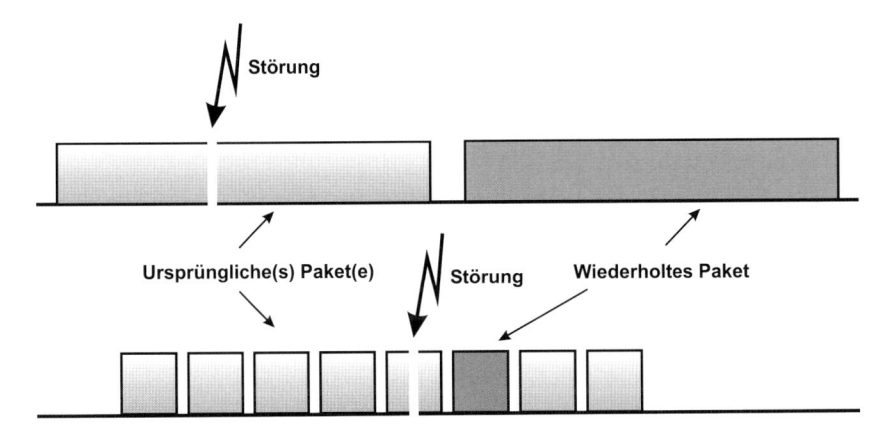

Bild 1.40 *Fragmentierte Übertragung*

1.10.16 Modulationsverfahren

Frequency Hopping Spread Spectrum – FHSS

Bei dem FHSS-Verfahren wird die gesamte verfügbare Bandbreite, im ISM-Band von 2,4000 GHz bis 2,4835 GHz in 79 überlappungsfreie Frequenzunterbänder mit je 1 MHz Bandbreite (Kanal 2 bis 80) aufgeteilt. Die Übertragung erfolgt über die 1 MHz breiten

Kanäle mit permanent wechselnder Frequenz. Die Frequenzwechsel-Sequenz ist durch beide, also dem Sender und dem Empfänger, vor dem Start der Übertragung durch Synchronisation abgestimmt worden.

Gegen schmalbandige Störungen einer Übertragungsfrequenz ist das FHSS-Verfahren unempfindlich, da die Übertragung einfach auf einem anderen ungestörten Kanal wiederholt wird. Die Verwendung des Verfahrens ist allerdings rückläufig, da nur Übertragungsraten von 1 MBit/s bzw. 2 MBit/s zu erreichen sind.

Direct Sequence Spread Spectrum – DSSS

Beim DSSS-Verfahren werden die Informationen auf einem 22 MHz breiten Kanal übertragen. Dabei wird vom Sender jedem Datenbit eine pseudostatische Sequenz aus elf Zeichen (IEEE 802.11) bzw. aus acht Zeichen (IEEE 802.11b) angehängt. Dadurch sind im übertragenen Datenstrom zusätzliche Informationen enthalten, die es ermöglichen, Fehler zu erkennen und zu korrigieren.

Das Verhältnis von gespreizter Bandbreite zu Übertragungsgeschwindigkeit heißt Spreizverhältnis. Ist dieses Verhältnis 10, sind die Bedingungen für eine Übertragung ideal. In der Praxis ist dieses Verhältnis dann gegeben, wenn beispielsweise ein 2 MBit/s-Signal über eine Bandbreite von 20 MHz gespreizt wird. Der Spreizgewinn, das ist das Verhältnis von der Taktrate des Datenstroms zur Taktrate der Codesequenz, ist auch ein Maß für die Störunempfindlichkeit für das zu übertragende Signal.

Im Standard IEEE 802.11b von 1999 war nur das DSSS enthalten mit einer Übertragungsrate von 11 MBit/s. Dies wird durch die Nutzung des 22 MHz Kanals erreicht, kann aber bei ungünstigen Umgebungsbedingungen bis auf 1 MBit/s zurückgefahren werden (siehe auch „Empfängerreserve" auf Seite 63).

Durch das Aufspreizen des Signals kann der Signalpegel so stark reduziert werden, dass der Übertragungspegel niedriger als der des Hintergrundrauschens ist. Erst durch Umkehr der Bandspreizung im Empfänger, wird das Signal wieder vom Hintergrundrauschen unterscheidbar. Das DSSS-Verfahren bietet also höhere Störsicherheit und ermöglicht höheren Datendurchsatz.

Siehe auch **Orthogonal Frequency Division Multiplexing – OFDM** auf Seite 74

1.10.17 Der Standard IEEE 802.11b

Mit dem Standard IEEE 802.11b wurde erstmals eine konkurrenzfähige und erschwingliche Technologie auf den Markt gebracht, mit der sich drahtlose Netzwerke realisieren ließen. Geräte nach diesem Standard gelten heute als ausgereift und störungssicher und sind damit bestens für den professionellen Einsatz im industriellen Umfeld geeignet.

Eckwerte bei IEEE 802.11b:

– Frequenzband: ISM-Band im Bereich von 2400 – 2485 MHz

– Lizenz- und kostenfreie Nutzung des Funkbereichs

– Datenübertragungsrate brutto: 5,5 – 11 MBit/s

– Datenübertragungsrate netto: 1 – 5,5 MBit/s

1.10 Wireless Local Area Network

- Bandspreizverfahren: DSSS – Direct Sequence Spread Spectrum
- Sendeleistung: 100 mW
- Frequenzspektrum: 83,5 MHz
- Maximale Anzahl überlappungsfreier Kanäle: 3

Kanäle bei IEEE 802.11b

Die Funkkanäle beim Standard IEEE 802.11b liegen im 2,4-GHz-ISM-Band. In dem Frequenzbereich befinden sich bis 14 zugelassene Kanäle mit je 22 MHz Bandbreite. Die Kanäle sind überlappend, daher sind benachbarte Kanäle nicht in einem Funknetz störungsfrei zu benutzen. In der nachfolgenden Grafik ist zu erkennen, welche Kanäle sich nicht überlappen. Dabei ist zu beachten, dass

- in Europa die Kanäle 1 – 13 zugelassen sind,
- in USA/Kanada die 1 – 11 zugelassen sind,
- in Japan der Kanal 14 zugelassen ist.

Somit ergibt sich die Empfehlung nur die Kanäle 1 | 6 | 11 zu benutzen, in Europa kann man auch die Kanäle 1 | 7 | 13 oder 2 | 7 | 12 oder auch 3 | 8 | 13 parallel ohne gegenseitige Beeinflussung benutzen.

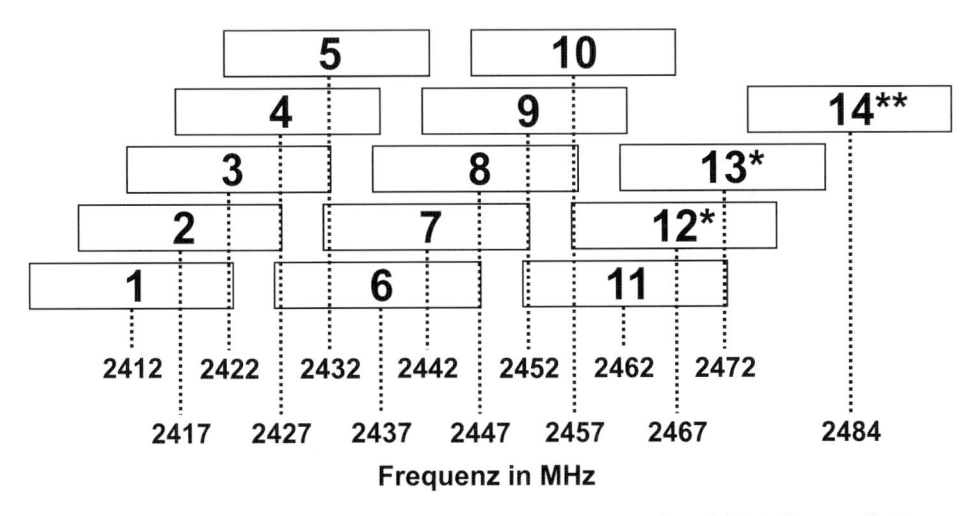

Bild 1.41 Frequenzen und Kanäle bei IEEE 802.11b

Mögliche Kanalvergabe bei mehreren Access Points

Durch geeignete Kanalwahl kann man parallel mehrere Access Points betreiben. Werden mehr als diese drei interferenzfreien Kanäle benötigt, kann man unter Berücksichtigung der Situation vor Ort auch noch die Kanäle 4 und 10 bei einem flächendeckenden Funkfeld nutzen.

Bild 1.42 Überlappungsfreie Kanalwahl

1.10.18 Der Standard IEEE 802.11a/h

Mit dem Standard IEEE 802.11a/h sind durch die Nutzung des 5-GHz-ISM-Bands und der OFDM-Modulation Datenübertragungsraten von bis zu 54 MBit/s möglich. Nahezu alle Geräte des Standards IEEE 802.11a unterstützen auch den Standard IEEE 802.h (siehe auch **Erweiterung durch den Standard IEEE 802.11h** auf Seite 76). Üblicherweise wird auf die Unterstützung des h-Standards nicht explizit hingewiesen. Der a/h-Standard ist auf Grund der unterschiedlichen Frequenzbereiche nicht mit Standard IEEE 802.11b kompatibel.

Die nicht überlappenden Kanäle lassen in etwa dreimal so viele Access-Points auf einer Fläche zu, wie nach IEEE 802.b möglich wären.

Die Nutzung des 5-GHz-ISM-Bands ist seit November 2003 in Deutschland und in Europa erlaubt. Da militärische Radaranlagen zumindest teilweise ebenfalls diesen Frequenzbereich nutzen, ist der Betrieb ohne TPC/DFS nur mit einer geringen Sendeleistung von 30 mW zulässig.

Eckwerte bei IEEE 802.11a:

– Frequenzband: ISM-Band im Bereich von 5150 – 5350 MHz bzw. 5725 – 5825 MHz

– Lizenz- und kostenfreie Nutzung des Funkbereichs

– Datenübertragungsrate brutto: 5 – 54 MBit/s

– Datenübertragungsrate netto: 32 MBit/s

– Bandspreizverfahren: OFDM – Orthogonal Frequency Division Multiplexing

– Sendeleistung: 30 mW bis 200 mW (abhängig von Frequenzband und Land)

– Frequenzspektrum: 300 MHz

– Maximale Anzahl überlappungsfreier Kanäle: 10

Orthogonal Frequency Division Multiplexing – OFDM

Beim OFDM-Verfahren wird der Kanal, der als Summensignal vom Sender abgestrahlt wird, in viele eng benachbarte Unterträger aufgesplittet. Dabei werden die Frequenzen der Unterträger so gewählt, dass benachbarte Träger immer dort ein Minimum in ihren Spektrum haben, wo der Nachbarträger das Maximum hat.

1.10 Wireless Local Area Network

Bei diesem Frequenzmultiplex-Verfahren sind in jedem IEEE 802.11a-Kanal 52 Unterträger mit einem Abstand von 312,5 kHz definiert, wobei davon 48 als Datenträger und vier als Phasenreferenz fungieren. Die zu übertragende Information wird mit redundanten Bits für die FEC (Forward Error Correction) versehen, und über die verschiedenen Unterträger verteilt übertragen.

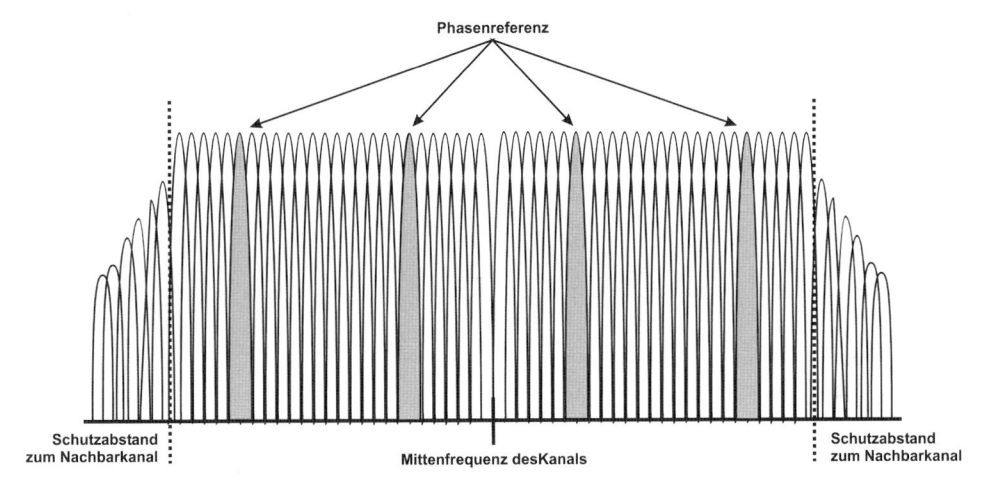

Bild 1.43 Kanalaufsplittung in Unterträger bei OFDM

Das OFDM-Verfahren bietet für industrielle Anwendungen Vorteile: Die verwendete Präambel dauert beim a-Standard nur 16 ms im Vergleich zu 72 ms beim b-Standard. Da bei industriellen Anwendungen sehr viele kleine Datenpakete versendet werden, wirkt sich der Anteil der Präambel besonders auf die Performance aus und der a-Standard bietet so einen deutlich höheren Netto-Datendurchsatz.

Kanäle bei IEEE 802.11a

Aufgrund der unterschiedlichen länderspezifischen Regelungen für das 5 GHz-ISM-Band, ist der Bereich in vier Frequenzbereiche geteilt.

Tabelle 1.24 Frequenzbereich im 5 GHz-ISM-Band

Frequenzbereich in in GHz	Überlappungsfreie Kanäle	Verfügbare Bandbreite in MHz
5,15 – 5,25	4	100
5,25 – 5,35	4	100
5,47 – 5,725	10	255
5,725 – 5,825	4	100

Im besonders interessanten Bereich von 5,47 bis 5,725 GHz gibt es für die Nutzung in der Regel Auflagen, die zwingend einzuhalten sind. Dazu zählen DFS (Dynamic Frequency Selection), um z. B. durch Radaranlagen belegte Kanäle automatisch freizugeben und TPC (Transmission Power Control), um die Ausbreitung der Funkwellen möglichst lokal zu begrenzen.

Fall-Back-Datenrate

Genau wie beim IEEE 802.11b sind auch beim a-Standard Fall-Back-Datenraten bei Verschlechterungen der Übertragungsqualität definiert. Folgende Stufen (in MBit/s) sind definiert: 54 → 48 → 36 → 24 → 18 → 12 → 9 → 6. Die fettgedruckten Datenraten sind obligatorisch, die anderen optional.

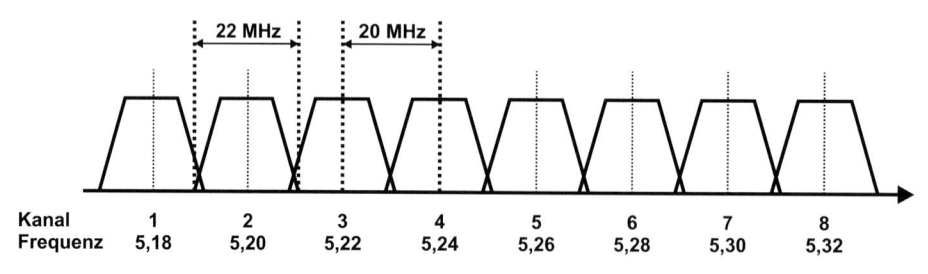

Bild 1.44 Kanalverteilung bei IEEE 802.11a

Bei IEEE 802.11a lässt sich die Mittelfrequenz eines jeden Kanals nach folgender einfacher Formel ermitteln:

Mittelfrequenz [MHz] = 5000 + 5 x Kanalnummer

Erweiterung durch den Standard IEEE 802.11h

Der Standard IEEE 802.11h ist eine Erweiterung des Standards IEEE 802.11a mit folgenden Funktionen:

– Unterstützung der dynamischen Frequenzwahl (DFS – Dynamic Frequency Selection).

– Unterstützung der automatischen Sendeleistungsregelung (TPC – Transmission Power Control).

– Höhere Sendeleistung von bis zu 200 mW.

1.10.19 Zusammenfassung der Standards

Standards im 2,4-GHz-ISM-Band
- 802.11b – Technische Eigenschaften
  - Datenrate brutto: 11 MBit/s
  - Datenrate netto: 5 MBit/s
  - Sendeleistung: 100 mW
  - Reichweite: 30 bis 50 Meter
  - Anzahl der parallelen Kanäle: 3
  - Einsatz: innen und außen
  - Status: Standard
- 802.11b – Anwendungs-Eigenschaften
  - Bewährter und zuverlässiger Standard
  - Gute Ausleuchtung bei geringer Dämpfung und hoher Rauschunempfindlichkeit
  - Kostengünstig
  - Hohe Kompatibilität der Hardware-Komponenten untereinander
  - Nutzung im Außenbereich möglich
  - Relativ geringe Netto-Datenrate
  - Geringe Bandbreite im ISM-Band (nur drei Kanäle und Bluetooth im selben Frequenzbereich)
  - Anfällig für Störungen durch Mikrowellen und Leuchtstoffröhren-Starter
- 802.11g – Technische Eigenschaften
  - Datenrate brutto: 54 MBit/s
  - Datenrate netto: 32 MBit/s
  - Sendeleistung: 100 mW
  - Reichweite: 30 bis 50 Meter
  - Anzahl der parallelen Kanäle: 3
  - Einsatz: innen und außen
  - Status: Standard
- 802.11g – Anwendungs-Eigenschaften
  - Sehr hohe Netto-Datenrate
  - QoS in Zunkunft möglich
  - Gute Ausleuchtung
  - Hohe Kompatibilität zu 802.11b
  - Nutzung im Außenbereich möglich
  - Geringe Bandbreite im ISM-Band (nur drei Kanäle und Bluetooth im selben Frequenzbereich)
  - Anfällig für Störungen durch Mikrowellen und Leuchtstoffröhren-Starter

Standards im 5-GHz-ISM-Band

- 802.11a – Technische Eigenschaften
  - Datenrate brutto: 54 MBit/s
  - Datenrate netto: 32 MBit/s
  - Sendeleistung: 30 mW
  - Reichweite: 10 bis 15 Meter
  - Anzahl der parallelen Kanäle: 8
  - Einsatz: ausschließlich innen
  - Status: Standard
- 802.11b – Anwendungs- Eigenschaften
  - Sehr hohe Netto-Datenrate
  - QoS in Zukunft möglich
  - Große Bandbreite durch acht parallele Kanäle
  - Schlechte Flächenausleuchtung
  - Sehr geringe Sendeleistung und Reichweite
  - Relativ hohe Kosten
  - Keine Zulassung zur Nutzung im Außenbereich
- 802.11h – Technische Eigenschaften
  - Datenrate brutto: 54 MBit/s
  - Datenrate netto: 28 MBit/s
  - Sendeleistung: 200 mW (mit Transmit Power Control)
  - Reichweite: 30 bis 50 Meter
  - Anzahl der parallelen Kanäle: 8
  - Einsatz: ausschließlich innen
  - Status: Standard
- 802.11h – Anwendungs- Eigenschaften
  - Hohe Netto-Datenrate
  - QoS in Zukunft möglich
  - Große Bandbreite durch acht parallele Kanäle
  - Schlechte Flächenausleuchtung
  - Dynamic Frequency Selection & TPC
  - Relativ hohe Kosten
  - Keine Zulassung zur Nutzung im Außenbereich

1.11 COM-Server

In vielen Applikationen werden Geräte eingesetzt, die nicht so einfach in ein Ethernet-Netzwerk eingebunden werden können, weil sie die RJ45-Schnittstelle noch nicht Onboard haben. Intelligente Feldgeräte, also Teilnehmer die mit einem Mikroprozessor ausgestattet sind, haben aber typischerweise mindestens eine serielle Schnittstelle. Um ein Gerät mit einer RS 232- oder RS 485-Schnittstelle in ein Ethernet-Netz zu integrieren gibt es sogenannte COM-Server. Dabei gibt es unterschiedliche Anwendungen, in denen COM-Server die Lücke zur fehlenden Ethernet-Fähigkeit schließen.

1.11.1 Kabelersatz

Mit zwei COM Servern kann eine serielle Punkt-zu-Punkt Verbindung einfach über das Netzwerk getunnelt werden. Der Vorteil ist die Nutzung der vorhandenen Netzwerkstruktur ohne zusätzliche Aufwände.

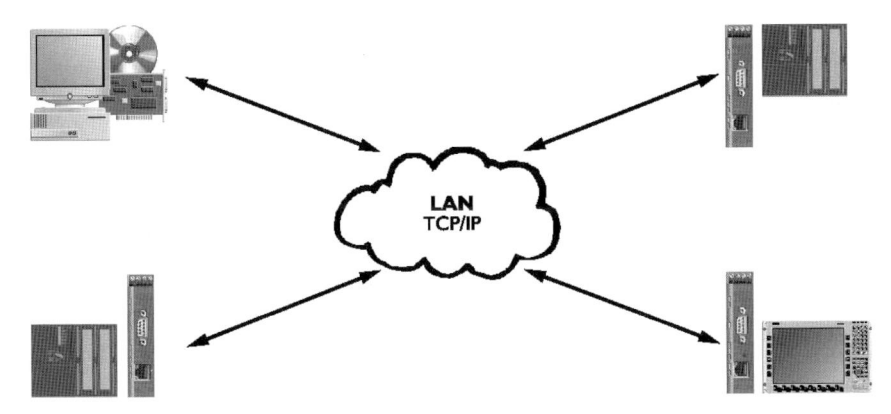

Bild 1.45 *Einbindung serieller Teilnehmer*

Eine kontinuierliche Prozessverfolgung erfordert die Einbindung von seriellen Geräten wie Laserscanner oder Wiegeterminals an Datenbanken und weiterverarbeitende Programme. Dabei wird wahlweise mit TCP- oder UDP-Diensten kommuniziert. Diese sogenannten Sockets werden vom Anwender in den bekannten Programmiersprachen erstellt.

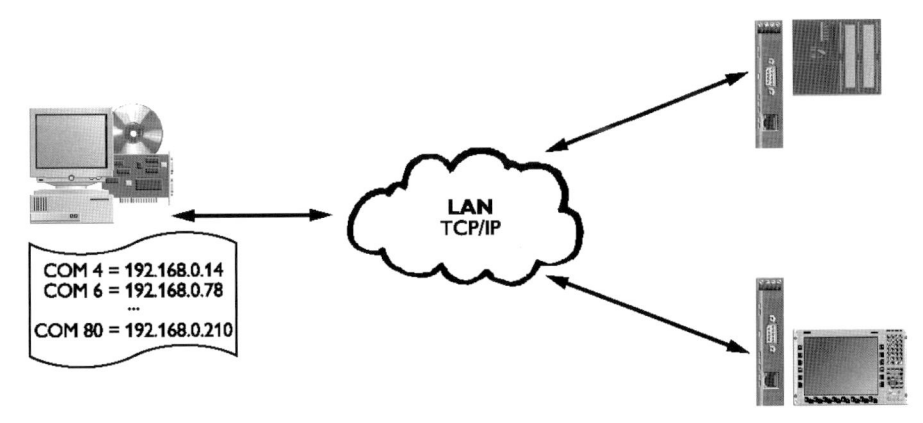

Bild 1.46 *COM-Redirector*

Bestehende Software, z. B. für Programmierung und Diagnose, unterstützt dagegen selten moderne Ethernetkommunikation. In solchen Fällen können mit einer Redirectory Software bis zu 80 virtuelle Com Ports auf dem PC erstellt werden, und von der Anwendungssoftware genutzt werden. Ein Service Techniker kann so von einem zentralen Ort verschiedenste Anlagen überwachen, ohne mit dem PC in die Anlage zu müssen.

1.11.2 Modbus Gateway

Durch verschiedenste Übertragungsphysiken gibt es bei Modbus eine Vielzahl unterschiedlicher Geräte die zu einer Gesamtlösung zusammengestellt werden. Hierfür werden sowohl die seriellen Modbus ASCII- und RTU-Protokolle, als auch das Ethernet basierende Modbus-TCP-Protokoll unterstützt. Eine Gateway-Funktion erlaubt den Einsatz an Modbus Mastern und Slaves und damit die Einbindung beliebiger serieller Modbus-Teilnehmer in Modbus-TCP-Netzwerke und umgekehrt.

1.11.3 RAS-Server

Service und Wartungsverträge erfordern heute den Remote Access in Automatisierungslösungen mit moderner Ethernetvernetzung. Eine Modemverbindung (DFÜ) kann hierzu überall realisiert werden. Die Fernwartung und -Diagnose von räumlich entfernten Netzwerkteilnehmern wird mit dem unterstützten PPP-Protokoll realisiert wie die private Einwahl in das Internet. Die sensible Sicherheitsfrage wird typischerweise durch eine Passwortverschlüsselung beantwortet.

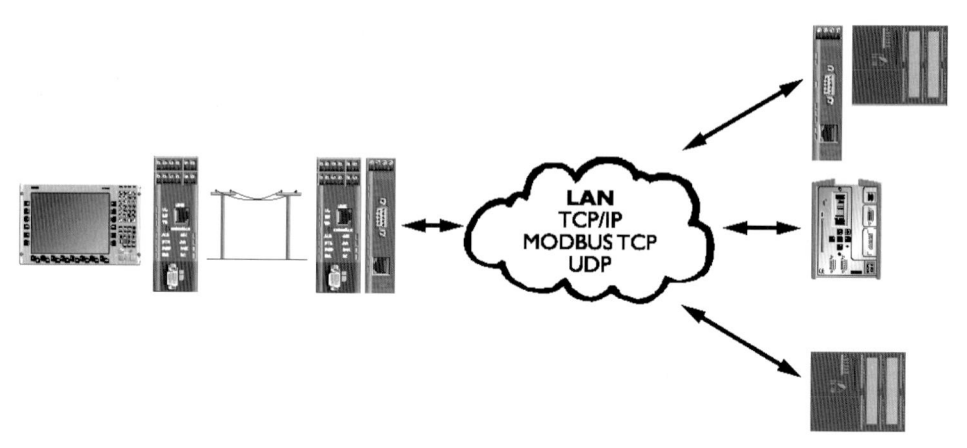

Bild 1.47 *Remote Access*

– Freie Umsetzung

– Spezielle Anforderungen z. B. Datenvorverarbeitung oder die Unterstützung spezieller Bussysteme werden häufig mit frei programmierbaren Varianten realisiert. Die Programmierung kann in einem Basic-Dialekt oder anderen Programmiersprachen erfolgen.

2 Installation

2.1 Übertragungsmedien

2.1.1 Kabel und Leitungen

Lichtwellenleiter

Hohe Übertragungssicherheit durch LWL

Die Vorteile der Lichtwellenleitertechnologie (LWL) liegen in der störungsfreien Datenübertragung gegenüber EMV-Einflüssen und Potenzialdifferenzen. Bislang konnte dafür in Ethernet-Netzwerken bei höheren Übertragungsraten (100 MBit/s) nur Glasfaserkabel eingesetzt werden. Diese sind aber nur sehr aufwändig zu konfektionieren, zudem sind aktive oder passive Infrastrukturkomponenten mit Glasfaseranschluss teuer.

Durch den großen Lichtwellenleiterquerschnitt von einem Millimeter und der hohen numerischen Apertur von ca. 0,5 stellt die POF-Faser nur geringe Anforderungen an die Qualität der Stirnflächenbearbeitung und die Mechanik des Steckverbinders. So können preiswerte und einfach zu konfektionierende Steckverbinder verwendet werden und die Stirnflächenbearbeitung ist nur noch ein einfacher Schnitt. Nachfolgende Grafik zeigt verschiedene Lichtwellenleitertypen im Größenvergleich.

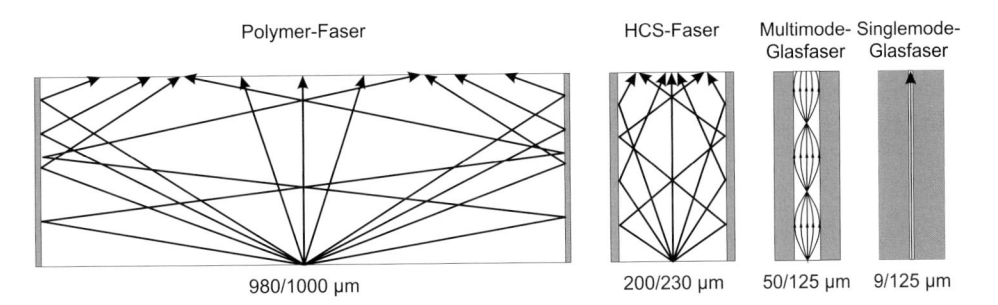

Bild 2.1 Größenvergleich der einzelnen Fasertypen

Kunststofffaser-Leitungen

Die weite Verbreitung von Ethernet im industriellen Umfeld bringt eine Reihe zusätzlicher Anforderungen mit sich. Dazu gehört zum Beispiel eine einfachere Konfektionierung der LWL-Stecker und eine Online-Diagnosemöglichkeit von Lichtwellenleitern. Erfahrungen mit der klassischen Glasfaser zeigen, dass gerade die Konfektionierung und Überprüfung von Glasfaserleitungen durch die damit verbundene Beauftragung von Spezialunternehmen zu Zeitverlusten und erhöhten Kosten führen. Abhilfe schafft bei kurzen Streckenlängen die Verwendung der POF Technologie. Bei der feldnahen LWL-Verkabelung (z. B. Interbus) hat sich die Verwendung der Polymerfaser (POF – Polymer Optical Fibre) durchgesetzt. Die Leitungslängen sind dabei zwar auf 50 m begrenzt, was jedoch bei dezentralen Installationen der aktiven Komponenten, so wie es in der Automatisierung üblich ist, in der Regel ausreicht.

Für Streckenlängen größer als 50m können HCS-Leitungen (Hard Clad Silica) genutzt werden. Sie besitzen einen 200 µm dicken Glasfaserkern mit Polymerummantelung und damit eine kleinere Dämpfung als die Polymerfaser, wodurch Leitungslängen von bis zu 100 m erreicht werden. Der dünnere Kern erfordert eine aufwändigere, weil präzisere Steckermechanik, lässt sich aber noch immer einfacher als die Glasfaser konfektionieren.

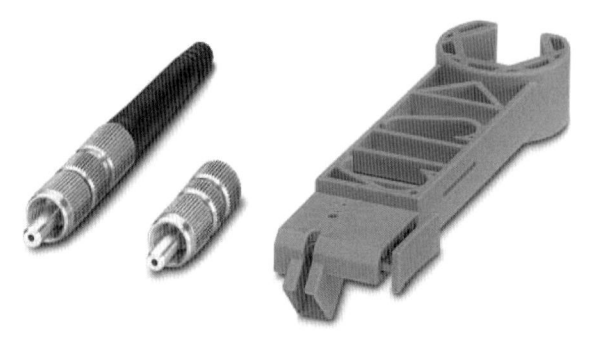

Bild 2.2 *F-SMA-Stecker und Schnellkonfektionier-Werkzeug für Polymerfaser*

2.1.2 Messtechnik zur Überprüfung der Installationsqualität

Bei der Installation von LWL müssen einige Besonderheiten gegenüber der Kupferverkabelung beachtet werden. Dazu gehören die Einhaltung der spezifizierten Biegeradien und die Vermeidung zu hoher Querdrücke oder Einschnitte (z. B. bei unsachgemäßer Abmantelung). Die Nichtbeachtung hat eine erhöhte Dämpfung zur Folge, wodurch Reichweite und/oder Übertragungsqualität reduziert werden. Aus diesem Grunde werden LWL-Verbindungen nach der Installation mit Hilfe eines optischen Leistungsmessgerätes überprüft.

Dabei wird die an einem LWL-Empfänger ankommende Lichtleistung gemessen und mit dem Lichtleistungsbedarf des Empfängers verglichen. Danach muss die gemessene Lichtleistung noch in Relation zu Leitungslänge bewertet werden. Dies erfolgt in der Regel mit Hilfe von Grenzwerttabellen.

Die gesamte Messung ist zeitaufwändig. Pro optischem Kommunikationsteilnehmer inklusive der Protokollierung und Bewertung der Messergebnisse muss mit zwei bis drei Minuten gerechnet werden. Berücksichtigt man, dass Ethernet-Netzwerke heute schon über eine hohe Anzahl von Teilnehmern verfügen und sich diese im Hinblick auf die zunehmende Verfügbarkeit weiterer Feldgerätegruppen mit Ethernet-Schnittstelle noch erheblich erhöhen wird, dann wird deutlich, welch hoher Aufwand die heutige Messmethodik, wie sie auch in der klassischen Ethernet Glasfaserverkabelung praktiziert wird, mit sich bringt.

Hinzu kommt, dass solche Messungen quasi online erforderlich sind, was die zuvor genannte Methode nicht leistet. Gerade in Applikationen mit hohem Verschmutzungsgrad

(z. B. optische Werkzeugwechsler) oder starker mechanischer Belastungen (z. B. Roboter oder Schleppketten) muss die Qualität der Übertragungsstrecke kontinuierlich und nicht nur einmalig nach der Erstinstallation kontrolliert werden. Andernfalls sind Dämpfungserhöhungen erst bei Auftreten von Kommunikationsfehlern oder Ausfall der Betriebsmittel erkennbar.

Weiterentwicklung der POF-Technologie

Die zuvor genannten Aufwände des Einmessens optischer Übertragungswege und die zunehmende Anzahl von Ethernet-Teilnehmern in Automatisierungsnetzwerken zeigen die Notwendigkeit eines kontinuierlichen und automatisierten Messverfahrens. Dieses wurde bereits von Phoenix Contact für Interbus entwickelt sowie in zahlreichen Applikationen eingesetzt und wird zukünftig auf Ethernet umgesetzt. Das Verfahren basiert auf einer reinen Punkt-zu-Punkt-Verbindung. Die Regelung der optischen Sendeleistung erfolgt in 15 Stufen, wobei Stufe 15 der maximal möglichen Lichtleistung entspricht. Diese Einstellung erfolgt über einen Regelalgorithmus, der die Lichtleistung am Ende eines jeden Kabels auf einen vorgegebenen, für die Übertragung sicheren Abstand zum Empfindlichkeitsgrenzwert des Empfängers einstellt. Dadurch werden höhere Dämpfungswerte und Umgebungseinflüsse, Temperaturschwankungen oder Beschädigungen ausgeregelt.

Die entsprechend eingestellten Lichtleistungsstufen werden als Diagnosedaten verwendet. Damit ist eine Online-Überwachung aller POF-Strecken möglich. Die wohl größte Erleichterung in Form von Zeit- und Kostenersparnis bietet die optische Diagnose bei der Erstinbetriebnahme einer Anlage mit LWL-Übertragung. Die bislang durchgeführte manuelle Vermessung reduziert sich auf einen Knopfdruck an einem Bedien- oder Service-PC.

2.1.3 Glasfaserleitungen

Anwendungsvor-/nachteile

Glasfaserverbindungen werden wegen ihrer großen Bandbreite, Datensicherheit, Abhörsicherheit, Störunempfindlichkeit und der größeren maximalen Ausdehnung häufig in Verbindung mit 100 MBit/s eingesetzt. Weitere Vorteile gegenüber Kupfer-basierten Verbindungen: hochwertige Potenzialtrennung zwischen den LWL-Geräten, erheblich geringeres Kabelgewicht pro Meter, keinerlei elektromagnetische Abstrahlung, Einbau in Kabelschächten direkt neben Elektrokabeln möglich und keine Auswirkungen durch Elektromotoren, Frequenzumrichter, Blitzen oder sonstigen Störimpulsen auf die Bit-Fehler-Rate.

Zum Betrieb einer Lichtwellenleiterstrecke sind keine weiteren Schirmungs-, Potenzialausgleichs- oder Überspannungsschutzmaßnahmen erforderlich. LWL-Strecken bieten maximale Übertragungsgeschwindigkeit auch bei maximaler Ausdehnung. Der Nachteil gegenüber Twisted-Pair-Leitungen ist vor allem der Preis und die kompliziertere Konfektion der Verbindungen.

Aufbau

Eine Glasfaserleitung besteht aus einem Kern und einer Umhüllung. Der Kern ist ein hochreiner, hauchdünner Silikat- oder Quarzglasfaden, der mit einem Glas von einer geringeren optischen Dichte umhüllt ist. Durch diese Dichteunterschiede entsteht innerhalb der Glasfaser eine Totalreflexion für eingekoppelte Lichtimpulse, die das Licht entlang des Kerns weiterleiten. Die Informationen werden mit infrarotem Licht der Wellenlängen 850 nm, 1300 nm oder 1550 nm übertragen. Bei diesen Wellenlängen bieten die Glasfasern sogenannte "Optische Fenster" mit Dämpfungsminima von einigen dB/km (Vergleich: Fensterglas – 50000 dB/km).

Die Daten werden im Glasfaserinterface durch LEDs oder durch Laserdioden in optische Signale umgewandelt, auf das Medium geschrieben und vom Empfänger, einer Photodiode, wieder in elektrische Signale umgewandelt. Dabei können nur Lichtwellen, die unter einem bestimmten Winkel (Akzeptanzwinkel) eintreffen, in die Faser eintreten und weitergeleitet werden. Der Sinus des Akzeptanzwinkels wird als Numerische Apertur der Glasfaser bezeichnet und ist eine wichtige Kenngröße von Glasfaserleitungen.

Dispersion

Licht mit unterschiedlichen Wellenlängen breitet sich verschieden schnell aus, so dass sich Laufzeitunterschiede, die als Dispersion bezeichnet werden, ergeben. Außerdem treten die Lichtstrahlen (Moden) mit unterschiedlichen Winkeln in den Lichtwellenleiter ein, und weisen damit unterschiedlich lange Wege durch den Leiter auf. In Folge entsteht eine Verformung des ursprünglich in den Lichtwellenleiter eingespeisten Signals. Daraus resultiert der wichtigste Parameter eines Lichtwellenleiters, das Bandbreiten-Längen-Produkt. Das Bandbeitenlängenprodukt ist ein Maß für das Dispersionsverhalten und das erzielbare Bitfehlerverhalten ist. Die Bandbreite (B) hängt von der Länge (L) des Lichtwellenleiters ab und ergibt folgende Konstante:

$B \times L = \text{konstant}$.

Diese Konstante wird auch als Bandbreiten-Längen-Produkt oder als Bit-Raten-Längen-Produkt bezeichnet. Mit Hilfe des Bandbreiten-Längen-Produktes (BLP) lässt sich die nutzbare Bandbreite eines Lichtwellenleiters in Abhängigkeit der Übertragungslänge ermitteln. Beispiel: Ein LWL mit einem BLP von 800 MHz/km bietet bei einer Übertragungslänge von 500 m eine nutzbare Bandbreite von 1600 MHz, bei 2000 m Länge immerhin noch 400 MHz.

Dämpfung / Verluste

Die Verluste durch Dämpfung sind die begrenzende Eigenschaft bei der LWL-Technik. Die Dämpfung einer Faser ist von der Länge der Faser abhängig und wird daher in dB/km angegeben. Die Dämpfung ist aber auch abhängig von der Wellenlänge des Lichts. Es gibt nur drei Wellenlängenbereiche, sogenannte Wellenlängenfenster (Frequenzbereiche mit ausreichend geringer Dämpfung), die zur Datenübermittlung genutzt werden können. Diese Bereiche liegen bei 850 nm und 1300 nm (mit herkömmlichen LEDs erzeugt) und bei 1550 nm (mit Hilfe von Laserdioden erzeugt). Alle drei Bereiche liegen im Infrarotbereich, denn das Spektrum des sichtbaren Lichts reicht von 390 nm (blau) bis 760 nm (rot).

Lichtsignale auf einem Lichtwellenleiter unterliegen bei der Übertragung einer Dämpfung. Diese Dämpfung lässt sich nach folgender Formel berechnen:

$D = -1 \times (1/L) \times \log_{10}(P_2/P_1)$ mit

D: Dämpfung

L: Leitungslänge

2.1 Übertragungsmedien   85

P2: Ausgangsleistung

P1: Eingangsleistung

Bei der Ermittlung der Gesamtverluste einer Glasfaserverbindung müssen folgende Elemente einbezogen werden:

- Verluste an den Steckern / Buchsen,
- Verluste entlang der Glasfaser,
- Verluste an Spleissungen (Verbindungselemente zur Verbindung von Fasern),
- Verluste durch thermische Veränderungen der Komponenten,
- Verluste durch Alterungsprozesse,
- Sicherheitsreserven,
- evtl. Verluste durch zukünftige Reparatur-Spleiße.

2.1.4 Lichtwellenleitertypen

Stufenindexfaser

Die Dichte des Mantels und des Kerns verändert sich sprunghaft. Durch die verschiedenen Brechungsindizes der unterschiedlichen Wellenlängen werden die Frequenzen unterschiedlich gebrochen. Dadurch entstehen Laufzeitunterschiede, die sich mit 50-80 ns/km bemerkbar machen. Stufenindexfasern mit einem Faserdurchmesser von 100/140 µm werden kaum noch eingesetzt, da sie eine zu geringe Übertragungsbandbreite (100 MHz/km) aufweisen.

Übliche Stufenindexfasern haben eine Brechzahl des Faserkerns von ca. 1,52 und des Mantels von 1,50; dieser geringfügige Unterschied ist für eine Totalreflexion bereits ausreichend.

Multimode-Stufenindexfaser

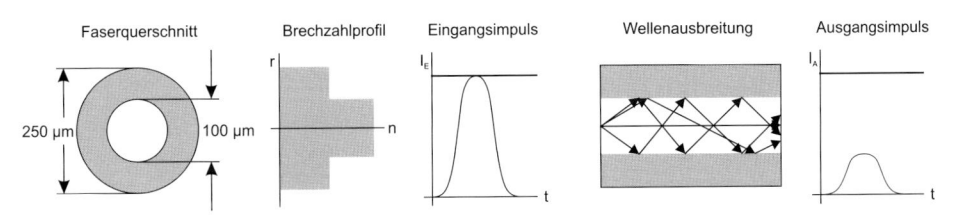

Bild 2.3 Wellenausbreitung in Multimode-Stufenindexfasern

Multimode-Gradientenfaser

Vom Faserkern aus nach außen ist unterschiedlich dichtes Glas miteinander verbunden. Da diese Gläser verschiedene Brechungsindizes aufweisen, werden unterschiedliche Frequenzen so reflektiert, dass sie immer den gleichen Nulldurchgang aufweisen. Daher entstehen geringe Laufzeitunterschiede in der Größenordnung 0,5-1 ns/km.

Dieser Fasertyp wird vorwiegend im Inhouse-Bereich eingesetzt. Die Übertragungsbandbreite beträgt bei Adern mit einem Kern/Manteldurchmesser von 50/125 μm etwa 1200 MHz/km. Die hauptsächlich bei US-Installationen eingesetzte Faser mit einem Kern/Manteldurchmesser von 62,5/125 μm hat eine deutlich geringere Übertragungsbandbreite.

Multimode-Gradientenindexfaser

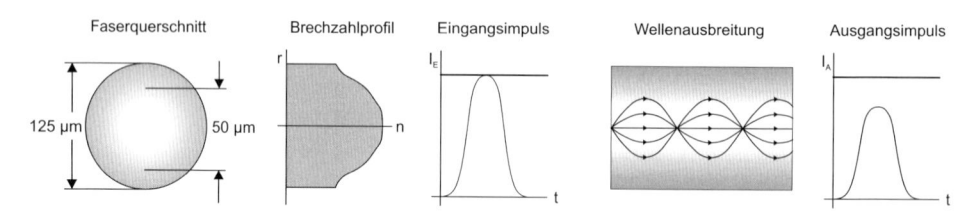

Bild 2.4 *Wellenausbreitung in Multimode-Gradientenindexfasern*

Monomode-/ Singlemode-Faser

Der Kerndurchmesser wurde soweit reduziert, dass nur noch der Grund-Mode sich entlang der Faserachse ausbreiten kann. Ein Ineinanderlaufen von Moden durch unterschiedlich lange Wege in der Faser kann dadurch nicht mehr auftreten und Laufzeitunterschiede durch Modendispersion spielen in der Praxis keine Rolle mehr. Allerdings bekommt eine andere Dispersion, Materialdispersion Bedeutung. Unter Materialdispersion versteht man die Tatsache, dass aufgrund der wellenlängenabhängigen Brechzahl die Lichtgeschwindigkeit innerhalb des Mediums ebenfalls wellenlängenabhängig ist.

Daher sind beim Betrieb von Monomode-Fasern optische Sender erforderlich, die ein möglichst monochromatisches Licht abstrahlen. In der Praxis werden LASER verwendet, da sie dem Ideal einer monochromatischen Lichtquelle recht nahe kommen. Der Kerndurchmesser ist nur minimal größer als die zu übertragende Wellenlänge und liegt üblicherweise im Bereich von 9 μm für den Kern und 125 μm für den Außenkern. Dadurch dass nur Laser-Komponenten mit Wellenlängen über 1250 nm zum Einsatz kommen können, ist der Einsatz kostenintensiv. Durch die Übertragungsbandbreite von 10 GHz/km können Entfernungen von mehr als 100 km überbrückt werden.

Singlemode-Faser

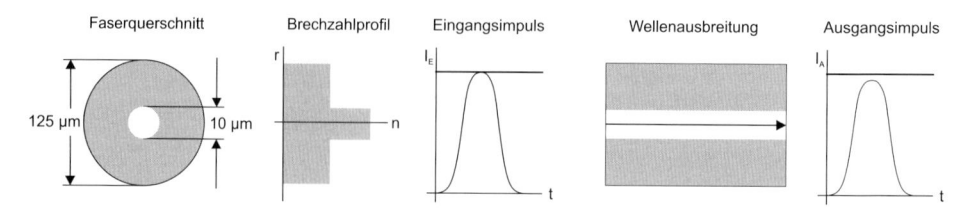

Bild 2.5 *Wellenausbreitung in Singlemode-Fasern*

Lichteinkopplung

Als optischer Sender, von dem aus das ausgestrahlte Licht in die Faser einkoppelt, werden heute nur LEDs (Light Emitting Diode) oder LASER (Light Amplification by Stimulated Emission of Radiation) in der Praxis verwendet.

Bei Stufen- und Gradientenindexfasern werden preiswertere LEDs verwendet, bei Monomode-Fasern werden wegen der schwierigen Lichteinkopplung teurere LASER-Dioden verwendet. Eine Leuchtdiode hat eine Spektralbreite von etwa 40 nm und koppelt etwa 0,025 mW = -16 dBm in eine 50-µm-Gradientenfaser ein.

Eine LASER-Diode hat hingegen eine Spektralbreite von 3 nm und koppelt 1 mW = 0 dBm in eine 50-µm-Gradientenfaser und 0,5 mW = -3 dBm in eine Monomodefaser ein.

Leitungstypen

Grundsätzlich gibt es vier verschiedene Kabeladertypen. Diese Typen werden in zahlreichen Varianten und Kombinationen hergestellt.

Tabelle 2.1 Übersicht der Kabeladertypen

Festader, Vollader oder Breakout-Ader Die einzelnen Glasfasern sind direkt mit einem isolierenden Material (z. B. Teflon) beschichtet/umhüllt, was einen wesentlich geringeren Krümmungsradius (ca. 10 cm) zur Folge hat. Ohne Schutz gegen das Eindringen von Wasser kann die Leitung nur im Inhouse-Bereich verwendet werden.	Lichtwellenleiter / Feste Umhüllung
Kompaktader Bei der Kompaktader ist die Faser lose mit einem Kunststoffschlauch (Sekundär-Coating) umhüllt. Der radiale Spielraum der Faser beträgt wenige hundertstel Millimeter. Der Zwischenraum ist mit einem Gel gefüllt. Wird in den einschlägigen Normen nicht von der Vollader unterschieden.	Lichtwellenleiter / Lose Umhüllung / Füllmasse aus Gel
Hohlader Bei der Hohlader ist die Faser lose mit einem Kunststoffschlauch (Sekundär-Coating) umhüllt. Der radiale Spielraum der Faser beträgt einige zehntel Millimeter. Der Zwischenraum ist mit einem Gel gefüllt, das das Kabel längswasserdicht macht. Seltener finden Hohladern ohne Gel-Füllung Verwendung.	Lichtwellenleiter / Lose Umhüllung / Füllmasse aus Gel
Bündelader Bei der Bündelader werden mehrere Fasern lose mit einem Kunststoffschlauch (Sekundär-Coating) umhüllt. Die Zwischenräume zwischen den Fasern und der Innenwand sind mit einem wasserabweisenden Gel, das als Knickschutz dient, gefüllt. Der Biegeradius solcher Leitungen beträgt ca. 30 cm und steigt mit der Anzahl der Fasern weiter an. Diese gelgefüllten Leitungen sollten nicht in Steigbereichen von Gebäuden o. ä. eingesetzt werden.	Lichtwellenleiter / Lose Umhüllung / Füllmasse aus Gel

Tabelle 2.1 Übersicht der Kabeladertypen (Forts.)

| Industrietaugliches LWL-Kabel Hier werden zwei Fasern zu einer Leitung mit einer längswasserdichten Umhüllung zusammengefasst. Häufig sind die Fasern mit Aramid- oder Kevlargarn zur Zugentlastung umhüllt. Für die Außenverlegung häufig mit Metallelementen zur Torsions-Minderung, sowie mit Nagetier- und Termitenschutz versehen. | Lichtwellenleiter, Umhüllung, Aramidgarn, Fasermantel, Aramidgarn, Kabelmantel |

Anforderungen an LWL-Kabel

LWL-Kabel müssen für den Innen- und für den Außenbereich folgende Spezifikationen einhalten:

- Halogenfrei nach IEC 60754-2
- Flammwidrig nach IEC 60332-3 (C3)
- Raucharm nach IEC 61034

Kennzeichnung von Lichtwellenleitern nach DIN VDE 0888

Position	1	2	3	4	5	6	7	8	9	/	10	11	12	13	14
Kennzeichen	A	W		S	F	2Y		H		G					LG

Tabelle 2.2 Kennzeichnung von LWL

Position	Kennzeichen	Eigenschaft	Position	Kennzeichen	Eigenschaft
1	I A AT	Innenkabel Außenkabel Außenkabel, aufteilbar	8	E G S K Q P	Singlemode-Faser Gradientenfaser Glas/Glas Stufenfaser Glas/Glas Stufenfaser Glas/Kunststoff Quasi-Gradientenfaser Glas/Glas Plastikfaser (POF)
2	F V H W B D	Faser Vollader Hohlader, ungefüllt Hohlader, gefüllt Bündelader, ungefüllt Bündelader gefüllt	9		Kerndurchmesser in µm
3	S	Metallenes Element in der Kabelseele	10		Manteldurchmesser in µm
4	F	Füllung der Verseilhohlräume der Kabelseele mit Petrolat	11		Dämpfungskoeffizient in dB/km

2.1 Übertragungsmedien

Tabelle 2.2 Kennzeichnung von LWL (Forts.)

Position	Kennzeichen	Eigenschaft	Position	Kennzeichen	Eigenschaft
5	H Y 2Y (L)2Y (D)2Y (ZN)2Y (ZN)(L)2Y (D)(ZN)2Y 11Y	Mantel halogenfreies Material PVC PE Schichtenmantel PE mit Kunststoffsperr-schicht PE mit nichtmetallenen Zugentlastungselementen Schichtenmantel mit nichtmetallenen Zugentlastungselementen PE mit Kunststoff-Sperrschicht und nichtmetallenen Zugentlastungselementen Polyurethan	12		Wellenlänge: B = 850 nm F = 1300 nm H = 1550 nm
6	Y 11Y H B BY B2Y	PVC-Mantel Polyurethan-Mantel Mantel halogenfrei Bewehrung Bewehrung mit PVC-Schutzhülle Bewehrung mit PE-Schutzhülle	13		Bandbreite in MHz × km
7		Anzahl der Adern oder Anzahl der Bündeladern × Anzahl der Fasern je Bündel	14	LG BD u	Lagenverseilung Bündelverseilung unverseilt

2.1.5 LWL-Stecker

Ebenso variantenreich wie die einzelnen Leitungstypen sind auch die LWL-Stecker. Jeder Typ nach unterschiedlichen Anforderungen entwickelt bietet Vor- und Nachteile.

Übersicht der Steckertypen

E2000-Stecker

Die Einfügedämpfung liegt typisch zwischen 0,2 dB und 0,4 dB; die Rückflussdämpfung liegt typisch bei 40 dB (Multimode), 50 dB (Monomode) und etwa 70 dB bei Monomode-Fasern mit Schrägschliff. Damit entsprechen die optischen Grenzwerte in etwa denen des SC- oder des LSA-Steckers. Der Stecker ist sowohl für Monomode- als auch für Multimode-Fasern geeignet und unterstützt Monomode-Fasern mit Stirnflächenkopplung und Schrägschliffkopplung. Der Stecker kann mit einem Kunststoffhalter zum codierten Duplex-Stecker erweitert werden. Besonderheit: Der Stecker verfügt über eine automatische Verschlusskappe gegen Verschmutzung.

SC-Stecker (IEC 874-19)

Die Einfügedämpfung liegt typisch zwischen 0,2 dB und 0,4 dB; die Rückflussdämpfung liegt typisch bei 40 dB (Multimode), 50 dB (Monomode) und etwa 70 dB bei Monomode mit Schrägschliff. Der SC-Stecker entspricht der IEC-Empfehlung und zeichnet sich durch geringe Abmaße und hohe Packungsdichte, vor allem aber wegen der hohen reproduzierbaren Verbindungsqualität aus. Der Stecker ist sowohl für Monomode- als auch für Multimode-Fasern geeignet und unterstützt Monomode-Fasern mit Stirnflächenkopplung und Schrägschliffkopplung. Der Stecker kann mit einem Kunststoffhalter zum codierten Duplex-Stecker erweitert werden.

Bild 2.6 *SC-Stecker in IP 20 (links) und in IP 67 (rechts) von Phoenix Contact*

(V)ST-Stecker (BFOC/2,5 nach IEC -874-10)

Die Einfügedämpfung liegt typisch zwischen 0,3 dB und 0,5 dB; die Rückflussdämpfung liegt typisch bei 40 dB (Multimode), 50 dB (Monomode) und etwa 70 dB bei Monomode mit Schrägschliff. Besonderheit: Die Keramik-Ferrule ist an der Kontaktfläche konvex geschliffen. Durch eine Feder wird ein ständiger Stirnflächenkontakt der zu verbindenden Fasern erreicht.

FSMA-Stecker (IEC -SC 86B(CO)20)

Die Einfügedämpfung liegt typisch zwischen 1,0 dB und 2,0 dB. Die FSMA-Steckverbindung kann für Multimode-, Gradientenindex-Profil- und Stufenindex-Profilfasern eingesetzt werden. Klebstoff verbindet die Faser dauerhaft mit dem Stecker. Da die Dämpfung der Steckverbindung mit kleiner werdenden Faserdurchmesser ansteigt, ist sie besonders für HCS- und POF-Fasern geeignet.

MTRJ-Stecker

Die Einfügedämpfung liegt typisch zwischen 0,3 dB und 1,3 dB. Die Fullduplex-Steckverbindung ist sowohl für Multi- als auch für Monomode-Fasern geeignet.

Andere Steckverbinderformen wie ESCON, MIC, Mini-BNC, FC/PC, LC oder Volition werden im industriellen Umfeld wenig oder nie eingesetzt.

Spleissen von LWL-Fasern

Unter Spleissen versteht man den Übergang von einem Lichtwellenleiter auf einen anderen. Das Spleissen stellt nach wie vor ein großes technisches Problem dar. Damit die optischen Sender und Empfänger (meist Laserdioden) verlustarm und reflexionsfrei, auch über große Distanzen, übertragen können, müssen die Fasern genau auf die optische Übertragungstechnik abgestimmt sein. Es besteht die Gefahr, dass diese optimale Abstimmung durch einen nicht hundertprozentigen Spleissvorgang zunichte gemacht wird. Beim Spleissen müssen die Glasfasern genau entlang der optischen Achse plan miteinander verschweißt werden.

Spleissen ist erforderlich, wenn ein schweres LWL-Verlegekabel mit einem leichten Patchkabel, das bereits an einem Ende die erforderlichen Stecker zum Geräteanschluss besitzt, verbunden werden muss. Das Verlegekabel und der sog. Pigtail werden im Spleissgerät genau justiert und verschmolzen. Dabei werden Dämpfungswerte von 0,3 dB bis zu sehr guten 0,02 dB erreicht. Das mobile Spleissen im Feld ist recht anspruchsvoll und birgt zahlreiche Fehlermöglichkeiten, wie z. B. mangelhafte Reinigung der Faser nach dem Entfernen des Sekundärschutzes (Coating) oder fehlende Sorgfalt bei der Bearbeitung der Stirnflächen der Fasern oder unpräzise Dosierung der Klebstoffmenge oder die Verwendung von ungeeigneten Reinigungsmitteln, um nur die häufigsten Fehlerquellen zu nennen [27].

2.1.6 Hinweise zur Verlegung von Lichtwellenleitern

Um Sofort- oder Spätschäden an LWL-Kabeln zu vermeiden, ist bei der Verlegung von LWL große Sorgfalt erforderlich. Es gelten grundsätzlich die Verlegevorschriften nach VDE. Darüber hinaus sind in Anlehnung an die Norm DIN VDE 0899 Teil 3 folgende Vorgaben für die Verlegung von Innen- und Außenkabeln einzuhalten:

Verlegung von Innenkabeln

– Da Innenkabel auch für die feste Verlegung an Außenwänden von Gebäuden zugelassen sind, dürfen nur Kabel verwendet werden, die einen entsprechenden Feuchteschutz bieten.
– Die Kabel sind so von der Spule oder Ring abzuwickeln, dass keine Knicke oder Verdrehungen (Drall) entsteht.
– LWL-Kabel sind von Trommeln ruckfrei und ohne Drall abzuwickeln.
– Die minimalen Werte der erforderlichen Biege- und Umlenkradien dürfen auch bei der Verlegung nie unterschritten werden.
– Die maximal zulässige Zugbelastung darf auch kurzzeitig nicht überschritten werden.
– LWL-Kabel dürfen nicht gestaucht werden, das Einschieben der Kabel z. B. in Leer-/Schutzrohre ist nicht zulässig.
– Leer-/Schutzrohre dürfen keine scharfen Kanten oder Grate aufweisen. Ebenso sind Abknickungen zu vermeiden.
– Die Kabelführung ist so zu wählen, dass sowohl bei der Verlegung als auch im späteren Betrieb mechanische Belastungen vermieden werden.
– Im Bereich von Verteilerschränken, Patchfeldern und Spleiß-/Übergangsstellen sind entsprechende Kabelreserven einzuplanen.

Verlegung von Außenkabeln

– Außenkabel sind für ortsfestes Verlegen im Erdreich oder im Freien geeignet.
– Bei der Verlegung im Erdreich muss die Grabensohle einen tragfähigen Untergrund aufweisen und frei von Steinen sein.

- Bei der Erdverlegung muss zur Warnung 30 bis 40 cm oberhalb des Kabels ein korrosionsbeständiges Warnband oder korrosionsbeständige Kunststoffstreifen verlegt werden.
- Kabel dürfen nur in gerader Richtung gezogen werden, nicht um Biegungen oder Krümmungen herum, da hier die Zugkräfte stark ansteigen.
- Das Kabel ist vor, während und nach dem Verlegen gegen eindringende Feuchtigkeit zu schützen. Dabei sind die Abschlusskappen regelmäßig zu überprüfen.
- Die maximal zulässigen Zugkräfte dürfen auch nicht kurzzeitig überschritten werden.
- Die minimalen Biegeradien dürfen nicht unterschritten werden.
- Bei der Verwendung von Ziehösen oder Ziehstrümpfen ist darauf zu achten, dass die Zugentlastung des Kabels fest mit dem Außenmantel verbunden ist. Falls das nicht der Fall ist, muss die Zugentlastung auch an der Ziehöse befestigt werden.

2.1.7 Kupferkabel

Das klassische Ethernet begann seinen Siegeszug mit dem Koaxial-Kabel, das heute nur noch bei bestehenden Netzwerken Verwendung findet. Bei der Verkabelung mit Kupfer kommen bei Neuinstallationen nur noch symmetrische Kabel, sogenannte Balanced Cable, zum Einsatz. Die Symmetrie bezieht sich auf die elektrischen Eigenschaften bzw. Signalübertragung und nicht auf den Aufbau der Leitungen.

Die Nachteile asymmetrischer Datenübertragung mit Koaxial-Kabeln, wie hohe Störabstrahlung, Potenzialverschleppung und hohe Störempfindlichkeit gegen kapazitive und induktive Einkopplungen, werden bei Verwendung symmetrischer Datenübertragung vermieden, da die Potenzialdifferenz zur Bezugserde im Idealfall 0 V beträgt.

Bei der symmetrischen Signalübertragung oder Differenzsignalübertragung wird das Signal mit gegensätzlicher Polarität an das verdrillte Adernpaar angelegt. Damit kommt man dem Idealfall von 0 V gegen Bezugserde recht nahe. Zur Übertragung werden Differenztreiber und -empfangsverstärker eingesetzt. Der Pegel wechselt zwischen -2,5 V und +2,5 V, der zulässige Störspannungspegel liegt bei Ethernet bei 92 µV. Durch die Verdrillung der Adern wird erreicht, das beide Adern gegenüber Störungen, die z. B. induktiv oder kapazitiv eingekoppelt werden, gleich betroffen sind. Dadurch bleibt die Differenz der Potenziale, die ja das Eingangssignal widerspiegeln, trotz Störimpuls gleich [14].

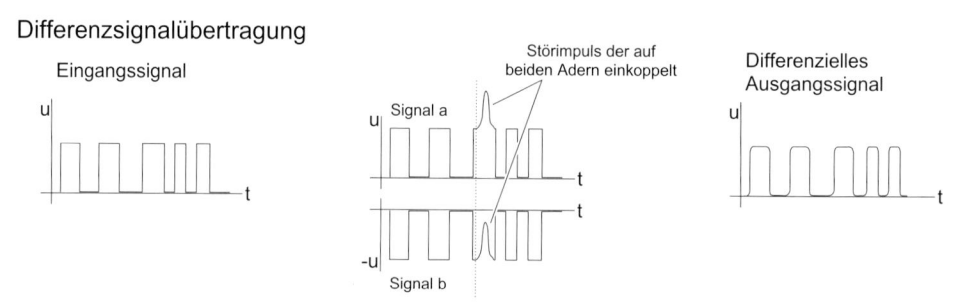

Bild 2.7 *Signalverlauf bei der Differenzsignalübertragung*

Adern / Paare / Verseilung

Für die symmetrische Übertragung eines Signals benötigt man zwei Adern, für Full-Duplex also vier Adern. In einem industrietauglichen Netzwerkkabel sind also mindestens vier Adern üblich (bei Gigabit-Ethernet sind allerdings acht Adern erforderlich). Um die vier Adern in einer Leitung zu verseilen, sind grundsätzlich zwei Methoden möglich:

Sternvierer – alle vier Adern werden miteinander verdrillt. Die Verwendung einer Sternvierer-Verseilung ist im industriellen Umfeld aber aufgrund der schlechteren Übertragungseigenschaften nicht zu empfehlen.

Twisted-Pair – je ein Signaladerpaar wird miteinander verdrillt (bei Gigabit Ethernet findet liegen dann vier verdrillte Aderpaare innerhalb einer Leitung). Twisted-Pair bietet mit der paarweisen Verdrillung sehr gute Störunterdrückung.

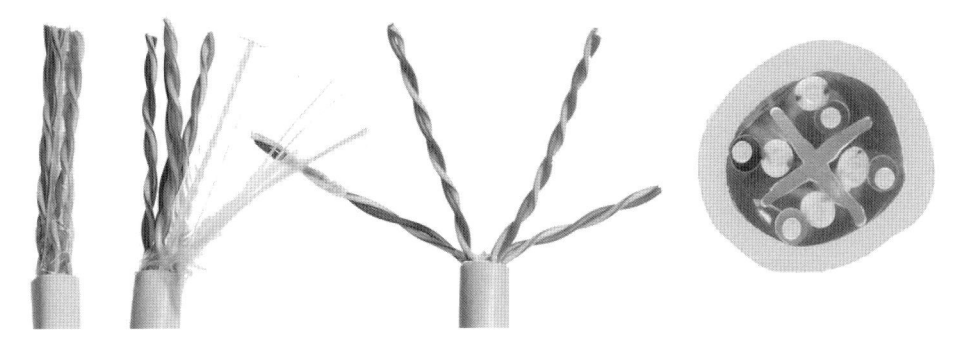

Bild 2.8 *Twisted-Pair-Leitung Ansicht und Schliffbild*

Twisted-Pair-Varianten

Twisted-Pair-Kabel eignet sich für verschiedene Übertragungsmethoden wie Token Ring und Ethernet. Die typische Dicke der Adern beträgt 0,5 oder 0,6 mm. Die maximale Übertragungslänge variiert mit der Dämpfung und ist abhängig davon, ob die Drähte abgeschirmt sind oder nicht. Bei einer Datenrate von 10/100 MBit/s kann ein Twisted-Pair-Kabel bis zu 100 m lang sein. Die Mindestlänge des Kabels beträgt 0,6 m. Das Kabel verbindet genau zwei Stationen miteinander. Als Verbinder kommen normalerweise RJ45-Stecker (Western-Stecker) und -Dosen zum Einsatz.

Aus der Twisted-Pair-Verkabelung entstanden zahlreiche Kabelvarianten: UTP, FTP, S/ UTP, S/STP oder ITP beschreiben den Kabelaufbau, CAT 3, 5, 6 oder 7 beschreiben die Kategorie hinsichtlich der Anforderung der Kabel und Steckverbinder. Die Kabelklasse (A – 100 kHz, B – 1 MHz, C – 16 MHz, D – 100 MHz, E – 300 MHz, F – 600 MHz) definiert die Anforderungen hinsichtlich der Übertragungsbandbreite.

– CAT-1 für Alarmsysteme und analoge Sprachübertragung
– CAT-2 für Sprache und RS232-Schnittstellen
– CAT-3 Datenübertragung bis 16 MHz
– CAT-4 Datenübertragung bis 20 MHz (IBM Token-Ring 16 MHz)
– CAT-5 Datenübertragung bis 100 MHz, Dämpfung 24 dB, Next 27 dB
– CAT-5e Datenübertragung bis 100 MHz, Dämpfung 24 dB, Next 30 dB

- CAT-6 Datenübertragung bis 250 MHz, Dämpfung 22 dB, Next 40 dB
- CAT-7 Datenübertragung bis 600 MHz, Dämpfung 21 dB, Next 62 dB

Bei der Auswahl der Kabelkategorie ist die maximale Übertragungsfrequenz entscheidend:

- Ethernet 10Base-T mit einer Übertragungsrate von 10 MBit/s hat eine maximale Signalfrequenz von 20 MHz..
- Ethernet 100Base-TX mit einer Übertragungsrate von 100 MBit/s hat eine maximale Signalfrequenz von 31,25 MHz.

Die Bauart der Kabel hat wesentlichen Einfluss auf die Störleistungsunterdrückung und damit die Störsicherheit der Kabel. Zur groben Unterscheidung der verschiedenen Leitungen hinsichtlich Übertragungsqualität wird der Aufbau der Schirmung zur Kennzeichnung herangezogen:

- UTP (Unshielded Twisted Pair) – mehradrige verdrillte Leitung ohne Schirmung. Die typische Störleistungsunterdrückung liegt bei 40 dB. Früher gehörten diese Leitungen typischerweise der Kategorie 3 an. Inzwischen gibt es sie auch als CAT-5-Kabel. UTP-Kabel haben im industriellen Bereich oder in der Datentechnik mit hohen Datenraten nichts verloren.
- S/UTP (Screened/Unshielded Twisted Pair) – solche Leitungen haben einen Gesamtschirm aus einem Kupfergeflecht zur Reduktion der äußeren Störeinflüsse. Die typische Störleistungsunterdrückung liegt bei bis zu 70 dB.
- FTP-Leitungen (Foileshielded Twisted Pair) besitzen zur Abschirmung einen Gesamtschirm, zumeist aus einer alukaschierten Kunststoff-Folie.
- S/FTP-Leitungen (Screened/Foileshielded Twisted Pair) sind heute Stand der Technik bei der Verkabelung so genannter UTP-Dosen. Der Aufbau besteht aus einem Gesamtschirm aus alukaschierter Polyesterfolie und einem darüber liegenden Kupfergeflecht. Gute Kabel erreichen eine Störleistungsunterdrückung über 90 dB.
- STP (Shielded Twisted Pair) bezeichnet eine Kabelgattung mit Gesamtschirmung ohne weitere Spezifikation.
- S/STP-Leitung (Screened/Shielded Twisted Pair) besitzen eine Abschirmung für jedes Kabelpaar sowie eine Gesamtschirmung. Hierdurch kann eine optimale Störleistungsunterdrückung erreicht werden. Auch das Übersprechen zwischen den einzelnen Adernpaaren kann so wirksam unterdrückt werden.

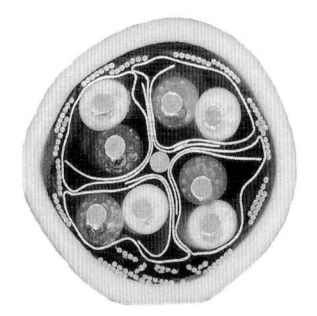

Bild 2.9 *Querschnitt einer hochwertigen Cat-6-S/STP-Leitung*

- ITP (Industrial Twisted Pair) ist die industrielle Variante von S/STP. Während typische Netzwerkadern jedoch vier Adernpaare besitzen, beschränkt sich ITP auf zwei Paare.

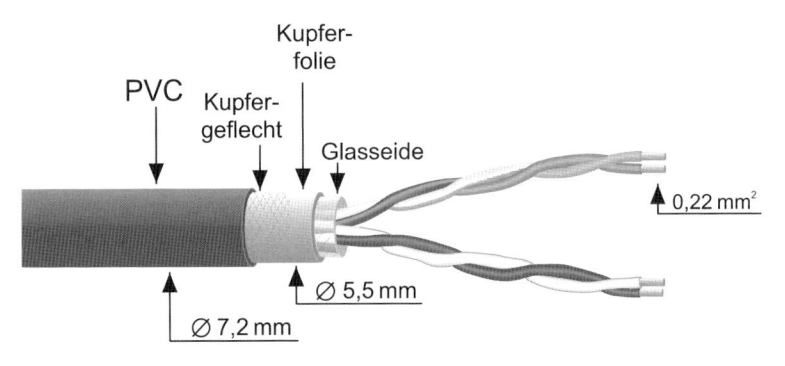

Bild 2.10 *Beispielhafter Aufbau einer Twisted-Pair-Leitung*

Bild 2.11 *Schliffbilder verschiedener Leitungstypen*

Die Preisunterschiede zwischen Cat-3-Kabeln und Cat-5-Kabeln sind so gering, dass es sich bei Neuinstallation auf jeden Fall empfiehlt, Cat-5-Kabel einzusetzen – schon, um mit 100 MBit/s arbeiten zu können.

2.1.8 Allgemeine Installationshinweise bei Kupferleitungen

- Leitungen nur so kurz wie eben möglich abisolieren.
- Leitungen nie um mehr als 90° knicken.
- Biegeradius sollte mindestens dem vierfachen Durchmesser entsprechen.
- Leitungen nicht verdrallen, dehnen und nicht auf Zug belasten.
- Leitungen bei der Befestigung nicht quetschen.
- Abschirmung beidseitig großflächig und niederimpedant auf den Potenzialausgleich (PAS) legen.
- Verdrillung der Einzel-Adern nicht um mehr als 13 mm aufheben.
- Abschirmung mehrerer Leitungen an einem Punkt auf den PAS legen.

2.1.9 Grenzwerte für Kupferleitungen nach EN 50 173

Die geforderten Grenzwerte für eine Netzwerkinstallation werden in der Regel nach der Verlegung durch ein geeignetes Messverfahren überprüft und protokolliert. Dabei werden von den Messgeräten diverse Messungen für verschiedene Frequenzen durchgeführt und automatisch bewertet. Auf der Baustelle wird die Messung mit gut oder schlecht bewertet, so dass die entsprechenden Grenzwerte der geforderten Kategorie nicht Punkt für Punkt vom Installateur überprüft werden müssen.

Messungen für Kategorie 6/Klasse E

Methoden zur Messung von Kategorie-5-Netzwerken sind in TSB-67 (Technical Service Bulletin 67, Herausgeber: Telecommunications Industry Association) beschrieben. Zum Zertifizieren von Gigabit-Ethernet auf Cat5-Basis sind Messungen nach TSB-95 erforderlich.

Das bedeutet, dass beim Umstieg von Fast-Ethernet auf Gigabit-Ethernet zu den üblichen Messwerten noch einige neue hinzukommen, die das gleichzeitige Senden und Empfangen auf allen vier Paaren / acht Adern berücksichtigen. Die wichtigsten Messwerte sind:

- DC Loop Resistance (Gleichstrom-Schleifenwiderstand): Bestimmung des Widerstands, abhängig von Übergangswiderständen an Steckkontakten und dem Aderquerschnitt der verwendeten Leitungen.

- Attenuation/Insertion Loss (Dämpfung/Einfügedämpfung): Dämpfung über den Frequenzbereich (abhängig von der gewählten Norm) für jedes Adernpaar.

- Next – Near End Crosstalk (Nahnebensprechen): Zeigt das Übersprechen eines Signals von einem Paar auf die drei anderen. Wird über einen definierten Frequenzbereich ermittelt (z. B. von 0,1 MHz bis 250 MHz bei Cat 6 / Klasse E). Muss an beiden Enden einer Leitung ermittelt werden, also insgesamt zwölf Messwerte pro Leitung.

- ACR – Attenuation to Crosstalk Ratio (Übersprechdämpfung) – Differenz aus Dämpfung und Next wird nicht messtechnisch ermittelt, sondern rechnerisch.

- Delay: Maximal zulässige Signallaufzeit auf 100 Meter Leitungslänge normiert.

- Skew: Zeigt den maximal zulässigen Laufzeitunterschied zwischen den vier Paaren einer Leitung.

- Return Loss (Rückflussdämpfung): Dient der quantitativen Erfassung des reflektierten Signals. Aufgrund von Reflexionen kommt das Signal abgeschwächt am Empfänger an. Diese Reflexionen entstehen bei Impedanzschwankungen. Muss ebenfalls an beiden Enden einer Leitung ermittelt werden. Dient zur Beurteilung der Qualität einer Verbindung.

- Fext – Far End Crosstalk: Übersprechen zwischen den einzelnen Adern am entfernten Ende der Messstrecke. Abhängig von der mit der Leitungslänge ansteigenden Dämpfung.

- Elfext – Equal Level Far End Crosstalk: Rechnerischer Wert, der die auf die Fext-Messwerte wirkende Dämpfung kompensiert.

- Power Sum Next/ACR/ELFEXT: Aufgrund der gleichzeitigen Übertragung auf allen vier Paaren / acht Adern können sich alle Signale gleichzeitig stören. Die Power-Sum-Werte werden mathematisch aus den jeweiligen Messwerten von NEXT, ACR und ELFEXT ermittelt.

Problem der elektrischen Kompatibilität

Das durch einen Steckkontakt entstandene Übersprechen wird bei Cat 6 meistens durch Kondensatoren in geeigneter Verschaltung am Steckkontakt kompensiert. Durch Verwendung von Installationsmaterial unterschiedlicher Hersteller kann es zu Fehlkompensation und Fehlanpassung kommen. Entscheidend sind immer die hochfrequenztechnischen Übertragungseigenschaften als Gesamtergebnis von Steckern und Dosen/Kupplungen.

Messung des Permanent Link

Nach Abschluss der Installation ist eine Messung des Permanent Link durchzuführen, um die Qualität des Netzwerks in vergleichbaren Zahlen zu belegen. Durch die abschließende Messung werden Verdrahtungs- und Systemfehler aufgedeckt.

Sämtliche Messergebnisse und die zugehörigen Messprotokolle sind dem Auftraggeber in Papierform und in nicht manipulierbarem Format auf Datenträger zu übergeben.

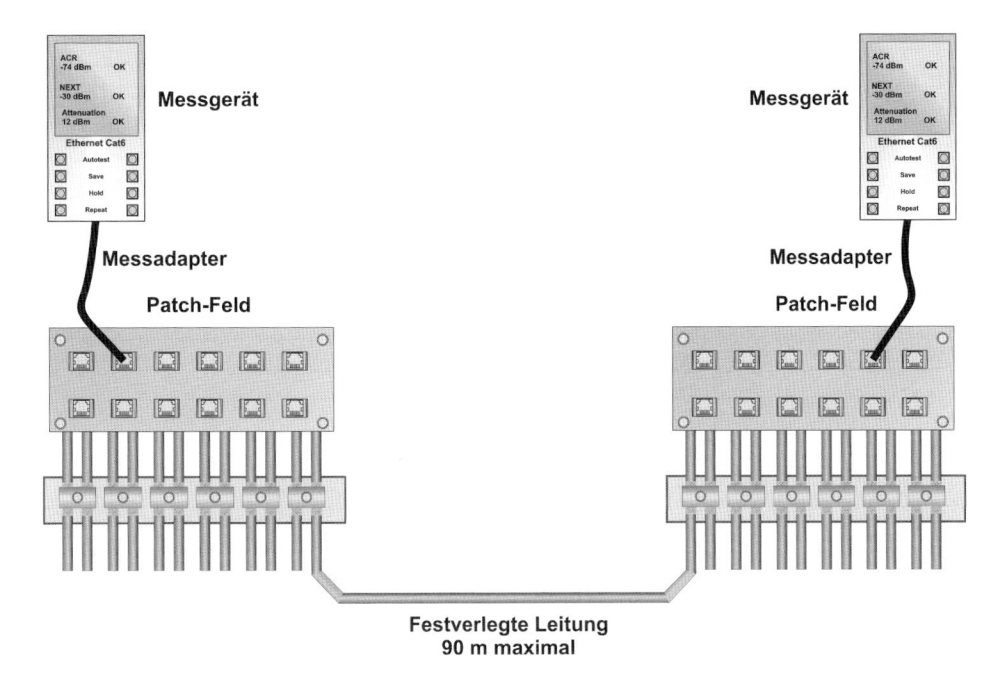

Bild 2.12 Messaufbau für Permanent-Link-Messung

Die verwendeten Messgeräte dürfen nur mit den gerätespezifischen Messadaptern zur Messung benutzt werden. Die Messadapter sind als integraler Bestandteil des Messgerätes vor jeder Messung entsprechend der Herstellerangabe, zusammen mit dem Messgerät zu kalibrieren.

Für den Auftraggeber ist es empfehlenswert, die Messprotokolle unmittelbar nach der Messung zu erhalten.

Grenzwerte

Die folgenden Tabellen zeigen die wichtigsten Grenzwerte für Übertragungsstrecken und Grenzwerte nach EN 50 173. Um eine langfristige Nutzung der Leitungs-Infrastruktur zu ermöglichen, sind über die Anforderungen der Kategorie 5 hinausgehende Übertragungswerte empfehlenswert bzw. erforderlich.

Rückflussdämpfung (SLR) $\geq$ 18 dB bei 300 MHz
Dämpfungs-Nebensprech-Verhältnis (ACR) $\geq$ 12 dB bei 300 MHz

Rückflussdämpfung einer Übertragungsstrecke

Tabelle 2.3 Grenzwerte der Rückflussdämpfung einer Übertragungsstrecke

Frequenz MHz	Kleinste Rückflussdämpfung dB			
	Klasse C	Klasse D	Klasse E	Klasse F
1,0	15,0	17,0	19,0	19,0
16,0	15,0	17,0	18,0	18,0
100,0	N/A	10,0	12,0	12,0
250,0	N/A	N/A	8,0	8,0
600,0	N/A	N/A	N/A	8,0

Einfügedämpfung einer Übertragungsstrecke

Tabelle 2.4 Grenzwerte der Einfügedämpfung einer Übertragungsstrecke

Frequenz MHz	Größte Einfügedämpfung dB			
	Klasse C	Klasse D	Klasse E	Klasse F
1,0	4,2	4,0	4,0	4,0
16,0	14,4	9,1	8,3	8,1
100,0	N/A	24,0	21,7	20,8
250,0	N/A	N/A	35,9	33,8
600,0	N/A	N/A	N/A	54,6

Nahnebensprechdämpfung (NEXT) einer Übertragungsstrecke

Tabelle 2.5 Grenzwerte der Nahnebensprechdämpfung einer Übertragungsstrecke

Frequenz MHz	Kleinste Nahnebensprechdämpfung dB			
	Klasse C	Klasse D	Klasse E	Klasse F
1,0	39,1	60,0	65,0	65,0
16,0	19,4	43,6	53,2	65,0
100,0	N/A	30,1	39,9	62,9

Tabelle 2.5 *Grenzwerte der Nahnebensprechdämpfung einer Übertragungsstrecke (Forts.)*

Frequenz MHz	Kleinste Nahnebensprechdämpfung dB			
	Klasse C	Klasse D	Klasse E	Klasse F
250,0	N/A	N/A	33,1	56,9
600,0	N/A	N/A	N/A	51,2

Leistungssummierte Nahnebensprechdämpfung (PSNEXT) einer Übertragungsstrecke

Tabelle 2.6 *Grenzwerte der PSNEXT einer Übertragungsstrecke*

Frequenz MHz	Kleinstes PSNEXT dB			
	Klasse C	Klasse D	Klasse E	Klasse F
1,0	N/A	57,0	62,0	62,0
16,0	N/A	40,6	50,6	62,0
100,0	N/A	27,1	37,1	59,9
250,0	N/A	N/A	30,2	53,9
600,0	N/A	N/A	N/A	48,2

Dämpfungs-Nebensprechdämpfungs-Verhältnis (ACR) einer Übertragungsstrecke

Tabelle 2.7 *Grenzwerte des ACR einer Übertragungsstrecke*

Frequenz MHz	Kleinstes ACR dB			
	Klasse C	Klasse D	Klasse E	Klasse F
1,0	N/A	56,0	61,0	61,0
16,0	N/A	34,5	44,9	56,9
100,0	N/A	6,1	18,2	42,1
250,0	N/A	N/A	-2,8	23,1
600,0	N/A	N/A	N/A	-3,4

Leistungssummiertes Dämpfungs-Nebensprechdämpfungs-Verhältnis (PSACR) einer Übertragungsstrecke

Tabelle 2.8 *Grenzwerte des PSACR einer Übertragungsstrecke*

Frequenz MHz	Kleinstes PSACR dB			
	Klasse C	Klasse D	Klasse E	Klasse F
1,0	N/A	53,0	58,0	58,0
16,0	N/A	31,5	42,3	53,9
100,0	N/A	3,1	15,4	39,1
250,0	N/A	N/A	-5,8	20,1
600,0	N/A	N/A	N/A	-6,4

Ausgangsseitige Fernnebensprechdämpfung (ELFEXT) einer Übertragungsstrecke

Tabelle 2.9 Grenzwerte der ELFEXT einer Übertragungsstrecke

Frequenz MHz	Kleinste ELFEXT dB			
	Klasse C	Klasse D	Klasse E	Klasse F
1,0	N/A	57,4	63,3	65,0
16,0	N/A	33,3	39,2	57,5
100,0	N/A	17,4	23,3	44,4
250,0	N/A	N/A	15,3	37,8
600,0	N/A	N/A	N/A	31,3

Leistungssummiertes ELFEXT (PSELFEXT) einer Übertragungsstrecke

Tabelle 2.10 Grenzwerte des PSELFEXT einer Übertragungsstrecke

Frequenz MHz	Kleinste PSELFEXT dB			
	Klasse C	Klasse D	Klasse E	Klasse F
1,0	N/A	54,4	60,3	32,0
16,0	N/A	30,3	36,2	54,5
100,0	N/A	14,4	20,3	41,4
250,0	N/A	N/A	12,3	34,8
600,0	N/A	N/A	N/A	28,3

Laufzeit-Grenzwerte einer Übertragungsstrecke

Tabelle 2.11 Laufzeit-Grenzwerte einer Übertragungsstrecke

Frequenz MHz	Größte Laufzeit µs			
	Klasse C	Klasse D	Klasse E	Klasse F
1,0	0,580	0,580	0,580	0,580
16,0	0,553	0,553	0,553	0,553
100,0	N/A	0,548	0,548	0,548
250,0	N/A	N/A	0,546	0,546
600,0	N/A	N/A	N/A	0,545

Gleichstrom-Schleifenwiderstand einer Übertragungsstrecke

Tabelle 2.12 Grenzwerte des Gleichstrom-Schleifenwiderstands einer Übertragungsstrecke

Größter Gleichstrom-Schleifenwiderstand Ohm			
Klasse C	Klasse D	Klasse E	Klasse F
40	25	25	25

2.1 Übertragungsmedien

Rückflussdämpfung der Verbindungstechnik

Tabelle 2.13 Grenzwerte der Rückflussdämpfung von Verbindungstechnik

Frequenz MHz	Kleinste Rückflussdämpfung dB		
	Kategorie 5	Kategorie 6	Kategorie 7
1,0	30,0	30,0	30,0
16,0	30,0	30,0	30,0
100,0	20,0	24,0	24,0
250,0	N/A	16,0	16,0
600,0	N/A	N/A	12,4

Einfügedämpfung der Verbindungstechnik

Tabelle 2.14 Grenzwerte der Einfügedämpfung der Verbindungstechnik

Frequenz MHz	Größte Einfügedämpfung dB		
	Kategorie 5	Kategorie 6	Kategorie 7
1,0	0,10	0,10	0,10
16,0	0,16	0,10	0,10
100,0	0,40	0,20	0,20
250,0	N/A	0,32	0,32
600,0	N/A	N/A	0,49

Nahnebensprechdämpfung (NEXT) der Verbindungstechnik

Tabelle 2.15 Grenzwerte der Nahnebensprechdämpfung der Verbindungstechnik

Frequenz MHz	Kleinste Nahnebensprechdämpfung dB		
	Kategorie 5	Kategorie 6	Kategorie 7
1,0	80,0	80,0	80,0
16,0	58,9	69,9	80,0
100,0	43,0	54,0	72,4
250,0	N/A	46,0	66,4
600,0	N/A	N/A	60,8

Leistungssummierte Nahnebensprechdämpfung (PSNEXT) der Verbindungstechnik

Tabelle 2.16 Grenzwerte der PSNEXT der Verbindungstechnik

Frequenz MHz	Kleinste PSNEXT dB		
	Kategorie 5	Kategorie 6	Kategorie 7
1,0	75,9	77,0	77,0
16,0	55,9	65,9	77,0

Tabelle 2.16 Grenzwerte der PSNEXT der Verbindungstechnik (Forts.)

Frequenz MHz	Kleinste PSNEXT dB		
	Kategorie 5	Kategorie 6	Kategorie 7
100,0	40,0	50,0	69,4
250,0	N/A	42,0	63,4
600,0	N/A	N/A	57,8

Fernnebensprechdämpfung (FEXT) der Verbindungstechnik

Tabelle 2.17 Grenzwerte der FEXT der Verbindungstechnik

Frequenz MHz	Kleinste FEXT dB		
	Kategorie 5	Kategorie 6	Kategorie 7
1,0	65,0	65,0	65,0
16,0	51,0	59,0	65,0
100,0	35,1	43,1	60,0
250,0	N/A	35,1	54,0
600,0	N/A	N/A	48,3

Leistungssummierte Fernnebensprechdämpfung (PSFEXT) der Verbindungstechnik

Tabelle 2.18 Grenzwerte der PSFEXT der Verbindungstechnik

Frequenz MHz	Kleinste PSFEXT dB		
	Kategorie 5	Kategorie 6	Kategorie 7
1,0	62,0	62,0	62,0
16,0	48,0	56,0	62,0
100,0	32,1	40,1	57,0
250,0	N/A	32,1	51,0
600,0	N/A	N/A	45,3

Laufzeit der Verbindungstechnik

Tabelle 2.19 Grenzwerte der Laufzeit der Verbindungstechnik

Größte Laufzeit µs		
Kategorie 5	Kategorie 6	Kategorie 7
0,0025	0,0025	0,0025

Größter Eingangs-/Ausgangswiderstand der Verbindungstechnik

Tabelle 2.20 Grenzwerte der Eingangs-/Ausgangswiderstände der Verbindungstechnik

Frequenz MHz	Größter Eingangs-/Ausgangswiderstand m		
	Kategorie 5	Kategorie 6	Kategorie 7
Gleichstrom	200	200	200

Größter Eingangs-/Ausgangswiderstands-Unterschied der Verbindungstechnik

Tabelle 2.21 Grenzwerte der Eingangs-/Ausgangswiderstands-Unterschiede der Verbindungstechnik

Frequenz MHz	Größter Eingangs-/Ausgangswiderstands-Unterschied m		
	Kategorie 5	Kategorie 6	Kategorie 7
Gleichstrom	50	50	50

Mindest Strombelastbarkeit der Verbindungstechnik

Tabelle 2.22 Grenzwerte der Strombelastbarkeit der Verbindungstechnik

Frequenz MHz	Mindest-Strombelastbarkeit je Leiter A		
	Kategorie 5	Kategorie 6	Kategorie 7
Gleichstrom	0,75	0,75	0,75

Größter Kopplungswiderstand der Verbindungstechnik

Tabelle 2.23 Grenzwerte der Kopplungswiderstände der Verbindungstechnik

Frequenz MHz	Größter Kopplungswiderstand Ω		
	Kategorie 5	Kategorie 6	Kategorie 7
1,0	0,10	0,10	0,05
16,0	0,32	0,32	0,16
30,0	0,60	0,60	0,30
100,0	N/A	N/A	N/A
250,0	N/A	N/A	N/A
600,0	N/A	N/A	N/A

2.1.10 Topologie

Die in der ISO IEC 11801 beschriebenen Topologien können für Gigabit Ethernet übernommen werden, da die Netzwerkbetriebssysteme identisch sind. Falls eine Topologie, die jetzt für 100 MBit/s geplant wird, auch in Zukunft mit 1000 MBit/s betrieben werden kann, müssen die physikalischen Komponenten, in erster Linie die Kabel und die Stecker, für die höhere Bandbreite ausgelegt sein.

Geeignete Kupferkabel

Die Norm EN 50173-1:2002 fordert für den Tertiärbereich einzeln geschirmte paarig verseilte Adern mit einem Litzendurchmesser von AWG 22 bis AWG 24. Im industriellen Umfeld natürlich mit einem Gesamtschirm aus Kupfergeflecht und Folien-kaschiert. Die Leitungen, die die genannten Anforderungen erfüllen, sind nicht nur für Ethernet geeignet. Da sie dienstneutral sind, können z. B. folgende Protokolle übertragen werden:

- Ethernet 10Base-T mit 10 MBit/s
- Fast Ethernet 100Base-T mit 100 MBit/s
- Gigabit Ethernet 1000Base-T mit 1GBit/s
- TP-PMD mit 125 MBit/s
- ATM mit 155 MBit/s
- CDDI / TPDDI
- Token Ring mit 4/16 MBit/s
- Telefonie (Analog / ISDN)

2.1.11 Detaillierte Kabelkennzeichnung nach DIN

Position	1	2	3	4	5	6	7	8	9
Kennzeichen	A	V	Y	C	2Y	2×2×			PiMF

Tabelle 2.24 Kabelkennzeichnung

Position	Beschreibung	Kennzeichen	Bedeutung
1	Art des Kabels	A	Außenkabel
		I	Innenraumkabel
		IE	Installationskabel für Industrie Elektronik
		KS	Kommunikationskabel symmetrisch
2	Leiter	V	PVC
		ohne Angabe	blank

Tabelle 2.24 Kabelkennzeichnung (Forts.)

Position	Beschreibung	Kennzeichen	Bedeutung
3	Adernisolation	Y 2Y 02Y 02YS 5Y 6Y 9Y H	PVC PE Zell-PE Foam-Skin-PE PTFE FEP PP halogenfrei
4	Gesamtschirmung	(ST) C (ST)C	Folienschirm Kupfergeflecht Folie und Kupfergeflecht
5	Außenmantel	Y 2Y H FR LS NC OH, 0H, ZH	PVC PE halogenfrei feuerhemmend geringe Rauchentwicklung keine korrosiven Brandgase halogenfrei
6	Anzahl der Leiter	2×2× 4×4×	2 Paare 4 Paare
7	Abmessung des Leiters		AWG-Maß
8	Durchmesser des Leiters mit Isolierung		Durchmesser in mm
9	Einzelschirmung	PiMF ViMF	Paare in Metallfolie Vierer in Metallfolie

2.1.12 Aufbau der elektrischen Leiter/Adern

Die Leiter bestehen meistens aus massivem Kupfer, das im Vergleich zu Silber oder Nickel einen guten Kompromiss zwischen elektrischen Eigenschaften und Kosten bietet. Flexible Adern bestehen häufig aus Kupferlitze; eine Verzinnung beugt Korrosion vor, erhöht aber wegen der schlechteren Leitfähigkeit von Zinn die Dämpfung (Skin-Effekt).

Niedrige Dämpfungswerte lassen sich durch Erhöhung des Aderquerschnitts erreichen, das hätte aber zu Folge, dass Gewicht und Preis steigen und die Beweglichkeit der Leitungen abnimmt. Daher gibt es die Leitungen mit unterschiedlichen Querschnitten. Die Kennzeichnung erfolgt in Millimeter oder in AWG (American Wiring Gauge). Nachfolgende Tabelle gibt Auskunft über die Kennzeichnung mit AWG-Maßen.

Tabelle 2.25 AWG-Maße

AWG	Leiterquerschnitt	Leiterdurchmesser	Gleichstromwiderstand
28	0,081 mm^2	0,320 mm	221 Ohm/km
27	0,102 mm^2	0,361 mm	169 Ohm/km
26	0,128 mm^2	0,404 mm	135 Ohm/km
25	0,162 mm^2	0,455 mm	106 Ohm/km
24	0,205 mm^2	0,511 mm	84,2 Ohm/km

Tabelle 2.25 AWG-Maße (Forts.)

AWG	Leiterquerschnitt	Leiterdurchmesser	Gleichstromwiderstand
23	0,259 mm^2	0,574 mm	66,6 Ohm/km
22	0,324 mm^2	0,643 mm	53,2 Ohm/km
21	0,411 mm^2	0,724 mm	41,9 Ohm/km
20	0,519 mm^2	0,813 mm	33,2 Ohm/km

Isolierung und Ummantelung

Die elektrischen Eigenschaften eines Kabels oder einer Leitung werden nicht nur durch Material, Aufbau, Querschnitt usw. des Leiters bestimmt, sondern ebenfalls durch den Aufbau der Isolierung. In erster Linie dient die Isolierung zur Vermeidung von Gleichstromkurzschlüssen. Außerdem entscheidet die Isolierung maßgeblich über die Hochfrequenzdämpfung einer Leitung.

Die innerhalb einer Leitung nebeneinander liegenden und parallel verlaufenden Adern bilden einen Kondensator, dessen Kapazität und damit die (parasitäre) Querstromleitfähigkeit nur noch durch die Isolierung variiert werden kann. Die Querstromleitfähigkeit wird durch die Dielektrizitätskonstante des Materials beschrieben: Je kleiner die Dielektrizitätskonstante, desto geringer die Querstromleitfähigkeit. Die nachfolgende Tabelle zeigt die üblichen Isoliermaterialien:

Tabelle 2.26 Isoliermaterialien für Kabel und Leitungen

Bezeichnung	Abkürzung	DIN/VDE	Dielektrizitätskonstante	Halogenfrei	Brennbarkeit
Polyvinylchlorid	PVC	Y	4,0 – 0,5	Nein	Selbst verlöschend
Polyäthylen	PE	2Y	2,3	Ja	Brennbar
Zell-Polyäthylen	Zell-PE	02Y	1,1 – 1,4	Ja	Brennbar
Zell-Polyäthylen mit Vollmatel	Foam-Skin-PE	02YS	1.5	Ja	Brennbar
Teflon, Hostaflon	PTFE	5Y	2,0	Nein	Nicht entflammbar
FEP	6Y	Teflon	2,1	Nein	Nicht entflammbar
PFA	-	Teflon	2,1	Nein	Nicht entflammbar
Polypropylen	PP	9Y	2,4	Ja	brennbar

PVC sollte bei heutigen Installationen nicht mehr verwendet werden, neben der mäßigen Isolation (rel. niedrige Dielektrizitätskonstante) ist es aus Sicht des Brandschutzes völlig ungeeignet. Bei der Verbrennung von PVC entsteht, neben dichten dunklen Rauchgasen, hochgiftiger Chlorwasserstoff (HCl). Dieses HCl ist ein hochkorrosives Rauchgas, das in Verbindung mit Wasser(-dampf) Salzsäure erzeugt und damit eine extreme Korrosion an metallenen Oberflächen verursacht.

Die halogenfreien Stoffe PP und PE bieten wesentlich günstigere Dielektrizitätskonstanten, die sich durch Aufschäumen noch steigern lassen. Mit einer zusätzlichen Umhüllung lässt sich die Querdruckfestigkeit nochmals steigern (Foam-Skin-PE).

Mit Hilfe von geeigneten Beimischungen, z. B. Aluminiumhydroxid, kann die Brandfestigkeit von halogenfreien Stoffen ausreichend erhöht werden.

2.1.13 Mindestanforderungen an Twisted-Pair-Leitungen

Elektrische Eigenschaften für installierte 100-Ohm-Kabel gemäß DIN EN 50173 bzw. ISO/IEC 11801, Kategorie 5:

- Größter Schleifenwiderstand: 300 Ohm/km
- Größter Widerstandsunterschied: 3 %
- Isolationswiderstand: 150 MOhm × km
- Impedanz Z_o bei 0,064 MHz: 125 Ohm +/- 25%
- Impedanz Z_o bei 1 – 100 MHz: 100 Ohm +/- 15%
- Kopplungswiderstand bei 10 MHz: < 100 Ohm/km
- Rückflussdämpfung an 100 m Länge: 1..20 MHz >23 dB
- Rückflussdämpfung an 100 m Länge: >20 MHz 23 dB – 10 log (f/20)
- Erdunsymmetriedämpfung dB/BZL = 1000 m bei 64 kHz: > 43 dB
- Größte Erdkopplung bei 0,001 MHz: 1600 pF/km
- Kleinste Ausbreitungsgeschwindigkeit bei 1 MHz: 0,60 c
- Kleinste Ausbreitungsgeschwindigkeit bei 10 MHz: 0,65 c
- Kleinste Ausbreitungsgeschwindigkeit bei 100 MHz: 0,65 c

Leistungsmerkmale von Kupferverkabelung

Als Anforderungen für eine zukunftssichere Kupferinstallation lassen sich aus der Norm EN 50173-1:2002 und 50174 folgende Leistungsmerkmale ableiten:

- Halogenfrei nach IEC 60754-2
- Flammwidrig nach IEC 60332-3 Category C
- Störsicher gegen Bursts > 4 kV
- Abstrahlungsarm nach EN 50081-2
- Störfest nach EN 50082-2 Criterion A
- Geeignet für Dienste der Klassen A-E, besser noch bis Klasse F
- Übertragungstechnische Eigenschaften einer gesamten Übertragungsstrecke nach EN 50173-1 für Klasse E
- Anschlussfolge nach EIA/TIA 568 (1:1-Verdrahtung)

Alle Einzelkomponenten, wie z. B. Stecker, Buchsen, Kupplungen, Dosen oder Patch-Felder sollten der Norm ISO/IEC 11801:2002, Permanent Link, Klasse E entsprechen. Die Einhaltung dieser Norm bietet zwar keine Garantie, dass alle Einzelkomponenten in ihren elektrischen Eigenschaften miteinander harmonieren, aber doch eine hohe Wahrscheinlichkeit.

Weiterführende Anforderung an die Installation

Für die Ausführung der Installation einer Anlage sind immer die relevanten nationalen und internationalen Gesetze, Vorschriften und Standards in der neuesten Fassung bindend. In manchen Fällen kommen noch Werknormen hinzu. Nachfolgende eine Liste mit Vorschriften und Bestimmungen (ohne Anspruch auf Vollständigkeit):

- Ausführung nach DIN EN 50174-1/2/3
- Integration der Installation ins Erdungskonzept nach VDE 0100
- Schirmungsmaßnahmen nach VDE 0100, TN-S
- Stromversorgung nach dem TN-S-Verfahren
- Sichere Trennung zwischen Daten- und Energieleitungen nach VDE 0804/DIN 57804
- Einhaltung der EMV-Richtlinien EN 55022, EN 50310 und DIN VDE 0878
- Brandschutzbestimmungen
- Unfallverhütungsvorschriften

Schirmung

Da die Signalübertragung nie vollständig symmetrisch zur Bezugserde erfolgt, sind auch bei Ethernet-Twisted-Pair besonders im industriellen Umfeld Schirmungsmaßnahmen erforderlich. Außerdem lässt die Wirkung der Verdrillung nach, wenn Leitungen geknickt werden, z. B. bei der Verlegung. Wird eine Leitung bis unterhalb des zulässigen Biegeradius geknickt, leidet oftmals die Aderisolierung und die kapazitive Beeinflussung zwischen den Adern steigt.

Die daraus resultierende Asymmetrie macht die Signalübertragung zum einen empfindlich gegen ohmsche, kapazitive und induktive Beeinflussung; zum anderen wirkt ein solches Kabel als Hochfrequenzsender. Dieser Hochfrequenzsender ist ein Störsender innerhalb der Anlage. Gleichzeitig lassen sich diese abgestrahlten Gleichtaktwellen bis auf eine Entfernung von rund einem Kilometer empfangen und zur Rekonstruktion der übertragenen Daten verwenden.

Eine Schirmung sollte immer aus einer metallisch leitenden Folie und aus einem Metallgeflecht mit mindestens 70% Bedeckungsgrad der Leiter bestehen. Nur dann ist eine ausreichende Schirmung gegen elektrische und magnetische Felder gegeben.

Pinbelegung der Ethernet-Stecker

Die konventionelle Twisted-Pair-Ethernet-Verkabelung verwendet den RJ45-Steckverbinder (Registered Jack). Dieser Stecker wird auch Modular Jack oder Western Plug genannt. Auch hier gibt es die unterschiedlichsten geschirmten und ungeschirmten Ausführungen. Sie sind für den industriellen Einsatz nur teilweise geeignet. Von den acht Pins des RJ45-Steckers werden vier bei 10/100 MBit/s und alle acht bei 1000 MBit/s verwendet:

Tabelle 2.27 Pinbelegung von RJ45-Steckern

Pin-Nummer	10Base-T	100Base-T	1000Base-T
1	TD+ (Transmit)	TD+ (Transmit)	BI_DA+ (Bidirectional)
2	TD- (Transmit)	TD- (Transmit)	BI_DA- (Bidirectional)

Tabelle 2.27 Pinbelegung von RJ45-Steckern (Forts.)

Pin-Nummer	10Base-T	100Base-T	1000Base-T
3	RD+ (Receive)	RD+ (Receive)	BI_DB+ (Bidirectional)
4	-	-	BI_DC+ (Bidirectional)
5	-	-	BI_DC- (Bidirectional)
6	RD- (Receive)	RD- (Receive)	BI_DB- (Bidirectional)
7	-	-	BI_DD+ (Bidirectional)
8	-	-	BI_DD- (Bidirectional)

Zwischen Rechner/Steuerung und Hub/Switch/Medienkonverter verbindet das Kabel die beiden Stecker 1:1. Bei speziellen Kabeln für die direkte Verbindung zweier Computer oder für das Kaskadieren von Hubs/Switches müssen die Leitungen gekreuzt werden, sofern die Geräte kein Autocrossing/Auto-Crossover unterstützen.

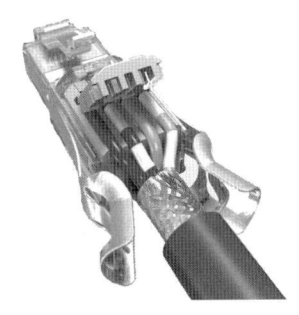

Bild 2.13 Feldkonfektionierbarer Schnellanschlussstecker von Phoenix Contact

Farbschema nach EN 50173 bei fester Verlegung

In der Norm EN 50173 sind für die Installation von Twisted-Pair-Leitungen zwei Farbschemata definiert. Zum einen das Schema T568A und zum anderen das wesentlich häufiger verwendete Schema T568B. Welches Schema verwendet wird, ist völlig unerheblich, entscheidend ist jedoch, dass das gewählte Schema für die gesamte Installation beibehalten wird und keine Durchmischung stattfindet. Das Installationsmaterial trägt in der Regel eine Kennzeichnung, wie die Einzeladern aufzulegen sind.

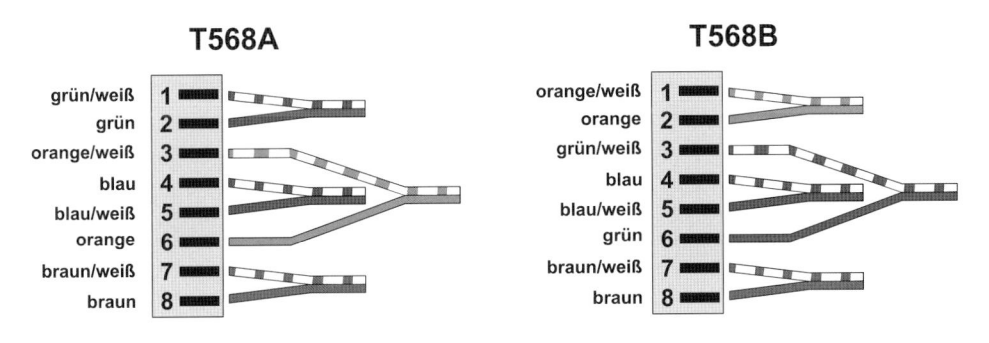

T568A

Pin	Farbe
1	grün/weiß
2	grün
3	orange/weiß
4	blau
5	blau/weiß
6	orange
7	braun/weiß
8	braun

T568B

Pin	Farbe
1	orange/weiß
2	orange
3	grün/weiß
4	blau
5	blau/weiß
6	grün
7	braun/weiß
8	braun

Bild 2.14 Farbschema nach EN 50173

In der nachfolgenden Abbildung zeigt ein Beispiel für eine Kennzeichnung von Installationszubehör. Neben der Kennzeichnung des Farbschemas ist auch die Kennzeichnung der Aderpaare dargestellt.

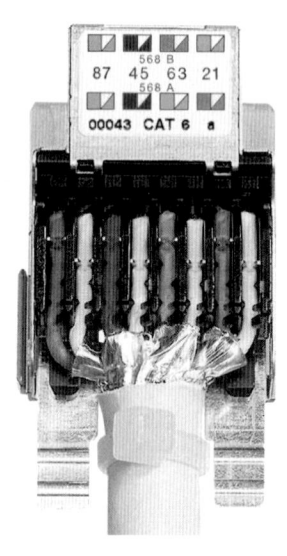

Bild 2.15 Nach Farbschema T568A angeschlossene RJ45-Buchse

2.1.14 Ethernet-Patchfeld

Durch den Einsatz von Patchfeldern wird die Flexibilität der Installation und die Betriebssicherheit erhöht. Änderungen an der Installation erfolgen durch einfaches Umstecken zwischen Patchfeld und Switch. Empfehlenswert ist eine genaue Beschriftung des Patchfeldes, um spätere Irrtümer zu vermeiden. Da die Verbindungen zwischen Switch und Patchfeld mit flexibleren und leichteren, sogenannten Patch-Leitungen, hergestellt werden, ist die mechanische Belastung durch Zug und Druck der Switch-Ports erheblich reduziert, was die Gefahr von späteren „Wackelkontakten" mindert.

Zu beachten ist, dass die Norm EN 50173 pro Ethernet-Strang neben 90 Metern festverlegter Leitung, maximal zwei mal fünf Meter Patch-Leitung vorsieht. Aufgrund des einfacheren Aufbaus der Patch-Leitung sind die elektrischen Eigenschaften nicht so gut wie die der festverlegten Leitungen. Um das Unterschreiten der Mindestanforderungen an einen Ethernet-Strang zu vermeiden, wird die Einhaltung dieser Vorschrift dringend empfohlen.

Verwendung von Spezial-Leitungen

Von Phoenix Contact werden Spezial-Leitungen angeboten, die doppelt ummantelt sind. Somit kann man außerhalb des Schaltschranks mechanisch stabile Leitungen verlegen. Innerhalb des Schaltschranks wird der zweite Mantel entfernt, dadurch erhält man eine flexible Leitung mit sehr guten elektrischen Eigenschaften.

2.1 Übertragungsmedien 111

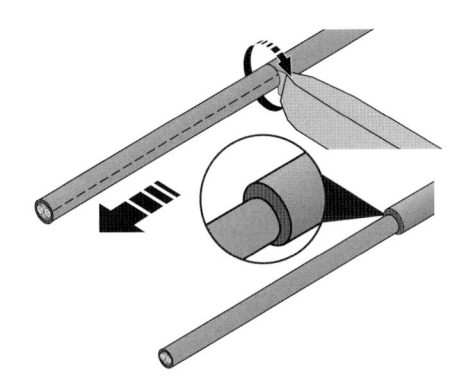

Bild 2.16 *Doppelt ummantelte Ethernet-Leitung*

Nach dem Eintritt der Leitungen in den Schaltschrank sollten alle Leitungen großflächig geerdet werden. Dazu ist eine entsprechende Potenzialausgleichsschiene mit metallenen Erdungsschellen gut geeignet. Außerdem wird gleichzeitig eine gute Zugentlastung der Leitungen erreicht.

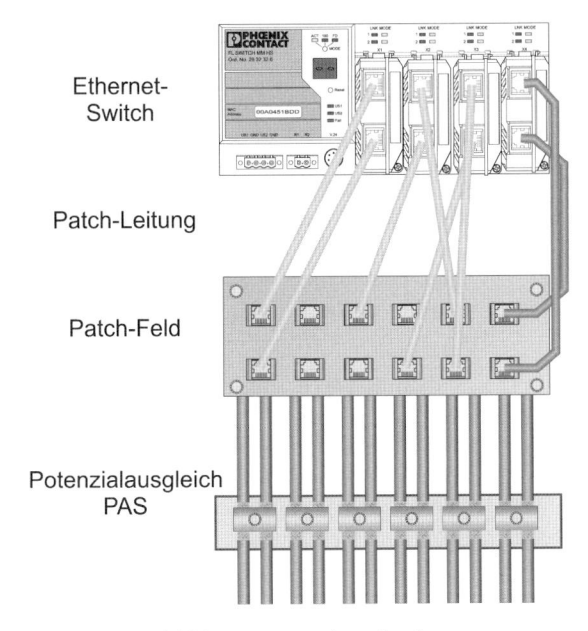

Bild 2.17 *Patchfeld mit Potenzialausgleich*

Die Norm EN 50173 sieht die Verlegung der Patch-Leitungen seitlich vor (siehe dunkle Leitungen rechts in vorstehender Grafik). Dabei dürfen die minimalen Biegeradien der Leitungen nicht unterschritten werden.

Anforderungen an Patchfelder

- Einhaltung der Permanent-Link-Klasse E 250 MHz auf allen Aderpaaren nach ISO 11801 und EN 50173.
- Einhaltung der Kategorie 6 nach nach ISO/IEC 11801.
- Geeignet für alle Dienste von Class A bis Class E.
- Einhaltung der EMV-Vorschriften EN 55022 Klasse B für Abstrahlung und EN 50082-1 für Störfestigkeit.
- Anschluss der Installationskabel über LSA-Plus-Klemmen oder über Standard-Klemmen ohne Spezialwerkzeug.
- Farbige Kennzeichnung der Klemmpunkte nach EIA/TIA 568A oder 568B.
- Beschriftungsfelder mit Klarsichtschutz.
- Mit Portnummern bedruckte Frontplatte.
- Zugentlastung für alle Leitungen.
- Sichere Schirmkontaktierung.
- Staubschutzkappen für unbenutzte Buchsen.
- Bei 19"-Schaltschränken nicht mehr als eine Höheneinheit (1 HE = 44,45 mm) pro 24 Ports.

Netzwerkverteilerschränke im 19"-Format

Netzwerkverteilerschränke dienen zur Aufnahme der passiven und aktiven Netzwerkkomponenten, sowie der Netzteile zur Spannungsversorgung und evtl. der USV (Unterbrechungsfreie Spannungsversorgung). Als Maße haben sich folgende Rastermaße durchgesetzt: die Standardgerätebreite beträgt 19", die Gerätehöhe wird in Höheneinheiten angeben und beträgt 1 HE = 44,45 mm oder Vielfaches davon. Somit ergeben sich für einen ca. 2 m hohen Verteilerschrank ungefähr 41 HE.

Der Schrank sollte aus korrosionsgeschütztem Stahlblech und der Innenraum aus gelochten Rahmenprofilen bestehen, um einen flexiblen Aufbau des Systems zu ermöglichen. Darüber hinaus sollte der Schrank über ein Sicherheitsschloss und einen ausreichend dimensionierten Schließmechanismus verfügen. Wünschenswert sind umlaufende Dichtungen, besonders geeignet aus EMV-Sicht sind elektrisch leitende Dichtungen. Optional sind Sichtfenster (in besonders störbelasteter Umgebung aus geschirmten Glas) durch die die lokalen Diagnoseanzeigen abgelesen werden können.

Weiterhin sollten ausreichend Lüftungsöffnungen vorhanden sein, darüber hinaus sollte der Schrank geeignet sein, ein Kühlgerät aufzunehmen. Für die Einführung der Leitungen und für die Ausführung von Erdung und Potenzialausgleich sollte ausreichend Platz vorhanden sein. Beim Einbau der Komponenten ist darauf zu achten, dass wärmeempfindliche aktive Komponenten unten eingebaut werden und die passiven Komponenten oben im Schrank.

Verteilerräume

Falls die Netzwerkschränke in Verteilerräumen zentral aufgestellt sind, sind im Betrieb einige Empfehlungen zu beachten [26]:

- Der Verteilerraum sollte ausreichend beheizt, belüftet und klimatisiert werden. Optimal ist eine Raumtemperatur von etwa 20° C.

- Wasserleitungen, Abwasserrohre oder Heizungsrohre sollten nicht durch den Raum oder oberhalb des Raums verlaufen. Ausnahme: eine Sprinkleranlage, die je nach Standort zu den Auflagen der Brandschutzbestimmungen gehört.

- Die relative Luftfeuchtigkeit sollte zwischen 30 % und 50 % betragen. Nur dann ist sichergestellt, dass es auch bei dauerhafter Einwirkung nicht zu Korrosion der Kupferdrähte in den UTP- und STP-Kabeln kommt. Eine solche Korrosion würde die Funktionsfähigkeit des Netzwerks beeinträchtigen.

2.1.15 Störquellen

Auf die Verkabelung eines Netzes wirken vielfältige elektromagnetischen Störquellen ein, z. B. elektrisch angetriebene Maschinen, Frequenzumrichter, Leuchtstofflampen, Lichtbogenschweißgeräte und vieles andere. Aber auch die Kabel selbst verändern das Signal durch ihren ohmschen Widerstand und die Tiefpasscharakteristik. Alle Einflüsse ändern das eingespeiste digitale Signal – unter Umständen bis hin zu Fehlern auf Empfängerseite. Das Bild zeigt die wichtigsten Störeinflüsse und deren Auswirkungen:

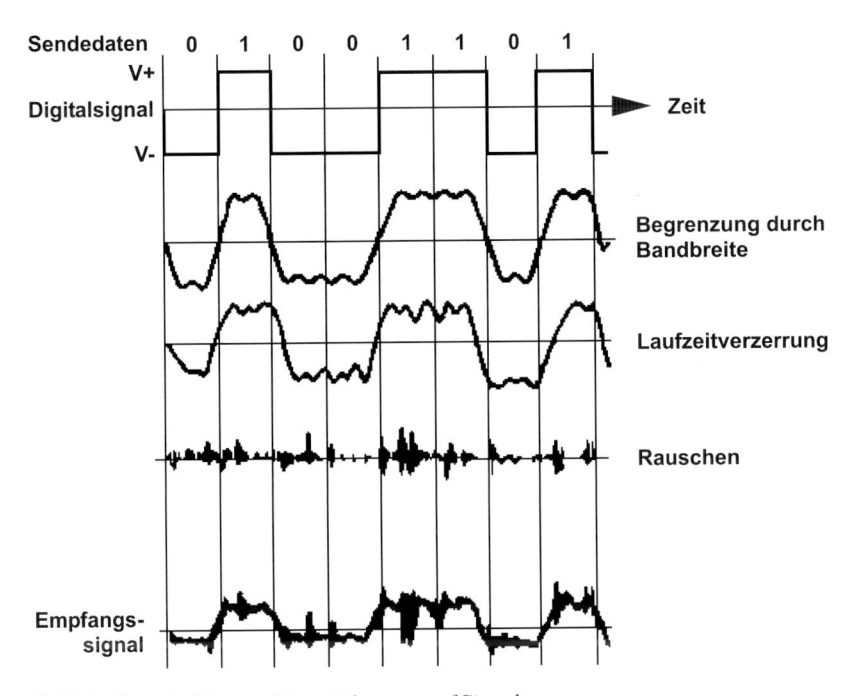

Bild 2.18 Störeinflüsse und Auswirkungen auf Signale

Dämpfung

Jede Leitung wirkt wie ein Tiefpassfilter: sie lässt nur "niedrige" Frequenzen durch, "hohe" werden herausgefiltert. Diese Tiefpasseigenschaft der Leitung zwingt dazu, nach einer gewissen Leitungslänge Repeater (Hub / Switch) einzubauen, um das Signal wieder zu regenerieren. Das Verhältnis von Aus- zu Eingangsspannung wird Dämpfung genannt und in Dezibel (dB) angegeben. Dabei gilt:

1 dB = 20 × log (Eingangsspannung/Ausgangsspannung)

Ideal ist ein Verhältnis von 1:1 zwischen Ein- und Ausgangsspannung, also eine Dämpfung von 0 dB. Das bleibt aber ein Ideal, da jede Leitung einen gewissen Widerstand hat. Die naheliegendste Abhilfe liegt im Einsatz der Repeater. Doch auch diesen sind prinzipielle Grenzen gesetzt. Auch mit Repeatern sind nicht beliebig lange Leitungen realisierbar.

Auf jede Leitung wirken Störungen ein. Diese elektrischen Signale weisen meist ein zufällig verteiltes Frequenzspektrum auf. Alle möglichen Nutzfrequenzen werden also mehr oder weniger stark gestört. Wichtig ist dabei, dass das Nutzsignal noch eindeutig erkennbar bleibt. Das Amplitudenverhältnis von Nutz- und Rauschsignal (in dB) nennt man Störabstand oder auch Signal-Rausch-Abstand. Repeater können aber in der Regel nicht zwischen Nutz- und Störsignal unterscheiden, sondern verstärken das gesamte Eingangssignal. Damit hat zwar das Ausgangssignal einen hohen Pegel, aber der Signal-Rausch-Abstand hat sich dabei nicht verbessert. Auf der nächsten Leitungsstrecke kommt zwangsläufig wieder Rauschen dazu, so dass mit wachsender Leitungslänge das Nutzsignal von immer mehr Rauschen überlagert wird. Wenn der Rauschpegel genauso groß ist wie der Nutzpegel, kann kein Empfänger mehr Nutz- und Störsignal voneinander unterscheiden.

Begrenzung der Bandbreite

Man kann sich ein typisches Digitalsignal auch zusammengesetzt aus einer größeren Anzahl von Sinussignalen unterschiedlicher Freqenzen vorstellen. Je höher die Frequenz ist, desto geringer ist die Amplitude des jeweiligen Signals. Von diesen Frequenzen gelangen nur die Anteile zum Empfänger, die innerhalb der Bandbreite der Übertragungsstrecke liegen. Je geringer die Bandbreite des Mediums ist, desto mehr wird das Rechtecksignal "verschliffen". Am Empfangsort muss dann die Rechteckform wieder regeneriert werden. Eine Begrenzung der Bandbreite kann durch zu hohe Dämpfungswerte oder falsche Kabeltypen hervorgerufen werden. Daher sollte bei der Twisted-Pair-Verkabelung immer Cat5-Kabel für 10/100 MBit/s verwendet werden.

Verzerrungen durch Laufzeit

Die Geschwindigkeit, mit der ein sinusförmiges Signal in einem Medium transportiert wird, variiert mit der Freqenz. Wenn also ein Rechtecksignal übertragen wird, das wir uns als Gemisch von Sinussignalen unterschiedlicher Frequenz vorstellen, dann kommen die einzelnen Frequenzanteile zu verschiedenen Zeiten beim Empfänger an (Laufzeitverzerrungen). Die Verzerrungen nehmen mit steigender Datenrate noch zu, weil das Signalgemisch nicht homogen wie bei einem stetigen 0-1-Wechsel ist.

Die Signalanteile, die durch die Flanken des Digitalsignals hervorgerufen werden, kommen häufiger vor und interferieren zusätzlich mit anderen Signalanteilen. Man spricht deshalb auch von 'Intersymbol-Interferenzen'. Diese können dazu führen, dass bei der Abtastung des Signals beim Empfänger in der nominellen Bitmitte Fehler auftreten können. Bei manchen Empfängerschaltungen versucht man diesen Fehler zu umgehen, indem der Abtastzeitpunkt adaptiv geändert wird. Die Laufzeitverzerrungen sind auch der Grund dafür, dass nicht beliebig viele Repeater hintereinandergeschaltet werden können.

Rauschen

In einem idealen Übertragungskanal sind in Übertragungspausen außer dem Ruhepegel keinerlei elektrische Signale festzustellen. In der Praxis strahlen jedoch mannigfache elektromagnetische Wellen auf das Kabel ein. Quellen solcher Störsignale sind alle elektrischen Geräte und Maschinen in der Umgebung der Leitung und nicht zuletzt auch die natürliche Strahlung von Erde und Atmosphäre. Die Frequenzen und Feldstärken sind von zufälligen Faktoren abhängig.

Alle diese auf das Übertragungsmedium einwirkenden zufälligen Signale nennt man „Rauschen". Dieses Rauschen lässt sich durch keinerlei Maßnahmen vollständig beseitigen, sondern nur mildern, z. B. durch abgeschirmte Kabel.

Aber auch innerhalb der Übertragungsstrecke, etwa durch die Bewegung der Elektronen im Leiter wird ein, wenn auch sehr schwaches, zusätzliches Signal erzeugt. In den Übertragungsweg geschaltete Repeater verstärken natürlich nicht nur das Nutzsignal, sondern auch den Rauschanteil. Wenn das Rauschen einen gewissen Pegel übersteigt, kann dies zu empfängerseitigen Fehlern führen. Von besonderem Interesse ist das Verhältnis von Nutzsignal zu Störsignal, da dieses 'Signal-Rauschverhältnis' wie schon die vorher erwähnte Bandbreite die maximale Übertragungsrate beeinflusst. Speziell bei der modulierten Übertragung spielt dieser Faktor eine wichtige Rolle.

Das Signal-Rauschverhältnis wird meist in Dezibel angegeben:

SR = 10 × log (Signalpegel/Rauschpegel) dB

Maßnahmen zur Senkung des Rauschpegels sind z. B. Abschirmung, um Einstreuung von Störsignalen zu verhindern und Differenzsignalübertragung, bei denen sich die eingestreuten Störungen auf den beiden Leitungen kompensieren.

2.2 Blitz-/Überspannungsschutz

Niederspannungsanlagen und die darin installierten Geräte sind bei einem Blitzeinschlag in das Netzwerk hinein stark in ihrer Funktion gefährdet. Um eine Zerstörung des Netzwerkes und der Komponenten zu verhindern, sind Blitz-/Überspannungsschutzmaßnahmen zur Erhöhung der Netzverfügbarkeit unvermeidbar. Die Schutzmaßnahmen können bei fachgerechter Projektierung und Installation Schäden durch Blitzeinschlag an elektrischen Anlagenteilen weitestgehend vermeiden und einen sicheren Anlagen-/Netzbetrieb sicherstellen. Die Schutzmaßnahmen haben neben der Blitzstromableitung auch die Aufgabe, betriebsfrequente Netzfolgeströme zu löschen.

2.2.1 Überspannung

Ein Stromkreis funktioniert störungsfrei, wenn die für ihn spezifizierte Spannung zur Verfügung steht. Eine schädliche Überspannung liegt vor, wenn die obere Toleranzgrenze überschritten wird. Jede Überschreitung, unabhängig von Frequenz, Phasenlage, Dauer usw. ist eine Überspannung.

Hierzu zählen auch transiente Spannungen, die durch z. B. Schalthandlungen oder Blitzentladungen entstehen und galvanisch, induktiv sowie kapazitiv in die Schaltung einkoppeln. Die Folgen für Anlagen und Gebäude durch Einkopplung von Störsignalen lassen sich nicht verallgemeinern. Sie sind abhängig von den Eigenschaften der elektrischen Installation (z. B. Wellenwiderstand, Abschlussimpedanz, Ableitvermögen, Spannungsfestigkeit, Kopplungsimpedanzen usw.).

Abhilfe

Schäden durch Überspannung lassen sich vermeiden, indem die Leiter, sobald sie Überspannung führen, mit dem Potenzialausgleich kurzgeschlossen werden. Der Kurzschluss muss sehr schnell erfolgen und nach Abbau der Überspannung wieder aufgehoben werden. Dieses ist mit verschiedenen Bauelementen (z. B. Gleitfunkenstrecken, gasgefüllte Überspannungsableitern, Varistoren und Suppressordioden) möglich. Diese Bauelemente sind einzeln oder als kombinierte Schaltungen erhältlich und werden zwischen aktiven Leitern (Daten und Leistung) und dem Potenzialausgleich installiert.

Unter dem Begriff TRABTECH (**Tra**nsienten-**Ab**sorptions-**Tech**nologie) führt Phoenix Contact ein umfangreiches, bewährtes Programm zum wirkungsvollen Schutz vor schädlicher Überspannung. Damit lassen sich alle Arten von Netzwerken, Stromversorgungen, Mess-, Steuer- und Regelungstechnik, Daten- und Telekommunikationsschnittstellen sowie Haus- und Gebäudeinstallationen schützen.

Hinweis

Alle Überspannungsschutz-Komponenten sind so zu installieren, dass sie für spätere, evtl. gesetzlich vorgeschriebene Prüfungen zugänglich sind.

2.2.2 Überspannungsableiter

Belastungsprofil

Durch intensive Blitzforschung sind die Parameter eines Blitzeinschlages bekannt, so dass bei der Planung einer Blitzschutzanlage reale Bedingungen zugrunde gelegt werden können. Die Anforderungen an eine Blitzschutzanlage ergeben sich somit aus den Blitzparametern und den Eigenschaften des Versorgungsspannungsnetzes. Die Eigenschaften legen z. B. die Betriebsspannung der Ableiter, die Höhe des Netzfolgestromes und den Leistungsfaktor $\cos \varphi$ fest.

Aus den Blitzparametern und den Netzeigenschaften ist festzulegen, welche Vorsicherung einzusetzen ist.

2.2.3 Blitzschutzklassen

Bei der Planung eines Blitz-/Überspannungsschutzsystems ist der erste Schritt die Risikoabschätzung. Hierbei wird ein optimales Verhältnis zwischen Schutz und Kosten gesucht. Die DIN V ENV 61024-1 schreibt die Risikoabschätzung für den Blitzschutz baulicher Anlagen durch die Bestimmung einer Schutzklasse vor.

Die Schutzklasse entscheidet maßgeblich über:

– die Effektivität der Schutzeinrichtung,

– den Aufwand bei der Errichtung und

– die Kosten.

Tabelle 2.28 Blitzschutzklassen

Schutzklasse	Blitzkugel-Radius	Maschenweite der Fangeinrichtung	Ableitungs-Abstand	Blitzstrom-Amplitude	Ladungsmenge
I	20 m	5 m x 5 m	10 m	200 kA	100 As
II	30 m	10 m x 10 m	15 m	150 kA	75 As
III	45 m	15 m x 15 m	20 m	100 kA	50 As
IV	60 m	20 m x 20 m	25 m	100 kA	50 As

Die Ermittlung der Schutzklasse hängt vom Erfassen und Verknüpfen vieler Faktoren (z. B. Gebäudekonstruktion, Nutzung des Gebäudes, mögliche Folgeschäden, Einschlagwahrscheinlichkeit u. ä.) ab.

Blitzkugel-Test

In der Simulation wird dabei mit einer maßstabgerechten Blitzkugel (Durchmesser laut Tabelle 2.28 **Blitzschutzklassen**) ein Modell des zu schützenden Gebäudes/ der zu schützenden Anlage aus allen möglichen Richtungen berührt. Dabei darf die Blitzkugel an keiner Stelle das Gebäude/die Anlage direkt berühren, sondern muss immer auf die Blitzschutzeinrichtung treffen. Falls eine direkte Berührung des Gebäudes mit der Blitzkugel möglich ist, wird die angestrebte Blitzschutzklasse nicht eingehalten. In diesem Fall muss die Maschenweite der Fangeinrichtung verringert werden.

2.2.4 Einkopplung von Überspannung

Die Einkopplung von Überspannungen von einem System in ein anderes kann galvanisch, induktiv, kapazitiv oder über Potenzialdifferenzen erfolgen.

Kapazitive Kopplung

Kapazitive Kopplungen treten zwischen Stromkreisen auf, die über Streukapazitäten miteinander verbunden sind. Bei großen Potenzialunterschieden oder hohen Frequenzen können Spannungsentladungen von einem Leiter auf den anderen erfolgen.

Galvanische Kopplung

Überspannungen koppeln von der Störquelle über gemeinsame Impedanzen in die Störquelle ein. Eine große Stromsteilheit bewirkt eine Überspannung, die in der Hauptsache auf dem Gesetz:

$U_L = -(L \times di/dt)$ beruht.

U_L = induzierte Spannung, L = Induktivität, di/dt= Stromfluss-Änderung pro Zeiteinheit

Für überschlägige Rechnungen kann die Induktivität üblicher Leitungen mit 1 µH/m (siehe Tabelle 2.29 **Leiterquerschnitt und Induktivität**) angenommen werden. Diese induktiv erzeugte hohe Spannung bewirkt eine Potenzialverschleppung, die über das Potenzialausgleichssystem in die angeschlossenen Leitungen einkoppelt.

Induktive Kopplung

Die induktive Kopplung erfolgt durch das magnetische Feld eines stromdurchflossenen Leiters. Das magnetische Feld induziert in nahegelegene Leiter und besonders in Leiterschleifen eine Spannung. Bei starken Impulsströmen treten dann hohe Überspannungen auf.

Einkopplung durch Potenzialdifferenzen

In einem solchem Fall wird eine Überspannung $U_{Über}$, die durch den Fluss des Blitzstromes durch die Erde (hier durch R_2 symbolisiert) verursacht wird, in das System eingekoppelt. Es wird kein oder nur ein kleiner Teil des Blitzstromes über die Verbindungsleitung fließen.

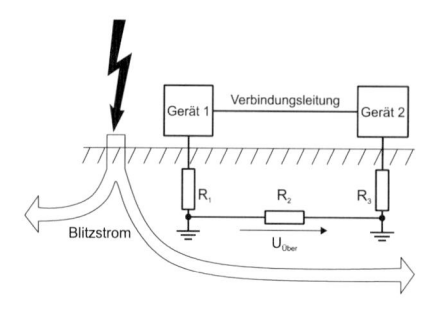

Bild 2.19 *Einkopplung durch Potenzialdifferenzen*

2.2.5 Maßnahmen gegen Überspannung

In der Praxis hat sich ein selektiv aufgebauter, mehrstufiger Schutz bewährt. Auch in der Norm IEC 61312-1 wird ein Konzept zum Schutz von Niederspannungsverbrauchern gegen Überspannung durch Blitzeinwirkung vorgestellt. Auch in der Norm wird davon ausgegangen, dass die Bedrohungswerte stufenweise vom Entstehungsort zum Verbraucher abgebaut werden. Die Bedrohungswerte sind in erster Linie die Blitzstromamplitude, die Überspannungswerte, die Ladungsmenge und die spezifische Energie des transienten Störimpulses. Zum Schutz der Anlage sind folgende Maßnahmen erforderlich:

– Blitzstromableiter als Grobschutz.
– Überspannungsableiter als Mittelschutz.
– Überspannungsableiter als Geräteschutz.

Diese drei Schutzstufen unterscheiden sich im Wesentlichen durch die Höhe des Ableitvermögens und durch den Einbauort, wobei diese beiden Punkte von der Isolationsfestigkeit des zu schützenden Anlageteils abhängig sind.

2.2 Blitz-/Überspannungsschutz

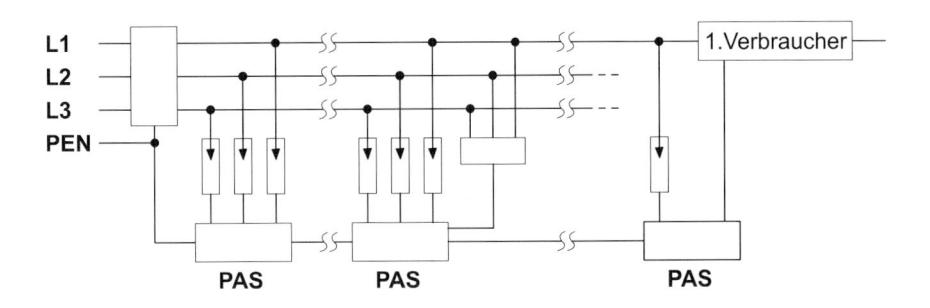

Bild 2.20 Stufenförmige Begrenzung der Überspannung

Hinweis

Zu große Spannungssteilheiten (du/dt) können Halbleiter-Bauelemente oder Kondensatoren zerstören, ohne dass Durchbruchspannungen oder maximal zulässige Spannungswerte überschritten wurden.

Warnhinweis

Die einzelnen Ableiterebenen sind ausreichend voneinander zu entkoppeln. Nur dann ist sichergestellt, dass leistungsschwächere Ableiter durch vorgeschaltete leistungsstärkere Ableiter geschützt sind. Zur Entkopplung reichen üblicherweise die zwischen den Ableiterstufen verlegten Leitungen aus. Mindestlängen sind:

– zwischen Blitzstromableiter und Mittelschutz: 10 m,
– zwischen Mittelschutz und Geräteschutz: 5 m.

Falls die verlegten Leitungslängen nicht ausreichend sind, können „Leitungsersatz-Module" benutzt werden, z. B. L-TRAB von Phoenix Contact.

Gasableiter

Beim Einsatz von Gasableitern muss berücksichtigt werden, dass die Brennspannung dieser Ableiter viel niedriger als die Netzspannung ist. Daher kann ein einmal gezündeter Lichtbogen nicht mehr verlöschen. Der im Gasableiter fließende Strom wird nur durch den Netzinnenwiderstand begrenzt und nimmt somit sehr hohe Werte an.

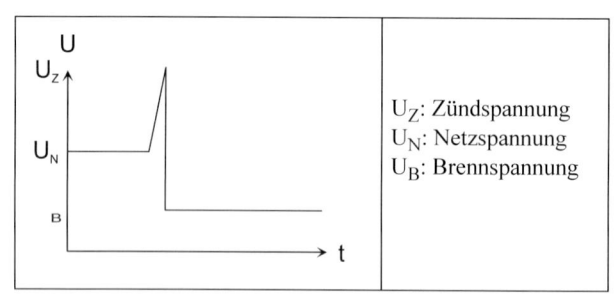

Bild 2.21 *Schematische Kennlinie eines Gasableiters*

U_Z: Zündspannung
U_N: Netzspannung
U_B: Brennspannung

Netzfolgestrom

Blitzstromableiter müssen im ns-Bereich niederohmig werden können, um ausreichenden Schutz gegen die im µs-Bereich ansteigenden Blitzstromimpulse zu bieten. Außerdem müssen die Ableiter Blitzströme im kA-Bereich führen können. Da die Blitzstromtragfähigkeit von Entladungsstrecken deutlich größer als die von Varistoren ist, haben sich Funkenstrecken als Blitzstromableiter durchgesetzt.

Nach dem Zünden durch die Blitzüberspannung, muss der Ableiter Netzfolgeströme im kA-Bereich führen. Diesen Kurzschlussstrom des Versorgungsnetzes muss der Ableiter aber auch umgehend löschen können, um schwerwiegende Schäden am Netz zu vermeiden. Die Höhe des Netzfolgestromes ist nach dem Zünden des Ableiters unabhängig von der Höhe des Blitzstromes oder der Blitzenergie. Die Höhe des Netzfolgestromes wird durch die Gesamtimpedanz des Kurzschlusskreises bestimmt. Wobei Netzfolgestrom und Kurzschlusskreisimpedanz umgekehrt proportional zueinander sind.

Da die Leitungsimpedanzen erheblichen Anteil an der Gesamtimpedanz haben, können die Netzfolgeströme beim Einsatz von Blitzstromableitern an Transformatoren erheblich ansteigen.

Phoenix Contact verfügt über moderne Funkenstrecken, die als sog. Hybridableiter Blitzströme von bis zu 100 kA (10/350µs-Impuls) ableiten können, gleichzeitig verfügen sie über die Möglichkeit, Netzfolgeströme bis zu 25 kA sicher zu unterbrechen.

2.2.6 Fangeinrichtungen auf Gebäuden und Anlagen

Um in Gebäuden eine möglichst geringe Störbeeinflussung zu erreichen, sind Blitzstromableiter in regelmäßigen Abständen (bei großen Gebäuden mindestens alle 20 m) und an den Gebäudeecken zu installieren. Die Ableiter sind an den Außenseiten des Gebäudes zu installieren. Alle Ableiter müssen mit allen Fangeinrichtungen verbunden sein. Die Isolationsfestigkeit muss ausreichend sein, um Spannungsdurchschläge vom Ableiter zu Gebäude- und Anlageteilen zu vermeiden. Durch die außenliegende Installation der Ableiter und Verbindung aller Ableiter untereinander, wird der größte Anteil der magnetischen Feldlinien außen um das Gebäude herumgeführt.

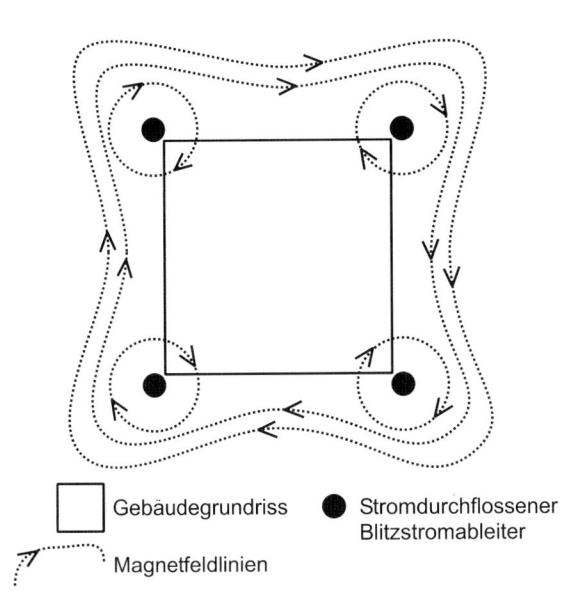

Bild 2.22 Ausbreitung magnetischer Feldlinien (Draufsicht)

2.2.7 Schutzmaßnahmen für besonders wichtige Erdkabel

Eine gute Schutzwirkung ergibt sich durch die Benutzung von Kabeln mit Eisen-/Stahlarmierung. Der Stoßstrom wird durch die magnetische Wirkung des Eisens verstärkt in das umgebende Erdreich abgedrängt. Bei größeren Strömen besteht die Gefahr, dass das Eisen magnetisch gesättigt und dadurch wirkungslos wird. Eine deutlich höhere Schutzwirkung bietet der sogenannte Zores-Kabelkanal. Der Zores-Kabelkanal zeichnet sich durch einen kleinen Luftspalt aus. Wegen dieses Luftspaltes tritt eine magnetische Sättigung erst bei etwa 15 kA bis 40 kA auf. Alle Abschnitte des Kanals müssen gut leitend, induktionsarm miteinander verbunden werden. Der Zores-Kanal muss aus Eisen oder Stahl bestehen.

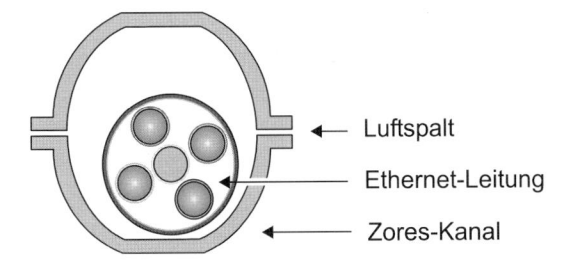

Bild 2.23 Querschnitt: Zores-Kabelkanal

Eine weitere Möglichkeit zur Verringerung des Spannungsfalls entlang der Kabel ist die Verlegung von zusätzlichen Erdungsbändern. Diese Erdungsbänder müssen metallisch blank und in einem Abstand von 30 cm bis 50 cm vom zu schützenden Kabel verlegt sein. Zwei dieser Bänder werden üblicherweise links und rechts des Kabels verlegt. Die Verlegung von nur einem Erdungsband ist von der Schirmwirkung her wesentlich schlechter, da die Verdrängung hoher Frequenzen vom Kabelmantel nach außen nicht so gut funktioniert.

Durch ein drittes Erdungsband, das 30 cm bis 50 cm oberhalb des Kabels verlegt ist, können die Kabel gegen Blitzschlag durch das Erdreich hindurch geschützt werden. In letzter Zeit hat man gute Erfahrungen mit metallischen Folien anstelle der Erdungsbänder gemacht, aber Langzeiterkenntnisse bzw. Vorgaben zur Beschaffenheit der Folien liegen noch nicht vor.

2.2.8 Anwendung von Blitzstrom- und Überspannungsableiter

Auswahl der Vorsicherung

Eine fehlende oder falsch dimensionierte Vorsicherung kann bei Funkenstrecken-Ableitern dazu führen, dass der Netzfolgestrom, der nach dem Ableiten des Blitzstromes fließt, nicht gelöscht wird. Der gewollt verursachte Kurzschluss zum Potenzialausgleich bleibt bestehen. In der Folge werden angeschlossene Geräte nicht mehr versorgt und der Ableiter wird überlastet.

Hinweis

Es muss immer die **größtmögliche (!), vom Hersteller angegebene** Vorsicherung ausgewählt werden. Dadurch wird verhindert, dass die Sicherung bereits durch den Stoßstrom auslöst. Die Sicherung sollte, wie in nachfolgender Grafik gezeigt (Variante C), eingebaut sein.

Aufgabe

Die Aufgabe der Vorsicherung besteht darin, den Netzfolgestrom abzuschalten, wenn der Ableiter diese Funktion nicht mehr wahrnehmen kann.

Das kann erforderlich sein wenn:

– bei Funkenstrecken-Ableitern der Netzfolgestrom größer als das selbständige Abschaltvermögen ist.
– der Ableiter durch den Blitzstrom überlastet ist.

Einbauvarianten der Vorsicherung

Grundsätzlich sind alle drei hier aufgezeigten Varianten möglich und zulässig. Beachten Sie die jeweiligen Vor- und Nachteile.

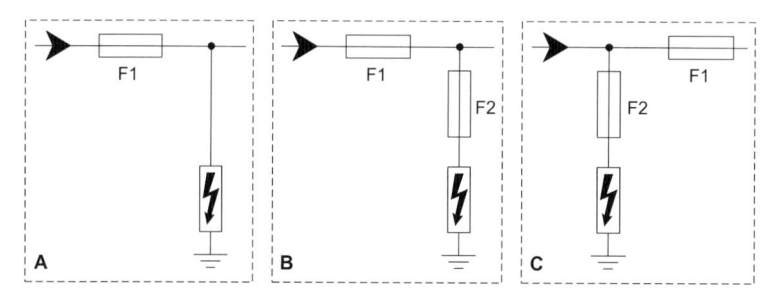

Bild 2.24 Einbauvarianten der Vorsicherung

Variante A

Vorteil:

- Keine separate Vorsicherung für den Ableiter erforderlich.
- Die elektrische Anlage ist dauerhaft geschützt.

Nachteil:

- Unterbrechung der Netzversorgung, wenn F1 anspricht.
- Falls F1 aus anlagetechnischen Gründen kleiner als die maximal zulässige Vorsicherung ist, wird das Ableit- und Löschvermögen nicht optimal ausgenutzt (schwerwiegender Nachteil).

Variante B

Typischer Einbau: Sicherung F1 ist größer als die maximale Vorsicherung, Sicherung F2 ist kleiner bzw. gleich als die maximale Vorsicherung des Ableiters. Die Selektivität nach DIN VDE 0636 ist erfüllt, wenn die Nennstromwerte von F2 zu F1 im Verhältnis 1:1,6 stehen. Das heißt, F1 ist zwei Sicherungsstufen größer als F2 zu wählen.

Vorteil:

- Wenn F2 der maximalen Vorsicherung entspricht, erhält man die maximale Ausnutzung des Ableit- und Löschvermögens.

Nachteil:

- Unterbrechung der Netzversorgung, wenn F1 anspricht.
- Wenn F1 der maximalen Vorsicherung entspricht, wird das maximale Ableit- und Löschvermögen nicht genutzt.
- Das Stoßstromverhalten der Gesamtanlage verschlechtert sich.

Variante C (optimale Lösung)

F2 entspricht der maximalen Vorsicherung;

Abschaltbedingungen nach IEC 60364-4-41;

Potenzialausgleich nach IEC 60364-5-54.

Vorteil:

- Die Versorgungssicherheit der Anlage wird erhöht.
- Maximale Ausnutzung des Ableit- und Löschvermögens.
- Günstiges Stromstoßverhalten der Gesamtanlage.

Nachteil:

- F2 muss regelmäßig überprüft werden.

2.2.9 Anschlussleitungen zwischen Überspannungsableitern und Potenzialausgleich

In einer bestehenden Anlage können und sollen die Ableiter nicht immer in direkter Nähe zum gefährdeten System installiert werden. Daher werden häufig zu lange (mehrere Meter) Anschlussleitungen verwendet. Dadurch tritt im Falle eines abzuleitenden Stoßstroms eine deutlich zu hohe Spannung für das zu schützende System entlang der Anschlussleitung auf. Dieser Spannungsfall entlang der Leitung verhindert, dass der Ableiter seine Funktion erfüllt.

Überschlagsrechnung des maximalen Spannungsfalls

Der maximale Spannungsfall U_{max} entlang der Leitungen hängt in der Hauptsache von der Induktivität der Leitung (ca. 1 µH/m bei üblichen Leitungen) und von der maximalen Stromsteilheit des Stoßstromes (di/dt_{max}) ab. Bei Blitzströmen sind Stromsteilheiten von 1 kA/µs bis zu mehreren 10 kA/µs zu erwarten.

Beispiel mit 1kA/µs Stromsteilheit und 1 m Leitungslänge:

U_{max} = 1 µH/m × 1 kA/µs = 1 kV/m

Ergebnis

Selbst bei eher geringen Stromsteilheiten und kurzen Leitungen wird sehr schnell eine kritische Spannung, die in der Regel keine Zerstörungen (im 230-V-Netz), aber durchaus Funktionsstörungen hervorruft, erreicht.

Tabelle 2.29 Leiterquerschnitt und Induktivität

Leiterquerschnitt	Induktivität pro Meter
rund, d = 1,4 mm	1,39 µH
rund, d = 6 mm	1,10 µH
rund, d = 12 mm	0,96 µH
rechteckig, 30 mm × 3 mm	0,92 µH
rechteckig, 200 mm × 1 mm	0,56 µH

Fazit

Der Anschluss der Ableiter an das Potenzialausgleichssystem muss stets mit möglichst kurzen Leitungen mit möglichst großem Querschnitt erfolgen. Nur dann können die Ableiter ihre eigentliche Funktion der ausreichenden Spannungsreduktion an den Eingängen der zu schützenden Systeme ordnungsgemäß erfüllen.

2.2.10 Fundamenterder

Blitzschutzerder werden immer häufiger als Fundamenterder ausgeführt, da dadurch ohnehin vorhandene Metallkonstruktionen in das Erdungssystem miteinbezogen werden können.

Hinweis

Der Fundamenterder ist somit Bestandteil der elektrotechnischen Anlage und darf nur unter Beaufsichtigung einer Elektrofachkraft errichtet werden.

Hinweis

Die Verwendung von Aluminiumwerkstoff als Fundamenterder oder als Erdleitung ist sowohl in als auch außerhalb von Beton verboten.

Fundamenterder sind aus technischer Sicht anderen Erdungskonstruktionen vorzuziehen, da sie bei identischem Materialeinsatz kleinere Erdungswiderstände erreichen und somit einen besseren Schutz sicherstellen. Außerdem haben sie bei fachgerechter Errichtung die gleiche Lebensdauer wie die Gebäude. Dadurch sind auch bei Umbauten keine Änderungen an der Erdungsanlage erforderlich. Durch die Einhaltung wichtiger Verlegerichtlinien ist ein sehr guter Korrosionsschutz und damit eine dauerhafte sichere Funktion gegeben.

Anforderungen an einen Fundamenterder (FE)

– Der FE ist als geschlossener Ring auszuführen.
– Der FE muss in den Fundamenten der Außenwände und unterhalb der untersten Isolierschicht verlegt werden.
– Der FE muss von allen Seiten von mindestens 5 cm Beton umhüllt sein (Korrosionsschutz).
– In bewehrtem Beton muss der FE auf der untersten Lage Bewehrungsstahl verlegt werden.
– Bei größeren Anlagen müssen Querverbindungen gelegt werden, so dass die Grundfläche in Felder von maximal 20 m × 20 m aufgeteilt wird.
– Für den FE ist entweder verzinkter Bandstahl mit einem Querschnitt von mindestens 30 mm × 3,5 mm oder verzinkter Rundstahl mit einem Durchmesser von mindestens 10 mm zu verwenden.

Um auch den Anforderungen von Blitzschutzanlagen zu genügen, sind folgende Maßnahmen zu beachten:

– Der FE muss mit blitzstromtragfähigen Verbindern oder durch Schweißen mit der Bewehrung verbunden werden. Der Abstand der einzelnen Anschlusspunkte darf nicht mehr als 3 m bis 5 m betragen.

Sicherheitshinweis

Schweißarbeiten an Bewehrungsstahl dürfen nur von zugelassenen Betonstahlschweißern durchgeführt werden (DIN 4099: 1985-11 Schweißen von Betonstahl). Die Erdungsleiter können mittels Erdungsschellen/-bändern mit dem Bewehrungsstahl verbunden werden.

– Alle Anschlusspunkte außerhalb des Betons sind mit Leitungen aus NIRO (z. B. Werkstoff Nr. 1.4571), Kabel NYY oder kunststoffummanteltem Stahldraht auszuführen.
– Innerhalb von Gebäuden können Sie auch Anschlussfahnen aus feuerverzinktem Stahl verwenden.

Hinweis

Alle Bewegungsfugen müssen mindestens alle 10 m flexibel mit blitzstromtragfähigen Leitern überbrückt werden.

Besonderheiten bei Perimeterdämmung

Als Umweltschutzmaßnahme werden häufig die an das Erdreich angrenzenden Außenwände mit einer Wärmedämmung (Perimeterdämmung) versehen. Die Perimeterdämmung ist bei an das Erdreich angrenzenden, beheizbaren Räumen laut Wärmeschutzverordnung Pflicht. Diese Art der Dämmung macht die Funktion des Fundamenterders vollständig zunichte. Daher muss sichergestellt sein, dass der gesamte Fundamenterder außerhalb der Dämmung verlegt wird.

2.2.11 Maßnahmen gegen elektrostatische Entladungen

Als elektrostatische Entladung wird der Vorgang des Ladungsausgleichs zwischen unterschiedlich geladenen Körpern bezeichnet. Die elektrische Ladung der Körper wird entweder durch Reibung verschiedener Materialien durch den Elektronenübergang erzeugt oder durch Influenz.

Beim Umgang mit Modulen und Komponenten z. B. im Rahmen von Service- oder Erweiterungsarbeiten kann es durch elektrostatische Körperentladungen zu Schäden an Betriebsmitteln oder zu Funktionsstörungen kommen. Entsprechende Gegenmaßnahmen sind im Wesentlichen in zwei Bereiche zu trennen: zum einen die Vermeidung elektrostatischer Aufladung durch die Auswahl geeigneter Materialien und zum anderen die gefahrlose Ableitung der Energie auf das Erdpotenzial. Folgende Maßnahmen sind geeignet elektrostatische Entladung zu verringern bzw. zu vermeiden:

- Die Verwendung von leitfähigen Fussbodenbelägen, z. B. Leitgummi, Spezial-Kunststoffen, geerdetes Gewebe unterhalb von Teppichböden oder leitfähige Fußbodenanstriche (Ableitwiderstände im Bereich von 105 MOhm bis 108 MOhm).
- Die Verwendung von antistatischen Putz- und Pflegemitteln.
- Die relative Luftfeuchte ist auf Werte größer 50 % einzustellen, z. B. durch Klimageräte oder Luftbefeuchter.
- Die ausschließliche Verwendung von ESD-geprüften Mess- und Prüfgeräten.
- Transport und Lagerung der Netzwerkkomponenten und Speicherkarten darf nur in der Originalverpackung erfolgen.
- Alle erforderlichen Änderungen an Elektronikkomponenten müssen an/auf Antistatik-Arbeitsplätzen ausgeführt werden.

2.2.12 Entstörmaßnahmen an induktiven Verbrauchern/Schaltrelais

Jeder elektrische Verbraucher stellt eine Mischlast mit ohmschen, kapazitiven und induktiven Anteilen dar. Beim Schalten dieser Lasten ergibt sich, je nach Gewichtung der Anteile, eine mehr oder weniger große Belastung für den Schaltkontakt.

2.2 Blitz-/Überspannungsschutz

In der Praxis werden überwiegend Verbraucher mit großem induktiven Anteil, wie Schütze, Magnetventile, Motoren eingesetzt. Durch die in den Spulen gespeicherte Energie entstehen beim Abschalten Spannungsspitzen mit Werten bis zu einigen tausend Volt. Am steuernden Kontakt verursachen diese hohen Spannungen einen Lichtbogen, der den Kontakt durch Materialverdampfung und -wanderung zerstören kann.

Dieser rechteckähnliche Impuls strahlt elektromagnetische Impulse über einen weiten Frequenzbereich (Spektralanteile reichen bis in den MHz-Bereich) mit großer Energie ab.

Um die Entstehung solcher Lichtbögen zu vermeiden, ist es notwendig, die Kontakte/Verbraucher mit Schutzbeschaltungen zu versehen. Grundsätzlich sind verschiedene Beschaltungsmöglichkeiten gegeben:

– Beschaltung des Kontakts,

– Beschaltung des Verbrauchers,

– Kombinationen beider Beschaltungen.

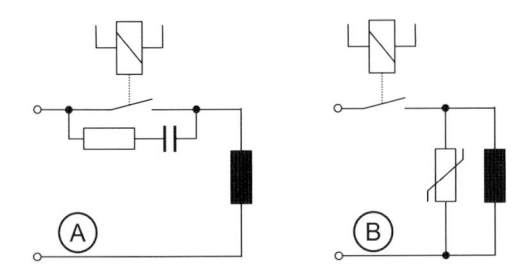

Bild 2.25 *Kontaktbeschaltung (A), Verbraucherbeschaltung (B)*

Die genannten Schaltungsvarianten unterscheiden sich bei richtiger Dimensionierung in ihrer Wirkung nicht wesentlich. Prinzipiell sollte eine Schutzmaßnahme direkt dort eingreifen, wo sich die Quelle der Störung befindet. Außerdem sprechen weiterhin folgende Punkte für eine Verbraucherbeschaltung:

– Bei geöffnetem Kontakt ist die Last von der Betriebsspannung potenzialgetrennt.

– Ein Erregen oder „Klebenbleiben" der Last durch unerwünschte Betriebsströme, z. B. von RC-Gliedern, ist nicht möglich.

– Abschaltspannungsspitzen können nicht in parallellaufende Netzwerkleitungen einkoppeln.

Phoenix Contact bietet zur Schutzbeschaltung Lösungsmöglichkeiten im Klemmenformat oder in Elektronikgehäusen. Darüber hinaus bieten die meisten Schützhersteller heute bereits Dioden-, RC- oder Varistorglieder zum Aufschnappen an. Bei Magnetventilen gibt es die Möglichkeit, Stecker mit integrierter Schutzbeschaltung einzusetzen.

Schaltungsvarianten

Beschaltung der Last	zusätzliche Abfallverzögerung	definierte Induktionsspannungsbegrenzung	bipolar wirksame Dämpfung	Vorteile/Nachteile
Diode	groß	ja (U_D)	nein	Vorteile: - einfache Realisierung - kostengünstig - zuverlässig - unkritische Dimensionierung - kleine Induktionsspannung Nachteile: - Dämpfung nur über Lastwiderstand - hohe Abfallverzögerung
Reihenschaltung Diode/Zenerdiode	mittel bis klein	ja (U_{ZD})	nein	Vorteile: - unkritische Dimensionierung Nachteile: - Bedämpfung nur oberhalb U_{ZD}
Suppressordiode	mittel bis klein	ja (U_{ZD})	ja	Vorteile: - kostengünstig - unkritische Dimensionierung - Begrenzung positiver Spitzen - für Wechselspannung geeignet Nachteile: - Bedämpfung nur oberhalb U_{ZD}
Varistor	mittel bis klein	ja (U_{VDR})	ja	Vorteile: - hohe Energieabsorption - unkritische Dimensionierung - für Wechselspannung geeignet Nachteile: - Bedämpfung nur oberhalb U_{VDR}

2.2.13 RC-Schaltungsvarianten

RC-Reihenschaltung

Beschaltung der Last	Zusätzliche Abfallverzögerung	Definierte Induktionsspannungsbegrenzung	Bipolar wirksame Dämpfung	Vorteile/Nachteile
R/C-Kombination	mittel bis klein	nein	ja	Vorteile: - HF-Dämpfung durch Energiespeicherung - für Wechselspannung geeignet - pegelunabhängige Bedämpfung - blindstromkompensierend Nachteile: - genaue Dimensionierung erforderlich - hoher Einschaltstromfluss

Dimensionierung:

Kondensator: $C \approx L_{Last} / 4 \times R_{Last}^2$

Widerstand: $R \approx 0{,}2 \times R_{Last}$

RC-Parallelschaltung mit Seriendiode

Beschaltung der Last	Zusätzliche Abfallverzögerung	Definierte Induktionsspannungsbegrenzung	Bipolar wirksame Dämpfung	Vorteile/Nachteile
R/C-Kombination mit Diode	mittel bis klein	nein	ja	Vorteile: - HF-Dämpfung durch Energiespeicherung - pegelunabhängige Bedämpfung - Stromumkehr nicht möglich Nachteile: - genaue Dimensionierung erforderlich - nur für Gleichspannung geeignet

Dimensionierung:

Kondensator: $C \approx L_{Last} / 4 \times R_{Last}^2$

Widerstand: $R \approx 0{,}2 \times R_{Last}$

2.2.14 Schalten von Wechsel-/Gleichstromlasten

Schalten von großen Wechselstromlasten

Beim Schalten von großen Wechselstromlasten kann das Relais grundsätzlich bis zu den jeweiligen Maximaldaten von Schaltspannung, -strom und -leistung betrieben werden. Der während des Abschaltens entstehende Lichtbogen ist abhängig von Strom, Spannung und Phasenlage. Dieser Abschaltlichtbogen verlischt beim nächsten Nulldurchgang des Laststromes von selbst.

In Anwendungen mit induktiver Belastung sollte eine wirksame Schutzbeschaltung vorgesehen werden, da sonst mit einer deutlich verringerten Lebensdauer gerechnet werden muss.

Schalten von großen Gleichstromlasten

Ein Relais kann im Gleichstrombetrieb einen im Vergleich zum maximal zulässigen Wechselstrom relativ geringen Gleichstrom schalten. Dieser maximale Gleichstromwert ist außerdem stark spannungsabhängig und wird unter anderem von konstruktiven Gegebenheiten, wie Kontaktabstand und Kontaktöffnungsgeschwindigkeit, bestimmt.

Die entsprechenden Strom- und Spannungswerte sind hier beispielhaft dargestellt.

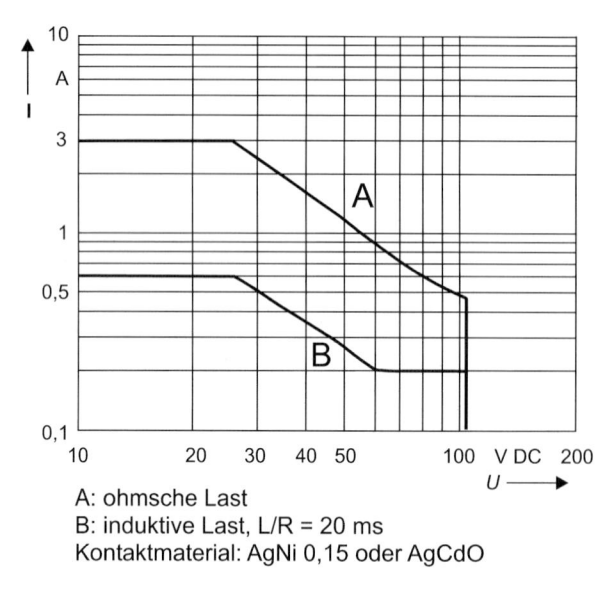

A: ohmsche Last
B: induktive Last, L/R = 20 ms
Kontaktmaterial: AgNi 0,15 oder AgCdO

Bild 2.26 *Gleichstrom-Lastgrenzkurve (Relais NY-24W-K)*

Eine unbedämpfte induktive Last verringert die hier dargestellten Werte der möglichen Schaltströme weiter. Die in der Induktivität gespeicherte Energie kann einen Lichtbogen zünden, der den Strom über die geöffneten Kontakte weiterführt. Mit einer wirksamen Kontaktschutzbeschaltung lassen sich bei gleicher Lebensdauer der Relaiskontakte annähernd die selben Ströme wie bei ohmscher Last schalten.

Sind höhere Gleichstromlasten als zulässig zu schalten, können mehrere Kontakte parallel geschaltet werden.

2.3 Spannungsversorgung

2.3.1 Steuerspannung 24-V-DC

In den automatisierten Industrieanlagen hat sich weltweit eine +24-V-Gleichspannung zur Versorgung der elektrischen und elektronischen Baugruppen (einschließlich der Netzwerkkomponenten) etabliert. Die Spannung wird üblicherweise durch Kompakt-Stromversorgungen aus dem Niederspannungsnetz gewonnen. Die Stromversorgung hat einen zentralen Einfluss auf die zuverlässige Funktionsweise aller angeschlossenen Komponenten und damit auf das gesamte Netzwerk. Daher muss sie sehr sorgfältig in Bezug auf die zu versorgenden Verbraucher ausgewählt und installiert werden.

Um die Netzverfügbarkeit und die Energieausnutzung zu optimieren, ist die Installation kleiner Netzteile direkt am Verbraucher, z. B. am Netzwerk-Switch empfehlenswert. Gegenseitige galvanische Beeinflussung sowie der Spannungsfall entlang der Leitungen und die damit verbundenen lastabhängigen Spannungsschwankungen werden so minimiert. Falls mit erhöhtem Überspannungsrisiko zu rechnen ist, können Netzteile mit eingebauten Überspannungsschutzelementen verwendet werden.

Bei der Installation von Stromversorgungen ist darauf zu achten, dass Stromkreise, die keine funktionale Verknüpfung haben, keine oder nur minimale galvanische Verbindungen

2.3 Spannungsversorgung

untereinander besitzen. In den Fällen, in denen eine galvanische Trennung oder zumindest eine galvanische Entkopplung nicht realisierbar ist, muss die Koppelimpedanz so klein wie möglich gehalten werden. Durch Einhaltung nachfolgender Hinweise lässt sich die galvanische Störbeeinflussung minimieren.

Hinweis

Die Impedanzen der spannungszuführenden Leitungen und die (mit der Takt-Frequenz ansteigenden) Innenwiderstände elektronisch stabilisierter Stromversorgungen, bei Anschluss mehrerer Verbraucher, wirken als Koppelimpedanzen.

2.3.2 Installationshinweise

– Unnötige galvanische Verbindungen müssen vermieden werden.

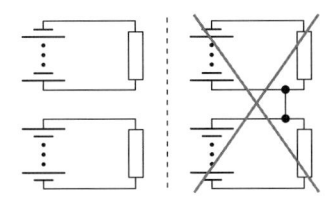

Bild 2.27 Vermeiden unnötiger Verbindungen

– Falls sogenannte Abblock-Kondensatoren (Kondensatoren hoher Kapazität, die parallel zum Verbraucher in der Nähe des Netzteils angeschlossen sind) verwendet werden, ist zu bedenken, dass Kondensatoren nur bis zu relativ geringen Frequenzen ihrem theoretischen Ideal entsprechen. Zu höheren Frequenzen hin treten parasitäre Effekte, wie z. B. Anstieg des Scheinwiderstands oder Eigenresonanzen auf.

– Bei gleichzeitigem Anschluss mehrerer Verbraucher an einem Netzteil sind getrennte Leitungen für die Spannungszuführung zu verwenden. So wird die gegenseitige Beeinflussung der Verbraucher durch den Stromfluss über die gemeinsame Leitungsimpedanz vermieden.

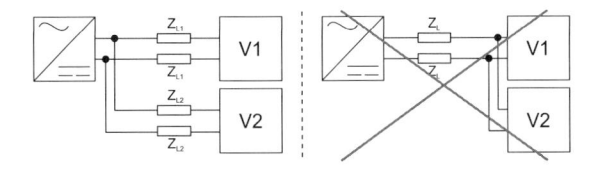

Bild 2.28 Trennung der Spannungszuführung

– Beim Einbau von Kondensatoren, die parallel zur Stromversorgung eingebaut werden, sollte die Zuleitungen so kurz wie möglich sein.

– Wenn zwischen verschiedenen Verbrauchern und Netzteilen ein gemeinsames Bezugspotenzial notwendig ist, muss der Stromfluss über eine gemeinsame Rückleitung vermieden werden. Durch Brücken auf der Verbraucherseite wird ein gemeinsames Potenzial geschaffen und sichergestellt, dass jeder Verbraucher einen eigenen Rückleiter hat.

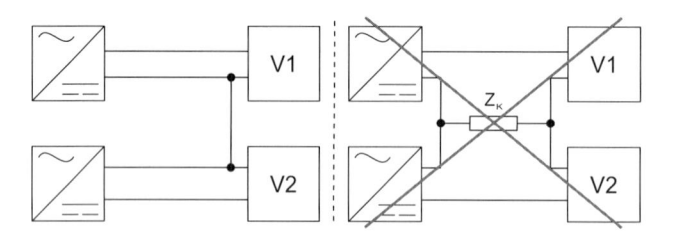

Bild 2.29 *Entkopplung durch getrennte Rückleitung*

– Bei Verbrauchern mit unterschiedlichem Leistungsniveau, aber gemeinsamen Bezugspotenzial muss auf Trennung der Stromversorgungen für Steuerteil und Leistungsteil geachtet werden. Die Entkopplung der Stromkreise sollte durch einen Massepunkt erfolgen. Große Ströme müssen immer auf kurzem Weg und über den Massepunkt zurückgeführt werden, ohne andere als dafür vorgesehene Leitungen zu benutzen.

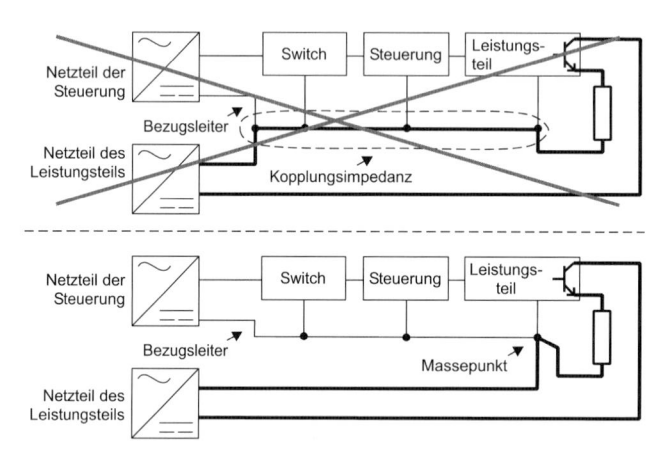

Bild 2.30 *Entkopplung durch Massepunkt*

– Es sollten immer geschirmte Leitungen verwendet werden, sowohl auf der Eingangs- als auch auf der Ausgangseite. Die Schirme beider Leitungen sind am Netzteil mit ausreichendem Querschnitt zu erden.

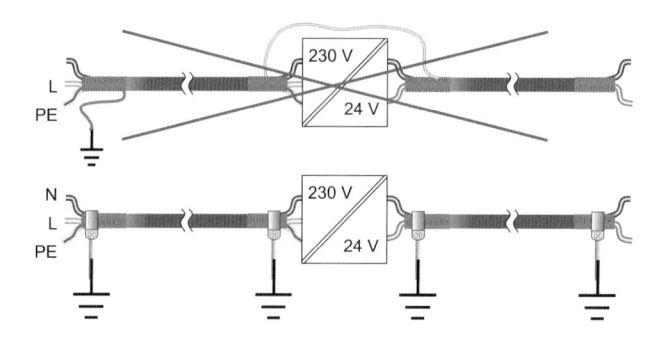

Bild 2.31 *Erdung geschirmter Stromzuführungsleitungen*

2.4 EMV-Maßnahmen

2.4.1 Allgemeines

Definition

Die elektromagnetische Verträglichkeit (EMV) ist die Fähigkeit einer elektrischen Einrichtung, in ihrer elektromagnetischen Umgebung zufriedenstellend zu funktionieren, ohne diese Umgebung, zu der auch andere Einrichtungen gehören, unzulässig zu beeinflussen.

Forderungen

Aus der Definition ergeben sich somit folgende Forderungen:

– Vermeidung bzw. Verminderung der Störaussendung und
– Erhöhung der Störfestigkeit bis auf ein definierbares, nachprüfbares Niveau.

EMV-Gesetz

Die Aussage, dass alle einschlägigen Normen und Gesetze zur EMV anzuwenden sind, hilft in der Praxis bei der Störungsbeseitigung in einem bestehenden Netzwerk nicht viel weiter. Auch grundsätzliche Aussagen zur EMV sind für Planung und Projektierung eines komplexen Netzwerks wenig hilfreich. Daher werden in diesem Kapitel erfolgversprechende und bewährte Maßnahmen beschrieben.

Planung

Hersteller von industrietauglichen Netzwerkkomponenten wie Phoenix Contact, haben alle Komponenten bereits hinsichtlich Störaussendung und Störempfindlichkeit optimiert. Dennoch ist für den sicheren Betrieb eine sorgfältige Planung und fachgerechte Durchführung von Leitungsverlegung, Verdrahtung und Potenzialausgleich erforderlich. Schon im Vorfeld muss bei der Planung einer Anlage bedacht werden, dass einzelne EMV-Maßnahmen von verschiedenen Gewerken durchgeführt werden sollten. Koordination und Zusammenarbeit der einzelnen Gewerke ist dringend erforderlich.

Teilgebiete

Die Maßnahmen zur Verbesserung des EMV-Verhaltens von elektrischen Einrichtungen, die vom Anwender durchgeführt werden, lassen sich in drei Bereiche einteilen:

– Erdung/Potenzialausgleich,
– Schaltungsmaßnahmen im Schaltschrank/Anschlusskasten,
– Einhalten von Installationsrichtlinien.

2.4.2 Störquellen in elektrischen Anlagen und Netzwerken

Störungen, die in elektrischen Anlagen auftreten, können geleitet, induziert oder ausgestrahlt werden. Die möglichen Wertebereiche und die unterschiedlichen Arten der Störgrößen sowie die vielfältigen Kombinationsmöglichkeiten der Parameter erschweren die Eingrenzung der Störung. Sie lassen in sich in zwei Bereiche aufteilen: in hochfrequente und in niederfrequente Störungen. Der Schutz gegen die Störungen erfolgt nach zwei Möglichkeiten:

- Potenzialausgleich und Abschirmung von jeder elektrischen Komponente.
- Reduzierung der Entstehung und des Eindringens elektromagnetischer Felder in Anlagen und Komponenten.

Tabelle 2.30 Mögliche Wertebereiche von Störgrößen

Parameter	Formelzeichen	Wertebereich
Elektrische Feldstärke	E	0 V/m bis 10^5 V/m
Frequenz	F	0 Hz bis 10^{10} Hz
Stromänderungsgeschwindigkeit	di/dt	0 A/s bis 10^{11} A/s
Stromscheitelwert	î	10^{-9} A bis 10^5 A
Spannungsscheitelwert	û	10^{-6} V bis 10^6 V
Magnetische Feldstärke	H	10^{-6} A/m bis 10^8 A/m
Pulsanstiegszeit	T_r	10^{-9} s bis 10^{-2} s
Pulsdauer	t	10^{-8} s bis 10 s
Pulsenergie	W	10^{-9} J bis 10^7 J

2.4.3 Filtereinsatz

Falls im Netzwerk mit isoliertem Versorgungsnetz die Entstehung und das Eindringen elektromagnetischer Felder durch den Einsatz von Filtern verhindert werden soll, muss die Norm EN 50178 „Ausrüsten von Starkstromanlagen mit elektronischen Betriebsmitteln" beachtet werden, falls über die Y-Kondensatoren der verwendeten Filter dauernd ein höherer Ableitstrom als 3,5 mA AC / 10 mA DC fließt.

Anwendung

Filter sind im Sinne der EMV-Technik Baugruppen zur Bedämpfung leitungsgeführter Störgrößen. Eine sinnvolle Anwendung setzt voraus, dass sich die Frequenzbereiche von Nutz- und Störsignal hinreichend voneinander unterscheiden. Dadurch ist es möglich, bei geeigneter Auslegung der Filterparameter, eine selektive Bedämpfung der Störgrößen ohne Beeinflussung der Nutzgrößen zu erreichen. Die Bedämpfung der Störgrößen erfolgt in der Hauptsache durch frequenzabhängige Spannungsteilung und Ableitung auf das Erdpotenzial. Zu beachten ist, dass ein Filter wegen der stark nichtlinearen Kennlinien, der starken Frequenz- und Impedanzabhängigkeit, bei Änderung der Umgebungsparameter, stark unterschiedliche Dämpfungswerte erreicht. Dadurch ist es nicht möglich, einen einzelnen Filterkennwert zu definieren, der das Dämpfungsverhalten sinnvoll beschreibt.

Hinweis

Die vom Hersteller angegebene Einfügedämpfung gilt nur für den Sonderfall der Impedanzgleichheit (Leistungsanpassung, $\underline{Z}_1 = \underline{Z}_2$).

2.4 EMV-Maßnahmen

Auswahlhilfe

Falls die Impedanzverhältnisse nicht bekannt sind und eine messtechnische Bestimmung zu aufwendig ist, kann man nachfolgender Tabelle Orientierungswerte für geeignete Filter entnehmen. Mit dem Impedanzwert (hoch/niedrig) sind keine Absolutwerte gemeint, sondern Vergleichswerte zwischen Quelle und Senke.

Tabelle 2.31 Orientierungshilfe zur Filterauswahl

Impedanz der Quelle	geeigneter Filteraufbau	Impedanz der Senke
Niedrig		Niedrig
Hoch		Hoch
Niedrig		Hoch
Hoch		Niedrig
Niedrig oder unbekannt		Niedrig oder unbekannt
Hoch oder unbekannt		Hoch oder unbekannt

2.4.4 Hochfrequente Störungen

Entstehung

Hochfrequente Störungen können erzeugt werden durch:

- Schalthandlungen in Primär-/Sekundärstromkreisen.
- Blitzeinschläge in Freileitungen oder in geerdete Bauelemente von Hochspannungsanlagen.
- Ansprechen von Überspannungsableitern mit Funkenstrecken.
- Hochfrequenzsender.
- Elektrostatische Entladungen.

Gegenmaßnahmen

Die folgenden Empfehlungen zur Reduzierung des Einflusses hochfrequenter Störungen müssen nicht immer alle durchgeführt werden, um einen störungsfreien Betrieb zu ermöglichen. Die genannten Maßnahmen haben sich in der Praxis als wirkungsvoll und realisierbar erwiesen:

– Alle Erdungsklemmen müssen über ausreichenden Querschnitt verfügen.
– Die Anlagen müssen gegen Blitzschläge geschützt sein.
– Die Optimierung von Erdung, Potenzialausgleich und Massebezug ist fast immer erforderlich.
– Es sollten nur metallische, geerdete Schaltschränke verwendet werden.
– Bei der Verwendung von Neutralisierungsdrosseln (gleichsinnig gewickelte Signalwege) kompensieren sich die Nutzsignalströme, die Störströme addieren sich. Die Drosselwirkung steigt mit der Frequenz des Störsignals.

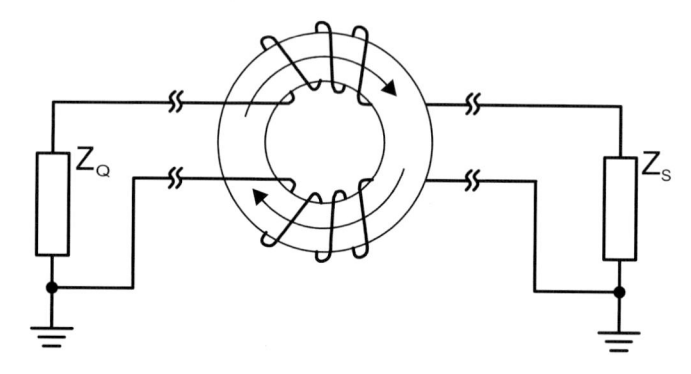

Bild 2.32 *Neutralisierungsdrossel*

– Sichtfenster von Schaltschränken sollten geschirmt und möglichst klein sein.
– Metallische Kabelkanäle sollten mit einem Metalldeckel verschlossen werden können.
– Die Abschirmung sollte niederohmig sein (nur wenige Ohm/km).
– Die Abschirmung sollte im Störungsfrequenzbereich nur eine niedrige Kopplungsimpedanz aufweisen.
– Falls mehrere Signale durch eine Leitung geführt werden, ist darauf zu achten, dass alle Einzeladern ungefähr gleich lang sind. Außerdem sollte die Lage der Leiter der zusammengehörigen Signale symmetrisch ausgewählt werden, um Störaussendungen zu vermeiden.

2.4 EMV-Maßnahmen

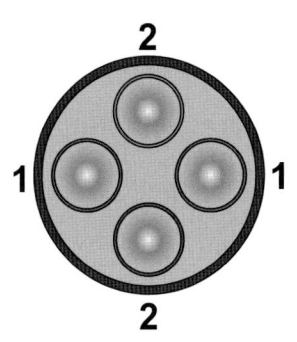

Bild 2.33 *Lage der Leiter zusammengehöriger Signale*

- Verbindungen zwischen Abschirmung und Erdung sollten möglichst kurz sein.
- Die Abschirmung einer Leitung ist immer an beiden Enden und nach Möglichkeit an Zwischenstellen zu erden.

Hinweis

Je kleiner die Abstände der Verbindung Masse/Schirmung sind, desto höher wird die Grenzfrequenz der wirksam bedämpften Frequenzen.

- Alle Leitungen sollten am Eingang in die Schaltschränke geerdet werden, damit in der Abschirmung fließende Ströme keine Beeinflussung auf die Leitungen und Komponenten im Schaltschrank haben.
- Netzwerkleitungen sind räumlich getrennt von leistungsführenden Leitungen zu verlegen, möglichst in getrennten metallischen Kabelkanälen.
- Nicht verwendete Adern von Leitungen müssen mit dem Erdpotenzial verbunden werden.
- Leitungskreuzungen zwischen störaussendenden und -empfindlichen Leitungen müssen immer rechtwinklig und mit möglichst großen Abstand ausgeführt werden.

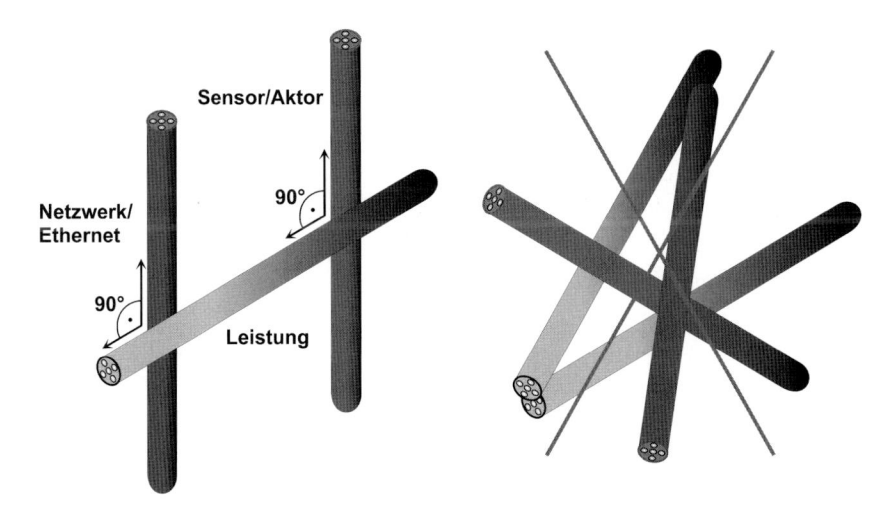

Bild 2.34 *Senkrechte Leitungskreuzungen*

- Es dürfen nur abgeschirmte, paarig verdrillte Leitungen verwendet werden. Die Schirmung sollte durchgängig ausgeführt werden und möglichst weit die Signalleitungen flächig überdecken.

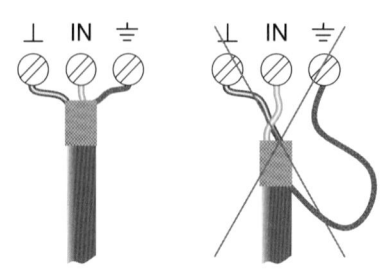

Bild 2.35 *Beispielhafter Sensoranschluss*

- Falls hochfrequente Störungen trotz Potenzialtrennung von Transformatorwicklungen überkoppelt werden, kann die Koppelkapazität verringert werden, indem Transformatoren mit geschirmten Wicklungen verwendet werden.
- Für die Bedämpfung von Gleichtaktstörungen können Ferrit-Ringe über die zu schützenden Leitungen geschoben werden.

2.4.5 Niederfrequente Störungen

Entstehung

Niederfrequente Störungen können erzeugt werden durch:

- Kurzschlüsse,
- Unzulässige Anhebung des Erdpotenzials aufgrund von Blitzeinschlägen,
- Schaltüberspannungen, Spannungsüberschlag an verschmutzten Isolatoren von Freileitungen u. ä.,
- Elektromagnetische Felder aus Hochstromeinrichtungen (Sammelschienen, Starkstromleitungen, Drosselspulen, Transformatoren u. ä.).

Gegenmaßnahmen

Die folgenden Empfehlungen zur Reduzierung des Einflusses niederfrequenter Störungen müssen nicht immer alle durchgeführt werden, um einen störungsfreien Betrieb zu ermöglichen. Die genannten Maßnahmen haben sich in der Praxis als wirkungsvoll und realisierbar erwiesen:

- Räumliche Trennung von Netzwerk- und Starkstromleitungen.
- Für stark störstrahlungsaussendende Komponenten (z. B. Frequenzumrichter, DC/AC-Wandler u. ä.) sollten abgeschirmte Versorgungsleitungen und Filter in den Versorgungssträngen installiert werden.
- Die Verwendung von Starkstromleitungen mit paralleler Aderführung (anstelle der Dreieckanordnung) ist empfehlenswert.

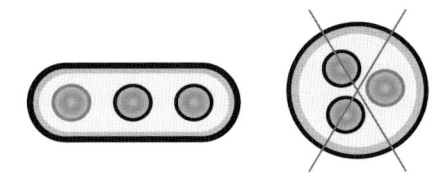

Bild 2.36 *Parallele Aderführung in Starkstromleitungen*

– Netzwerkleitungen müssen so verlegt sein, dass sie nicht parallel zu Sammelschienen und Starkstromleitungen verlaufen.
– Die Verlegung von Netzwerkleitungen in der Nähe von Induktivitäten und Einphasen-Transformatoren wird nicht empfohlen.
– Bei der Parallelschaltung von Verbrauchern mit hohen Gleichstrom-Einspeisungen, ist eine ringförmige Anordnung zu vermeiden.

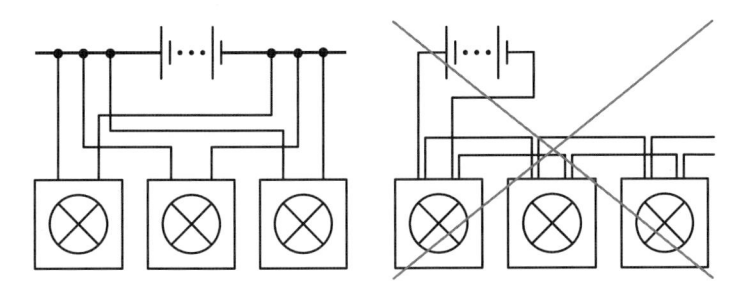

Bild 2.37 *Gleichstrom-Einspeisung*

– Das Verschalten von Induktivitäten, die in verschiedenen Schaltschränken untergebracht sind, wird nicht empfohlen.
– Zur Vermeidung von Rückwirkungen können in den Stromkreisen Filter installiert werden.

Hinweis

Falls über die Y-Kondensatoren der verwendeten Filter dauernd ein höherer Ableitstrom als 3,5 mA AC / 10 mA DC fließt, so ist die Norm EN 50178 „Ausrüsten von Starkstromanlagen mit elektronischen Betriebsmitteln" zu beachten.

2.4.6 Erdung/Potenzialausgleich/Massebezug

Hinweis

Die Erdung ist nach IEC 60364-5-54 so auszuführen, dass auch unter Berücksichtigung induktiver und kapazitiver Widerstandsanteile von Schutzleiter, Neutralleiter, Erdungsleiter und Erder das Bestehenbleiben einer gefährlichen Berührungsspannung (50 V AC bzw. 120 V DC) verhindert wird.

Die fachgerechte Erdung und Massung stellt den Personenschutz hinsichtlich gefährlicher Berührungsspannungen sicher und ist dabei gleichzeitig durch Störstromableitung und niederimpedantes Potenzial das wichtigste Mittel zur Minderung elektronischer Beeinflussung. Erdungsanlagen sind in der Hauptsache dafür ausgelegt, Anforderungen in Verbindung mit 50-Hz-Strömen zu erfüllen.

Bei Planung und Projektierung lassen sich die Erdungsanlagen auch für die Anforderungen in Verbindung mit Hochfrequenz-Strömen optimieren. Solche Ströme können hauptsächlich aus Blitzentladungen oder Schalthandlungen in Hochspannungsanlagen entstehen. Die sich daraus ergebenden transienten Ströme und/oder die entsprechenden Spannungen können die Funktion von Netzwerken, Steuer- und Regeleinrichtungen, aber auch von sicherheitstechnisch relevanten Einrichtungen massiv stören bzw. komplett außer Betrieb setzen.

Es ist dabei zu beachten, dass aus EMV-Sicht keine Betriebsströme aus Netzwerks-, Versorgungs- oder Signalkreisen über das Potenzialausgleichssystem oder Erde fließen dürfen. Auch Stromfluss über Masse muss örtlich begrenzt bleiben.

Potenzialverschleppungen sind unbedingt zu vermeiden. Eine Potenzialverschleppung liegt vor, wenn das durch einen Erdungsstrom angehobene Potenzial einer Erdungsanlage über einen mit dieser Anlage verbundenen Leiter (z. B. Kabelmantel, PEN-Leiter, Rohrleitungen o. ä.) in Gebiete mit geringerer oder keiner Potenzialanhebung verschleppt wird, so dass an diesem Leiter ein Potenzialunterschied gegen die Umgebung abgreifbar ist.

Durch Einhalten nachfolgender Empfehlungen kann die Störfestigkeit eines Netzwerkes oder einer Anlage erheblich erhöht werden:

– Um die Induktivität der Strompfade möglichst klein zu halten, sollte die Erdung maschenförmig ausgeführt werden (Hybrid-Erdung, siehe nachfolgende Grafik). Erdungsleitungen sollten daher an möglichst vielen Stellen mit dem Erdpotenzial (z. B. am Fundamenterder, an der Potenzialausgleichsschiene, am Bewehrungsstahl, an Schaltschränken, an Stahlträgern usw.) verbunden werden. Erdungsleiter müssen an jeder Leitungskreuzung miteinander verbunden werden. Jedes festeingebaute Konstruktions- und Metallteil (z. B. Regale, Stahlträger, Arbeitsflächen, Wasserrohre o. ä.) sollte geerdet werden. Es sollten möglichst viele Verbindungen untereinander mit möglichst großen Leitungsquerschnitten hergestellt werden.

Hinweis

Schweißarbeiten an Bewehrungsstahl dürfen nur von zugelassenen Betonstahlschweißern durchgeführt werden (DIN 4099: 1985-11 Schweißen von Betonstahl). Erdungsleiter können mittels Erdungsschellen/-bändern mit dem Bewehrungsstahl verbunden werden.

Hinweis

Um eine unzulässige Potenzialübertragung zu vermeiden, muss die Durchgängigkeit von allen Metallteilen unterbrochen werden, wo diese den Bereich der Erdungsanlage verlassen.

2.4 EMV-Maßnahmen

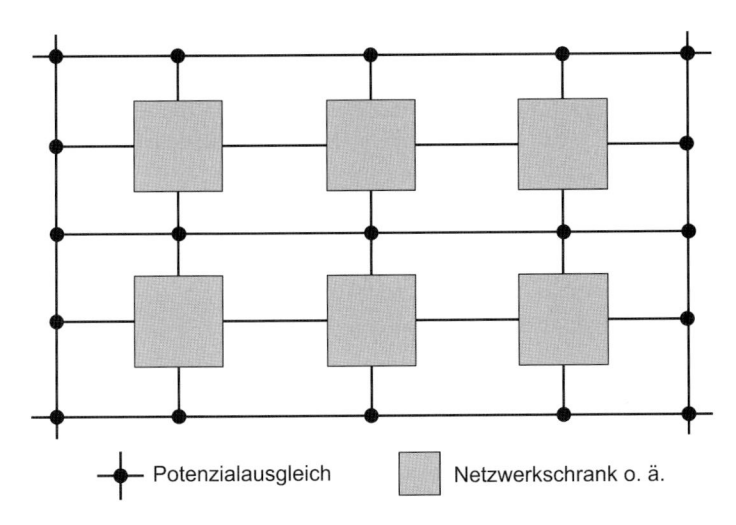

Bild 2.38 Hybrid-Erdung (Schema)

- Erdungsleitungen müssen so kurz wie möglich gehalten werden.
- Die Übertragungsimpedanz lässt sich vermindern, indem der Abstand zwischen parallel laufenden Erdungsleitern vergrößert wird.
- Unsymmetrische, potenzialgebundene Signalübertragungen sind auf Entfernungen < 5 m zu begrenzen.
- Alle Leitungen und Rohre müssen möglichst nah beieinander in Gebäude und Schaltschränke geführt werden. Alle nichtstromführende Metalle, einschließlich der Leitungsschirme, müssen mit dem Potenzialausgleich verbunden werden.
- Jede Verbindung des Bezugsleiters mit externen oder anlagenfremden Erdleitern muss vermieden werden.
- Um zu vermeiden, dass Potenzialausgleichsströme über den Schirm fließen, sollten Erdungsleitungen mit großem Querschnitt parallel zu den zu schützenden Leitungen verlegt werden.

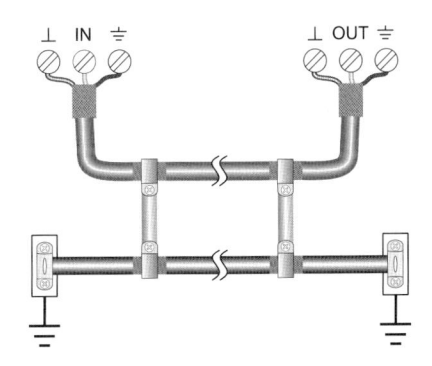

Bild 2.39 Sensor-/Aktorleitung mit parallelgeführter Potenzialausgleichsleitung

- Die Verwendung von Komponenten, die über kein potenzialtrennendes Netzteil verfügen, wird nicht empfohlen.
- Die Rückleitung von Erdfehlerströmen muss über thermisch belastbare Leiter, die im Normalbetrieb stromfrei sind, erfolgen. Z. B. Kabelschutzmäntel, Rohrleitungen, Gleise, Erdseile, Spundwände oder Metallgestänge von Tiefenbohrungen.

2.4.7 Empfehlungen laut EMV-Norm

Aus der Norm IEC 64(Sec) 690/VDE 0100 Teil 444-1994/09 können folgende Maßnahmen zur Verringerung der EMV-Probleme abgeleitet werden:

- Störquellen müssen möglichst weit außerhalb des Empfindlichkeitsbereichs EMV-sensibler elektronischer Betriebsmittel angeordnet werden.
- Die Anordnung störstrahlungsaussendender Betriebsmittel ist an einem Ort zu konzentrieren, der möglichst weit entfernt von EMV-sensiblen elektronischen Betriebsmitteln liegt.
- Entstörfilter und Überspannungsableiter müssen in Speisestromkreise der EMV-sensiblen Betriebsmittel eingebaut sein.
- Schutzeinrichtungen sollten so ausgewählt werden, dass eine geeignete Zeitverzögerungscharakteristik ein unerwünschtes Ansprechen bei transienten Überspannungen verhindert.
- Metallische Umhüllungen und Schirme müssen in den Potenzialausgleich mit einbezogen werden.
- Starkstrom- und Netzwerkleitungen sind durch ausreichenden Abstand voneinander zu trennen.
- Starkstrom-/Netzwerkleitungen und die Ableitungen von Blitzschutzanlagen sind durch ausreichenden Abstand voneinander zu trennen.
- Die wirksamen Flächen von Induktionsschleifen können durch die Wahl geeigneter Kabeltrassen verringert werden.
- Einadrige Starkstromleitungen sollten grundsätzlich in metallischen Umhüllungen, die mit der Potenzialausgleichsanlage verbunden sind, geführt werden.
- Geräte mit getrennten Potenzialausgleichsanlagen dürfen nur durch metallfreie Lichtwellenleiter (LWL) oder andere nichtleitende Verbindungen (z. B. Bluetooth oder Wireless-LAN) verbunden werden.
- Alle metallischen Umhüllungen und Schirme müssen in den Potenzialausgleich mit einbezogen werden.

2.4.8 Ausführung und Verkabelung besonders geschützter Schaltschrankinstallationen

- Alle Leitungen müssen am Eingang in die Schaltschränke geerdet werden, damit in der Abschirmung fließende Ströme keine Beeinflussung auf die Leitungen und Komponenten im Schaltschrank ausüben.

2.4 EMV-Maßnahmen

- Netzwerkleitungen sind räumlich getrennt von leistungsführenden Leitungen zu verlegen, möglichst in getrennten metallischen Kabelkanälen.
- Nicht verwendete Adern von Leitungen müssen mit dem Erdpotenzial verbunden sein.
- Alle Leiter eines Stromkreises sollten sich in einer Leitung befinden; wenn das nicht möglich ist, sollten die Leitungen zumindest in derselben Kabeltrasse geführt werden.
- Gemeinsame Rückleiter dürfen nur für gleichartige Signale verwendet werden.
- Die Verwendung von metallenen Gehäusen (Masse) als Rückleiter ist nicht zulässig.
- Stark störende Komponenten sind durch mindestens 3-mm-starke, geerdete Bleche zu trennen. Dabei ist zu beachten, dass die Schirmdämpfung stark ansteigt, wenn der Abstand zwischen den Schrauben verringert wird. Zwischen die Fugen sollte EMV-Abschirmgaze gelegt werden. Bleche, deren Oberflächen chemisch behandelt (z. B. mit Eloxal, Iridium, Oakite, Alodine o. ä.) worden sind, sollten grundsätzlich nicht verwendet werden. Ein eloxiertes Alublech hat eine um 40 dB (Faktor 10000) schlechtere Schirmdämpfung als ein unbehandeltes Alublech. Falls behandelte Bleche eingesetzt werden, sollten unter den Schrauben Zahnscheiben oder Schneidmuttern eingesetzt werden.

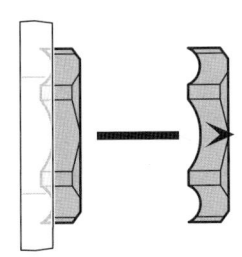

Bild 2.40 *Schneidmutter*

- Sehr störempfindliche Komponenten sollten in Metallgehäuse mit HF-Dichtungen eingebaut werden (Faradayscher Käfig).

Hinweis

Zu beachten ist, dass die magnetische Schirmwirkung stark frequenz- und materialabhängig ist. Ein Gehäuse aus 1 mm Stahlblech und 1 mm großen runden Lüftungslöchern hat bei 1 kHz eine Schirmdämpfung von wenigen dB, bei 1 MHz hingegen eine Dämpfung von mehreren 100 dB. Wird anstelle von Stahl Aluminium verwendet, so ist bei 1 kHz annähernd keine Dämpfung zu erwarten, bei 1 MHz hingegen sind ca. 150 dB zu erreichen. Auch die verwendeten Kabelschirme unterliegen ähnlichen Schwankungsbreiten.

- Lüftungsöffnungen sollten möglichst an verschiedenen Seiten des Gehäuses angeordnet werden. Aus EMV-Sicht ergibt sich dadurch keine Addition der offenen Flächen des Gehäuses. Alle Öffnungen sollten in Form und Größe gleich sein. Optimal sind möglichst kleine, aber runde Lüftungsöffnungen. Annahme bei nachfolgender Grafik: Die Fläche der Lüftungsöffnungen (graue Fläche) ist in allen Beispielen gleich groß.

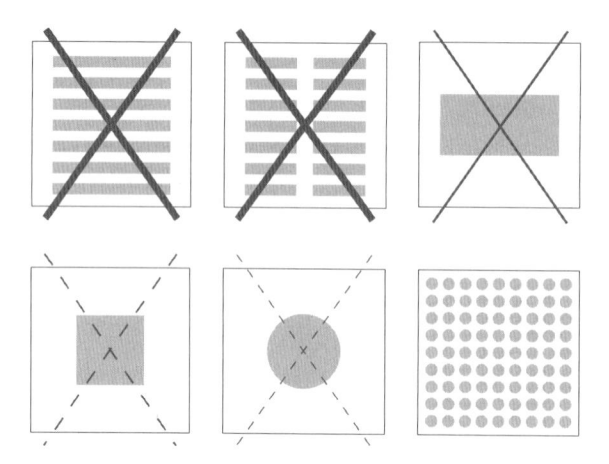

Bild 2.41 Anordnung von Lüftungsöffnungen

- Bei der Verwendung von Störschutzfiltern ist eine niederimpedante Verbindung mit hohem Querschnitt vom Gehäuse des Filters zum Potenzialausgleich herzustellen.

Hinweis

Falls über die Y-Kondensatoren der verwendeten Filter dauernd ein höherer Ableitstrom als 3,5 mA AC / 10 mA DC fließt, so ist die Norm EN 50178 „Ausrüsten von Starkstromanlagen mit elektronischen Betriebsmitteln" zu beachten.

- Kabelkanäle sind so oft wie möglich mit dem Erdpotenzial zu verbinden. Unterbrechungen des Kabelkanals, z. B. an Mauerdurchbrüchen oder Abzweigungen sind mit niederinduktiven (also rechteckigen) Verbindungselementen, ideal sind breite Flachbanderder, zu überbrücken.
- Leitungen sollten immer mit der kleinstmöglichen Höhe über leitende Flächen, die mit dem Bezugspotenzial verbunden sind, verlegt werden. Falls das nicht möglich ist, sollte der Abstand immer gleichmäßig sein.

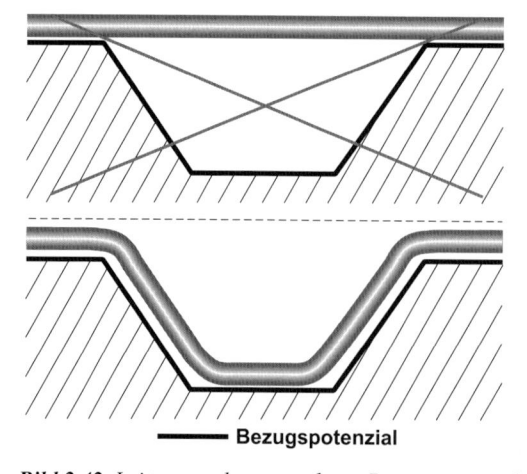

Bild 2.42 Leitungsverlegung nah am Bezugspotenzial

2.4 EMV-Maßnahmen

- Besonders störempfindliche Leitungen können mit einem Metallflachgewebe umwickelt werden. Das Gewebe muss großflächig geerdet werden.
- Falls in einem Schaltschrank mehrere Spulen oder Transformatoren betrieben werden, sollten die Induktivitäten orthogonal eingebaut sein. Das heißt, dass die magnetischen Achsen jeweils um 90° gedreht zueinander stehen.

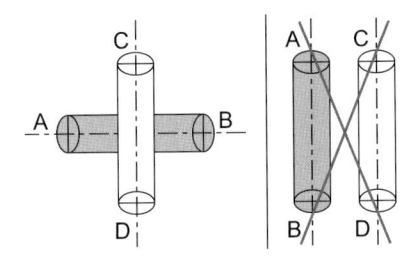

Bild 2.43 *Orthogonale Anordnung von Induktivitäten*

- Getrennte Anlageteile sollten mit Flachbanderdern miteinander verbunden werden. Die Flachbanderder sollen rechteckig sein und einen möglichst großen Querschnitt aufweisen, das Verhältnis der Breite zur Höhe sollte kleiner als drei sein (B/H < 3).
- Bei Schraubverbindungen ist der Lack / die Beschichtung unterhalb der Schrauben und an den Kontaktstellen der zu verbindenden Elemente vorher zu entfernen. Die Verbindungsstelle ist anschließend mit leitendem Kontaktlack zu versiegeln. So entsteht eine sichere Verbindung **und** Korrosionsschutz.
- Deckel, Türen, Klappen usw. sind mit EMV-Dichtungen (z. B. mit Metallgestrick, Federleisten o. ä.) abzudichten. Die Korrosionsbeständigkeit ist entsprechend des Anwendungsfalls zu berücksichtigen. Zu beachten ist ebenfalls die elektrochemische Spannungsreihe und es dürfen nur geeignete Metalle in Kontakt zueinander gebracht werden. Wie in der vereinfachten Tabelle 2.32 dargestellt, können die Metalle, die durch senkrechte Linien gekennzeichnet sind, miteinander verbunden werden.
- Der Abstand zwischen stromführenden Leitungen und dem Bezugspotenzial ist möglichst gering zu halten.

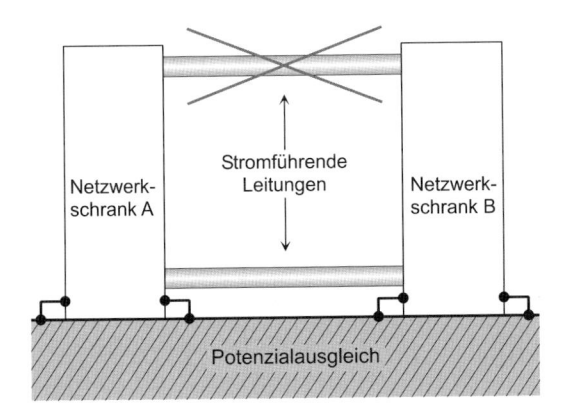

Bild 2.44 *Abstand zwischen Leitungen und Bezugspotenzial*

- Als Potenzialausgleich sollte der metallische Kabelkanal zwischen Schaltschränken zusätzlich genutzt werden.
- Komponenten hoher Leistung sollten getrennt von Netzwerkkomponenten installiert werden, z. B. in getrennten Schaltschränken oder aber durch Bleche getrennt in einem Schaltschrank.
- Bei Türen und Klappen sind nur elektrisch leitende Dichtungen zu verwenden. Zusätzlich sollten Verbindungen mit Flachbanderdern hergestellt werden.
- Klimatisierungsöffnungen müssen mit HF-Filtern versehen werden.
- Es sollten nur geschirmte Sichtfenster (so klein wie möglich) verwendet werden.
- Nur EMV-taugliche Filterlüfter sind zur Belüftung zulässig.
- Unnötig lange Sicherheitsschlaufen in Leitungen sind zu vermeiden.

Tabelle 2.32 *Vereinfachte Elektrochemische Spannungsreihe*

Metalle	Zulässige Kombinationen
Gold, Gold-Platin	■
Kupfer mit Rhodium und Silberüberzug	■
Silber	■
Nickel, Monel	■
Kupfer, Silberlot, Kupfer-Nickel	■
Übliche Kupfer-Zinn/Zink-Legierungen	■
Kupfer-Zinn/Zink-Legierungen mit hohem Zinn/Zink-Gehalt (Schiffsmessing o. ä.)	■
Stahl mit 18 % Chrom	■
Stahl mit 12 % Chrom	■
Weißblech, Zinn-Blei-Lot	■
Blei	■
Aluminium, Duralaluminium (Al-Cu-Mn-Mg-Si-Legierung)	■
Stahl, Armco-Stahl	■
Aluminium ohne Al-Cu-Mn-Mg-Si-Legierung, Gusslegierung ohne Silizium	■
Gusslegierung ohne Silizium, Kadmium, Chromat	■
Tauchverzinktes Blech, verzinkter Stahl	■

- Bei doppelt geschirmten, gegeneinander isolierten Leitungen ist der äußere Schirm beidseitig, der innere Schirm nur einseitig auf den Potenzialausgleich aufzulegen. Der innere Schirm ist auf der Seite mit der niederimpedanteren Verbindung zur Erde/Masse aufzulegen.
- Falls zur Netzwerkschrankbeleuchtung Leuchtstoffröhren benutzt werden, sollten diese nur elektronische „Soft"-Starter verwenden.
- Entstörfilter sind direkt an der Leitungsein- bzw. -austrittsstelle anzuordnen. Der Schirm und das Filtergehäuse sind mehrfach großflächig zu erden.
- Alle Komponenten müssen auf metallisch-blanken, geerdeten Montageplatten installiert werden.

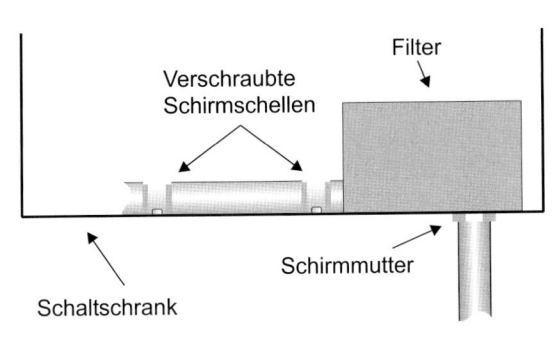

Bild 2.45 *Filteranordnung bei Leitungseinführung in den Schaltschrank*

2.5 Frequenzumrichter

2.5.1 Anwendung

Der annähernd wartungsfreie, preisgünstige und robuste Drehstrom-Asynchronmotor hat sich durch den Frequenzumrichter zu einem komfortablen, mit einstellbaren Parametern ausgestatteten, drehzahlvariablen Antrieb gewandelt.

Die Kombination aus Frequenzumrichter und Drehstrom-Asynchronmotor hat sich einen festen Platz in allen Bereichen der Antriebstechnik und Automatisierung erobert. Diese Kombination stellt aus EMV-Sicht eine Katastrophe dar, da sie sowohl eine Störquelle (Leistungsteil), als auch eine Störsenke (Steuerelektronik) darstellt. Alle Schirmungsmaßnahmen zur Einhaltung der zulässigen Grenzwerte müssen dabei auf die unterschiedlichen Parametrierungen, Betriebsarten und Peripheriebedingungen abgestimmt sein.

Hinweis

Frequenzumrichter benutzen Taktfrequenzen, die im Bereich zwischen 5 kHz und 20 kHz liegen. Besonders hohe Störabstrahlungen sind im Bereich der 9., 11. und 13. harmonischen Oberwelle zu erwarten. Das ist ggfs. bei der Auswahl der Frequenzumrichter zu beachten.

Wirkungsweise

Bei einem Frequenzumrichter wird durch pulsweiten-modulierte Rechteckspannungen ein Drehfeld für den Antrieb von Asynchronmotoren erzeugt. Durch Änderung des Modulationsgrads lassen sich Drehfeldfrequenz und -richtung in weiten Grenzen einstellen. Die Induktivität der Motorwicklungen und der Motorzuleitungen übernimmt dabei die Integration der Ausgangsströme. Durch sogenannte Sinusfilter zwischen Motor und Umrichter kann die Integration noch erhöht werden.

Zur Erzielung hoher Wirkungsgrade sind steile, durch Leistungshalbleiter (IGBT, MOSFET, IGCT u. ä.) erzeugte Schaltflanken erforderlich. Diese Halbleiter ermöglichen im Zwischenkreis (200 V DC bis 500 V DC) Spannungsanstiegsgeschwindigkeiten im Bereich von 2 kV/µs bis 10 kV/µs. Durch diese hohen Spannungsanstiegsgeschwindigkeiten der modulierten Ausgangsspannung wird die Motorzuleitung zu einer effektiven Störantenne, da sich durch Längsinduktivitäten und Isolationskapazitäten, in Verbindung mit Signalreflexionen am Frequenzumrichterausgang ein Schwingkreis bildet. Die störenden Emissionen des Schwingkreises reichen bis in den HF-Bereich, wobei spektrale Anteile bis in den UHF-Bereich reichen. Außerdem kommt es durch Resonanzerscheinungen zu starken Spannungsüberhöhungen und damit zu Teilentladungen.

Teilentladungen

Eine Teilentladung liegt vor, wenn es zwischen spannungsführenden Elektroden zu einer Entladung in die Leiterisolation kommt. Da diese partielle Isolationsschwäche nur einen Teil des Elektrodenabstandes überwindet, kommt es nicht zu einem Isolationsdurchschlag. Jeder dieser Entladevorgänge führt zu einer Schwächung der Isolation und führt damit zu erhöhtem Verschleiß. Betroffen sind in der Hauptsache die Motorwicklungen.

Ein weiterer Grund für die Störemissionen ist der geräteinterne Zwischenkreis, in dem die Eingangsspannung gleichgerichtet und mit Hilfe von Elektrolyt-Kondensatoren geglättet wird. Dieser Zwischenkreis verformt den Netzstrom mit der Folge von Netzoberwellen.

Hinweis

Entstörkondensatoren dürfen nicht an die Ausgangsseite von Frequenzumrichtern angeschlossen werden. Durch die hohen Spitzenströme können die Leistungshalbleiter zerstört werden.

2.5.2 Einsatz von Netzdrosseln/-filtern

Netzdrosseln

Gegen den vorzeitigen Verschleiß der Motorwicklungen und der Isolierung werden Netzfilter und -drosseln eingesetzt. Geeignete Drosseln reduzieren die Spannungsanstiegsgeschwindigkeit (du/dt) auf unkritische Werte im Bereich von weniger als 0,5 kV/µs. Beim Einsatz von Frequenzumrichtern mit sehr hoher Taktfrequenzen müssen Drosseln mit hochwertigen Kernmaterialien eingesetzt werden.

Netzfilter

Netzfilter werden in die Spannungszuleitung, in direkter Nähe des Frequenzumrichters montiert und haben folgende Aufgabe:

- Der Frequenzumrichter soll vor dem Eindringen von leitungsgeführten Störgrößen über die Zuleitung geschützt werden.
- Das Netzfilter soll verhindern, dass vom Frequenzumrichter erzeugte Störstrahlung über die Leitung abgestrahlt werden kann oder als Netzrückwirkung auf andere elektronische Komponenten einkoppelt.

Sinusfilter

Ein Sinusfilter ist immer (!) mit geschirmten Motorleitungen zu betreiben. Ein Sinusfilter unterbindet im Gegensatz zur Netzdrossel die Entstehung von stehenden Wellen entlang der Motorzuleitung. Der Hauptgrund für die Verwendung von Sinusfiltern ist jedoch, dass man wesentlich längere geschirmte Motorzuleitungen verwenden kann. Ohne den Einsatz eines geeigneten Sinusfilters geht aufgrund der hochfrequent getakteten Spannung viel Energie im Kabelschirm verloren.

Sinusfilter haben Tiefpasscharakteristik und eine Grenzfrequenz im Bereich von 400 Hz bis 600 Hz. Durch diese relativ niedrige Grenzfrequenz und die direkte Montage am Ausgang des Frequenzumrichters tragen Sinusfilter erheblich dazu bei, hochfrequente Störungen zu eliminieren. Da Sinusfilter die Integration der Motorströme erhöhen und die Qualität der Motorspannung wesentlich erhöhen, ergeben sich folgende Vorteile beim Einsatz von Sinusfiltern:

- Verhinderung von Teilentladungen und somit vollständige Entlastung der Motorwicklungen,
- Ausnutzung der maximalen Motorzuleitungslänge möglich,
- Verminderung der Motorlaufgeräusche und der Erwärmung des Motors,
- Vermeidung von Corona-Effekten an Lagern, durch die Schmierfette unbrauchbar werden können.

Hinweis

Da die Energie-Versorgungs-Unternehmen strenge Vorschriften bezüglich Netzrückwirkungen haben, kann der Einsatz von Netz-Entstörfiltern auch bei störungsfrei funktionierenden Anlagen und Netzwerken erforderlich sein.

Montage von Filtern

- Die Verbindungsleitung zwischen Frequenzumrichter und Filter ist so kurz wie möglich auszuführen.
- Frequenzumrichter und Filter sollten auf einer metallisch blanken Platte montiert werden, um eine sehr gute HF-Verbindung zu gewährleisten.

- Die Erdung muss über die Entstörfilter weitergeführt werden. Da beim Betrieb von Frequenzumrichtern mit erheblichen Ableitströmen zu rechnen ist, müssen die Leiterquerschnitte gemäß den entsprechenden Sicherheitsvorschriften gewählt werden.
- Bei asymmetrischer Belastung des Drehstromsystems können die Ableitströme filterbedingt auf einige 100 mA ansteigen. Daher sind die Filter in jedem Falle vor Inbetriebnahme des Frequenzumrichters zu erden.

Sicherheitshinweis

Wird bei festangeschlossenen Geräten der betriebsmäßige Ableitstrom von 3,5 mA überschritten, muss eine der nachfolgenden Forderungen erfüllt sein:

- Ein Schutzleiterquerschnitt von mindestens 10 mm^2 oder
- eine Überwachung des Schutzleiters durch eine Einrichtung, die im Fehlerfall eine selbsttätige Abschaltung garantiert oder
- die Verlegung eines zweiten Leiters parallel zum Schutzleiter über getrennte Klemmen, der die Anforderungen nach VDE 0100 Teil 540 erfüllt.

Qualität der Schirmungsmaßnahmen

Die Höhe des Ableitwiderstandes vom Schirmgeflecht zur Bezugsmasse ist im Wesentlichen maßgebend für die Höhe der Störemissionen. Somit bestimmt der Ableitwiderstand die Güte der Schirmungsmaßnahmen. Ziel aller Maßnahmen ist die Verringerung des Ableitwiderstandes. Beachten Sie dabei, dass hochfrequente Signale über die Leiteroberfläche fließen (Skin-Effekt). Daher ist die großflächige Kontaktierung eine der wirksamsten Maßnahmen zur Verringerung des Ableitwiderstandes.

Fazit

Um unzulässig hohe Emissionen zu vermeiden, erfolgt die Installation der Frequenzumrichter in der Praxis oft ohne den Einsatz von Steckverbindern. Wünschenswert sind flexible Lösungen mit kurzen Wartungs- und Umrüstzeiten. Bei sorgfältiger Installation und der Einhaltung einiger wichtiger Installationsregeln sind Emissionsarmut und Flexibilität miteinander vereinbar.

2.5.3 Rückspeisefähige Frequenzumrichter

Auch rückspeisefähige Frequenzumrichter sollten immer mit vorgeschalteten Netz-Entstörfiltern betrieben werden. Es sind ausschließlich die vom Hersteller des Umrichters empfohlenen Filter zu verwenden, da sonst die Unterdrückung der Störemissionen und/oder die Effizienz der Rückspeisung gefährdet ist.

Paralleler Betrieb von Frequenzumrichtern

Für die Eingangsfilter sind häufig maximale Leitungslängen spezifiziert, bei deren Einhaltung die maximale Filterwirkung zu erwarten ist. Falls Sie mehrere Motoren an einem Frequenzumrichter betreiben, berechnet sich die elektrisch wirksame Leitungslänge nach folgender Formel:

$L_{max} = \sum L \times \sqrt{n}$ mit

L_{max}: Maximal zulässige Leitungslänge des Filters

$\sum L$: Summe aller Motorzuleitungen

n: Anzahl der parallel geschalteten Motoren

2.5.4 Grundregeln für den Einsatz von Steckverbindungen bei Frequenzumrichtern

– Verbindungsleitung zwischen Frequenzumrichter und Motor müssen so kurz wie möglich sein.
– Es sind grundsätzlich Leitungen zu verwenden, bei denen als Schirmung ein Kupfergeflecht mit einem Bedeckungsfaktor von mindestens 80 % benutzt wird. Leitungen, die nur mit Aluminium-Folie umwickelt sind oder bei denen der PE-Leiter um die Zuleitungen gewendelt ist, sollten nicht verwendet werden.
– Der Kabelschirm ist über dem gesamten Umfang des Steckverbinders aufzulegen bzw. zu verbinden (z. B. mit Irisfeder). „Pigtail"-Verbindungen sind zu vermeiden.
– Das Schirmgeflecht sollte so dicht wie möglich an die Anschlussklemmen herangeführt werden.
– Die Schirmung ist am Motor und am Frequenzumrichter großflächig aufzulegen. Gegebenenfalls ist Lack, Farbe o. ä vorher zu entfernen. Es wird empfohlen, Kontaktlack als Korrosionsschutz zu benutzen.
– Nur Stecker, deren Übergangswiderstände auch unter allen klimatischen Einflüssen gering bleiben, sind geeignet.
– Stecker, die unter dem Einfluss aggressiver Industriegase (z. B. SO_2, NH_4OH, NO_x, H_2S, CL_2 o. ä.) hochohmige Korrosionsschichten bilden, dürfen nicht verwendet werden.

3 Konfiguration und Planung

3.1 Management

Mit der Leistungssteigerung der Netzwerkkomponenten und der üblichen Vergrößerung/ Erweiterung der Netzwerke wächst die Komplexität und die Funktionalität des Systems. Je größer ein Netz ist oder im Laufe der Zeit werden kann, um so mehr Augenmerk muss auf Management-Funktionen gerichtet werden.

Alle Anforderungen, die an ein Netzwerk gestellt werden, sollten mit Hilfe von Managementsystemen erfüllt oder aufrechterhalten werden. Zu diesen Anforderungen gehören [25]:

– Sicherstellung der Funktionsbereitschaft des Netzwerks
  – Fehler und Engpässe sollen möglichst im Vorfeld erkannt und behoben werden
  – Die Qualität der Netzwerkkommunikation (Antwortzeit, Anzahl defekter Telegramme, variable Netzauslastung mit hohen Lastspitzen u. ä.) ist durch Überwachung der Infrastrukturkomponenten aufrechtzuerhalten
  – Technologische Erweiterungen des Netzwerks (andere Hardware, Software, Protokolle u. ä.) sind ohne Leistungsminderung integrierbar
– Automatische oder halbautomatische Reaktion auf Betriebsstörungen
  – Erforderliche Konfigurationsänderungen erfolgen im Fehlerfall in Echtzeit
  – Redundanzkonzepte werden bei Bedarf aktiviert
  – Angriffe auf das Netzwerk durch Hacker oder deren Software werden erkannt und unterbunden
– Dynamische Reaktion auf Änderungen im Netz oder der Umgebung
  – Änderungen an der Struktur oder der Konfiguration des Netzwerkes werden toleriert und automatisch berücksichtigt
  – Automatische Anpassung der Übertragungsbandbreite
– Beherrschbarkeit des Netzwerks
  – Zentrale Steuerung und Kontrolle mit dezentraler Realisierung der Funktionen
  – Geordnete und komprimierte Darstellung aller für den Netzbetrieb relevanten Informationen
  – Aufbau und Pflege einer geeigneten Datenbasis zur effektiven Konfiguration und zur Überprüfung von Leistungsdaten

3.1.1 Teilbereiche des Netzwerkmanagements

Netzwerkmanagement lässt sich in fünf Teilbereiche einteilen.

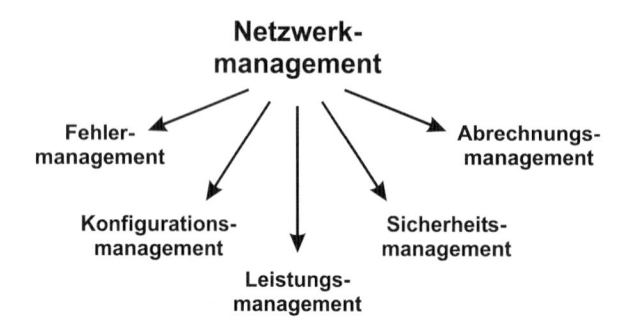

Bild 3.1 *Teilbereiche des Netzwerkmanagements*

- **Fehlermanagement**
  Fehlererkennung, Fehlerisolation und möglichst automatische Fehlerbehebung,

- **Konfigurationsmanagement**
  Erzeugung, Verwaltung und Darstellung von Konfigurationsinformationen,

- **Leistungsmanagement**
  Ermittlung der Systemleistung und Sammlung von statistischen Daten,

- **Sicherheitsmanagement**
  Aufrechterhaltung und Kontrolle von Sicherheitsdiensten, sowie Erkennung und Meldung von sicherheitsrelevanten Ereignissen,

- **Abrechnungsmanagement**
  Erfassung von Verbrauchsdaten und Führen von Verbrauchsstatistiken.

Fehlermanagement:
Das Fehlermanagement ist verantwortlich für eine hohe Verfügbarkeit des Netzwerkes.
Es umfasst alle Aufgaben zur Fehlerprophylaxe, Fehlererkennung und Fehlerbehebung. Durch eine ständige Beobachtung des Netzes und der angeschlossenen Systeme werden Änderungen in den Netzparametern erkannt und daraus Rückschlüsse auf zu erwartende Fehler gezogen.

Es unterteilt sich in drei Aufgabenbereiche:

- Fehlererkennung: regelmäßiges Polling im Netz und generieren von Trap-Nachrichten (Trapping)

- Fehlerdiagnose: Analysieren der Ereignis- und Fehlerreports um Art und Ursache der Fehler zu erforschen

- Fehlerbehebung: Starten von Fehlerbehebungsprogrammen oder durch Eingreifen des Administrators

Konfigurationsmanagement:
Das Konfigurationsmanagement umfasst alle Funktionen, die in Zusammenhang mit Konfigurationsdaten stehen wie z. B.: das Sammeln, Darstellen, Kontrollieren und Aktualisieren von Konfigurationsparametern, sowie eine Überwachung, und Veränderung der Konfigurationsdaten.

Abrechnungsmanagement:
Das Abrechnungsmanagement analysiert und quantifiziert die Nutzung von Netzwerkressourcen durch die jeweiligen Benutzer, nach Menge und zeitlichem Verlauf. Es ermöglicht eine genaue Kosteninformation und Abrechnung, sowie das Setzen von Limits.

Leistungsmanagement:
Das Leistungsmanagement gibt Aufschluss über die Netzauslastung und dient zur Ermittlung der Leistungstrends für eine weitere Netzplanung. Es sammelt alle durch Trapping und Polling erhaltenen Informationen und ermöglicht so eine Darstellung und Auswertung.

Sicherheitsmanagement:
Durch das Sicherheitsmanagement werden Datennetze und deren Ressourcen vor unberechtigtem Zugriff geschützt. Es enthält Strategien gegen nicht-autorisierten Datenempfang und gegen Datenverfälschung bei der Übertragung.

Alle genannten Teilbereiche sind nicht unabhängig voneinander, sondern greifen ineinander oder die gewünschten Funktionen lassen sich in verschiedenen Bereichen realisieren. Leider lassen sich nicht alle Teilbereiche mit einer Form des Managements erreichen, so dass verschiedene Systeme zum Einsatz kommen.

In der vernetzten Automatisierungstechnik ist das SNMP – Simple Network Management Protocol – weit verbreitet, da es die wichtigsten Funktionen und Eigenschaften zur Administration im industriellen Umfeld zur Verfügung stellt.

3.2 SNMP – Simple Network Management Protocol

Überschaubar und damit kontrollierbar wird ein Netzwerk erst, wenn eine geordnete, meist hierarchisch aufgebaute Struktur zugrunde liegt. Durch den Einsatz von SNMP (Simple Network Management Protocol) in geeigneten Switches und in Netzwerkmanagement-Software, z. B. Factory Manager von Phoenix Contact, erhält man Einsicht über Auslastung oder Erreichbarkeit von Komponenten im Netzwerk.

3.2.1 SNMP im Prinzip

Zum SNMP-Management werden im Wesentlichen die drei Komponenten Network Management System (NMS), Management Information Base (MIB) und Agenten benötigt.

Das NMS ist die zentrale Verwaltungseinheit des Netzwerkes; um Ressourcen/Komponenten des Netzwerkes effektiv zu verwalten, benötigt das NMS Informationen von eben diesen Ressourcen. Deshalb sind auf den Ressourcen sogenannte Agenten installiert, die die gewünschten Informationen sammeln und bei Bedarf an das NMS weiterleiten. Die Informationen werden in MIBs organisiert und gesammelt.

3.2.2 Hintergrund: SNMP

1983, als das TCP/IP- Protokoll von dem Amerikanischen Verteidigungsministerium zum Standard Internet Protokoll erklärt wurde, war dies der Tod des ARPANET und die Geburtsstunde des Internets. Mitte der Achtziger Jahre wuchs das Internet sprunghaft ohne jeglichen Verwaltungsstandard an. Jede verantwortliche Gruppe, die einen Teil des Internets verwaltete, benutzte verschiedene Werkzeuge, Einrichtungen und Verfahren. In den späten Achtzigern erforschten mehrere unabhängige Gruppen von Entwicklern, Netzwerk-Managementmodelle. Eines dieser Modell sollte sich als Standart verbreiten.

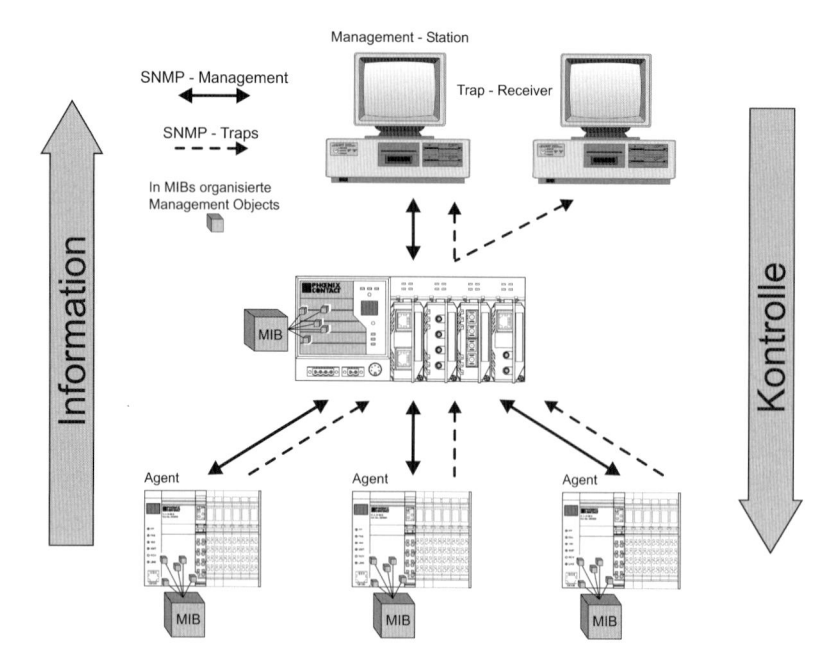

Bild 3.2 Prinzip des SNMP-Managements

Historie

1987 wurde ein weiteres Modell von der Open Systems Interconnection Gruppe (OSI) – der International Standards Organization (ISO) – vorgestellt. Im Jahre 1988 entstand aus dem Simple Gateway Monitoring Protocol (SGMP) und dem High-Level Entity Management System (HEMS) die Version 1 des SNMPs. Das SNMPv1 bekam als RFC 1157 im Jahre 1990 den Status eines Standards und wurde 1991 um den RFC 1213, der die Management Information Base festschrieb, erweitert. Diese Kombination setzte sich herstellerübergreifend auf dem Markt als Managementanwendung im Bereich der Netzwerktechnik durch.

Aufgrund von Inkompatibilitäten und der starken Verbreitung von SNMPv1 sind die neuen Versionen SNMPv2p und SNMPv2c am Markt gescheitert und bereits wieder verschwunden.

1998 wurde SNMPv3 auf den Markt gebracht und umfasst ein geändertes Architekturmodell, ein Modell zur Zugriffskontrolle und ein Sicherheitsmodell[25].

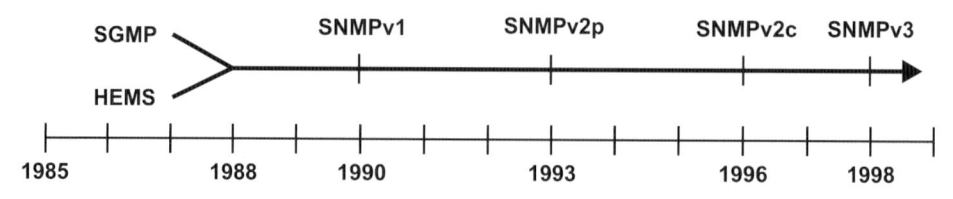

Bild 3.3 SNMP Historie

3.2.3 Versionen von SNMP

Es gibt gegenwärtig zwei bedeutende Versionen des Simple Network Management Protocol: SNMPv1 und SNMPv2. SNMPv1 ist ein "empfohlenes Standard"-Protokoll und Bestandteil des Internet Management Framework. SNMPv2 ist ein Update von SNMPv1, das mehrere neue Funktionen beinhaltet. Es folgt dem Ziel, sich schnell von SNMPv1 abzulösen und Anerkennung zu finden.

Dabei wurde versucht, das Framework durch Hinzufügen von Sicherheits- und Administrations-Mechanismen gegenüber SNMPv1 zu verbessern. Im Juli 1992 wurden drei RFC´s mit der Beschreibung "Secure SNMP" (SNMPsec) veröffentlicht. Dies war der offizielle Beginn der Arbeit an SNMPv2. Secure SNMP wurde nie groß eingeführt, da die Vertreiber und Anwender es später vorzogen, die Sicherheitslücken durch einen direkten Wechsel von SNMPv1 nach SNMPv2 zu schließen.

Das originale SNMPv2 (SNMPv2p, party-based SNMPv2, SNMPv2-Classic etc.) und Secure SNMP sind nicht mehr aktuell. SNMPv2c ist weit verbreitet und akzeptiert und wird von jedem wichtigen managebaren Produkt sowie einer kleinen, aber wachsenden Gruppe von Agent Site-Produkten unterstützt. SNMPv2c, SNMPv2u und SNMPv2* arbeiten also parallel und getrennt voneinander weiter. Aber nur SNMPv1 ist Internet Standard und in weltweitem Gebrauch.

Netzwerk-Management mit Hilfe von SNMP

Um Netzwerk-Management zu realisieren, bietet sich SNMP an, denn das SNMP-Protokoll wurde schließlich für das Managen von verteilten Netzen und seinen Geräten entwickelt.

3.2.4 Das SNMP Management-Modell

SNMP unterscheidet zwei Typen von Management-Einheiten: Manager und Agents.

Eine Netzwerk-Management Station (NMS) ist normalerweise eine Arbeitsstation, auf der ein (oder mehrere) Netzwerk-Management Systemanwendungen ausgeführt werden. Mittlere bis große Netzwerk-Management-Systeme werden gewöhnlich auf einer thirdparty software platform, auch network management suite (NMS) genannt, aufgebaut. Thirdparty Software könnten z. B. HP OpenView und IBM NetView sein. Die Workstation wird dann von ihrem Benutzer genutzt, Informationen, durch Agents gemanagter Nodes, abzufragen, um sie in einer für ihn komfortablen Weise darzustellen.

Die Aufgabe eines Agents besteht darin, einen oder mehrere Network Nodes zu überwachen, Daten über ihre "Tun und Treiben" zu sammeln (Management Information) und diese Daten an ein Management-System zu senden. Die meiste Arbeit im SNMP-Management verrichten die Management-Anwendungen, die auf der Management-Workstation laufen. Die Ressourcen einer Management-Workstation sind für diese Art von Management ausgelegt, während die Ressourcen auf einem Node für wichtigere Dinge (seiner eigentlichen Aufgabe) zur Verfügung stehen sollten.

Ein Node ist typischerweise ein Host, der gleichfalls ein Management-System oder ein Management-Agent sein kann. Dabei wird in folgenden Nodes unterschieden:

– Nodes, die managen und managebar sind (bilevel entities),

– Nodes, die verschiedene Versionen von SNMP-Protokollen verstehen (bilingual entities),

– Nodes, die sich für andere Geräte (z. B. Gateways) wie Proxy-Agents aufführen,

- Nodes, die durch andere Mechanismen als SNMP gemanagt werden,
- Nodes, die nicht managebar sind.

Bilevel Entities

Auf einem Node kann parallel ein Management-System und ein Agent ausgeführt werden.

Bilingual Entities

In einem Netzwerk kann es unterschiedliche Versionen von SNMP geben (SNMPv1, SNMPv2 – es ist nicht auszuschließen, dass diese ebenfalls noch weiter zergliedert sind).

Proxy-Agents

Ein SNMP Proxy-Agent wird dann eingesetzt, wenn ein Gerät, dass weder SNMP noch einen Agent unterstützt, dennoch mit SNMP gemanagt werden soll. Ebenso können Komponenten, die sich im Moment noch in der Testphase befinden und daher noch nicht ins Netz eingebunden werden können, mit einem Proxy zwischengeschaltet werden, sodass sie doch in das Netzwerk eingebunden werden können.

Non-SNMP nodes

Da es bei Netzwerk-Management-Systemen eine Vielzahl anderer System- und Management-Protokolle gibt, werden multi-lingual SNMP Agents eingesetzt. Diese Agents haben die Aufgabe, die Nicht-SNMP-Protokolle in ein SNMP-Protokoll umzuwandeln. Nodes, die mit diesen verschiedenen Techniken nicht eingebunden werden können, werden nicht in das SNMP Modell aufgenommen, sind damit nicht managebar.

Community-Namen

SNMPv1 definierte ein Community-basierendes Administrations-Framework, um mit ihm die verschiedenen SNMP-Elemente verwalten zu können. Jede SNMP-Community ist eine Gruppe von Geräten, die mindestens einen Agent und ein Management-System beinhaltet. Den Namen, den diese Gruppe bekommt wird als Community-Name bezeichnet. Der Community-Name wird jeder SNMP-Nachricht kodiert beigefügt und als Community-String bezeichnet. Der Community-String informiert dann den Empfänger, für welche Community diese Nachricht bestimmt ist.

Ein gemanagter Node zeigt durch Annehmen oder Ablehnen der SNMP-Nachricht an, ob er zur deren Community gehört. Ein Beispiel: wenn ein Node alle Nachrichten, die den Community-String "public" enthalten, annimmt, zeigt er somit an, dass er zu der Community "public" gehört. Wenn er alle Nachrichten mit dem Community-String "private" ablehnt, zeigt er somit, dass er nicht Mitglied in dieser Community ist.

Die Bezeichnungen der einzelnen Communities werden vom Netzwerkbetreuer festgelegt und sollten eindeutig sein. So wäre der Name für eine Community, die die Geräte einer Entwicklungsabteilung beinhaltet, "Entwicklung". Der Namen sollte sorgfältig bedacht werden, da er später nicht mehr so leicht geändert werden kann.

Wird ein Node keiner Community zugewiesen, nimmt er normalerweise alle SNMP-Nachrichten mit einem beliebigen Community-String an. Dieser Node gehört somit zu allen SNMP-Communities in einem Netzwerk.

Alle Nodes in diesem Netzwerk unterstützen einen Agent. Die meisten Nodes sind nur in einer Community vorhanden, aber einige existieren in zwei oder sogar drei Communities. Der Router z. B. gehört sowohl zur "campus"-wie zur "Engineering Lab"-Community.

Grundlagen

Ein Netzwerk-Node, der sich durch SNMP managen lässt, wird als "SNMP manageable" bezeichnet. Die Management-Daten (management data) sind eine Ansammlung von INTEGER, STRING und MIB-Adressvariablen, die wiederum die Daten enthalten, die für das Managen des Nodes nötig sind. Diese Daten beinhalten Berechtigungen (für administrative und sicherheitsrelevante Zugriffe auf den Node), sowie Informationen über die Hard- und Software des Nodes und deren Konfiguration. Ebenso sind Daten enthalten, die über den vergangenen und gegenwärtigen Zustand des Nodes berichten. Diese Variablen werden oft als "managed objects" bezeichnet, in der SNMP Welt jedoch "MIB-Variablen" genannt.

MIB-Variablen enthalten die aktuellen Management-Daten, mit deren Hilfe man den Zustand des Nodes bestimmen kann. Zusätzlich kann entschieden werden, ob Maßnahmen ergriffen werden müssen, um das Verhalten des Nodes zu verändern. SNMP definiert die Struktur der Management-Daten und stellt die Dienste zur Verfügung, die von einem Management-System benötigt werden, um die Daten die in den MIB-Variablen gespeichert werden, zu verändern. Wenn ein Management-System einen Node managed, nutzt es SNMP dazu, die Daten in den MIB-Variablen zu lesen und zu verändern.

Die gemanagten Objekte und ihre Daten werden von einem Agent-Prozess, der auf dem Node ausgeführt wird, verwaltet. Der Agent ist Verwalter der gemanagten Objekte und verrichtet die angeforderten Lese- und Schreibzugriffe des Management Systems. Der Agent ist daher verantwortlich für das Einfügen der SNMP-Protokolle in den Node.

Grundfunktionen

SNMP definiert vier Funktionen mit deren Hilfe MIB-Variablen verändert werden. Diese Funktionen werden **Get**, **GetNext**, **Set** und **Trap** genannt. Dass man nur vier Funktionen für das Ausführen von allen Netzwerk-Management-Funktionen benötigt, bestätigt das "einfache" Konzept von SNMP.

Get Funktion

Die Get-Funktion rettet den Inhalt einer speziellen "instance" eines gemanagten Objekts. Eine "instance" ist die physikalische Darstellung einer in Speicher existierenden MIB-Variablen. Diese Variable kann einen Integer oder String Wert, bzw. die Adresse einer anderen Variablen, enthalten.

GetNext Funktion

Der nächste Befehl ist GetNext. Mit dieser Operation wird der nächste Wert gerettet und gespeichert. Daten, die aus Tabellen und MIB-Variablen zurückgegeben werden sollen, kann man keinen speziellen Namen zuweisen. Daher kann man sie nur mit dem GetNext-Befehl ansprechen.

Set Funktion

Der dritte Befehl ist Set. Die meisten gemanagten Objekt haben einen voreingestellten Wert, der beim Start des SNMP-Agents initialisiert wird. Wenn es sich bei diesem Objekt z. B. um die Taktfrequenz-Überwachung eines Prozessors handelt, wird diese immer wieder aktualisiert und abgespeichert. Um den Inhalt dieses Objekts, nach dem Start des Agents, auf einen bestimmten Wert setzen zu können, wendet man den Set-Befehl an.

Trap Funktion

Der vierte Befehl ist Trap. Diese Operation wird genutzt, um einem oder mehreren Management-Systemen unaufgefordert mitzuteilen, dass eine speziell definierter Fall eingetreten ist.

Nachrichten im Management

SNMP ist ein Anfrage- und Antwort-Protokoll. Ein Management-System richtet eine Anfrage an einen Agent in Form von Get, NextGet, Set oder Trap Operationen. Der Agent reagiert auf diese Anfrage mit einer Antwort, deren Inhalt aussagt, ob die Anfrage erfolgreich beantwortet oder nicht bearbeitet werden konnte.

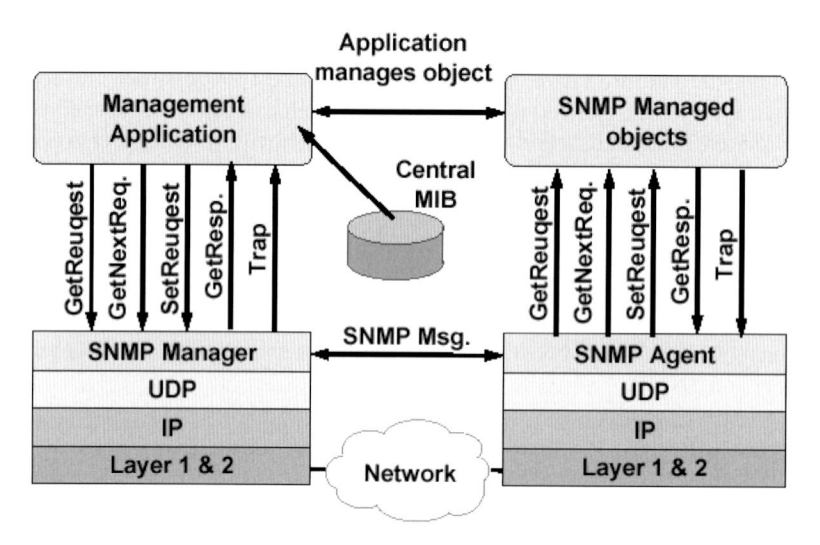

Bild 3.4 *SNMP-Dienstmechanismen*

Sowohl der Agent wie das Management System müssen ihre Anfragen und Antworten an eine spezielle Netzwerkadresse schicken. Für jede SNMP-Anfrage, die von einem Management-System gestellt wird, kommt eine Antwort, von jedem Agent, der sie empfangen hat, zurück. Wenn eine Management System nun eine Anfrage an eine Broadcast-Adresse stellt, können viele Antworten, die von den angesprochenen Agents gesendet wurden, empfangen werden. SNMPv1-Agents senden keine Management-Anfragen und SNMPv1-Management-Systeme senden keine Management-Antworten.

Eine spezieller Typ von unaufgeforderten Antworten, die von einem Agent an ein Management-System gesendet werden, ohne vorher eine Anfrage seitens des Management-Systems erfahren zu haben, werden Traps genannt. Ein Trap ist ein Ereignisbericht, der aussagt, dass der Agent ein unvorhergesehenes Ereignis entdeckt hat. Windows-Programmierer werden die Ähnlichkeit zwischen dem Empfang und der Benachrichtigung eines Traps und der berüchtigten Windows-Mitteilung, dass ein schwerer Zugriffsfehler eingetreten ist, bemerken. Das Auftreten einer SNMP-Trap muss aber nichts mit dem Erkennen eines Fehlers zu tun haben.

3.2.5 Sprachen von SNMP

SNMP ist ein spezialisiertes Protokoll. Es wurde dafür entwickelt, Netzwerk Management Informationen zwischen zwei oder mehr Einheiten in einem Netz, zu übertragen. Man definiert Netzwerk Management Informationen als Daten, mit deren Hilfe Netzwerkgeräte kontrolliert, konfiguriert und überwacht werden können.

SNMP ist mehr als Protokoll, denn als Sprache anzusehen. Eine gute Interpretation von Protokoll ist folgende: Eine Reihe von Regeln, die in Verhandlungen festgelegt wurden, und eingehalten werden müssen, damit der Austausch von Daten ohne Fehlinterpretationen erfolgen kann. Eine Language (Sprache) ist ein entcodierender Mechanismus, der die Daten, die in einem Protokoll enthalten sind, für uns verständlich umsetzt. Das Protokoll sind dann die Regeln, mit deren Hilfe die Daten zwischen den verschiedenen Geräten transportiert werden.

Es gibt drei verschiedene Sprachen, mit deren Hilfe SNMP-Management-Informationen befördert:

Structure of Management Information (SMI)
spezifiziert das Format für zu verarbeitende Objekte, auf die über das SNMP-Protokoll zugegriffen werden soll.

Abstract Syntax Notation One (ASN.1)
Diese Sprache wird dazu genutzt, das Format von SNMP-Nachrichten und MIB-Modulen, die ein eindeutiges Datenbeschreibungsformat benutzen, zu definieren.

Basic Encoding Rules (BER)
Diese Sprache wird dazu genutzt, SNMP-Nachrichten in ein geeignetes Formt umzuwandeln, damit die Daten in einem Netz übertragen werden können.

Jede dieser Sprache unterstützt die anderen zwei, indem sie sich strikt an die jeweiligen Regeln halten, die seine Formate und Interpretationen beherrschen.

MIB-Module sind wichtig für SNMP. Ohne MIB gäbe es keine Informationen, um mit SNMP zu kommunizieren.

SMI: Struktur von Management Informationen

MIB's sind hochstrukturierte Darstellungen von Daten. Die Regeln zur Definition von gemanagten Objekten und zum Entwickeln der Strukturen von SNMP MIB's, werden "die Struktur von Management Informationen", kurz SMI, genannt. Die SMI definiert die Regeln, um wiederum gemanagte Objekte in einem MIB zu definieren und die Struktur von MIB's für das Netzwerk-Management zu spezifizieren:

Die Definition von der High-Level Struktur des Internet Branch (Internet Zweig) (iso(1).org(3).dod(6).internet(1)) des MIB naming tree (MIB namengegebene Baumstruktur).

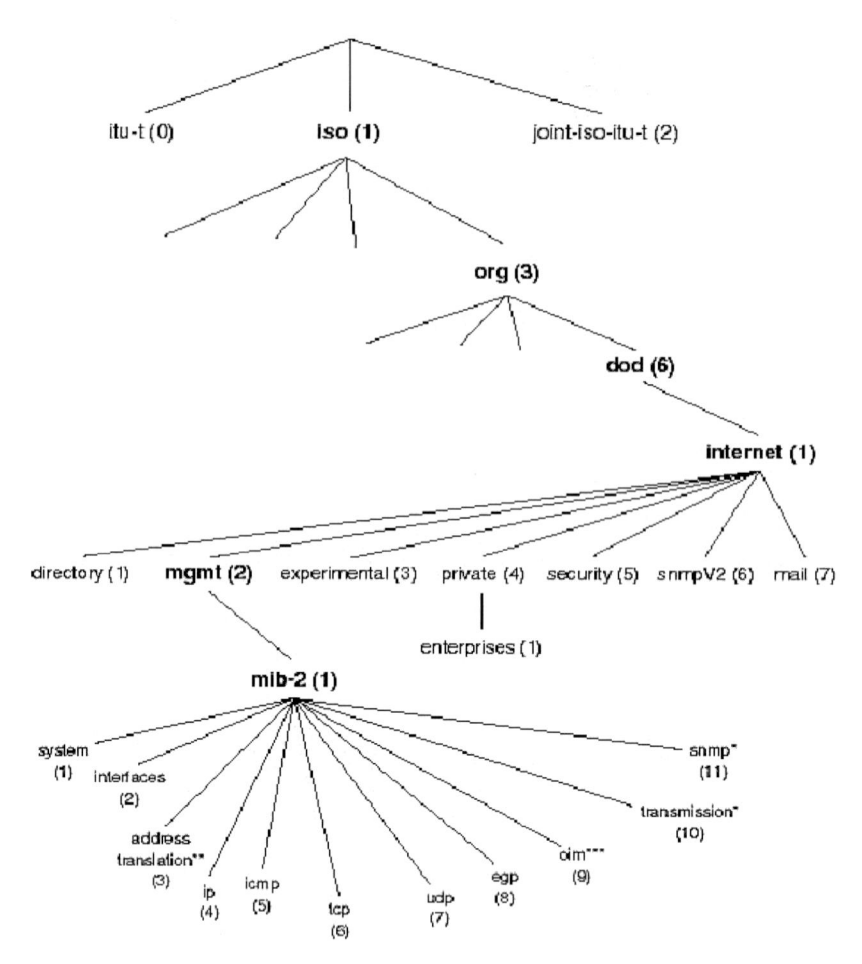

Bild 3.5 Der MIB-Tree

Die Definition und Beschreibung eines SNMP-gemanagten Objekts.

Die SMI befasst sich im Wesentlichen mit der Organisation und Administration von gemanagten Objekten im Internet. Sie beschreibt eine "naming structure", auch "MIB naming tree" genannt. Mit dieser werden die gemanagten Objekte identifiziert und die Bereiche definiert, in welchen sich das gemanagte Objekt befindet. SMI beschreibt also nur das grundsätzliche Format, mit dessen Hilfe gemanagte Objekt definiert werden, kann jedoch selbst keine gemanagten Objekte definieren.

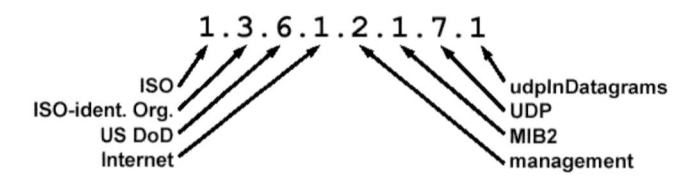

Bild 3.6 Die MIB-Object-Zuordnung

3.2 SNMP – Simple Network Management Protocol

Wenn ein Netzwerk Gerät SNMP-Management unterstützt, reicht es nicht aus, dass er nur das SNMP Protokoll unterstützt. Es muss nebenbei noch mindestens ein gemanagtes Objekt ausführen, welches im MIB tree definiert wurde. Die Objekte, die im Wesentlichen von einer Einheit ausgeführt werden, sind Bestandteil der MIB-View.

SMI sagt ebenso aus, dass jedes MIB-Modul, dass geschrieben wird, die Komponenten und Merkmale von ASN.1 benutzt um seine Struktur und seine Management-Daten zu beschreiben. Es sollte sichergestellt sein, dass die MIB-Module, mit denen ein Agent beschrieben wird, auf jeden Fall ASN.1 Notationen verarbeiten können.

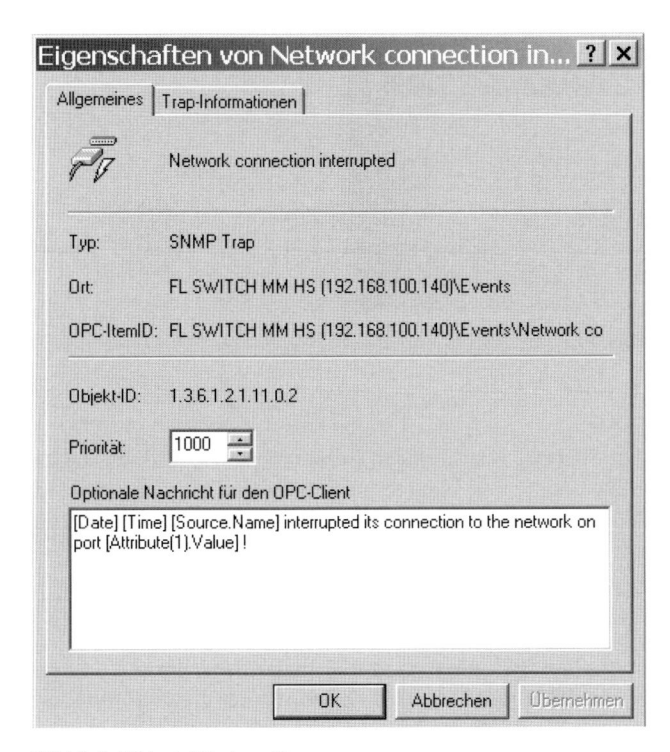

Bild 3.7 *Object-ID eines Traps*

3.2.6 Das Network Management System bei SNMP

Das NMS ist die zentrale Kontrolleinheit des Netzwerks, von hier werden die Agenten, die auf den einzelnen Ressourcen installiert sind, kontrolliert, abgefragt und zur Konfiguration angewiesen. Das NMS führt alle Informationen zur Auswertung zusammen und bietet dem Administrator Überblick über statistische Daten, wie z. B. Datendurchsatz, Fehlerhäufigkeit, Antwortzeiten, Statusinformationen oder Fehlermeldungen.

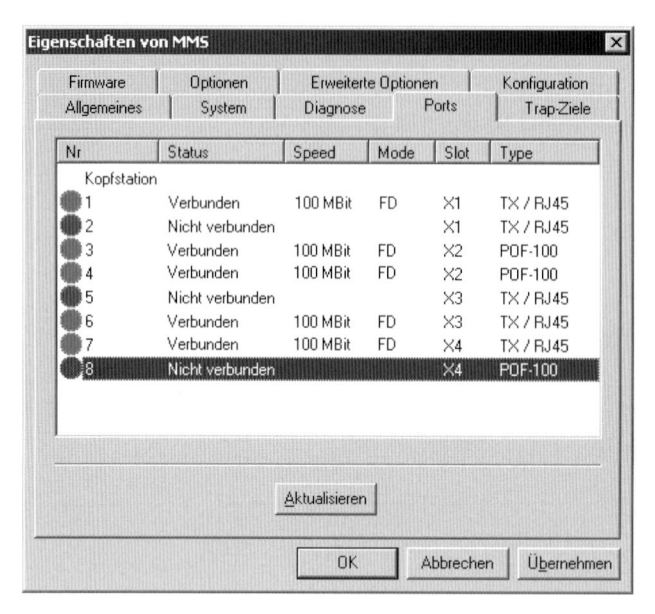

Bild 3.8 *Statusinformationen eines Switches im Factory Managers*

Der Agent bei SNMP

Der Agent wird als Anwendung auf den zu verwaltenden Ressourcen, wie z. B. Switches, Steuerungen, Gateways, Router, installiert und reagiert dort auf die Anforderungen des NMS. Der Agent versendet Antworten auf Anfragen des NMS, bearbeitet und setzt Befehle des NMS um.

Die MIB bei SNMP

In der MIB spiegeln sich die Eigenschaften, Fähigkeiten und Funktionen der realen Ressource in abstrakter Form wider. Mit Hilfe von Managed Objects findet die Kontrolle, die Steuerung und die Überwachung der Ressourcen statt. Jedes Management Object trägt einen eindeutigen Namen, den Object Identifier. Wichtige oder allgemeingültige Object Identifier, wie z. B. die eingestellte Datenübertragungsrate sind in allgemeinen MIBs, z. B. in der MIB II oder in der RMON-MIB zusammengefasst.

Herstellerspezifische Managed Objects sind in sogenannten Enterprise oder Private MIBs zusamengefasst, wobei jede Firma einen eigenen Knoten beantragen muss, unter dem dann die eigenen MIBs untergeordnet sind.

Die MIBs sind in Knoten in baumförmigen Strukturen organisiert, die einzelnen Knoten nummeriert, so dass die Pfadangabe eines Managed Objects als Nummernfolge das gewünschte Object eindeutig identifiziert.

Die Pfadangabe zu den Private MIBs von Phoenix Contact lautet gemäß dem MIB-Tree: 1.3.6.1.4.1.4346, hier unterhalb sind die MIBs angeordnet.

3.2 SNMP – Simple Network Management Protocol

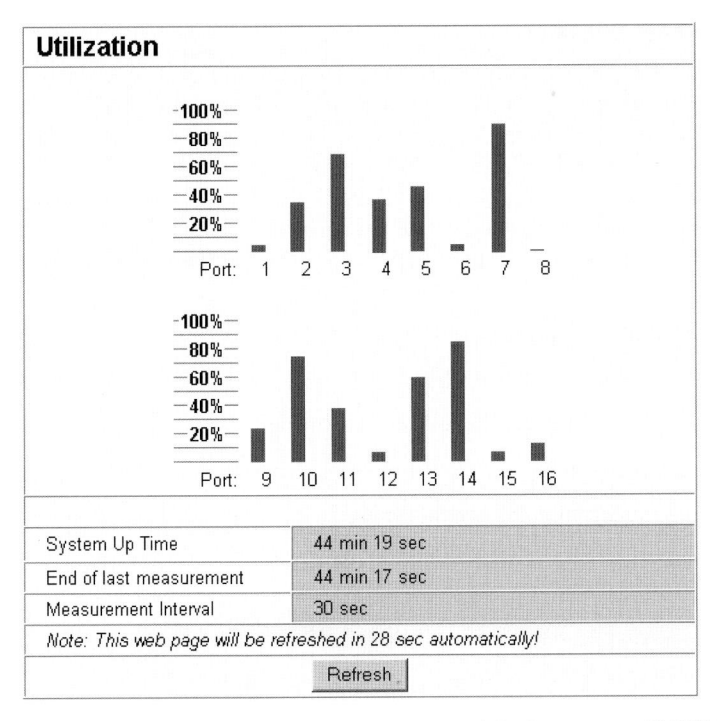

Bild 3.9 Beispiel (Portbezogene Netzlastmessung) für Daten einer RMON-MIB und die Darstellung im Webbrowser

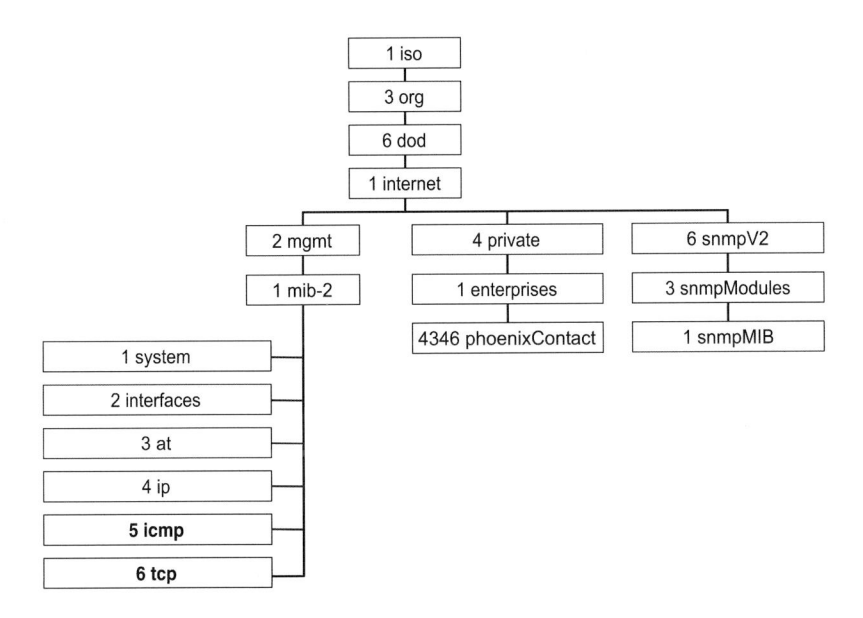

Bild 3.10 Auszug des SNMP-MIB-Trees

Beispiel für die Anwendung von SNMP

Ein Managed Switch steuert den Datenverkehr an seinen Ports gemäß Regeln oder Parametern, die vom Anwender beeinflusst werden können. Damit ein Management des Switches überhaupt möglich ist, benötigen Managed Switches eine Firmware, über die Anwendereinstellungen an den Switch-Controller weitergegeben werden. Falls das Management über SNMP erfolgt, muss der Switch über eine eigene IP-Adresse verfügen. Das Management-Interface ist in der Regel Passwort-geschützt und bei einigen Geräten in Lese- oder Schreib-/Lese-Berechtigung aufgeteilt. Über das Management-Interface sind folgende Funktionen möglich (Beispiel):

– Auslesen von Versions- und Statusinformationen,

– Parametrierung von Ports und von Filterregeln,

– Diagnose des Datenverkehrs über einstellbares Port-Mirroring,

– Laden neuer Firmware-Versionen

– Einstellen der Trap-Empfänger im Falle von Störungen,

– Ausgabe von Statistikinformationen (siehe nachfolgende Grafik).

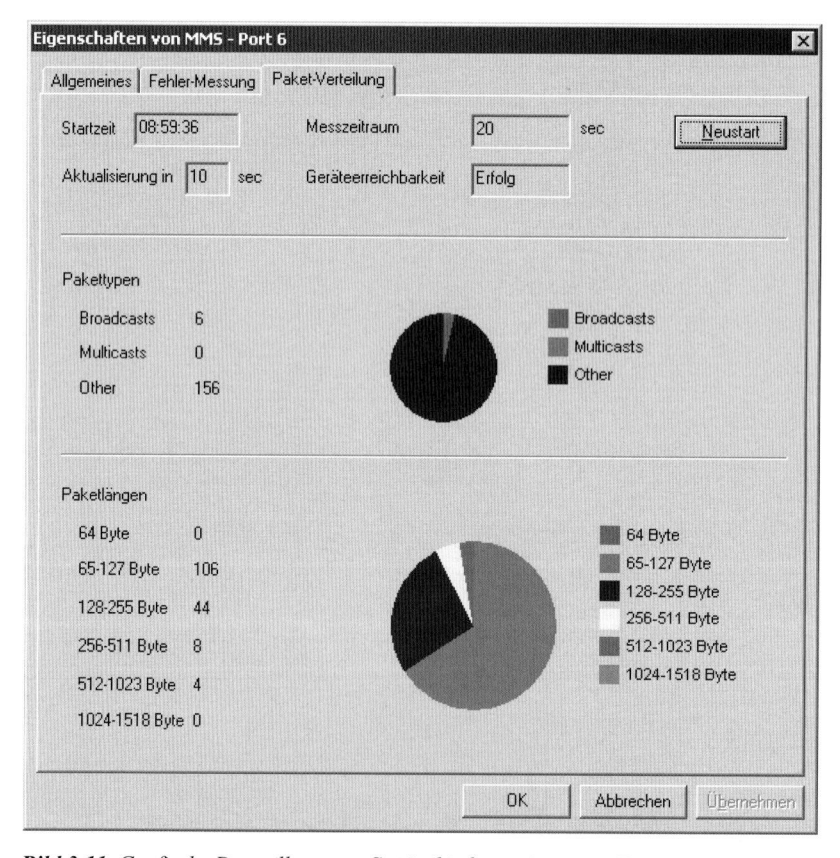

Bild 3.11 *Grafische Darstellung von Statistikinformationen im Factory Manager*

3.3 SNMP OPC

3.3.1 OPC

Die Grundlage für Visualisierungen im industriellen Umfeld bildet der gemeinsamen Schnittstellenstandard OPC (OLE für Process Control).

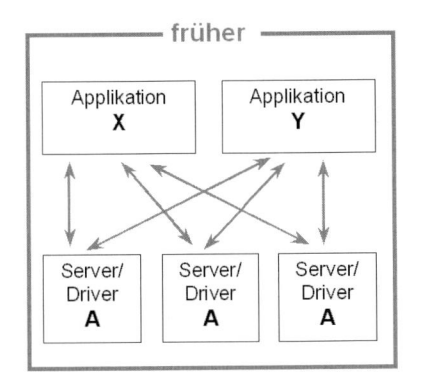

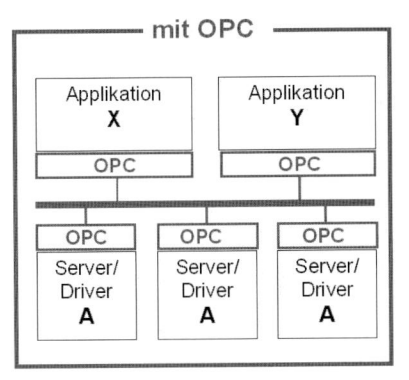

Bild 3.12 *Softwarebus OPC*

In der Vergangenheit wurde zu jedem Teilnehmer, der seine Daten in geeigneten Visualisierungen abbilden sollte, ein Treiber für die jeweilige Einzelsoftware mitgeliefert. Das hat sehr oft zu Problemen geführt, besonders dann, wenn Anlagen umgestellt oder erweitert wurden. Seit einigen Jahren stellt OPC (OPC-Foundation) die standardisierte Schnittstelle für alle Visualisierungen weltweit, dar. Die anzuzeigenden Prozessdaten, Alarme, Trends, usw. werden von OPC-Servern zur Verfügung gestellt. Das heißt, dass die Geräte mit den dazu passenden OPC-Servern ihre Daten für die gemeinsame Datenplattform OPC übermitteln. Aus dieser definierten Schnittstelle können Visualisierungs- und SCADA-Systeme die Daten als Client aufnehmen und anzeigen.

Heute ist OPC der Standard zur herstellerunabhängigen Kommunikation in der Automatisierungstechnik. Durch die Zertifizierungssoftware "OPC Compliance Test" welche den OPC Membern kostenlos zur Verfügung gestellt wird, wird die Kompatibilität sichergestellt. Die Hersteller von OPC Servern können damit ihre Server schon während der Entwicklung testen. Diese Software testet 100 % der OPC Funktionalität, simuliert absichtlich Fehlverhalten eines Clients und überprüft mögliche Fehlercodes. Außerdem werden logische Tests, Stress- und Performance-Tests durchgeführt. Durch diese Test-Suite wird eine Testabdeckung erreicht die man mit einem normalen Client nicht erreichen könnte. Nach bestandenem Test können die Hersteller die Ergebnisse an die OPC Foundation senden und erhalten das Zertifikat "Compliance Tested". Es ist nicht zu empfehlen Server zu kaufen die dieses Zertifikat nicht besitzen.

OPC ist eine objektorientierte API/ALI-Standardisierung. Das Objekt ist dabei das Prozessabbild, das heißt aller Signale und der Variablen in der dezentralen industriellen Produktionsanlage. Dabei sind alle Elemente der dezentralen Steuerung über DCOM miteinander verbunden. Die Quellen von Prozesssignalen (Interfaces, Steuerungen) arbeiten als OPC-Server und stellen ihre Werte allen OPC-Clients im System zur Verfügung. Die OPC-

Clients (Visualisierungen) verfügen damit über ein standardisiertes, herstellerunabhängiges Zugriffsverfahren auf die Prozesssignale.

OPC ist die Abkürzung für OLE for Process Control und basiert auf dem Microsoft COM-Objektmodell und der Microsoft DCOM-Kommunikationssoftware. Das (COM) (*Component Object Model*) ist Microsofts Grundlage für wiederverwertbare Software-Komponenten: Es definiert die grundsätzliche Form der Objekte der Clients und Server innerhalb einer Systemarchitektur. Mit der viel stärkeren Ausprägung von ActiveX hat der Begriff OLE (Object Linking and Embedding) eigentlich ausgedient. Eine typische Anwendung für diese gemeinsame Schnittstelle sind beipielsweise Microsofts gemeinsamen Office-Programme. Wenn man in Excel eine Tabelle markiert, und diese über die Zwischenablage in Word einfügt, ist das Object Linking and Embedding der rangierende Softwarebus. Mittlerweile setzen die einzelnen Programme auf der ActiveX-Technologie auf, sodass ohnehin schon eine große Gemeinsamkeit zwischen den Software-Tools besteht.

3.3.2 COM

Das COM (Component Object Model) definiert die grundsätzlichen Eigenschaften und die möglichen Erweiterungen des Microsoft Objektmodells. Dabei ist die COM-Spezifikation auf die Interaktion von Objekten innerhalb von verschiedenen Prozessen in der gleichen Maschine (= im gleichen Betriebssystem) beschränkt.

3.3.3 DCOM

DCOM ist aus mehreren Entwicklungen entstanden. Einerseits aus den ursprünglichen Windows „Clipboard"-Funktionen (1987), OLE-1 (1992) und dem Component Object Model (COM, 1995) und andererseits aus den im Jahre 1992 entstandenen neuen Möglichkeiten der vernetzten Rechner (Open Software Foundation's Distributed Computing Environment und Remote Procedure Calls). Dabei erweitern die DCOM-Funktionen das COM-Objektmodell um diejenigen Funktionen, die den Betrieb von COM-Objekten in einer dezentralen Umgebung ermöglichen. Dabei werden COM-Objekte in die DCOM-Laufzeitumgebung eingebettet und in diesem Sinne häufig als „DCOM-Objekte" bezeichnet. DCOM ist eine Kommunikationsschicht, welche auf RPC (Remote Procedure Calls) beruht und von Microsoft definiert wurde. Für die Kommunikation zwischen den Anwendungen benutzt OPC derzeit ebenfalls Microsofts DCOM Technologie. Dank DCOM ist es für OPC-Anwendungen transparent, ob die über OPC ausgetauschten Daten von einer Anwendung im eigenen Adressraum, von einem fremden, lokalen Prozess oder auch von einem entfernt über TCP/IP angebundenen Rechner kommen. Die Übertragungs- und Zugriffsgeschwindigkeiten werden dabei kaum von unnötigem Verwaltungsaufwand ausgebremst. DCOM ermöglicht es, (kompilierte) Funktionen und Objekte anderen Anwendungen zugänglich zu machen. Der OPC-Standard definiert nun bestimmte DCOM-Objekte, d. h. die Funktionen/Schnittstellen, die ein OPC-Teilnehmer (über DCOM) zur Verfügung stellen muss, um mit anderen OPC-Anwendungen Daten austauschen zu können.

3.3.4 OPC-Funktionalitäten

Die OPC-Spezifikationen definieren eine Vielzahl von Funktionen. Einige der Funktionen sind speziell für den Datenaustausch in dezentralen Architekturen weiterentwickelt, und werden sich mit der Verbreitung von Ethernet in der Feldebene ebenfalls sehr schnell etablieren. Einige der Funktionen werden sich als Standard Zugriffsmechanismen herauskristallisieren, wobei andere Architekturen applikationsbezogen eingesetzt werden.

Tabelle 3.1 OPC-Funktionalitäten

Spezifikation	Anwendung
OPC Overview	Allgemeine Beschreibung der Einsatzgebiete von OPC Spezifikationen
OPC Common Definitions and Interfaces	Festlegung von Sachverhalten, die eine große Anzahl von Spezifikationen betreffen
OPC Data Access Specification	Definition einer Schnittstelle für das Lesen und Schreiben von Echtzeitdaten
OPC Alarm and Events Specification	Definition einer Schnittstelle zur Überwachung von Ereignissen
OPC Historical Data Access Specification	Definition einer Schnittstelle zum Zugriff auf historische Daten
OPC Batch Specification	Definition einer Schnittstelle zum Zugriff auf Daten, die bei der Batchverarbeitung benötigt werden. Diese Spezifikation erweitert die OPC Data Access Specification
OPC Security Specification	Definition einer Schnittstelle für das Einstellen und Nutzen von Sicherheitspaketen
OPC XML DA	Integration von OPC und XML zur Erstellung von Webanwendungen
OPC Data eXchange	Kommunikation zwischen Server und Server
OPC Complex Data	Definition von Möglichkeiten zum Beschreiben der Struktur komplexer Daten und zum Zugriff auf solche Daten

3.3.5 OPC DX

OPC setzt eigentlich auf der Feldebene auf. Im Zusammenhang mit dem immer breiteren, und flächendeckendem Einzug von Ethernet in der Feldebene und zur Steuerungsvernetzung, musste die OPC-Spezifikation erweitert werden. Die OPC-Foundation hat sich durch ihren Industriestandard OPC etabliert. Dabei definiert OPC Mechanismen, um Variablen, Alarme und Ereignisse (Events) zwischen peripheren Feldgeräten und den Steuerungen auszutauschen. Als deutlich wurde, dass sich keine Ethernetkommunikationsstruktur eindeutig durchsetzen würde, musste also eine neue Spezifikation geschaffen werden, die in der Lage ist, auch in verteilten Systemen einen einheitlichen Zugriff auf Prozessdaten zu definieren. Auf der Suche nach einer Organisation für einen derartigen System- und herstellerübergreifenden Industriestandard wurde erneut die OPC-Foundation gewählt. Die Fieldbus-Foundation, die ODVA (Open DeviceNet Vendor Organization), Profibus International und viele weitere Unternehmen aus der Automatisierungsbranche begannen mit der Definition eines solchen Standards: Dieser hat den Namen OPC DX (für OPC Data eXchange) erhalten. OPC DX hat andere Zielsetzungen als das ursprüngliche OPC, was nach wie vor zum Austausch von Standard-Prozessdaten eingesetzt wird.

Mit OPC DX wird versucht, eine gemeinsame Schnittstelle zu schaffen, die die heterogenen Architekturen verschiedener Ethernet-Kommunikationsprotokolle vereint. Dabei setzt OPC DX auf die Festlegung eines Standards für den zyklischen Austausch von zeitunkritischen Systemen verschiedener Hersteller.

Der Prozessdatenaustausch muss lokal (in Ethernet-Netzwerken) und global (über Intranet/Internet) möglich sein. Dabei setzt OPC DX auf dem bekannten OPC Data Access Standard auf. Die Funktionen für Data Access und Data Exchange wurden für den Provider und für den Client definiert, sodass eine gleichberechtigte Kommunikation zwischen allen Systemen möglich ist. Im Zusammenhang von OPC DX spricht man häufig von einer Server-to-Server Kommunikation, da es möglich ist, steuerungsübergreifend Prozessdaten weiterzuleiten.

OPC Data Access

Ein OPC-Server ist ein DCOM-Objekt, welches als Container für die Objekte einer bestimmten Gruppe dient. Eine Gruppe enthält Items, welche die entsprechenden Daten darstellen. Die Daten selbst können Echtzeitdaten (Sensoren), Steuerungsvariablen (Start/Stop/Run etc.) oder Zustandsvariablen (OK, Error, Ready usw.) sein. Dabei macht die OPC-Spezifikation keine Vorschriften über die Bedeutung der Daten. Deren Definition und Zuweisung zu Groups ist dem Lieferanten, also dem Hersteller des Geräts, des OPC Data Access Servers überlassen. Über das OPC Data Access Server Interface können den Clients beliebige Daten zur Verfügung gestellt werden. Der Zugriff auf die Daten erfolgt über Namen (Strings), welche wiederum vom Server definiert werden.

OPC Alarm und Event Server

Zum Alarm und Event Handling erzeugt die Steuerung, das E/A-System oder auch ein Netzwerkteilnehmer Ereignisse, die möglichst sofort signalisiert werden müssen. Dabei wird unterschieden zwischen Alarmen, die aus Sensorsignalen (Über-/Unterschreiten von Grenzwerten, Ansprechen von End-/Niveauschaltern, Notabschaltung von Motoren etc.) oder aus Steuerungsvariablen (unerlaubte Zustände, Time-Outs, Materialflussfehler etc.) generiert werden. Ereignisse (Events) sind typischerweise das Resultat von Steuerungsfunktionen (z. B. Ende eines Verarbeitungsschritts, Anforderung neuer Teile usw.).

Die Ereignisse werden vom Lieferanten des Servers definiert und stehen den Clients über das OPC-Interface zur Verfügung. Die Funktion des Servers beruht auf dem Subskriptions-Prinzip: Clients tragen sich in einer Tabelle ein und spezifizieren die Alarme und Events, welche ihnen signalisiert werden sollen.

OPC XML-DA

Mit OPC XML-DA wurde eine webbasierte Schnittstelle geschaffen. Die Funktionalität ist ähnlich der normalen Data Access Schnittstelle welche die erste und immer noch wichtigste Schnittstelle bei OPC ist. Mit dem Webservice steht OPC auch auf anderen Plattformen wie z. B. Linux zur Verfügung. Mit Webservice Toolkits für C/C++ oder Java können Hersteller einen OPC XML-DA Client und/oder Server entwickeln. Im Gegensatz zu DCOM verwenden Webservices einfach Port 80 (http) was es einfacher macht durch Firewalls zu kommunizieren oder den Datenverkehr zu tunneln.

Unified Archictecture beschreibt eine neue Generation von OPC Servern. Diese Spezifikation soll die bisherigen Spezifikationen Data Access, Alarm & Events, Historical Data Access, Data eXchange, Batch und Security vereinen. Es wird nur noch einen Adressraum mit Objekten geben, die Werte beinhalten, Alarme senden, eine Historie besitzen und wie bei DX verschaltet werden können. Die unterschiedlichen Browser-Interfaces werden so durch ein einheitliches Browsing ersetzt.

3.3.6 SNMP-OPC-Gateway

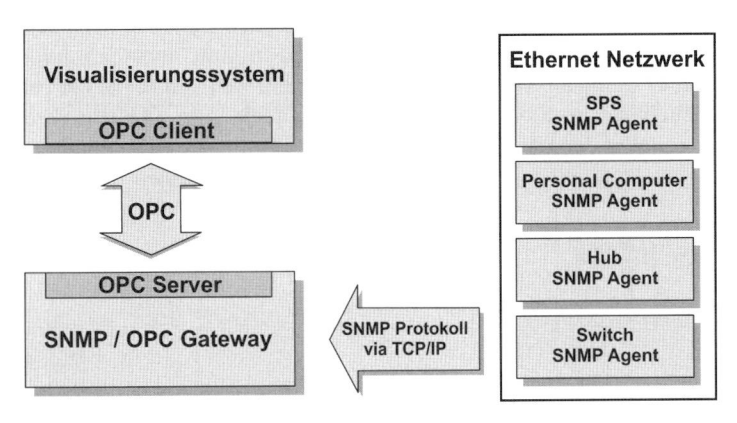

Bild 3.13 Von SNMP nach OPC

Neben den Standard-Prozessdaten, soll es natürlich ebenso möglich sein, auf andere wichtige Nachrichten oder Ereignisse in einem Netzwerk zu reagieren, bzw. die Daten anzuzeigen. Mit Hilfe eines SNMP-OPC-Gateways ist es möglich, auch die in der IT-Technik verwendeten SNMP-Dienste in eine Standard Visualisierung einzubinden.

Wie in der Grafik dargestellt, werden die gewohnten Prozessdaten von den Geräten und ihren zugehörigen OPC-Servern an die OPC Schnittstelle der eingesetzten Visualisierung übergeben. Daneben werden jedoch von den Netzwerkteilnehmern die Prozessdaten in der gleichen Visualisierung dargestellt. Dabei können Gerätezustände, aber auch als SNMP-Traps in der Visualisierung angezeigt werden. Die Traps werden parallel zur Visualisierung auch in das Netzwerk gesendet, so dass andere Tools bzw. SNMP-Trap-Receiver in der Lage sind, die Daten der Netzwerkteilnehmer zu empfangen.

Damit ergibt sich für den Anwender die Möglichkeit, Prozessdaten und Netzwerknachrichten in einer Visualisierung gleichzeitig zu betreiben.

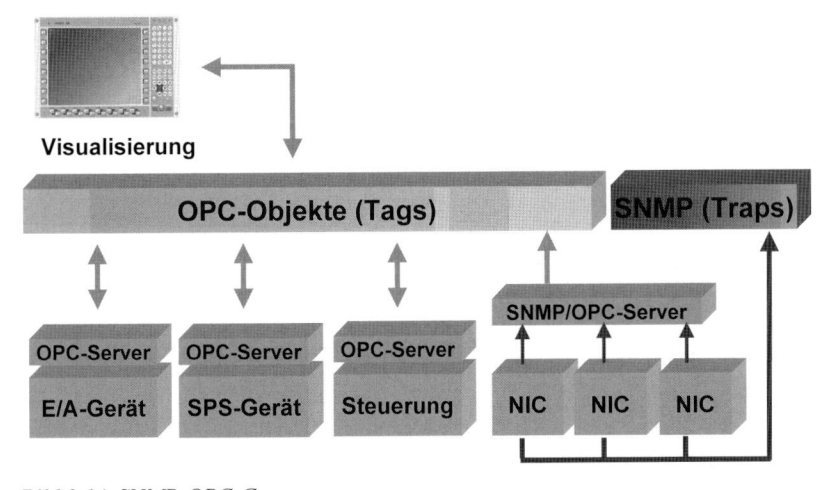

Bild 3.14 SNMP-OPC-Gateway

Im SNMP-OPC-Gateway sind die verwalteten Geräte in einer Ordner-Struktur zusammen gefasst. Dabei werden alle Daten und Meldungen an die Visualisierungsschnittstelle übergeben, die in der MIB definiert sind. In den MIB´s der verschiedenen Geräte können auch unterschiedliche Informationen hinterlegt sein. So macht es keinen Sinn, etwa eine Information über eine redundante Spannungsversorgung zu hinterlegen, wenn diese bei der verwendeten Hardware gar nicht vorgesehen ist. Das heißt aber auch, dass alle relevanten Informationen durch den Ersteller der MIB berücksichtigt werden sollten, da diese definierten Objekte dann in der Visualisierung angezeigt und überwacht werden sollen.

Geräte im SNMP-OPC-Gateway

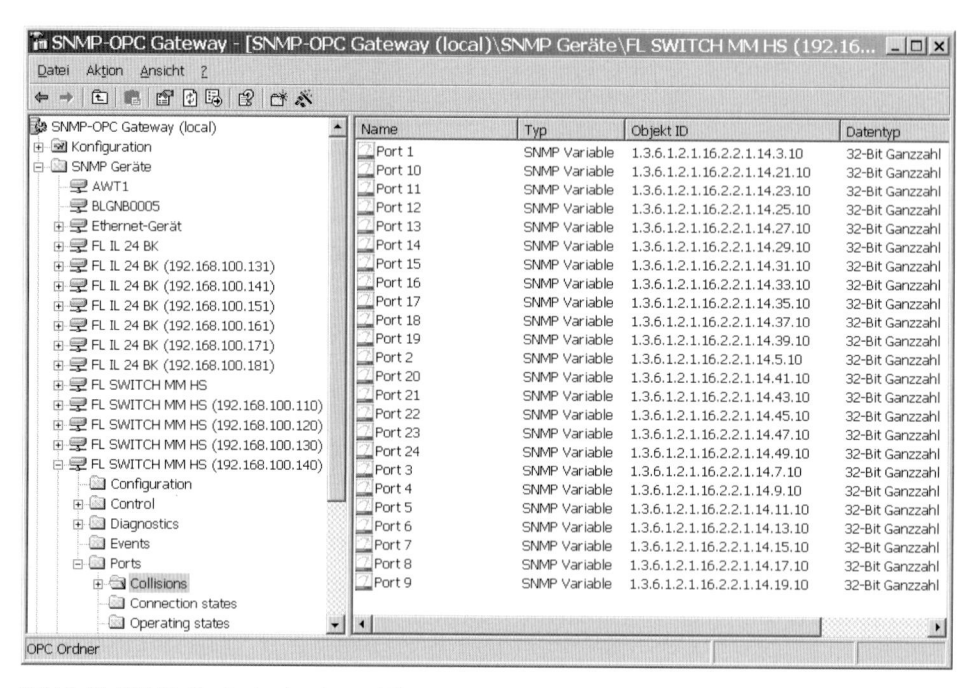

Bild 3.15 SNMP-Geräte in der Auswahlliste

Zum einen besteht die Möglichkeit, auf alle definierten Objekte in einem geeigneten Alarm-Server zu reagieren, in dem der TAG-Browser auf das SNMP-OPC-Gateway eingerichtet wird.

3.3 SNMP OPC 173

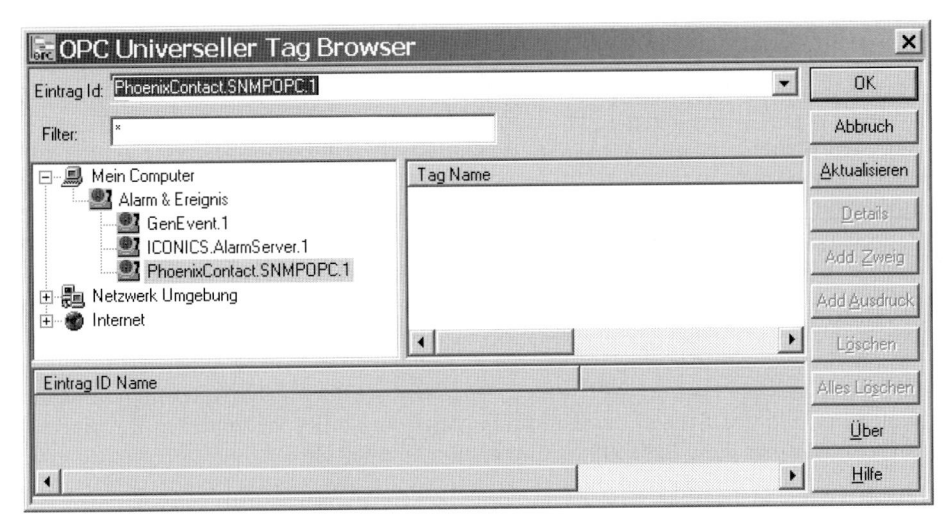

Bild 3.16 *Alarm- und Event-Tag-Browser in einer Visualisierung*

In diesem Fall werden alle Meldungen, die von den Netzwerkteilnehmern kommen in einem speziellen Alarm- und Event-Interface angezeigt. Dieses Interface bietet seinerseits sehr viele Einstellparameter, und variiert zwischen den unterschiedlichen Visualisierungen. Aber auch die universellen Tags können von Standard-Visualisierungen gelesen und angezeigt werden. In diesem Fall wird jeder einzelne Datenpunkt aus dem SNMP-OPC-Gateway ausgelesen. Dabei verhält sich der Server wie ein Standard-Server für Prozessdaten und wird in der Visualisierung einfach ausgewählt. Danach kann jedes Ereignis oder auch ein Betriebszustand in der Visualisierung angezeigt werden.

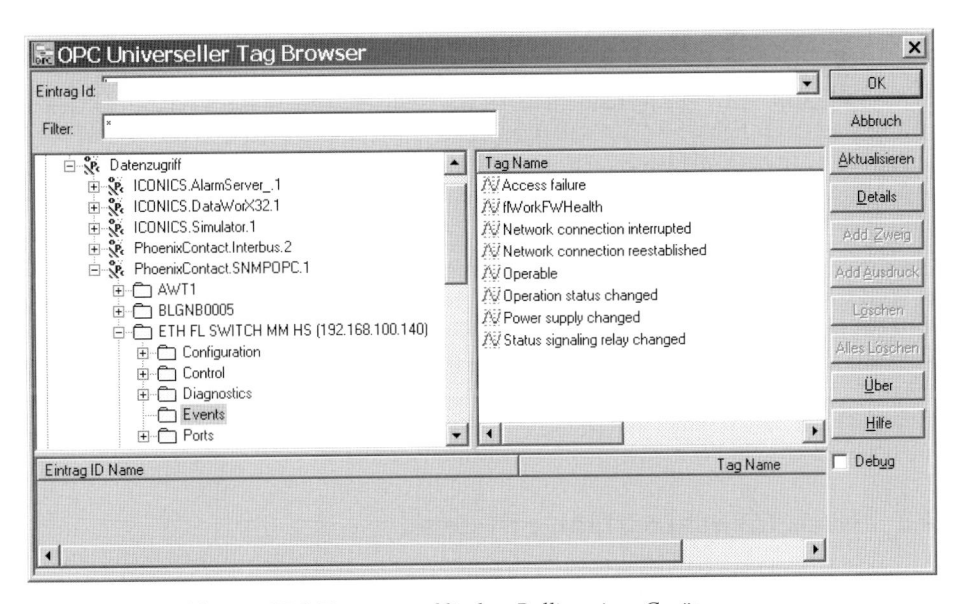

Bild 3.17 *Auswahl eines OPC-Tags zum zyklischen Polling eines Geräts*

3.4 Echtzeit-Ethernet-Kommunikation

3.4.1 Allgemeine Situation

Für die zukünftigen Standards zur Echtzeitkommunikation auf der Basis von Ethernet gibt es unterschiedliche Anforderungen in Bezug auf die Hardware der Steuerungen, der I/O-Endgeräte und auf die zu verwendende Infrastruktur. Dabei ist zu berücksichtigen, dass die verschiedenen Architekturen auch auf unterschiedlichen Techniken der Ethernet-Kommunikation aufsetzen. So setzt EtherNet/IP eine besonders leistungsfähige Switch-Technologie voraus, dafür ist die Umsetzung in den I/O-Komponenten vergleichsweise einfach. Powerlink dagegen verlangt als Infrastruktur die Hub-Technologie, da man davon ausgeht, dass durch die zeitlich geregelte Abfolge der Kommunikation keine Kollisionen auftreten. Bei Ethercat und bei Profinet IRT werden spezielle ASICs in die Netzwerkteilnehmer implementiert, die das Senden der Teilnehmerdaten zu vorher verhandelten Zeitpunkten zulassen, sodass hier harte Echtzeitkommunikation möglich ist.

Wann ein System echtzeitfähig ist, ist grundsätzlich abhängig von den Anforderungen der jeweiligen Applikation. Dabei werden die klassischen Feldbusse wie Profibus, Interbus oder DeviceNet / CAN heute als echtzeitfähig bezeichnet. Dabei ist die Echtzeitfähigkeit in allen Fällen eine Frage der Definition. Wenn die Signale und die dabei entstandenen Reaktionszeiten für die Aufgabe ausreichend sind, wird das als Echtzeit bezeichnet. Wenn in dieser Zeit auch noch ein absoluter Determinismus eingehalten wird, bezeichnet man die Systeme als „hart echtzeitfähig". Mit einem deterministischen System wie Sercos und Interbus kann ein CPU-Signal bis auf eine systembedingte Abweichung (dem Jitter) auf einige, wenige Mikrosekunden berechnet werden. Gerade in diesem Zusammenhang der Echtzeitfähigkeit und auch dem Determinismus offenbart das Ethernet mit seiner Standard-TCP/IP-Kommunikation seine größten Schwächen.

Man kann also sagen, dass die Fähigkeit eines Systems, unter allen Umständen und in allen Betriebsbedingungen auf alle Ereignisse korrekt und rechtzeitig zu reagieren, als Echtzeitfähigkeit bezeichnet werden kann. Üblicherweise übersetzt man die Anforderung nach Echtzeit-Fähigkeit mit einer garantierten Antwortzeit. Außerdem wird häufig zwischen harten und weichen Echtzeit-Anforderungen einer Anwendung unterschieden. Dabei wird eine Anforderung dann als harte Echtzeit-Anforderung eingestuft, wenn deren Verletzung eine Fehlfunktion in der Anwendung verursacht. Dagegen führt die Verletzung einer weichen Echtzeit-Anforderung lediglich zu einem Verlust der Leistungsfähigkeit.

In einem System aus verteilten Komponenten spielen nicht nur die Eigenschaften der Komponenten, sondern auch die Eigenschaften des verwendeten Busses zwischen den Teilnehmern eine wichtige Rolle. Als anzurechnende Größen sind Parameter des Kommunikationssystems zu betrachten, wie Netto-Durchsatz (Bandbreite), Latenzzeit, Abweichung der Latenzzeit (Jitter) und Synchronfähigkeit. Als besonders kritisch erweisen sich die Anforderungen an die Synchronität verschiedener, an einer Aufgabe beteiligter Netzknoten, die Operationen auch zeitgleich, d. h. simultan, ausführen müssen.

3.4.2 Basis für echtzeitfähige Systeme

Grundsätzlich sollte ein System bestimmte Voraussetzungen erfüllen, um bei Nutzung von Ethernet echtzeitfähige Bedingungen realisieren zu können. Dabei ist zu berücksichtigen,

3.4 Echtzeit-Ethernet-Kommunikation

dass ein System dann echtzeitfähig ist, wenn die eingesetzten Komponenten über die entsprechenden Voraussetzungen verfügen:

– Die Endgeräte müssen Informationen innerhalb einer vorgegebenen Zeit verarbeiten.
– Die Datenübertragung zwischen den Teilnehmern muss in einer deterministischen Zeit erfolgen. Der ursprüngliche CSMA/CD-Ansatz des Ethernet ist ungeeignet, da Kollisionen und damit Zeitverzögerungen nicht auszuschließen sind. Gegenwärtig gibt es unterschiedliche Strategien, um ein deterministisches Zeitverhalten bei der Kommunikation zwischen zwei Knoten mit Ethernet zu erreichen:

  – Die Netzauslastung wird stark reduziert, um auf diese Weise die Kollisionswahrscheinlichkeit gering zu halten. Da Ethernet über eine für viele Anwendungen ohnehin viel zu üppige Bandbreite verfügt, kann die geringe Effizienz meist toleriert werden.
  – Ethernet erlaubt Vollduplex-Kommunikation zwischen zwei Knoten über getrennte Sende- und Empfangskanäle. Hierbei wird die Kollisionsüberwachung in den Knoten deaktiviert, so dass zu jedem beliebigen Zeitpunkt störungsfrei bis zum nächsten Knoten übertragen werden kann.
  – Die Verteilung der Ethernet-Telegramme durch Switches muss in einer festen Zeit abgewickelt werden. Dabei sind einige Besonderheiten zu berücksichtigen. Die Weiterleitungszeit kann von der Netzauslastung abhängen, da die Ethernet-Frames zwischen Ein- und Ausgangsspeicher sortiert werden müssen und die Gesetzmäßigkeit der „Warteschlangentheorien" zur Anwendung kommen kann. Dies gilt besonders dann, wenn Datenpakete aus unterschiedlichen Verbindungen gebündelt werden müssen. Das können beispielsweise Daten sein, die in Echtzeit zur Steuerung geroutet werden sollen, und Telegramme die Ein- und Ausgangsdaten für eine Visualisierung auf dem Standard-TCP/IP-Pfad bereitstellen sollen. Eine Möglichkeit, um den Engpass der Warteschlangen zu entschärfen, besteht in der Priorisierung der zu übertragenden Pakete. IEEE 802.1 P ist eine Erweiterung der für die Verwendung von virtuellen LANs (VLAN) in IEEE 802.1 Q spezifizierten Erweiterungen der Ethernet-Frames. 802.1 Q beschreibt einen 32 Bit langen VLAN-Tag, der dem MAC-Rahmen hinzugefügt wird und sowohl die zwölf Bit lange VLAN-ID als auch eine drei Bit lange Prioritätskennung enthält. Diese Kennung unterscheidet somit acht Prioritätsstufen, die in IEEE 802.1P festgelegt sind. Diese acht Bit können also zur Priorisierung genutzt werden, um die Echtzeitdaten als hochpriore Informationen schnell zur Steuerung zu leiten. Dieses Verfahren gibt es auch in herkömmlichen EDV-Netzen, beispielsweise um Video- oder Voice over IP-Anwendungen zu realisieren. Diese Daten müssen ebenfalls auf dem Weg durch die Infrastruktur innerhalb der Switches als hochprior erkannt werden, und niederpriore Telegramme müssen gegebenenfalls innerhalb eines Switch in einem geeigneten, internen Speicherbereich (seiner Queue) zwischengepuffert werden. Dieser Mechanismus greift in Netzwerken allerdings erst ab einer Netzlast größer als 50 % und wird daher nur in bestimmten Architekturen eine Rolle spielen. Auch Profinet-RT-Daten sind priorisiert, und zwar mit der höchstmöglichen Stufe von Sieben.

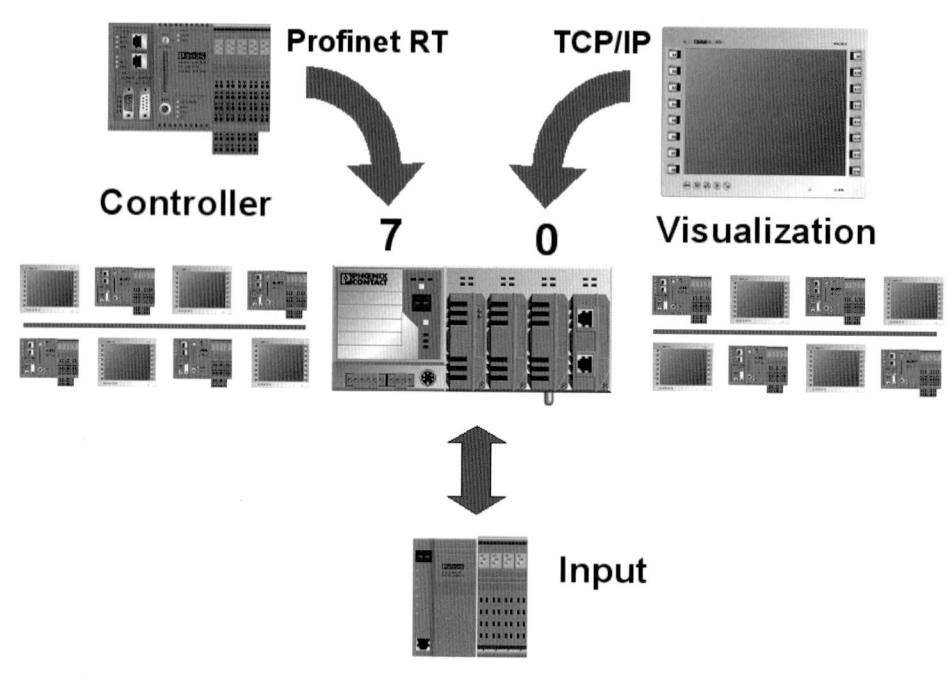

Bild 3.18 Priorisierung von Datenströmen

In Netzen mit redundanten Pfaden müssen Broadcast-Stürme verhindert werden. Die automatische Konfiguration der Netze kann auf der Basis des Spanning Tree Protocol (STP) unter Umständen einige Minuten in Anspruch nehmen. Die Weiterentwicklung dieses Algorithmus ist in der IEEE 802.w verabschiedet und ist unter dem Namen Rapid Reconfiguration Spanning Tree oder Fast Spanning Tree realisiert. Mit Hilfe dieses Algorithmus ist eine Umschaltzeit innerhalb weniger Sekunden möglich.

Spanning Tree

Das Spanning Tree Protocol (STP) dient zur Vermeidung redundanter Netzwerkpfade (Schleifen) im LAN, speziell in geswitchten Umgebungen. Es ist in der IEEE-Norm 802.1D standardisiert.

Netzwerke dürfen zu jedem möglichen Ziel immer nur einen aktiven Pfad haben, um zu vermeiden, dass Datenpakete dupliziert werden und mehrfach am Ziel eintreffen, was zu Fehlfunktionen in darüber liegenden Netzwerkschichten führen könnte und die Leistung des Netzwerks vermindern kann.

Auf der anderen Seite ist es gerade gewünscht, dass redundante Netzwerkpfade als Backup für den Fehlerfall zur Verfügung stehen. Der Spanning-Tree-Algorithmus wird beiden Bedürfnissen gerecht. Zur Kommunikation zwischen den Bridges wird das Bridge Protokoll genutzt. Die Pakete dieses Protokolls werden Bridge Protocol Data Unit (BPDU) genannt.

3.4 Echtzeit-Ethernet-Kommunikation

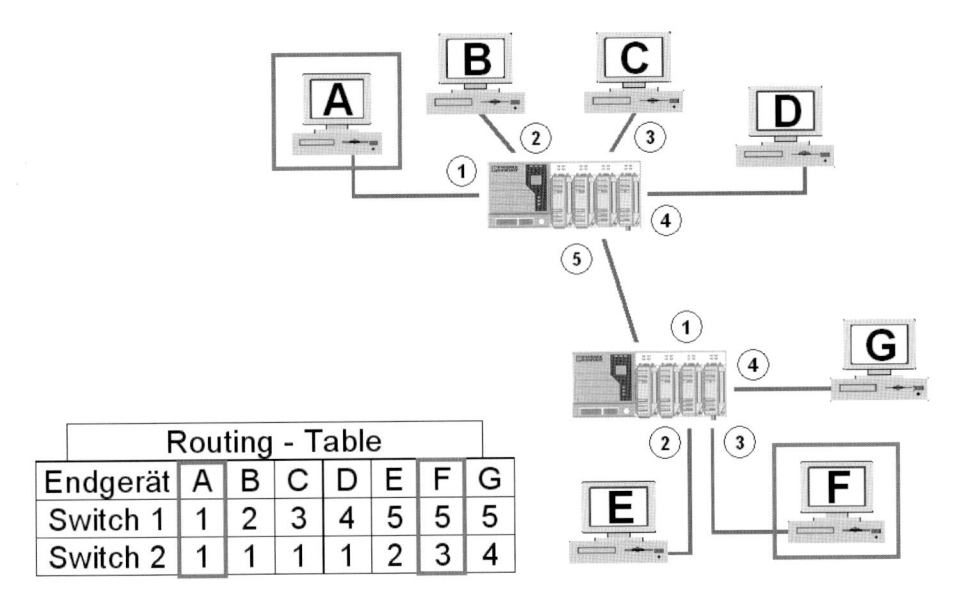

Routing - Table							
Endgerät	A	B	C	D	E	F	G
Switch 1	1	2	3	4	5	5	5
Switch 2	1	1	1	1	2	3	4

Bild 3.19 *Beispiel-Kommunikation zweier Teilnehmer*

Zunächst wird unter den Spanning-Tree-fähigen Switches im Netzwerk eine sogenannte Root Bridge gewählt, die als Wurzel im Netzwerk arbeitet. Das kann beispielsweise ein Switch sein, der vom Projektierer leicht erreichbar ist oder der an exponierter Stelle im Netzwerk zur Verfügung steht.

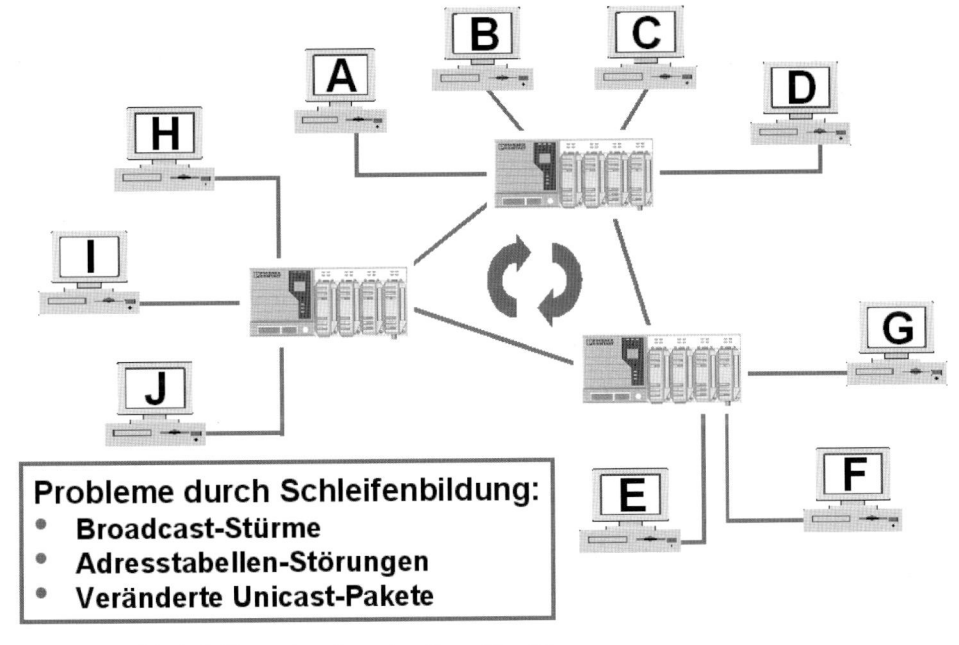

Probleme durch Schleifenbildung:
- Broadcast-Stürme
- Adresstabellen-Störungen
- Veränderte Unicast-Pakete

Bild 3.20 *Schleifenbildung ohne Spanning-Tree-Algorithmus*

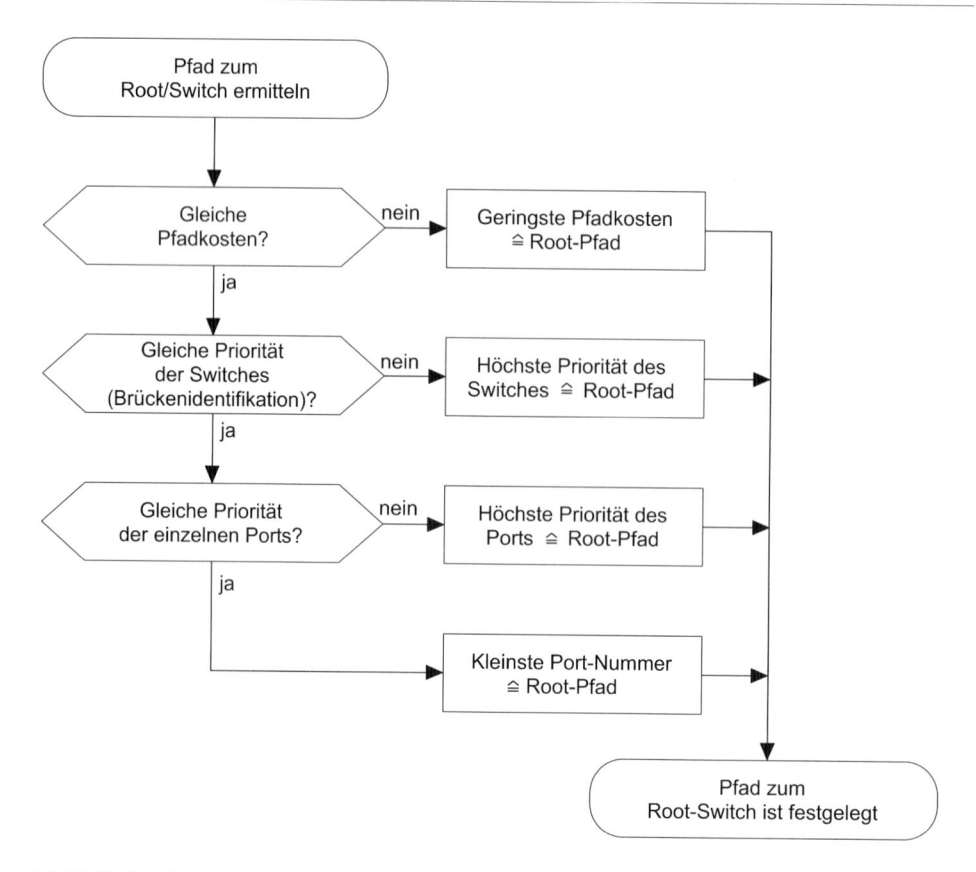

Bild 3.21 *Festlegung der Rootbridge*

Dies geschieht, indem alle Bridges ihre Bridge-ID (die jede Bridge besitzt) an eine bestimmte Multicast-Gruppe mitteilen. Die Bridge mit der niedrigsten ID wird zur Root Bridge. Sollte die ID identisch sein, wird als nächstes Kriterium die MAC-Adresse der Komponenten benutzt. Von der Root Bridge aus werden die Pfade festgelegt, über die die anderen Bridges im Netzwerk erreichbar sind. Sollten redundante Pfade vorhanden sein, werden die Switches den entsprechenden Port deaktivieren. Die Pfade, über die kommuniziert werden darf, werden anhand von Pfadkosten bestimmt, die die dortige Bridge übermittelt. Die Kosten sind abhängig vom Abstand zur Root Bridge und dem zur Verfügung stehenden Uplink zum Ziel. Ein 10 MBit/s-Uplink hat beispielsweise höhere Pfadkosten als ein 100 MBit/s-Uplink zum gleichen Ziel und würde dabei nicht berücksichtigt. Auf diese Weise ist jedes Teilnetz im geswitchten LAN nur noch über eine einzige, die *Designated Bridge* erreichbar.

Die Root-Bridge teilt den in der Hierarchie eine Stufe unterhalb liegenden Designated Bridges im Abstand von zwei Sekunden mit, dass sie noch da ist, woraufhin die empfangende Designated Bridge ebenfalls an nachfolgende Bridges die entsprechende Information senden darf. Wenn diese Hello-Pakete ausbleiben, hat sich folglich an der Topologie des Netzwerks etwas geändert und das Netzwerk muss sich reorganisieren. Diese Neuberechnung des Baums kann bis zu 30 Sekunden in Anspruch nehmen.

3.4 Echtzeit-Ethernet-Kommunikation

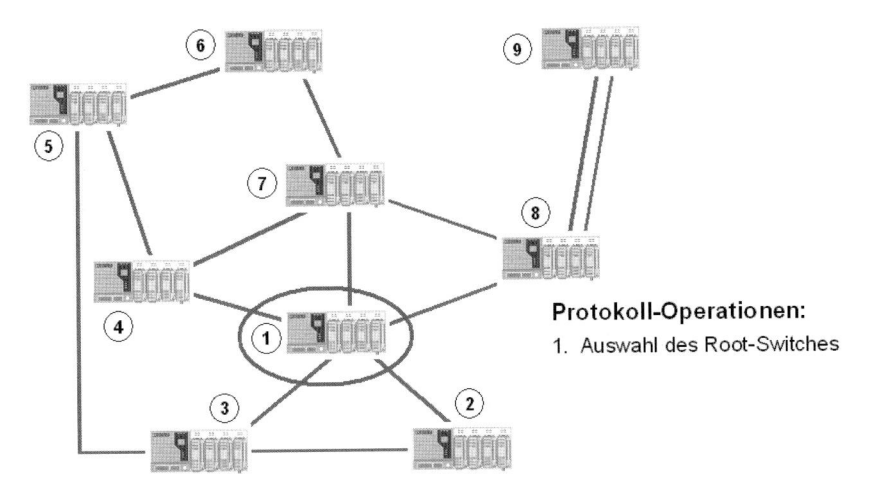

Protokoll-Operationen:
1. Auswahl des Root-Switches

Bild 3.22 Festlegung der Root-Bridge

Während dieser Zeit dürfen die Spanning-Tree-fähigen Bridges außer Spanning-Tree-Informationen keine Pakete im Netzwerk weiterleiten. Dies ist einer der größten Kritikpunkte am Spanning Tree-Algorithmus, da es möglich ist, mit gefälschten Spanning-Tree-Paketen eine Topologieänderung zu signalisieren und das gesamte Netzwerk für bis zu 30 Sekunden lahmzulegen. Um diesen potenziellen Sicherheitsmangel zu beheben, aber auch, um bei echten Topologieänderungen das Netzwerk schnell wieder in einen benutzbaren Zustand zu bringen, wurden schon früh von verschiedenen Herstellern Verbesserungen am Spanning-Tree-Algorithmus und dem dazugehörigen Protokoll erdacht. Eine davon, das Rapid Spanning Tree Protocol (RSTP) ist inzwischen zum offiziellen IEEE-Standard 802.1w geworden. Die Idee hinter RSTP ist, dass bei signalisierten Topologieänderungen nicht sofort die Netzwerkstruktur gelöscht wird, sondern erst einmal weiter gearbeitet wird und Alternativrouten berechnet werden. Erst danach wird ein neuer Baum zusammengestellt. Die Ausfallzeit des Netzwerks lässt sich so von 30 Sekunden auf unter eine Sekunde reduzieren.

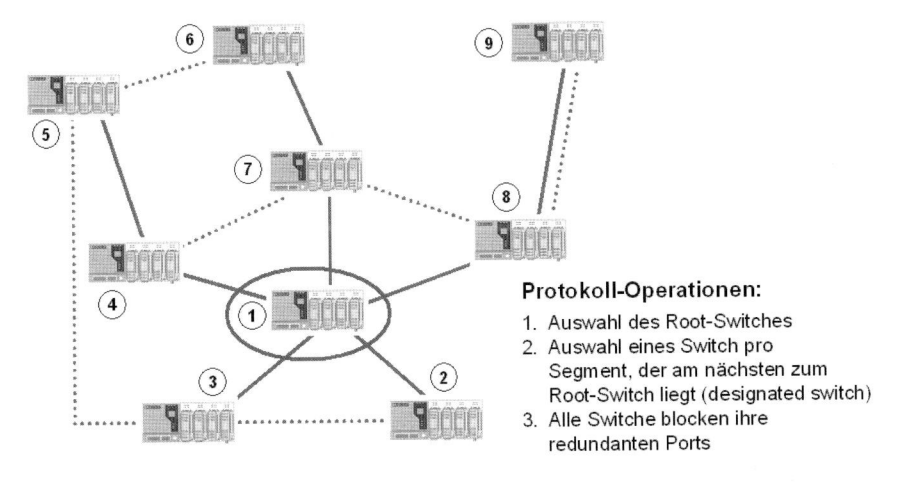

Protokoll-Operationen:
1. Auswahl des Root-Switches
2. Auswahl eines Switch pro Segment, der am nächsten zum Root-Switch liegt (designated switch)
3. Alle Switche blocken ihre redundanten Ports

Bild 3.23 Abschaltung der redundanten Pfade

3.4.3 Synchronisation

Die Sicherstellung der Echtzeit-Fähigkeit ist bei dezentral organisierten Netzwerkprotokollen wie Ethernet deswegen so schwierig, weil die Übertragungsbereitschaft der Stationen nicht koordiniert wird. Jede Station beginnt die Übertragung dann, wenn sie von der darüber liegenden Protokollschicht ein Datenpaket zur Weiterleitung erhält und der Übertragungskanal als frei angesehen wird. Der Zeitpunkt, wann der Ethernet-Controller von der IP-Schicht ein Datenpaket erhält, ist abhängig von den externen oder internen Ereignissen an der Station und wird typischerweise durch ein statistisches Modell beschrieben.

Ein deterministisches Verhalten ist mit den beiden, zurzeit in verschiedenen Protokollen umgesetzten Ansätzen, zu erreichen, die im Folgenden beschrieben sind:

– Der Einsatz von Zeitstempeln erlaubt die zeitliche Zuordnung der Rahmen, auch wenn die eigentliche Übertragung nicht mehr synchronisiert wird.

– Eine synchrone Kommunikation mit festgelegten Zeitrastern und festen Zeitschlitzen für jede Information und jedes Gerät erlaubt eine kollisionsfreie Übertragung im Zeitmultiplex (TDMA – Time Division Multiple Access).

Voraussetzung für beide Verfahren ist, dass alle Stationen mit der gleichen synchronen Zeitbasis arbeiten. Es stellt sich also das grundsätzliche Problem, wie die Uhren verteilter Stationen synchronisiert werden können, wenn auf den Übertragungsstrecken zunächst keine deterministische Kommunikation stattfindet. Für diese Problematik sind viele Ansätze entwickelt worden. Zwei der wichtigsten werden in den folgenden Abschnitten beschrieben. Darüber hinaus sei der einfache, aber oft effiziente Message-Type „Time" im Internet Control Message Protocol erwähnt.

NTP und SNTP

Das Network Time Protocol wird eingesetzt bei der Synchronisation verteilter Time-Server und Clients. Im hierarchischen NTP-Modell werden mehrere Referenzquellen als primäre Time-Server an allgemein zugängliche Netzwerkteilnehmer angeschlossen. Die primären Time-Server (Stratum One) enthalten eine Referenzuhr, die meist auf einem GPS-Signal, einer Funk-Zeitfrequenz oder – in autonomen Systemen – auf einer internen Uhr basiert. Die Aufgabe des NTP besteht nun darin, die Zeit-Informationen zwischen diesen primären Servern und untergeordneten Servern zu koordinieren. NTP weist folgende zentrale Eigenschaften auf:

– NTP greift auf die Internet-Ressourcen über UDP/IP zu.

– NTP unterscheidet bis zu 15 verschiedene Server-Ebenen, wobei die Genauigkeit mit höherer Hierarchieebene steigt.

– NTP stellt einen umfangreichen Management-Modus zur Verfügung, der insbesondere dann benötigt wird, wenn das Netzwerk keinen stabilen und verlässlichen Rahmen darstellt.

– NTP verfügt über ein aufwändiges statistisches Bewertungssystem für die Master-Uhren.

NTP benötigt generell eine Realisierung, die nur auf leistungsfähigen Mikroprozessoren lauffähig ist. NTP weist eine große Verbreitung auch im Public-Domain-Bereich auf. Ins-

3.4 Echtzeit-Ethernet-Kommunikation

besondere für kostengünstigere Systeme der Automatisierungstechnik wurde mit dem Simple Network Time Protocol (SNTP) eine vereinfachte Version entwickelt. SNTP liegt mittlerweile in der Version 4 vor und erlaubt einen einfachen, zustandslosen Betrieb über Remote-Procedure Calls (RPC). SNTP ist an die Algorithmen des UDP/TIME-Protokolls angelehnt.

SNTP unterschiedet drei Arten der Übertragung:

– **Unicast:** Ein Client sendet eine Anfrage an die Unicast-Adresse eines bestimmten Time-Servers und enthält eine Antwort, aus der er die Zeit ableiten kann.

– **Multicast:** Ein Time-Server sendet periodische Nachrichten mit der aktuellen Zeit an eine Gruppe von Clients, die über eine Multicast-Adresse erreichbar sind.

– **Anycast:** Ein Client sendet eine Anfrage an eine lokale Multicast- oder Broadcast-Adresse. Diese Anfrage wird von einem oder mehreren Time-Servern empfangen und beantwortet. Der Client identifiziert die erste Antwort und greift in der Folge per Unicast auf diesen Time-Server zurück.

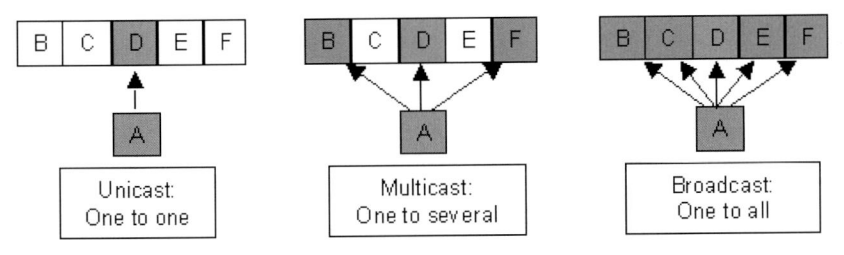

Bild 3.24 Nachrichtenübertragungsarten

IEEE-1588-Standard

Der IEEE-1588-Standard hat den Titel "Standard for a Precision Clock Synchronization Protocol for Networked Measurement and Control Systems", kurz Precision Time Protocol (PTP). Er definiert eine Methode und ein Verfahren, um viele räumlich verteilte Echtzeit-Uhren zu synchronisieren, die über ein paketvermittelndes Netzwerk miteinander verbunden sind. PTP ist für den Einsatz über Ethernet ausgerichtet, aber nicht hierauf beschränkt. Prinzipiell kann jedes andere paketvermittelnde Protokoll, das Multicast-Adressen unterstützt, ebenso genutzt werden. Das Konzept isoliert die CSMA/CD-Schicht von der oberen Anwendungsschicht. In der Praxis lässt sich so die Steuerung eines Prozesses vom Datenübertragungsprotokoll abkoppeln.

Der IEEE-1588-Standard ist optimiert

– für kleinere Netzwerke, die aus einigen wenigen Teilnetzen bestehen,

– auf geringen Ressourcenverbrauch, sowohl in Bezug auf die benötigte Bandbreite als auch für die Rechenleistung und den Speicherumfang der Endknoten und

– auf minimalen Verwaltungsaufwand.

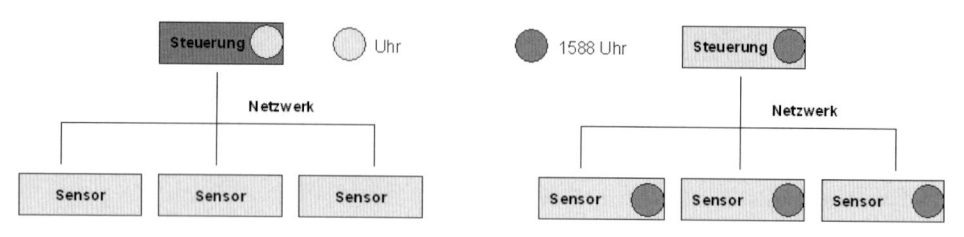

Bild 3.25 *Verteilte Uhren*

Die Grundidee besteht auch darin, dass autarke, vernetzte Messgeräte mit zueinander synchronisierten System-Uhren in der Lage sind, Messwerte aufzunehmen und diese mit einem Zeitstempel zu versehen. Auf Basis des Zeitstempels lassen sich zu einem späteren Zeitpunkt zusammengehörige Werte einander zuordnen.

Der IEEE-1588-Standard setzt sich aus fünf Bereichen zusammen:

– Ein Verfahren zur automatisierten Segmentierung eines PTP-Netzwerks,

– Auslegung der PTP-Uhr,

– Synchronisation von vernetzten PTP-Uhren,

Festlegung und Kontrolle der Master-Uhr

Segmentierung

Die konventionelle Methode, koordinierte zeitkritische Messungen durch die gleichzeitige zyklische Übertragung eines Triggersignals an alle Teilnehmer durchzuführen, ist für eine größere Zahl von Teilnehmern nicht praktikabel. Das gilt besonders bei räumlicher Trennung der Teilnehmer, wenn signifikante Unterschiede in den Paketlaufzeiten auftreten. Die bis dahin dominierende zentrale Architektur muss deswegen neuen Ansätzen weichen, die eine dezentrale Verteilung von Uhren vorsieht, die unter Berücksichtigung der Paketlaufzeiten synchronisiert werden.

Ein Kernelement von PTP besteht dabei in der automatischen Segmentierung eines PTP-Netzwerks. Hierbei wird eine Netzstruktur mit ausschließlich azyklischen Verbindungen sichergestellt, da die Berechnung der Punkt-zu-Punkt-Signallaufzeiten in einem System mit zyklischen Verbindungen nahezu unmöglich ist. Offensichtlich kann ein auf Ethernet basierendes PTP-Netzwerk leicht zahlreiche zyklische Verbindungen aufweisen. Jeder Port eines PTP-Systems besitzt eine Uhr. Das Protokoll kann alle nicht gewollten Verbindungen unterbrechen, indem es die zugehörige Uhr in den PTP-Passivzustand schaltet. Das resultierende Netzwerk besitzt dann nur noch azyklische Verbindungen.

Auslegung der PTP-Uhr

Im PTP wird nicht zwischen einer Software- und einer Hardware-Uhr unterschieden, da für die Anforderung, im Submikrosekundenbereich arbeiten zu können, ohnehin eine Hardware-Unterstützung nötig ist. Die Fehler, die durch Software-Jitter hervorgerufen werden, lassen sich sonst nicht ausgleichen. Die Auslegung der PTP-Uhr berücksichtigt Fehlerquellen durch Kommunikations-Jitter.

PTP sieht hier folgende Lösung vor: Wenn alle Busteilnehmer angeschlossen und ansprechbar sind, etabliert sich ein Teilnehmer als Masteruhr (Grandmaster Clock). Im Bild ist dies

3.4 Echtzeit-Ethernet-Kommunikation

der Teilnehmer A. Er schickt ein erstes softwaregeneriertes Sync-Telegramm auf den Bus, das die lokale Uhrzeit (T aa) und eine Abschätzung der Protokoll-Stack-Latenz (Software-Latenz) beinhaltet. Die aktuelle Sendezeit wird von einer Hardwareuhr T ab aufgenommen, an den Softwaretreiber übergeben und in einem zweiten Follow-Up-Telegramm verschickt. Der Empfänger kann nun auf Basis des ersten Telegramms, des Follow-Up-Telegramms und seiner eigenen Uhr (T ad und T bd) die Zeitdifferenz zwischen seiner Uhr und der Masteruhr berechnen. Unter Berücksichtigung der Quarz-Driftrate holt der Slave den Master ein. Der Synchronisationsprozess wiederholt sich im Sync-Telegramm-Takt. Die erforderliche Taktrate hängt von der gewünschten Genauigkeit, der Quarz-Stabilität und von Temperaturschwankungen im System ab. Die im Protokoll einstellbaren Werte reichen von 0,125 Hz bis 0,5 Hz.

Bild 3.26 *Uhren-Synchronisation*

Festlegung der Master-Uhr

Die Kontrolle der Master-Uhr unterliegt dem Best-Master-Clock-(BMC)-Algorithmus. Jede PTP-Uhr muss ihre Eigenschaften in einem spezifizierten, allen Bus-Teilnehmern zugänglichen Daten-Set offenlegen. Damit können die Teilnehmer entscheiden, ob sie als Master oder als Slave arbeiten wollen.

Setzt sich IEEE 1588 durch?

Mit dem IEEE-1588-Standard wird der Versuch unternommen, die Synchronisation für Echtzeit-Ethernet zu standardisieren. Allerdings ist vor dem übergreifenden Einsatz noch eine Reihe von Hürden zu überwinden:

- IEEE 1588 muss sich gegen eine Reihe konkurrierender Synchronisationsprotokolle etablieren.
- Die Synchronisationsmethode ist nur die Grundlage, um die Echtzeit-Fähigkeit des Gesamtsystems zu erreichen. Sie entscheidet noch nicht über die Zugriffsmethode durch die höheren Schichten, also z. B. durch TCP/IP.

– In diesem Zusammenhang spielt die Kopplung zwischen nichtsynchronisierten und synchronisierten Netzbestandteilen eine wichtige Rolle, die vor dem Hintergrund der durchgängigen Verschaltung von Büro- und Produktionsnetzen zentrales Ziel der Bemühungen ist.

Welche Kommunikationsarchitekturen sich auf dem Weltmarkt durchsetzen werden, wird wohl im Wesentlichen auch von der Unterstützung der etablierten Steuerungshersteller abhängen. Zurzeit sind EtherNet/IP und Profinet auf dem nordamerikanischen und dem europäischen Markt Systeme mit einer bereits installierten Basis.

3.5 EtherNet/IP

EtherNet/IP stellt eins von diversen Modellen zur Echtzeitkommunikation auf der Basis von Ethernet dar. Dabei wird, wie bei einigen anderen Systemen, versucht, die große Basis der installierten Feldbusse zu integrieren. Aufsetzend auf dem CIP als Protokoll der Anwendungsschicht, das auch in DeviceNet- und ControlNet-Netzwerken zum Einsatz kommt. Mit CIP als offengelegtem Application Layer wird hier aus dem Standard Office-Netzwerk ein Industrial Ethernet – der Name „EtherNet/IP" steht hier für die Erweiterung des Ethernet mit einem IP – nicht Internet Protocol, sondern: Industrial Protocol. Dabei ist das Kommunikationsprotokoll CIP (Control & Information Protocol) in der industriellen Umgebung bekannt und verbreitet. Es bietet sowohl Echtzeit-E/A-Datenaustausch als auch die Übertragung von Informationsnachrichten. EtherNet/IP ist ein offener Protokollstandard. Die physikalische Schicht und die Verbindungsschicht setzen Ethernet gemäß IEEE 802.3 (CSMA/CD) ein, die Netzwerk- und Transportschicht verwendet TCP/IP und UDP/IP. CIP selbst ist in der IEC 61158 Norm (die Normung der Feldbusse) beschrieben. Das EtherNet/IP setzt generell auf der Verwendung von Standard-Hardware-Schnittstellen auf. Das heißt, dass Gerätehersteller auf der vorhandenen CIP-Architektur aufsetzen können. Einige der Möglichkeiten nach Angaben von Rockwell Deutschland:

– Hersteller, die bereits ControlNet- oder DeviceNet-Geräte anbieten, können mit geringem Implementierungsaufwand ihre Geräte an Ethernet anschließen. Bereits vorhandene Geräteprofile für CIP auf DeviceNet/ControlNet können in EtherNet/IP direkt weiterverwendet werden.

– Applikationen, die z. B. mit ControlNet-Geräten laufen, müssen in der Regel nicht angepasst werden, wenn die gleichen Geräte über EtherNet/IP kommunizieren; das Application Layer Interface ist identisch. Endgeräte sprechen eine gemeinsame Sprache.

– Es lassen sich mit geringem Aufwand Netzwerkkoppler zwischen diesen Netzwerken aufbauen, z. B. um von EtherNet/IP nach DeviceNet zu routen oder umgekehrt (dank des gemeinsamen CIP Application Layers ist keine Übersetzung notwendig).

– Der gemeinsame Application Layer sorgt bei Steuerungen für einen gewichtigen Vorteil in der Kombination mehrerer Netzwerke: volle Durchgängigkeit in unterlagerte Netzwerkebenen ohne Proxyserver bzw. Gateway. Das bedeutet: direkter Zugriff auf Online-Daten unterlagerter Systeme, ohne Zwischenspeicherung in der Steuerung. Durch die Integration mit EtherNet/IP in ein bestehendes Netzwerk steht von der E/A-Ebene bis zur Management-Ebene eine einzige, bekannte Schnittstelle für die Anwendung zur Verfügung. EtherNet/IP kommt ohne Änderungen an den unteren vier Netzwerkschichten aus; das bedeutet, dass das Netzwerk aus Standard-Netzwerkkomponenten (COTS, Commercially Off The Shelf) besteht – Anwender sind nicht an proprietäre Produkte eines einzelnen Netzwerkgeräteherstellers gebunden und können z. B. PC's mit marktgängigen Interfaces in das Netzwerk einbinden.

3.5 EtherNet/IP

Um EtherNet/IP echtzeitfähig zu entwickeln, sind also andere Mechanismen notwendig, die sich speziell auf die Infrastruktur und auf die Implementierung einer Vielzahl von Objekten, mit verschiedenen Funktionalitäten in die E/A's – und Steuerungen beziehen. CIP unterstützt den Transport steuerungsrelevanter Daten, die vornehmlich mit E/A-Geräten verbunden sind. Diese Eigenschaft wird als I/O Implicit Messaging bezeichnet. Außerdem unterstützt CIP den Transport von Informationen, wie beispielsweise Konfigurationsparameter oder Diagnosedaten, die das zu steuernde System betreffen. Diese Eigenschaft wird als Explicit Messaging bezeichnet. Der Datentransport von CIP ist hauptsächlich an dem Producer/Consumer-Modell ausgerichtet. Über Geräteprofile unterscheidet EtherNet/IP zwischen verschiedenen Gerätekategorien. Ein Gerät stellt prinzipiell einen Knoten dar. Dieser Knoten enthält eine Sammlung von Objekten. Die Objekte sind in einer Objektbibliothek einzeln erfasst und werden in Geräteprofilen zu bestimmten Geräteklassen selektiert und zusammengefasst. Neben den Objekten gibt es noch unterschiedliche Transportklassen, in denen Telegramme übertragen werden. Da das CIP Protokoll aus der Feldbustechnik stammt und von ControlNet und DeviceNet ebenfalls genutzt wird, gibt es eine Durchgängigkeit zu diesen Netzwerken. Innerhalb von EtherNet/IP sorgt die Encapsulation für die Übertragung dieses Protokolls über TCP/IP. Die unteren Kommunikationsschichten ab der Transportebene bestehen uneingeschränkt aus den Internet Standards TCP/IP, UDP/IP und Ethernet. Neben TCP und UDP können auch alle anderen Dienste innerhalb der Ethernet-Protokolle genutzt werden, sind aber für einen Standard-Betrieb von EtherNet/IP nicht spezifiziert. Um also die verschiedenen Dienste und Daten möglichst effizient über das Netzwerk zu versenden, nutzt EtherNet/IP auch verschiedene Protokolle und Mechanismen.

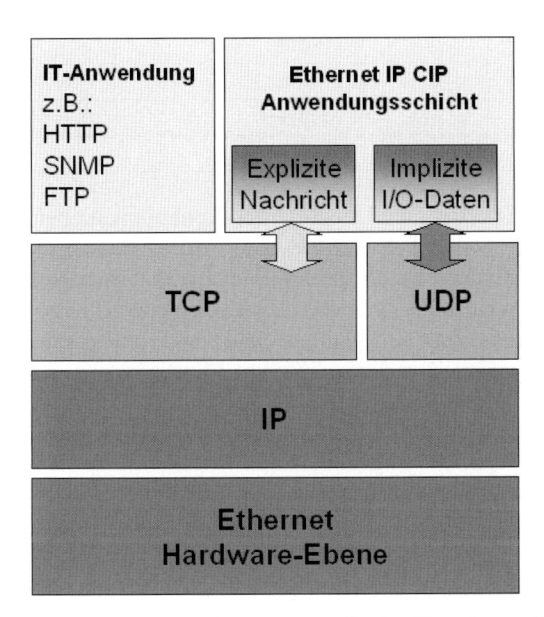

Bild 3.27 EtherNet/IP nutzt verschieden Kanäle zum Datenaustausch

3.5.1 TCP und UDP

Welche Auswirkungen hat die Verwendung von EtherNet/IP auf ein bestehendes Netzwerk und welche Art von Datenverkehr wird erzeugt? Bei der Echtzeit-Datenübertragung für E/A-Steuerungszwecke, steht das „C" im Control & Information Protocol. Der Informationsanteil (I) ist nicht zeitkritisch – dabei ist nur die Tatsache wichtig, dass die Daten auch bei größeren Mengen in der richtigen Reihenfolge garantiert und fehlerfrei ankommen – ein Merkmal, das durch TCP als verbindungsorientiertes Protokoll sichergestellt ist. Bei den Echtzeitdaten kann davon ausgegangen werden, dass Daten, die zu spät ankommen, nicht mehr gültig sind. Hier hat die zeitoptimierte Übertragung Vorrang vor aufwändigen Prüf- und Sicherungsverfahren, und deshalb wird für die impliziten E/A-Daten das verbindungslose UDP wegen der schnelleren Übertragung verwendet; damit werden auch nach einem eventuell verloren gegangenen Frame zeitkritische neue Daten weiter übermittelt. So kombiniert EtherNet/IP die beiden Protokolle TCP und UDP zu einer Datenübertragung mit möglichst hoher Performance.

Tabelle 3.2 *Vergleich der Eigenschaften von TCP und UDP*

Eigenschaft	TCP	UDP
Ende-zu-Ende Kontrolle	Ja	Nein
Zeitüberwachung der Verbindung	Ja	Nein
Flow-Controlle (über das Netz)	Ja	Nein
Reihenfolgerichtige Übertragung	Ja	Nein
Erkennen von Duplikaten	Ja	Nein
Fehlererkennung	Ja	Nein
Fehlerbehebung	Ja	Einstellbar
Adressierung höherer Schichten	Ja	Ja
Three-Way-Handshake	Ja	Nein
Belastung der Systemressourcen	Normal	Gering
Größe des Headers	20 – 60 Byte	8 Byte
Geschwindigkeit	Langsam	Schnell

Explicit Messages sind typische Request/Response- oder Client/Server-Kommunikationen, die immer über das Message Router Object abgewickelt werden. Jede Anfrage enthält die explizite Information (Adress- und Dienstinformation), die der Empfänger zum Generieren der Antwort benötigt. Implicit Messaging Connections beinhalten einen speziellen Übertragungspfad (Port) zwischen einem produzierenden Anwendungsobjekt und einem oder mehreren konsumierenden Anwendungsobjekten. Der Name Implicit Messages zeigt an, dass die Dateninhalte während des Verbindungsaufbaus festgelegt werden und im Betrieb nur der reine Wert der Daten übertragen und anhand der ausgetauschten ConnectionID identifiziert wird. Die Basis für die Objektbeschreibung bildet bei EtherNet/IP die EDS (Electronic Data Sheet), in der die Objekteigenschaften ausgewiesen werden.

Explizite Übertragungsdienste (Explicit Messaging): Die expliziten Übertragungsdienste und Verbindungen stellen Client/Server-Funktionen dar. Sie ermöglichen beispielsweise das Laden von Programmen, das Modifizieren der Gerätekonfiguration, Trendanzeigen oder das Versenden von Diagnosemeldungen. Dabei muss der Client den Request absetzen, der vom Server beantwortet wird. Diese Verbindungen sind Mehrzweckverbindungen und nicht an ein spezielles Objekt gebunden. Das Datenfeld der Nachricht enthält zusätzliche Protokollinformationen für die Dienstausführung und zur Adressierung. Aufgrund der notwendigen Interpretation oder Dekodierung eines jeden Dienstes ist er natürlich weniger effizient, da keine bereitstehenden Puffer ausgetauscht werden können.

3.6 Multicasts

Ein anderes wesentliches Merkmal von CIP ist die Verwendung des Producer-Consumer-Verfahrens. Producer erzeugen Daten am Netzwerk, Consumer empfangen Daten; ein Gerät kann je nach Zeitpunkt entweder Producer oder Consumer sein. Bestimmte vom Producer erzeugte Daten können auch zeitgleich von mehreren Consumern gelesen werden. Bei gleichen Daten für mehrere Teilnehmer ist das ein effizienter Weg, um die Netzauslastung gering zu halten und die Teilnehmer zeitsynchron zu aktualisieren. Üblicherweise dupliziert ein Netzwerk Daten in Form von Rundsendezieladressen (Broadcasts).

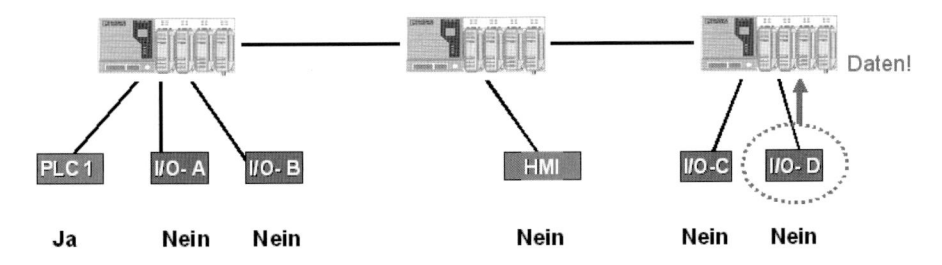

Bild 3.28 *Multicast-Nachrichten*

Switches und Router im Netzwerk übertragen dieses Paket an alle Geräte im Netzwerk, auch wenn viele von ihnen diese gar nicht benötigen (Bandbreite wird verbraucht). Sollen die Informationen nur für Endgeräte, die diese wirklich haben wollen, dupliziert werden, müssen Multicasts verwendet werden. Bei einem Multicast handelt es sich um eine Gruppenadresse. Wenn ein Endgerät ebenfalls die Informationen haben möchte, die an die Gruppe gesendet werden, lässt es sich in diese Gruppe aufnehmen.

Bild 3.29 *Statische Multicast-Gruppen*

3.6.1 Statische Multicast-Gruppen

Statische Multicast-Gruppen müssen auf jedem Switch manuell angelegt und alle Ports, über die Gruppenmitglieder zu erreichen sind, hinzugefügt werden. Die Vorteile statischer Gruppen sind:

– Einfache Festlegung der Netzwerkpfade, auf die der Multicast-Datenverkehr bekannter Gruppen beschränkt wird.
– Kein Querier erforderlich.

Folgende Randbedingungen müssen eingehalten werden:

– Genaue Netzwerkdokumentation zur Festlegung der Pfade erforderlich.
– Mögliche redundante Pfade durch Spanning Tree müssen bei der Zuordnung der Ports berücksichtigt werden.
– Bei Netzwerkänderung, im Servicefall oder bei Erweiterung müssen die Multicast-Datenpfade wieder hergestellt werden.

Das Anlegen und die Verwaltung von statisch konfigurierten Multicast-Gruppen. fügt Ports der Datenpfade zu den Gruppenmitgliedern hinzu. Wenn eine Gruppenadresse als IP-Adresse eingeben wird, wird die IP-Adresse nach den Vorgaben der IEEE 802.1 D/p in eine Multicast-MAC-Adresse umgewandelt.

Die Vorschriften zur Umwandlung einer Multicast-IP-Adresse in eine Multicast-MAC-Adresse bedingen eine Abbildung verschiedener IP-Gruppen auf dieselbe MAC-Gruppe. Vermeiden Sie die Verwendung von IP-Gruppen, die sich

– im *ersten und zweiten Byte* von rechts *nicht* unterscheiden und
– im *dritten Byte* von rechts eine Differenz von 128 aufweisen.
– Das *vierte Byte* von rechts wird immer durch 01:00:5e bei der Umrechnung ersetzt.

Aufgrund der Umrechnung von IP- in MAC-Adressen sollten Sie IP-Adressen vermeiden, die sich im dritten Byte von rechts um 128 unterscheiden. Beispiel:

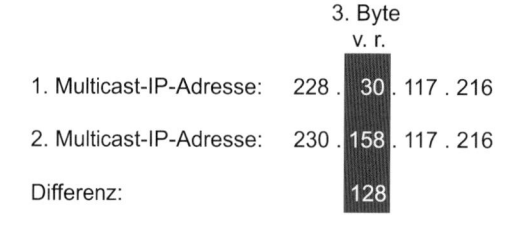

		3. Byte v. r.		
1. Multicast-IP-Adresse:	228 .	30	. 117 . 216
2. Multicast-IP-Adresse:	230 .	158	. 117 . 216
Differenz:		128	

Beide Multicast-IP-Adressen werden in die Multicast-MAC-Adresse 01:00:5e:1e:75:d8 umgerechnet.

Die Gruppe wird in die Liste der vorhandenen statischen Multicast-Gruppen eingefügt. Diese Liste, die in einer Listbox angezeigt wird, ist über SNMP als „dot1qStaticMulticastTable" bekannt.

Verschaffen Sie sich einen Überblick über die in dem Netzwerk vorhandenen Multicast-Anwendungen und die verwendeten Multicast-Adressen. Legen Sie für jede Multicast-

3.6 Multicasts

Applikation bzw. für die verwendete Multicast-Adresse eine Gruppe an und fügen Sie aus der Sicht *jedes* Switches die Ports hinzu, an denen ein Teilnehmer der entsprechenden Gruppe direkt angeschlossen ist oder über den der Teilnehmer zu erreichen ist.

Wenn es zukünftig die Daten nicht mehr haben will, tritt es aus der Gruppe aus. EtherNet/IP verwendet sowohl Ethernet-Multicasting als auch IP-Multicasting (IP-Multicast-Adressen liegen im Bereich 224.0.0.0 bis 239.255.255.255). In einem Netzwerk mit Routern ist IGMP (Internet Group Management Protocol) das herkömmliche Layer-3-Multicast-Protokoll, das auch EtherNet/IP für die Kontrolle der Multicasts festlegt. Ethernet-Switches (Layer 2) verwenden üblicherweise kein vollwertiges IGMP, sondern eine Abwandlung davon, das sogenannte IGMP Snooping (damit hört der Switch die zwischen Endgeräten und Router ausgehandelten Gruppenadressen ab und merkt sich diese Tabelle).

3.6.2 Dynamische Multicast-Gruppen

Internet Group Management Protocol – IGMP

Das Internet Group Management Protocol beschreibt ein Verfahren zur Verteilung von Informationen über Multicast-Applikationen zwischen Routern und Endgeräten auf IP-Ebene (Layer 3). Ein Netzwerkteilnehmer versendet beim Start einer Multicast-Anwendung einen sogenannten IGMP Membership Report und gibt damit seine Teilnahme an einer bestimmten Multicast-Gruppe bekannt. Ein Router sammelt diese Membership Reports und pflegt damit die Multicast-Gruppen seines Subnetzes.

Query-Funktionen

In regelmäßigen Abständen versendet der Router IGMP Queries und regt die Teilnehmer mit Multicast-Empfänger-Applikationen zum erneuten Senden eines Membership Reports an. Ein Switch mit aktivierter Query-Funktion versendet im Abstand „Query Interval" aktiv Queries und wertet die empfangenen Reports aus. Der Switch versendet IGMP-Query-Reports nur bei eingeschaltetem IGMP-Snooping.

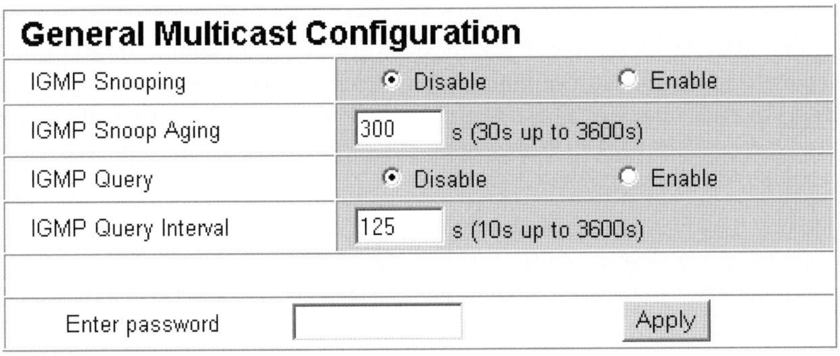

General Multicast Configuration		
IGMP Snooping	⦿ Disable	○ Enable
IGMP Snoop Aging	300 s (30s up to 3600s)	
IGMP Query	⦿ Disable	○ Enable
IGMP Query Interval	125 s (10s up to 3600s)	
Enter password		Apply

Bild 3.30 Allgemeine Multicast-Konfiguration

Der Router trägt die IP-Multicast-Group-Adresse aus der Report-Nachricht in seine Routing-Tabelle ein. Dies bewirkt, dass er Frames mit dieser IP-Multicast-Group-Adresse im Zieladressfeld ausschließlich gemäß der Routing-Tabelle vermittelt. Geräte, die nicht mehr Mitglied einer Multicast-Gruppe sind, melden sich mit einer Leave-Nachricht ab (ab IGMP

Version 2) und versenden keine Report-Nachrichten mehr. Der Router entfernt den Routing-Tabelleneintrag ebenso, wenn er innerhalb einer bestimmten Zeit (Aging time) keine Report-Nachricht empfängt. Sind mehrere Router mit aktiver IGMP-Query-Funktion im Netz, dann verhandeln diese untereinander, welcher Router die Query-Funktion übernimmt. Diese Entscheidung wird aufgrund der IP-Adressen gefällt, wobei der Router mit der niedrigeren IP-Adresse weiterhin als Querier fungiert und alle anderen Router keine weiteren Query Messages versenden. Empfangen diese Router für eine gewisse Zeitspanne keine neuen Query-Telegramme, werden sie selber wieder als Querier aktiv. Ist kein Router im Netz, dann kann ein entsprechend ausgestatteter Switch die Query-Funktion übernehmen.

IGMP-Snooping

Ein Switch, der einen Multicast-Empfänger mit einem Router verbindet, kann mit Hilfe des IGMP-Snooping-Verfahrens die IGMP-Informationen mitlesen und auswerten. IGMP-Snooping übersetzt IP-Multicast-Group-Adressen in MAC-Multicast-Adressen, so dass die IGMP-Funktion auch von Layer 2-Switches wahrgenommen werden können. Der Switch trägt die vom IGMP-Snooping aus den IP-Adressen gewonnenen MAC-Adressen der Multicast-Empfänger in die eigene Multicast-Filtertabelle ein. Somit filtert der Switch Multicast-Pakete bekannter Multicast-Gruppen und leitet die Pakete nur an die Ports weiter, an denen entsprechende Multicast-Empfänger angeschlossen sind. IGMP-Snooping kann auf Layer 2 nur genutzt werden, wenn alle Endgeräte IGMP-Nachrichten senden. Der IP-Stack von multicastfähigen Endgeräten, deren Applikationen sich an eine Multicast-Adresse binden, versendet automatisch entsprechende Membership-Reports. Beim IGMP-Snooping hört der Switch die über das Netzwerk gesendeten IGMP-Nachrichten passiv mit und legt dynamisch die entsprechenden Gruppen an. Die Gruppen werden nicht gespeichert und gehen beim Power-Down bzw. Ausschalten der Snooping-Funktion verloren.

IGMP-Snooping funktioniert unabhängig vom Internet Group Management Protocol (IGMP)!

Extended Multicast Filtering

Ist IGMP-Snooping aktiv, werden auch Multicast-Datenströme erkannt, für die keine Membership-Reports von möglichen Empfängern registriert werden. Für diese Multicasts werden dynamisch Gruppen angelegt. Diese Multicasts werden an den Querier weitergeleitet, das heißt der Querier-Port wird in der Gruppe eingetragen. Ist der Switch selbst der Querier werden solche Multicast geblockt.

So kann dann auch ein Layer-2-Switch so arbeiten, dass er entsprechend dieser Tabelle die Information nur über die betreffenden Ports aussendet. Das funktioniert in großen Netzwerken aber nur, wenn auch ein Router im Netzwerk installiert ist. Gründe dafür sind die Netzwerklast zu überwachen und den Steuerungsbereich vom Firmennetz zu entkoppeln (kleinere lokale Netzwerke arbeiten zuverlässig auch ohne Router). Eine sorgfältige Planung der optimalen Netzwerkauslegung ist eine wichtige Grundvoraussetzung für einen einwandfreien Betrieb; die Implementierung und der Betrieb sind dafür um so einfacher.

Das Connection Manager Object untersucht, ob es schon einen passenden Eintrag in der Verbindungstabelle gibt und sendet dann die Connection-ID zusammen mit der benutzten Multicast-IP-Adresse zurück. Gibt es keinen passenden Eintrag, so wird ein neuer Eintrag vorgenommen. Danach wird sofort mit dem Versenden der Daten begonnen. Damit der Produzent der Daten feststellen kann, dass kein Konsument mehr am Netzwerk aktiv ist und er somit das Produzieren der Daten einstellen kann, wird jeweils eine zweite, zyklische Verbindung in umgekehrter Richtung aufgebaut. Diese überträgt das Lebenszeichen, den Heartbeat des Konsumenten. Somit sind Explicit Connections direkte Verbindungen zwischen genau zwei Geräten, die eine Quell- und Zieladresse sowie eine ConnectionID in beide Richtungen benötigen. Das kommunikationsauslösende Ereignis liegt immer außerhalb der Anwendungsschicht beim Client. Explicit Messages werden über TCP übertragen und enthalten zusätzliche Informationen über den Zielknoten und den Kommunikationsweg, falls die Nachrichten über mehrere Netzwerke geroutet werden müssen. Über jeden zwischenliegenden Knoten bleibt die CIP Nachricht intakt. Für das Zielgerät ist es transparent, ob der anfragende Knoten über das physikalisch gleiche Netzwerk oder sogar von einer entfernten Stelle aus dem Internet auf dieses zugreift. Durch das einheitliche Objektmodell besitzen die CIP-Geräte netzwerkunabhängig das gleiche Verständnis über die Daten.

3.6.3 Broadcasts

Limited Broadcasts

Als Ziel wird die IP-Adresse 255.255.255.255 angegeben. Dieses Ziel liegt immer im eigenen Netz und wird direkt in einen Ethernet-Broadcast umgesetzt. Ein Limited Broadcast wird von einem Router nicht weitergeleitet.

Directed Broadcast

Das Ziel sind die Teilnehmer eines bestimmten Netzes. Die Adresse wird durch die Kombination aus Zielnetz und dem Setzen aller Hostbits auf 1 angegeben. Folglich lautet die Adresse für einen directed Broadcast in das Netz 192.168.0.0 mit der Netzmaske 255.255.255.0 (192.168.0.0/24): 192.168.0.255. Ein Directed Broadcast wird von einem Router weitergeleitet, falls Quell- und Zielnetz unterschiedlich sind und wird erst im Zielnetz in einen Broadcast umgesetzt. Falls Quell- und Zielnetz identisch sind, entspricht dies einem Limited Broadcast. Oft wird dieser Spezialfall auch als Local Broadcast bezeichnet.

In einem Automatisierungsnetzwerk ist es in vielen Fällen wahrscheinlich sinnvoll, das Netzwerk gegen Einflüsse wie Multicasts oder auch Broadcasts zu schützen. Die einmal projektierte Anlage soll in diesem Fall autark ihre Aufgaben umsetzen, ohne dass Konfigurations- oder Projektierungssoftware die Applikation beeinflussen. Um spezielle Anlageteile zusammen zu fassen, eignet sich beispielsweise die Funktionalität Virtual LAN.

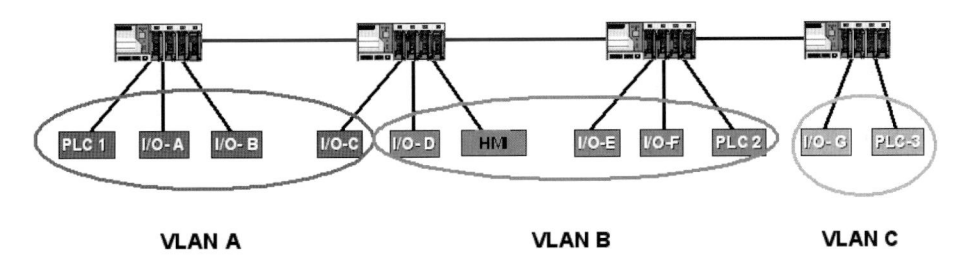

Bild 3.31 *Aufbau von VLANs*

3.7 Profinet

Profinet setzt ebenfalls auf IT-Standards, wie z. B. TCP/IP und ermöglicht Echtzeitkommunikation für Automatisierungsaufgaben und Motion-Control-Anwendungen. Auch Profinet verwendet zum Teil bestehende Hardware. Zum einen können Geräte mit einer Standard RJ45-Schnittstelle verwendet werden, zum anderen werden die bestehenden Feldbusse integriert und selbst bestehende Anlagenteile können unverändert eingebunden werden.

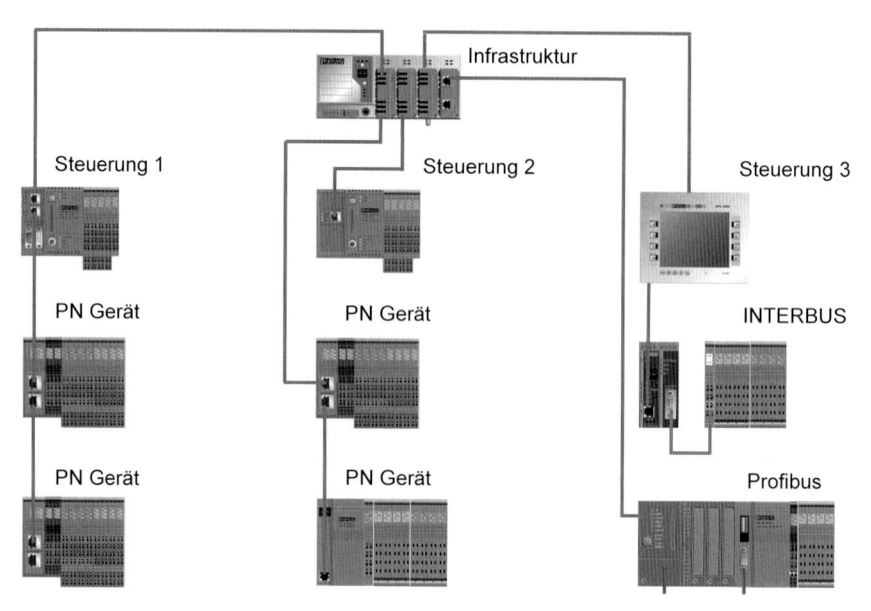

Bild 3.32 Topologien mit verschiedenen Profinet-Elementen

Eine Profinet-Topologie kann unterschiedliche Architekturen zur Folge haben. In der Abbildung ist eine klassische Controller/Slave-Struktur dargestellt, in der verschiedene Slaves einem Controller (1) direkt zugeordnet sind. Diese Struktur findet man typisch auch in den bekannten Feldbussystemen wie Profibus oder Interbus. Der Controller (2) kann sein Applikationsprogramm aber auch erst über eine geeignete Infrastruktur (Switches) an die unterlagerten Slaves verteilen. In diesem Fall könnte auch eine bereits vorhandene Infrastruktur, in Form eines bestehenden Ethernetnetzwerks, genutzt werden. Eine weitere, wichtige Funktionalität ist die Einbindung von bereits vorhandenen Feldbussen. Dabei ist es unabhängig, ob die Steuerung (3) als PC-basierter Controller oder als Embedded-Control ausgeführt ist. Auch für die Migration von Feldbussen gilt eine direkte Kopplung zu einem Controller oder eine Ankopplung über die Infrastruktur, da die Feldbusproxies als „vollwertige" Profinet-Devices zu sehen sind.

Zur Vernetzung der Teilnehmer mittels Profinet gibt es verschiedene Varianten, je nach Art des Teilnehmers (Slave oder Controller, bzw. Proxy) und der Aufgabe innerhalb der Profinet-Architektur. Wie in der Grafik dargestellt, lässt sich Profinet CBA zur Vernetzung der Steuerungen und der Feldbus-Proxies einsetzen. Allerdings kann CBA nicht zur Kopplung von PN-Controllern und PN-Slaves eingesetzt werden, da es rein zur Verschaltung der

3.7 Profinet

Komponenten und nicht zur Programmierung verwendet wird. Zur Controller / Controller-Vernetzung kann aber prinzipiell auch die offene TCP/IP-Kommunikation oder Profinet I/O eingesetzt werden.

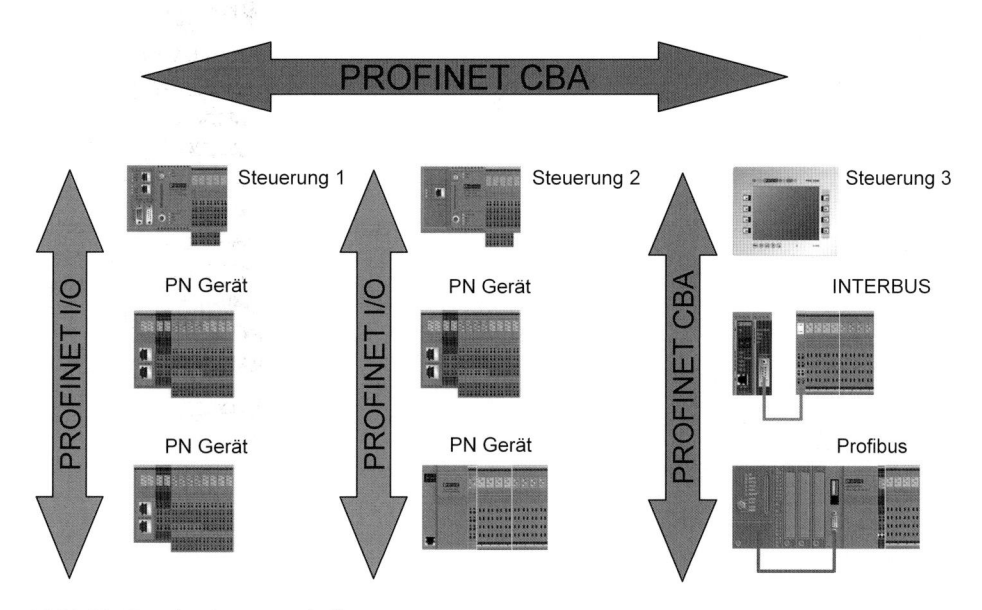

Bild 3.33 Verschiedene Protokollvarianten

Was ist Profinet CBA (Component Based Automation)?

Im Rahmen von Profinet ist Profinet CBA ein Automatisierungskonzept für die Realisierung von Applikationen mit dezentraler Intelligenz. Sehr häufig spricht man in diesem Zusammenhang auch von Controller-Controller-Architektur.

Mit Profinet CBA erstellen Anlagenprojektierer eine verteilte Automatisierungslösung auf Basis vorgefertigter Komponenten und Teillösungen. Dieses Konzept unterstützt die Forderungen nach erhöhter Modularisierung im Maschinen- und Anlagenbau durch weitgehende Dezentralisierung der intelligenten Bearbeitung. Dezentralisierung von Steuerungsfunktion bietet erhebliche Einsparpotenziale. Zum einen verringern sich die Hardwarekosten durch den Einsatz kleiner, autark arbeitender Steuerungen. Zum anderen, und das ist der Hauptgrund der berechtigten Forderung, verringern sich die Engineering-Kosten, da die Einheiten von den Programmierern in „ihrer" Sprache und mit „ihren" Eigenheiten entwickelt werden können. Zukünftig müssen also nicht mehr ein Handvoll Programmierer an einem Projekt arbeiten, sondern ein verantwortlicher Projektierer wird Teileinheiten zusammensetzen, bei denen es ihm gleichgültig sein kann, wie sie umgesetzt sind, solange sie ihre Aufgabe erfüllen. Component based Automation sieht vor, dass vollständige technologische Module als standardisierte Komponenten in großen Anlagen eingesetzt werden können. Umgesetzt ist Profinet CBA durch:

– den Profinet-Standard für Automatisierungsgeräte und
– einem geeigneten Engineering-Tool.

Das Erstellen der Komponenten erfolgt ebenfalls in einem Engineering-Tool, das von Gerätehersteller zu Gerätehersteller unterschiedlich sein kann. Komponenten, die aus Phoenix Contact-Geräten entwickelt werden, sind beispielsweise mit PC WORX erzeugt.

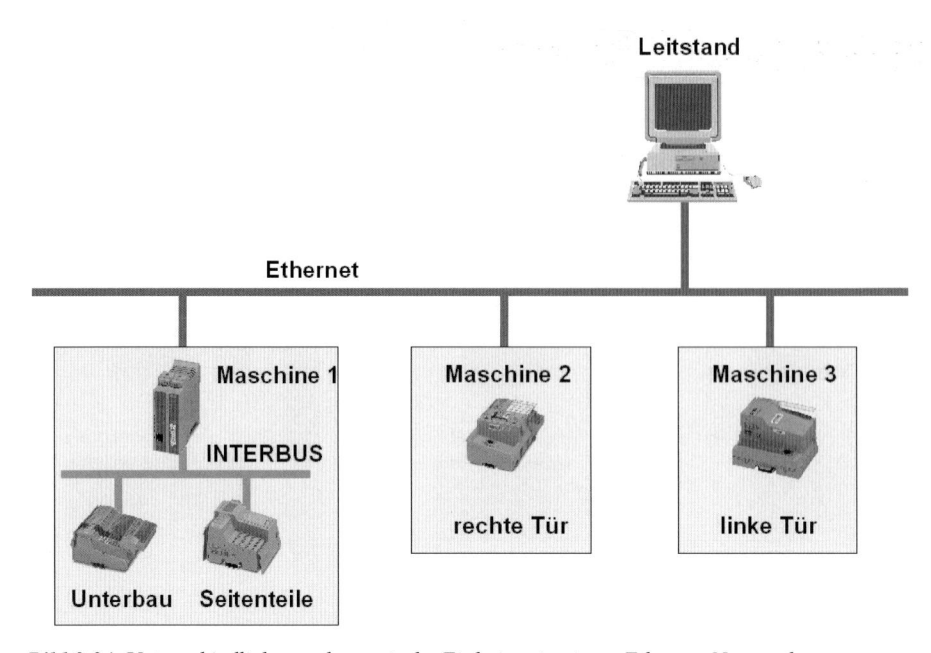

Bild 3.34 *Unterschiedliche mechatronische Einheiten in einem Ethernet-Netzwerk*

Innerhalb des Maschinen- und Anlagenbaus wird verstärkt der Einsatz von modularen, mechatronischen Einheiten gefordert. Diese Einheiten sind entsprechend mit dezentraler Intelligenz ausgestattet. Das heißt, dass ein Technologie-Modul seine eigene Steuerungsfunktionalität „on board" hat, also sein benötigtes Applikationsprogramm bereits vom Hersteller vorgetestet und geprüft in der Hardware zur Verfügung steht.

3.7.1 Profinet Komponentenmodell

Anlagen bestehen üblicherweise aus mehreren Teileinheiten, die als technologische Module weitgehend autonom agieren und sich untereinander durch eine überschaubare Anzahl von Signalen zur Synchronisation, Ablaufsteuerung und Informationsaustausch koordinieren.

Das Profinet-Komponentenmodell legt solche technologischen Module zugrunde. Die technologischen Module bestehen aus der Zusammenführung von Mechanik, Elektronik und Anwenderprogramm, also aus den Teilen, die zu einer intelligenten Funktionseinheit gehören.

Eine Profinet-Komponente bedient sich ähnlicher Mechanismen wie die IT-Technik. Eine Komponente wird als ein autark arbeitende Software-Einheit umgesetzt. Eine solche Komponente wird als Objekt modelliert und als Blackbox betrachtet.

3.7 Profinet

Zur Konfiguration und Zusammenschaltung mit anderen Teilnehmern wird ein technologisches Komponenten-Interface definiert, um mit anderen Komponenten innerhalb der verteilten Anlage zu kommunizieren. An der Schnittstelle sind nur die Variablen zugänglich, die für das Zusammenspiel mit anderen Komponenten benötigt werden. Beim Anlagen-Engineering erfolgt die Festlegung der Kommunikationsbeziehungen zwischen den Komponenten und ihren Geräten durch Verschalten von Verbindungen zwischen den Komponenten-Interfaces zu einer spezifischen Applikation.

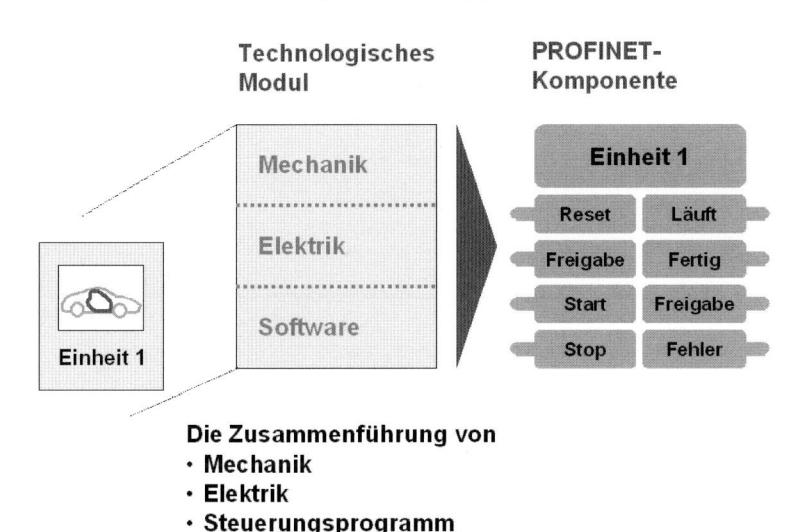

Bild 3.35 *Verschiedene Teilelemente einer mechatronischen Einheit*

Ein so konzipiertes verteiltes Automatisierungssystem bildet die Voraussetzung für die Modularisierung von Anlagen und Maschinen und damit für die Wiederverwendung von Anlagen- und Maschinenteilen.

3.7.2 Komponentenerzeugung

Die Komponenten als Synonym der Module sind individuell und werden vom Maschinen- oder Anlagenbauer umgesetzt. Die Programmierung und Konfiguration der eingesetzten Automatisierungsgeräte kann wie bisher mit den jeweiligen herstellerspezifischen Tools umgesetzt werden. Bei Phoenix Contact und seiner eingesetzten Programmierumgebung PcWorx würde sich für den Anwender also nichts ändern. Dabei würden auch die bekannten Vorteile, wie einlesen eines Feldbus-Systems, Konfiguration per Drag & Drop usw. unterstützt.

Anschließend wird die Anwendersoftware in Form einer Profinet-Komponente gekapselt. Dabei wird eine Komponentenbeschreibung in Form einer XML-Datei erzeugt, deren Inhalte in Profinet spezifiziert sind. Diese Komponentenbeschreibungen werden in die Bibliothek des Verschaltungseditors importiert.

Komponentenverschaltung

Die erzeugten Profinet-Komponenten werden mit einem Profinet-Verschaltungseditor aus einer entstandenen Bibliothek zu einer Applikation verschaltet. Das Verschalten ersetzt die typischerweise aufwändige Programmierung der Kommunikationsbeziehungen durch einfaches grafisches Projektieren.

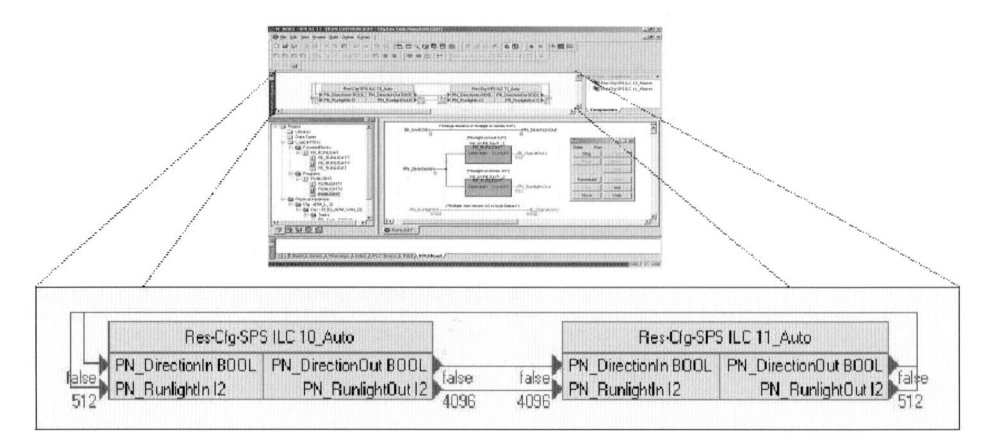

Bild 3.36 Der Verschaltungseditor unter Profinet CBA

Der Verschaltungseditor führt die einzelnen verteilten Anwendungen anlagenweit zusammen. Er arbeitet herstellerunabhängig, das heißt, er verschaltet Profinet-Komponenten beliebiger Gerätelieferanten.

3.7.3 Verschaltung der Automatisierungsobjekte – Technologische Struktur

Durch die Möglichkeit der Komponentenverschaltung bei der Projektierung ergeben sich gegenüber der Programmierung einer Anlagenfunktionalität einige Vorteile. Beim Projektieren ist keine Kenntnis über die Kommunikationsfunktion nötig. Sie laufen automatisch in den Geräten ab. Beim Programmieren dagegen werden diverse Detail-Kenntnisse über Einbindung und Ablauf der Kommunikationsfunktionen im Gerät vorrausgesetzt. Das heißt, die Detailfunktionen der angeschlossenen Teilnehmer werden in der Netzwerksicht nicht näher berücksichtigt.

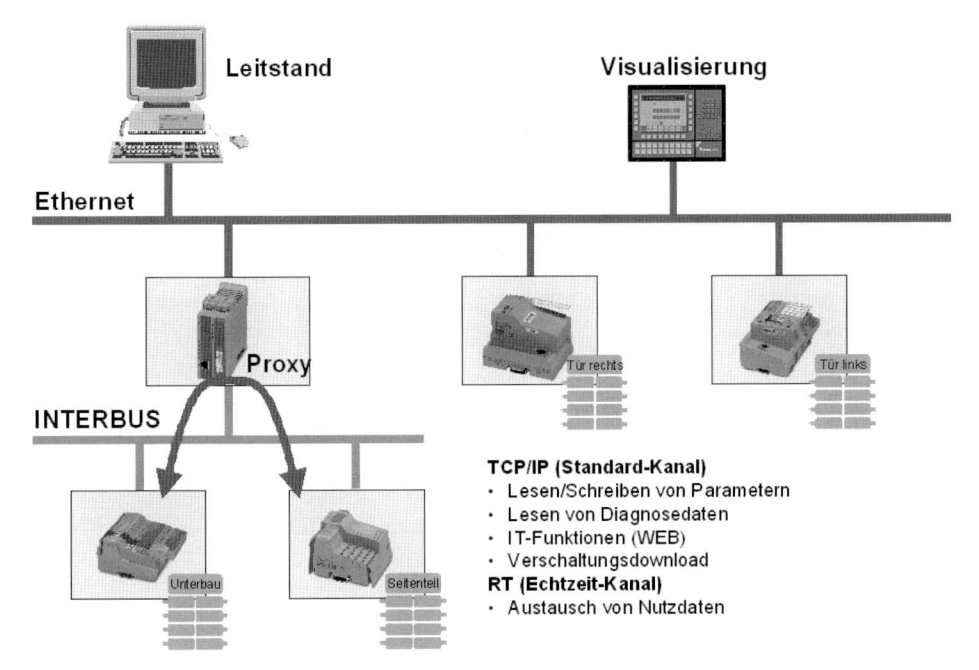

Bild 3.37 *Die Verschaltung von Profinet- und Feldbusgeräten*

Verschaltung der Automatisierungsobjekte – Topologische Struktur

Die topologische Struktur des Automatisierungssystems dagegen wird in der Netzwerksicht erzeugt. Das heißt auch, dass die Detailfunktionen der Automatisierungskomponenten aus den verschiedenen Buskonfiguratoren geladen wird. Ein Aufbau mit verschiedenen Modulen aus einer Kombination aus Profinet und Interbus würde dann in der Anlagensicht des Engineering-Tools entwickelt.

Download der Verschaltungsinformation

Nach der Komponentenverschaltung wird die Verschaltungsinformation sowie der Code und Konfigurationsdaten der Komponenten in die Profinet-Geräte heruntergeladen. Damit kennt jedes Gerät alle seine Kommunikationspartner, Kommunikationsbeziehungen und die auszutauschenden Informationen. Die verteilte Anwendung kann danach ausgeführt werden.

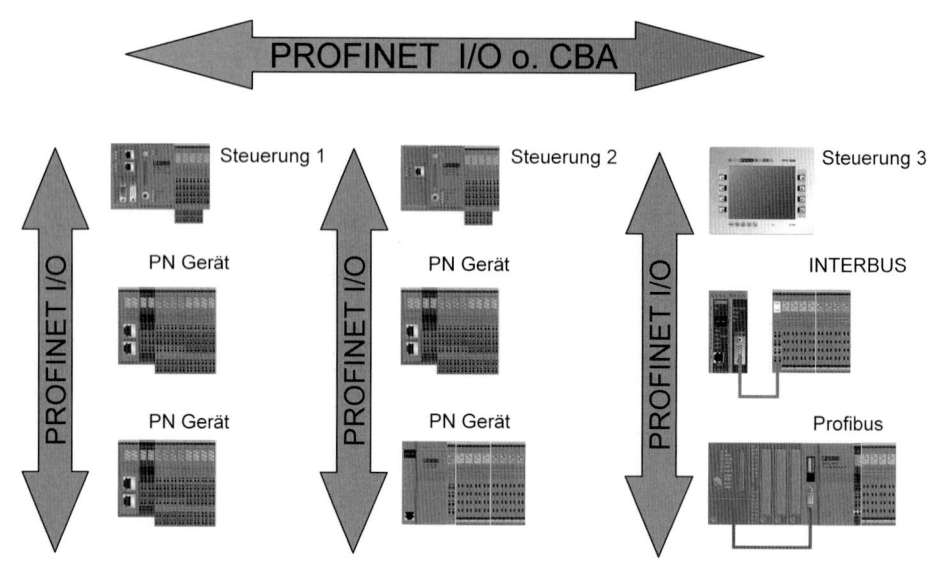

Bild 3.38 *Kommunikation mit Profinet I/O*

Neben der zurzeit noch komplexen Variante CBA ist es auch möglich in der Controller-Controller-Kommunikation Profinet I/O einzusetzen.

Profinet I/O

– ist skalierbar; (von kleinen (Teil-)Anlagen bis zu komplexen Fertigungsnetzen),
– bietet eine leistungsfähige, zyklische Kommunikation,
– kann Meldungen absetzen,
– erkennt temporäre und permanente Fehler,
– bietet kurze Hochlaufzeiten,
– eignet sich in unterschiedlichen Umgebungsbedingungen,
– Koexistenz mit anderen Ethernet-Protokollen (auf der Leitung und im Gerät),
– Möglichst gleiche Anwendersicht auf I/O-Devices wie heute (aus Sicht des Engineering, HMI, Anwenderprogramm, OPC-Server etc.).

Eigenschaften und Möglichkeiten des Profinet I/O-Ansatzes:

Einfache Umsetzung von existierenden Geräten in Profinet I/O-Geräte (I/O-Controller oder I/O-Device) Im nachfolgenden Bild ist ein prinzipielle Kommunikation zwischen Controller und I/O-Device mit Hilfe von Standard-Geräten dargestellt. Dabei handelt es sich in den Komponenten jeweils um Standard RJ45-Schnittstellen mit einer angepassten Firmware, in denen der Profinet I/O-Stack abgearbeitet werden muss. Zusätzlich muss das Device (also der „Slave") eine GSD-Datei zur Verfügung stellen, damit diese vom Supervisor ausgewertet werden kann. Auf diese Weise können die Daten des Device dann auch dem Controller zur Verfügung gestellt werden.

3.7 Profinet

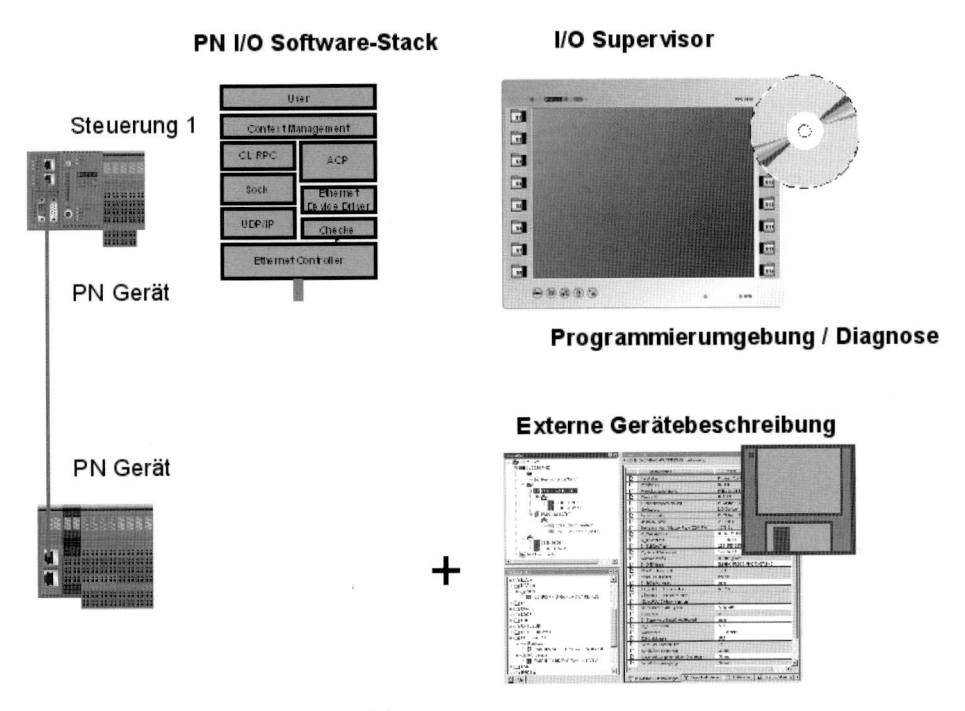

Bild 3.39 Elemente von RT-Kommunikation

Profinet I/O definiert folgende Geräteklassen:

I/O-Controller

Dies ist typischerweise die SPS, in der das Automatisierungsprogramm abläuft. Dabei spielt es keine Rolle, ob es sich um einen Embedded Controller oder ein PC-basiertes Gerät handelt. Bei den klassischen Feldbussen würde der I/O Controller den Master repräsentieren.

I/O-Supervisor (Engineering Station)

Dies kann ein PC oder HMI-Gerät zu Inbetriebsetzungs- oder Diagnosezwecken sein. Der Supervisor wird zur Programmierung, Konfiguration, Verschaltung aber auch zur Diagnose oder Fehlersuche eingesetzt. Das heißt, er ist bei der Inbetriebnahme einer Anlage einzusetzen, kann bei laufendem Betrieb aber auch abgekoppelt werden.

I/O-Device

Ein I/O-Device ist ein dezentral angeordnetes I/O-Gerät, das über Profinet I/O angekoppelt wird. Verglichen mit Feldbussen wäre das von der Funktion her ein Slave.

In einer Teilanlage gibt es mindestens einen I/O-Controller und mehrere I/O-Devices. Ein I/O-Device kann mit mehreren I/O-Controllern Daten austauschen.

Profinet I/O bietet folgende Übertragungsarten:

- Die zyklische Übertragung von I/O-Daten, die letztlich wie bei Feldbussen auch im E/A-Adressraum der Steuerung abgelegt sind.

- Azyklische Übertragung von Alarmen, die quittiert werden müssen.

- Azyklische Übertragung von Daten (Parameter, Diagnosen, Konfiguration, Programm laden, ...)

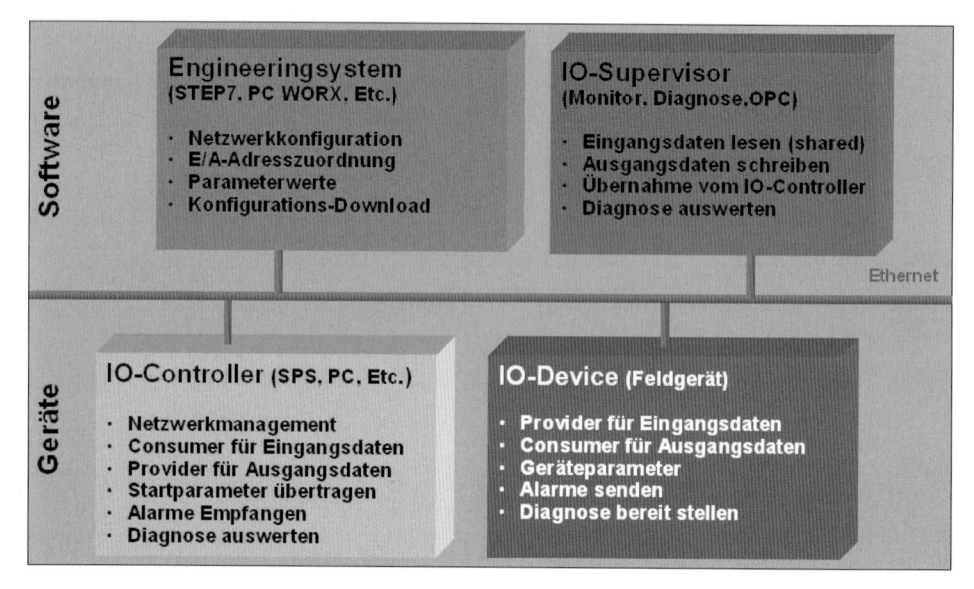

```
Software:
  Engineeringsystem (STEP7, PC WORX, Etc.)
    · Netzwerkkonfiguration
    · E/A-Adresszuordnung
    · Parameterwerte
    · Konfigurations-Download
  IO-Supervisor (Monitor, Diagnose, OPC)
    · Eingangsdaten lesen (shared)
    · Ausgangsdaten schreiben
    · Übernahme vom IO-Controller
    · Diagnose auswerten
                                        Ethernet

Geräte:
  IO-Controller (SPS, PC, Etc.)
    · Netzwerkmanagement
    · Consumer für Eingangsdaten
    · Provider für Ausgangsdaten
    · Startparameter übertragen
    · Alarme Empfangen
    · Diagnose auswerten
  IO-Device (Feldgerät)
    · Provider für Eingangsdaten
    · Consumer für Ausgangsdaten
    · Geräteparameter
    · Alarme senden
    · Diagnose bereit stellen
```

Bild 3.40 *Profinet-Terminologie*

3.7.4 Profinet I/O-Controller

Grundsätzlich gibt es eigentlich keine Unterschiede zwischen einer Steuerung innerhalb eines SPS-Racks oder als Feldbusmaster gegenüber einem Profinet Controller. Ein I/O-Controller sammelt die Daten von I/O-Devices (Eingänge) und stellt Daten für den Prozess zur Verfügung (Ausgänge). Im I/O-Controller läuft auch das Steuerungsprogramm ab. I/O-Controller, die universell einsetzbar sind, haben auch den Software-Stack für die Komponenten-basierte Kommunikation (Profinet CBA).

Aus Sicht des Anwenders gibt es keine Unterschiede im Vergleich zu Feldbus, da alle Daten (aus Sicht der SPS) im Prozess-Abbild gespeichert werden.

Folgende Eigenschaften muss ein I/O-Controller unterstützen:

- **Alarmbehandlung**

- **Nutzdatenaustausch** (vom I/O-Device in den Peripheriebereich des Hosts)

- **Datenkonzentrator** stellt die Daten einer übergeordneten Instanz (z. B. SPS) zur Verfügung (Eingänge) oder übernimmt die vorgegebenen Daten (Ausgänge). Dieses Mapping ist nicht Bestandteil der Profinet I/O-Spezifikation

- **Sonstige Dienste** Parametrieren und Übertragen von Hochlaufdaten; Übertragung von Rezepturen; Anwenderparametrierung der zugeordneten I/O-Devices; Diagnose der zugeordneten I/O-Devices
- **Initiator** beim Context-Aufbau zu einem I/O-Device
- **Adressvergabe** über DCP

Applikationsbeziehungen

Ein I/O-Device liefert Daten (Eingänge) vom Prozess an den I/O-Controller und steuert auf Grund der resultierenden Ausgangsdaten (Ausgänge) den zu automatisierenden Prozess.

Aus Sicht der Kommunikation leiten sich die Kommunikationsbeziehungen, die Diagnosemöglichkeiten und der Nutzdatenverkehr ab. Zur Durchführung eines Datenaustauschs ist es immer notwendig, eine Applikationsbeziehung (**A**pplication **R**elation = **AR**) und innerhalb dieser AR mindestens eine Kommunikationsbeziehung (**C**ommunication **R**elation = **CR**) für die auszutauschenden Daten zwischen den Teilnehmern aufzubauen.

Mit Hilfe einer Applikationsbeziehung kann ein I/O-Controller oder I/O-Supervisor mit einem I/O-Device in Kontakt treten und

- Eingänge lesen,
- Ausgänge schreiben,
- Alarme (Events) erhalten,
- azyklisch Daten (Records) lesen oder
- azyklisch Daten (Records) schreiben.

Das I/O-Device ist passiv, das heißt, es erwartet einen Aufbau der Kommunikation von einem Controller oder Supervisor.

Hinweis:

Prinzipiell können mehrere Applikationsbeziehungen zwischen kommunizierenden Geräten aufgebaut werden. Es sind allerdings mindestens zwei Applikations-beziehungen vorzusehen (eine für einen Controller und eine für einen Supervisor). Langfristig wären drei Applikationsbeziehungen wünschenswert, wobei die dritte dann für die Kommunikation mit einem redundanten Controller vorgesehen ist.

3.7.4 Aufbau und Abbau einer Kommunikationsbeziehung

Während des Systemhochlauf werden folgende Daten (Connect Frame) vom Controller an das Device übertragen

- allgemeine Kommunikationsparameter der AR,
- aufzubauende I/O-Communication Relation (CRs) inklusive deren Parameter,
- Modellierung des Geräts und
- aufzubauende Alarm CRs inklusive deren Parameter.

Das I/O-Device prüft die empfangenen Daten und richtet die notwendigen CRs ein. Falls Fehler bei der Überprüfung auftreten, werden diese an den Controller zurückgemeldet.

Der Beginn des Datenaustauschs erfolgt mit der positiven Quittierung des Devices auf einen Connect-Aufruf. Möglicherweise sind zu diesem Zeitpunkt die Daten noch als ungültig gekennzeichnet, da die Hochlaufparametrierung der I/O-Devices durch die anschließenden Write-Seq noch fehlt. Nach dem Connect-Aufruf überträgt der I/O-Controller über die Record Data CR die Hochlaufparametrierdaten an das I/O-Device. Pro projektiertem Submodul überträgt der I/O-Controller einen Write-Aufruf an das I/O-Device. Das Ende der Hochlaufparametrierung signalisiert der I/O-Controller mit EndOfParameterization (DControl).

Die positive Annahme der Hochlaufparametrierung meldet das I/O-Device mit ApplicationReady (in Gegenrichtung zum EndOfParameterization, CControl). Danach ist die AR aufgebaut. Folgende Fehlerfälle werden beim Aufbau einer AR beherrscht:

– Bei nicht existierendem oder bei falschem I/O-Device. Der I/O-Controller kann keine Kommunikationsbeziehung zum projektierten I/O-Device aufbauen. Er wiederholt den Versuch in definierten Abständen.

– Bei nicht existierendem Slot bzw. nicht existierendem Subslot. Der I/O-Controller kann keine Kommunikationsbeziehung zum projektierten I/O-Device aufbauen. Er wiederholt den Versuch in definierten Abständen.

– Bei fehlendem (Sub-)Modul bzw. falscher d. h. inkompatibler (Sub-)Modul-ID. Der I/O-Controller kann eine Kommunikationsbeziehung zum projektierten I/O-Device aufbauen. Die fehlerhaften Module werden gemeldet und die entsprechenden I/O-Daten als ungültig markiert. Beim Abbau einer AR werden auch die CRs abgebaut. Die Steuerung der Ausgänge eines I/O-Devices bei abgebauter AR ist herstellerspezifisch vorzunehmen.

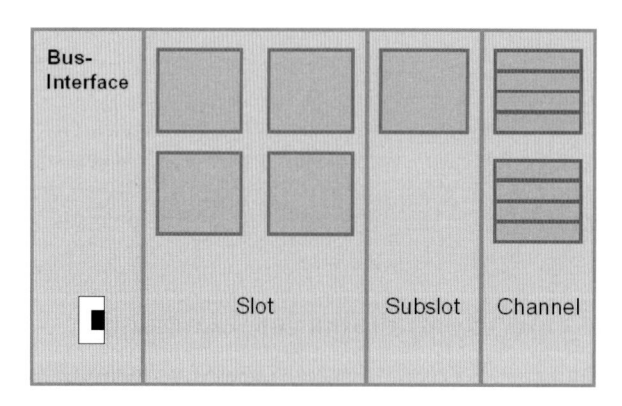

Bild 3.41 *Slot / Subslot-Mechanismen*

Definition der Kommunikationsbeziehungen (CR)

In einer AR können mehrere CRs etabliert werden. Diese sind eindeutig durch die FrameID und den EtherType referenziert. Innerhalb einer AR gibt es folgende Arten von Kommunikationsbeziehung:

- die azyklische CR,
- diese wird immer als erstes innerhalb einer AR aufgebaut,
- über die Context-Management-CR werden die anderen CRs aufgebaut,
- azyklische Übertragung von Records (Anlaufparameter, Diagnosen, ...),
- die I/O-CR für die zyklische Übertragung der I/O-Daten und
- die Alarm-CR für die azyklische Übertragung von Alarmen.

Den Aufbau von Kommunikationsbeziehungen übernimmt das Context-Management (CM, jeweils im Controller und Device). Das CM benutzt das oben beschriebene Modell (Slot, Subslot...) zur Adressierung der Objekte.

Durch das Zusammenfassen der einzelnen CRs zu einer AR können die einzelnen Kommunikationspfade besser koordiniert werden. Dies ist immer dann notwendig, wenn es durch das quasi gleichzeitige Aufbauen von zwei ARs zu Überschneidungen bei der Verteilung von Ressourcen kommen kann.

Beispiel: Zwei I/O-Controller wollen gleichzeitig zu einem I/O-Device eine CR für Eingänge **und** Ausgänge aufbauen. Würden die CRs getrennt zugeteilt, könnte der Fall eintreten, dass ein I/O-Controller die CR für Eingänge und der andere die CR für Ausgänge bekommt. Das I/O-Device überwacht deshalb, ob die adressierten Ein-/Ausgänge bereits einem Controller zugeteilt wurden. Es ist also nur sinnvoll, diese konsistent zuzuordnen.

Zyklischer Datenverkehr (I/O-CR)

Die Festlegung der zu übertragenden I/O-Daten, deren Reihenfolge und der Übertragungszyklus erfolgt durch die Vorgabe beim Context-Aufbau mit der *Connect Seq*. Die Projektierung bestimmt die Anzahl der aufzubauenden I/O-CRs. Die I/O-Daten überträgt das I/O-Device ohne zusätzliche Formatierinformationen, jedoch mit Statusinformationen pro Submodul.

Die I/O-CR hat folgende Eigenschaften:

- Buffer-to-buffer: Jede Seite kann die Daten bei Bedarf in einen lokalen Speicher schreiben oder aus dem lokalen Speicher lesen.
- Unconfirmed: Der Empfänger schickt keine explizite Quittung (der Rückkanal ist aber implizit vorhanden, da zwei gegenläufige CRs aufgebaut werden).
- Provider/Consumer-Modell wird unterstützt. Der Consumer überwacht die Kommunikation. Die Wiederholungsüberwachung erfolgt durch Auswerten des *CycleCounters* im Frame.
- Zyklisch: Die Daten werden in einem festen Takt übertragen. Dabei können die Aktualisierungsraten bei den einzelnen Devices unterschiedlich sein. Ebenfalls kann das Sendeintervall unterschiedlich zum Empfangsintervall eingestellt sein. Ein weiterer Vorteil bei der I/O-Kommunikation ist, dass die projektierten Daten nicht in jedem Buszyklus übertragen werden müssen (Reduction Ratio = Untersetzung). Damit kann ein Buszyklus optimiert werden, da die Reihenfolge der Übertragung der I/O-Daten vorgegeben werden kann.

– Nicht alle Daten müssen mit hoher Performance übertragen werden. Es ist sicher nicht notwendig, beispielsweise Temperaturwerte in jedem Buszyklus zu senden. Deswegen soll auch nicht der langsamste Kommunikations-Teilnehmer den gesamten Datendurchsatz bestimmen. Die Lösung des Problems ist die sogenannte Untersetzung (Reduction Ratio). Sie ist als Multiplikator zum Sendetakt zu sehen und bestimmt damit, im wievielten Folgezyklus die Daten erneut übertragen werden. Die Untersetzung wird beim Projektieren für jede I/O-CR festgelegt und für den jeweiligen Controller optimiert, da bei ihm mit dem höchsten Datenaufkommen zu rechnen ist.

Alarm-Datenverkehr (Alarm-CR)

Über eine Alarm-CR überträgt das I/O-Device Alarme an den I/O- Controller. Eine Alarm-CR ist gerichtet (Quelle zu Senke). Alarme gehören zu den azyklischen Daten, die sowohl auf Protokollebene als auch auf Anwenderebene quittiert werden müssen, d. h. der Sender bekommt nach einer einstellbaren Zeit entweder eine Quittung, dass die Daten richtig empfangen wurden oder eine Fehlermeldung. Der Consumer kann einstellen, dass der Provider mehrere Nachrichten senden kann, ohne explizit auf eine Quittung warten zu müssen. Die übertragenen Daten müssen in einem Frame übertragen werden können, da bei den azyklischen Diensten keine Segmentierung und Re-Assemblierung der Daten unterstützt wird.

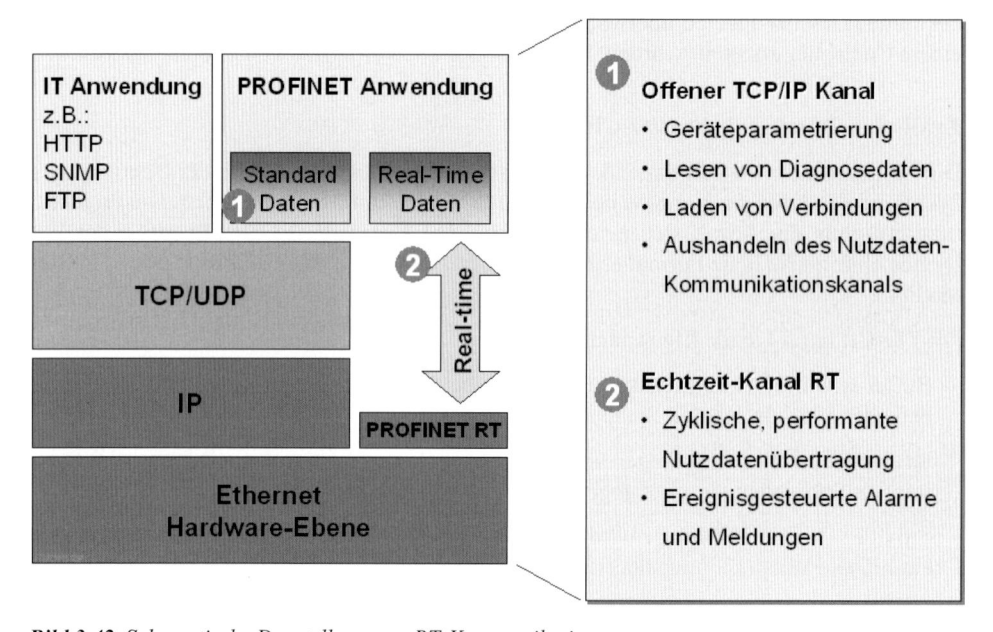

Bild 3.42 Schematische Darstellung von RT-Kommunikation

Der Kommunikationsstack unterteilt sich in einen Real-Time- und einen Nicht-Real-Time-Teil. Der Real-Time-Teil unterscheidet noch zwischen zyklischer und nichtzyklischer Kommunikation.

3.7.5 NRT-Funktionen

Der Systemhochlauf wird immer über den Non-Real-Time-Pfad (NRT) durch das Context-Management abgewickelt. Aber auch nicht zeitkritische Daten wie Read- und Write-Record durchlaufen diesen Pfad.

Context-Management/Aufbau einer Kommunikationsbeziehung

– Einrichten einer Kommunikationsbeziehung im Hochlauf,

– Zuordnung zwischen lokalen Objekten und Kommunikationsobjekten,

– Parametrierung im Hochlauf.

Spontaner Austausch von nicht zeitkritischen Informationen

– Diagnose Detailinformationen lesen,

– allgemeine Geräteinformationen austauschen,

– Geräteparameter lesen/verändern,

– Prozessrelevante Informationen laden/lesen,

– allgemeine Kommunikationsparameter lesen und verändern (falls rückwirkungsfrei für die laufende Kommunikationsbeziehung möglich).

RT-Funktionen, zyklisch

Der Nutzdatenverkehr erfolgt immer über den Real-Time-Kanal:

– Transfer der Werte der I/O-Data Objects (entspricht I/O-Data Object und I/O-Data Object Status),

– Überwachung der Kommunikationsbeziehung (bei Ausfall wichtiger Kommunikationsbeziehungen muss der Prozess relativ schnell in einen sicheren Zustand gefahren werden).

RT-Funktionen, azyklisch

– Über den Real-Time-Kanal werden auch azyklische Daten übertragen. Diese sind:

– Alarme (wichtige Diagnose-Ereignisse),

– allgemeine Verwaltungsfunktionen, die auch ohne IP-Parameter auskommen müssen (Namensvergabe, Identifikation, Einstellen der IP-Parameter),

– Zeitsynchronisation,

– Nachbarschaftserkennung mit LLDP (Low Level Discovery Protocol) nach IEEE 802.1 AB, d. h. jeder Teilnehmer schickt an seinen direkten Nachbarn ein Frame mit seiner eigenen MAC-Adresse, Gerätenamen und der Bezeichnung des Ports über den dieses Frame abgeschickt wurde.

Der Hochlauf erfolgt immer über den Non-Real-Time-Pfad über UDP/IP (UDP ist immer Bestandteil vom TCP-Teil). Dadurch nimmt der aktive I/O-Controller das passive I/O-Device in Betrieb. Der I/O-Controller gibt vor, welche Daten zyklisch (mit oder ohne Untersetzungsfaktor) zu übertragen sind. Hierin sind auch die möglichen Optionen der einzelnen Module (z. B. Messbereich, Diagnosefreigaben, Filterzeiten) definiert.

3.7.6 Profinet Gerätetaufe

Für die dynamische Adressvergabe ist es notwendig, dass zunächst einmal ein IP-Adressbereich für die zukünftigen Netzwerkteilnehmer definiert wird.

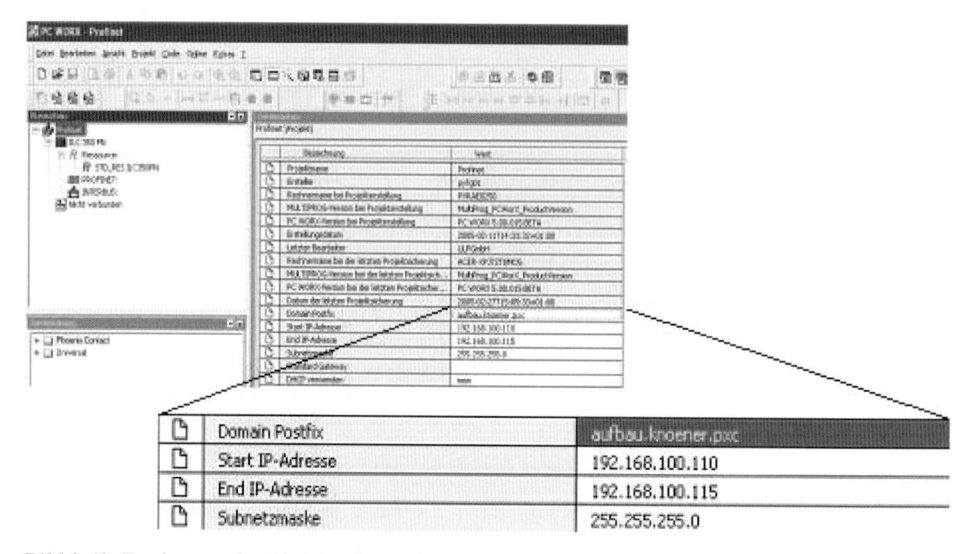

Bild 3.43 Festlegung des IP-Adressbereichs

Dieser Adressbereich kann vom Anlagenprojektierer frei gewählt werden. Dabei sollte der Bereich so groß gewählt werden, dass alle Teilnehmer, die später im Netzwerk in dem angelegten Projekt arbeiten sollen, ihre eigene IP-Adresse erhalten können. Zusätzlich hat der Projektierer die Möglichkeit einen eindeutigen Namen für seine zukünftigen Teilnehmer des Projekts „voreinzustellen". Im sogenannten Domain-Postfix wird ein Namensanhang für die Projektteilnehmer eingestellt, auf dessen Basis bei der Gerätetaufe eine endgültige Teilnehmerbezeichnung vorgeschlagen wird. Beispielsweise kann ein Domain-Postfix die Bezeichnung „anlage4" haben, und darauf würde dann für alle eingelesenen Teilnehmer der Appendix „.anlage4" – z. B. FL_IL_BK.anlage4 – in der Projektierungsansicht mit angeboten. Der Domain-Postfix ist letztlich auch die Kommunikationsbasis für den Controller innerhalb der betriebsbereiten Applikation.

Die Adresszuweisung erfolgt in der ersten Version von Profinet I/O über das standardmäßig integrierte DCP-Protokoll (**D**iscovery and **C**onfiguration **P**rotocol). Das DCP-Protokoll müssen alle Profinet I/O-Teilnehmer (Controller/Supervisor und Device) unterstützen.

3.7 Profinet

Folgende Schritte sind bei der Adressvergabe mittels DCP durchzuführen:

– Aufbau des Bussystems offline anhand der GSD-Dateien. Der Anwender kann jedem Profinet I/O-Feldgerät einen logischen Namen zuweisen. Dieser sollte sich üblicherweise an der Funktionalität oder dem Einbauort des Gerätes orientieren (z. B. Presse1).

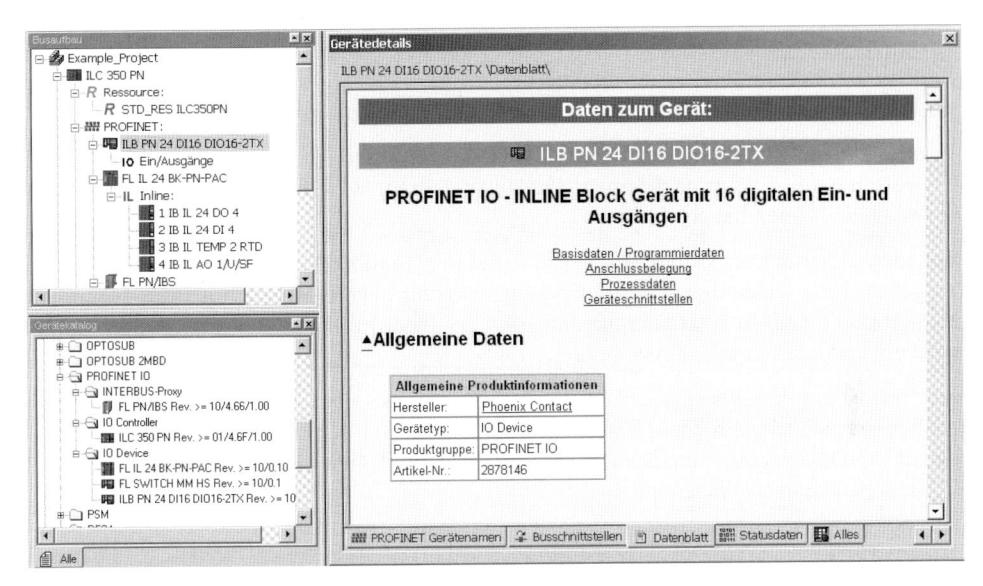

Bild 3.44 *Auswahl der Profinet-Devices*

– Das Engineeringtool weist nun innerhalb der Projektierung automatisch jedem I/O-Gerät eine IP-Adresse zu (z. B. Presse01, Schweißen01, Pult01 etc.). Die IP-Anfangsadresse gibt der Projekteur vor. Alle weiteren IP-Adressen der projektierten Geräte werden dann automatisch aufsteigend vergeben.

– Das Projektiertool scannt den Bus ab und zeigt eine Liste der gefundenen MAC-Adressen in nachfolgender Form an. Wurde der logische Name bereits in einem vorherigen Schritt zugewiesen, dann zeigt das Tool ihn auch an.

IP-Adresse	MAC-Adresse	Gerätetyp	Gerätename
	00-A0-45-00-04-71	IL PN BK	Wenn vorhanden
	00-A0-45-00-05-41	FL PN/IBS	Wenn vorhanden

– Jedem Feldgerät weist der Anwender die projektierte IP-Adresse und den Gerätenamen zu. Das Resultat sieht beispielsweise folgendermaßen aus:

IP-Adresse	MAC-Adresse	Gerätetyp	Gerätename
192.168.8.1	00-A0-45-00-04-71	IL PN BK	Schrank 1
192.168.8.2	00-A0-45-00-05-41	FL PN/IBS	Klemmenkasten 4

Der Gerätename wird nun online in das jeweilige Feldgerät geschrieben (falls nicht bereits in einem früheren Schritt geschehen).

Im Hochlauf des Profinet I/O-Systems initiiert der I/O-Controller einen Identifikationslauf mit den angeschlossenen I/O-Devices. Auf Grund des zurückgemeldeten Gerätenamens und der MAC-Adresse weist der Controller den I/O-Devices die endgültige IP-Adresse zu. Neben der Vergabe des Namens gibt es die Funktionalität des „Blinkens" von Teilnehmern. Damit kann vor der Vergabe der endgültigen Adressen, bzw. eines Namens an einen Teilnehmer überprüft werden, ob dieser im Netzwerk auch tatsächlich erreichbar ist. Diese Funktion ist besonders dann hilfreich, wenn viele Teilnehmer des gleichen Typs im Netzwerk verwendet werden. Grundsätzlich besteht auch die Möglichkeit, den Teilnehmer in der Projektierung und seiner eindeutigen MAC-Adresse zu vergleichen.

Vorab kann Identify-Dienst dazu benutzt werden, um allgemeine Anfragen ins Netz zu stellen beispielsweise kann nach einem Gerätetyp gefragt werden oder nach Stationen, die noch keinen Namen haben.

Zur Identifizierung der Geräte benutzt Profinet I/O Namen. Diese kann der Anwender frei vergeben. Eine technologische Information ist damit leichter möglich als mit Nummern. Namen sind die im Internet gebräuchliche Art der Identifizierung. Zur Vergabe der Namen wird ein einfaches Protokoll verwendet.

Zuerst fragt ein Projektiergerät nach, ob der Name bereits vorhanden ist. Wenn ja, wird die Namensvergabe abgebrochen. Einen noch nicht benutzten Namen kann der I/O-Controller einem I/O-Device zuweisen. Dieser Ablauf ist wie bei dem Write-Aufruf. Namen muss ein I/O-Device remanent speichern.

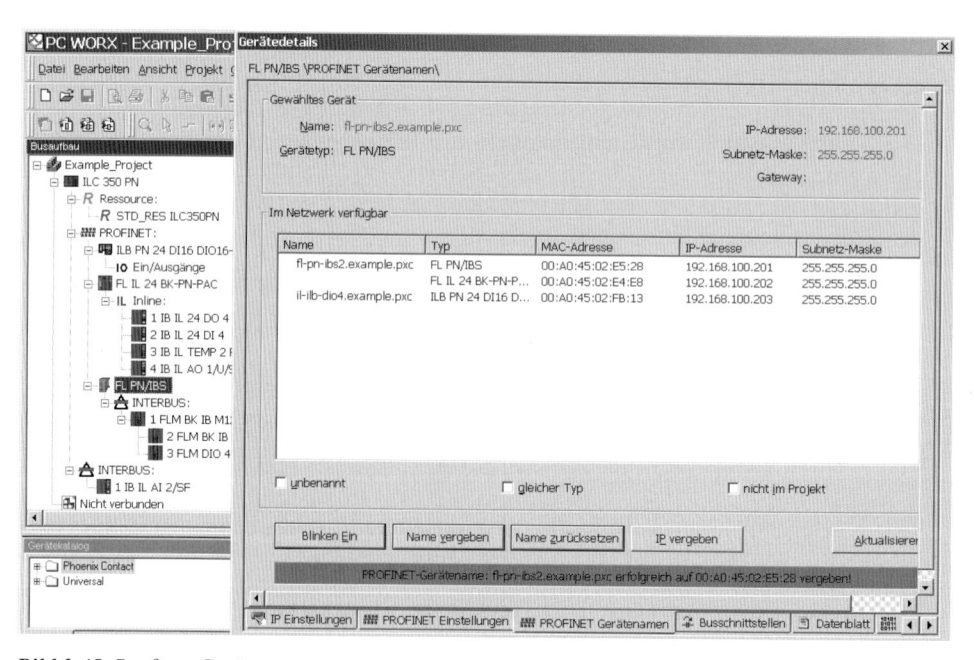

Bild 3.45 Profinet-Geräte scannen

Das Context-Management geht davon aus, dass das I/O-Device bereits die IP-Adresse hat. Da man in der Regel die IP-Adresse nicht permanent speichern will und auch die MAC-Adresse kein geeignetes Mittel für die Adressvergabe ist, muss eine Namensauflösung möglich sein.

3.7 Profinet

Zuerst fragt der I/O-Controller nach, ob der Name bereits vorhanden ist. Ist dies der Fall, prüft er, ob die IP-Adresse schon vergeben ist. Nur wenn ein Device mit dem Namen vorhanden ist und kein anderer Knoten diese IP-Adresse benutzt, darf die IP-Adresse gesetzt werden.

Vor dem eigentlichen Hochlauf gibt es dann noch eine weitere Sequenz von ARP-Request und ARP-Response. Dies wird vom IP initiiert, um die IP-Adresse tatsächlich aufzulösen.

Das bedeutet, dass der im Netz gefundene Teilnehmer jetzt einen festen Namen, und eine zugehörige IP-Adresse erhält, die auf dem Gerät remanent gespeichert wird. Erst bei einer Umprojektierung durch Zurücksetzen und Neuvergabe eines Teilnehmernamens würde diese Projektierung überschrieben.

3.7.7 Integration von Feldbussen

Profinet nutzt die XML-basierte Sprache GSDML (Generic Station Description Markup Language) zur Gerätebeschreibung. Damit werden alle relevanten Daten eines Feldgeräts (technische Merkmale und Informationen zur Kommunikation) beschrieben, um das Gerät in einem Profinet-Netzwerk ansprechen zu können. Aufgeführt ist eine Beispielintegration in einer STEP 7 Umgebung, bei der ein Interbus Proxy als Stellvertreter für einen unterlagerten Interbus im Hardware-Konfigurator eingebunden wird. Die Möglichkeiten der Integration von Geräten unterschiedlicher Entwicklungsumgebungen, zeigt auch die Interoperabilität zur herstellerneutralen Vernetzung von Devices. Im Beispiel sind folgende Angaben zur Projektierung wichtig:

- **A** Interbus-Proxy FL PN/IBS
- **B** GSD-Datei für den Interbus-Proxy FL PN/IBS
- **C** Interbus-Proxy als Profinet IO-Device eingebunden
- **D** IP-Adresse des Interbus-Proxys

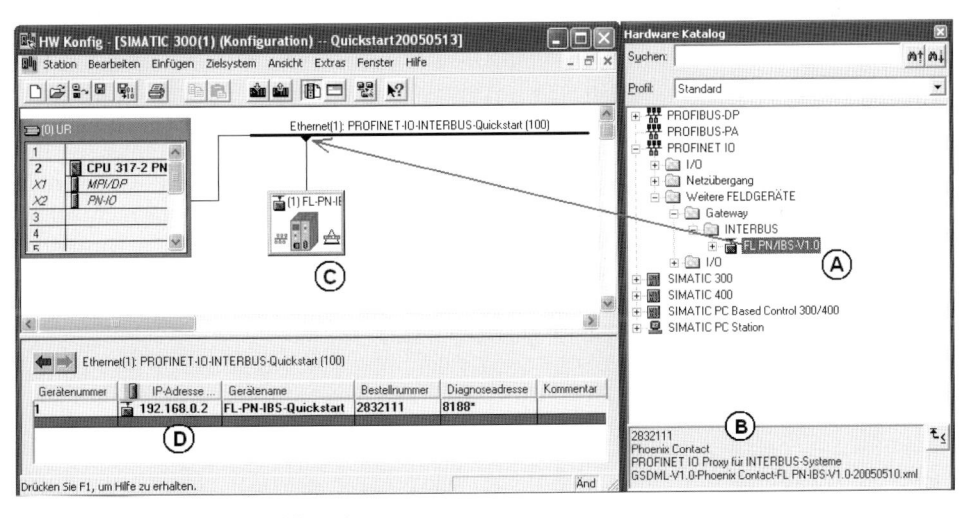

Bild 3.46 Auswahl eines Feldbus-Gateways

Um die aus der Sicht eines Feldbusses gestellten Anforderungen an Profinet I/O zu erfüllen, wird das Feldbus-System über den Ansatz der modularen Abbildung in Profinet I/O integriert. Dadurch benötigt der Anwender keinen zusätzlichen Feldbus-Konfigurator. Die Teilnehmer werden in dem eingesetzten Software-Werkzeug zur Profinet-Konfiguration projektiert. Das kann beispielsweise Siemens SIMATIC STEP 7 oder PC WORX sein.

Ein Interbus-Aufbau kann beispielsweise über einen Profinet I/O-Proxy (Interbus-Proxy/-Buskoppler) in das Profinet-Netzwerk eingebunden sein. Dieser Proxy stellt ein Gateway zwischen dem Ethernet-basierten Profinet-System und dem Feldbus-System Interbus dar. In der gerätespezifischen GSD-Datei sind sowohl vordefinierte Interbus-Geräte (mit Gerätebeschreibung) als auch sämtliche zur Verfügung stehenden Interbus-Geräte und Varianten als Universalmodule hinterlegt. So können im Hardware-Katalog die Geräte, die unterhalb des Interbus-Proxy liegen, eingefügt werden. Nach der Integration des eigentlichen „Stellvertreters" werden die unterlagerten Geräte per Drag&Drop auf einen freien Steckplatz im Proxy gezogen. Der Interbus-Master im Gerät belegt den Steckplatz 1. Die Steckplatznummer entspricht der physikalischen Teilnehmerposition im Interbus + 1. Die Integration ist in dem Bereich der Slot/Subslotmechanismen bereits beschrieben.

Die Inbetriebnahme des Interbus-Proxys erfolgt wie bei jedem anderen I/O-Device. Nachdem ein Profinet I/O-Gerätename zugewiesen wurde (Gerätetaufe), wird die Sollkonfiguration aus dem Software-Werkzeug zur Steuerung (I/O-Controller) geladen. Die Steuerung initialisiert beim Anlauf des Systems alle projektierten I/O-Devices. Dabei werden die einzelnen Parameter aus dem Software-Werkzeug im Anlauf zu den I/O-Devices übertragen. Beim Interbus sind das alle Parameter, die zur Konfiguration des in den Interbus-Proxy integrierten Interbus-Masters notwendig sind. Projektierungsfehler wie z. B. fehlerhafte Interbus-Einstellungen werden im Anlauf vom Interbus-Proxy erkannt und im Klartext im Software-Werkzeug angezeigt.

Bei der Inbetriebnahme werden die Ein- und Ausgangsdaten der Interbus-Geräte auf entsprechende Prozessdaten im Profinet I/O-System abgebildet. Durch die modulare Abbildung wird dabei jeweils nur ein Ethernet-Frame für ein komplettes Interbus-Segment benötigt. Dieser Frame enthält die Daten der einzelnen Interbus-Teilnehmer, ergänzt um die Prozessdatenbegleiter I/OPS (I/O Provider [Sender] Status) / I/OCS (I/O Consumer [Empfänger] Status).

Nach der Speicherung und Übersetzung wird die projektierte Konfiguration über den Menüpunkt „Zielsystem Laden in Baugruppe" in den PROFINET IO-Controller (im Beispiel die S7-CPU) übertragen. Nach erfolgreichem Ladevorgang läuft die S7-CPU mit der gespeicherten Konfiguration an. Dabei wird der Interbus-Konfigurationsrahmen anhand der Steckplatznummer und den Parametern „ID-Code", „Prozessdatenlänge", „Busebene", „Alternative" und „Gruppennummer" auf dem Interbus-Proxy zwischengespeichert und aktiviert.

3.7 Profinet 211

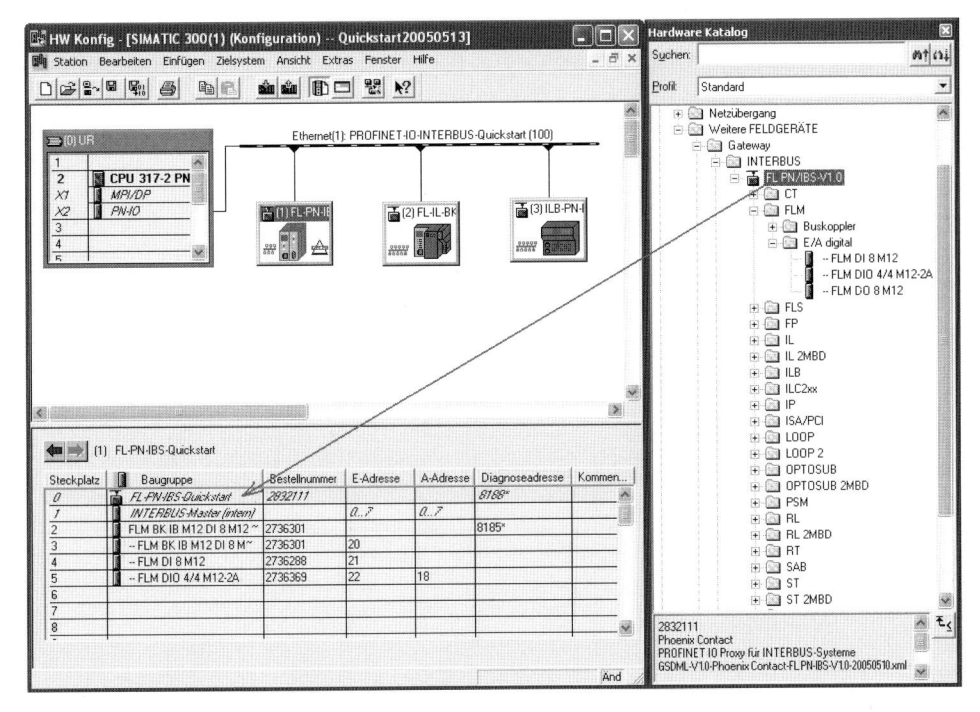

Bild 3.47 *Feldbusse unter Profinet*

Die Steckplätze werden aufeinanderfolgend belegt, da der Geräteaufbau als Konfigurationsrahmen verwendet wird. Interbus-Geräte, für die eine Gerätebeschreibung (inklusive Angabe des Namens und der Bestellnummer) besteht, werden im Hardware-Katalog ausgewählt. Für Geräte ohne Gerätebeschreibung stehen im Hardware-Katalog entsprechende Universal-Module mit identischen Eigenschaften zur Auswahl. Dabei ist zu berücksichtigen, dass die Prozessdatenlänge des einzufügenden Geräte bekannt sein muss. Über die Prozessdatenlänge werden die E/A-Adressen des Teilnehmers in der S7-CPU festgelegt.

3.7.8 Programmierung und Prozessdatenzuordnung

Innerhalb des Projekts ist es unabhängig, ob ein Teilnehmer auf der Feldbus- oder der Profinet-Ebene arbeitet. Innerhalb der Programmierung werden beide Ebenen im Busaufbau gleichberechtigt dargestellt und von beiden Ebenen können Prozessdaten miteinander verknüpft werden. Für die Anwendung bedeutet das keinen nennenswerten Unterschied zur bisherigen Programmierung auf der reinen Feldbusebene. Alle projektierten Teilnehmer können zur Programmierung verwendet, und in der anschließenden Prozessdatenzuordnung eingebunden werden. Die Prozessdatenzuordnung ist die Verbindung des Programmteils mit der tatsächlich angeschlossenen Hardware. Im Beispiel ist ein Busaufbau mit Interbus- sowie Profinet-Teilnehmern dargestellt. Die Datenpunkte können auch untereinander variiert werden.

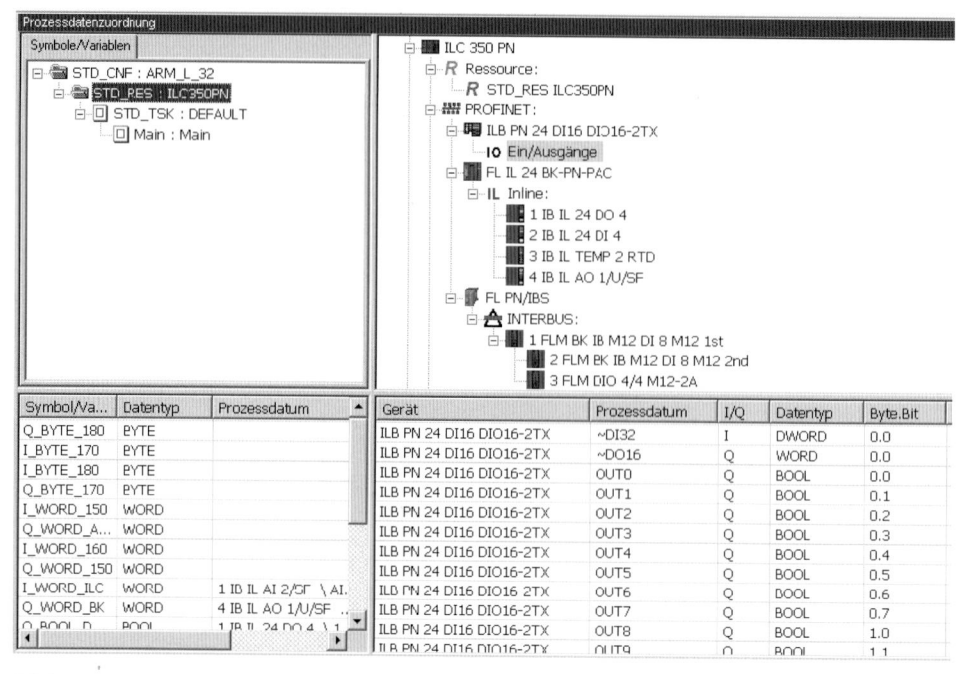

Bild 3.48 Prozessdatenzuordnung

3.7.9 IRT-Kommunikation

Die generellen Anforderungen an Real-Time-Kommunikation sind ein deterministisches Verhalten und Reaktionszeiten bis hinunter zu 5 ms für Standard-Applikationen. Dies umfasst die Kommunikation vom Producer der Information zum Consumer als auch deren Verarbeitung und das Rücksenden der Antwort. Für Motion Control Applikationen sind Zykluszeiten unter 1 ms gefordert.

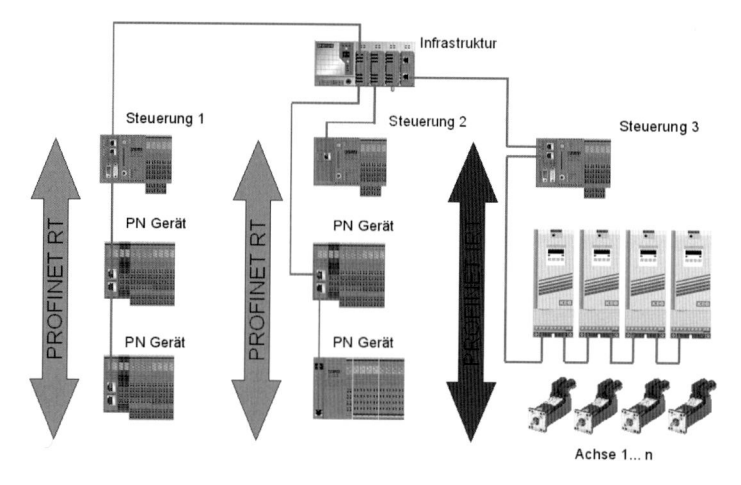

Bild 3.49 IRT-Kommunikation für schnelle Prozesse

3.7 Profinet

Das bedeutet allerdings, das in den Geräten ein spezieller ASIC zum Einsatz kommt, in denen die Echtzeitkommunikation abgewickelt wird. Das Verfahren **Profinet IRT** basiert im Wesentlichen auf einer Synchronisation durch den Master, der für alle unterlagerten Devices den Systemtakt vorgibt. In Profinet IRT-Geräten ist eine Kommunikation über TCP/IP, Profinet RT und Profinet IRT realisiert. In den Geräten muss also auch der Profinet RT Software-Stack implementiert sein.

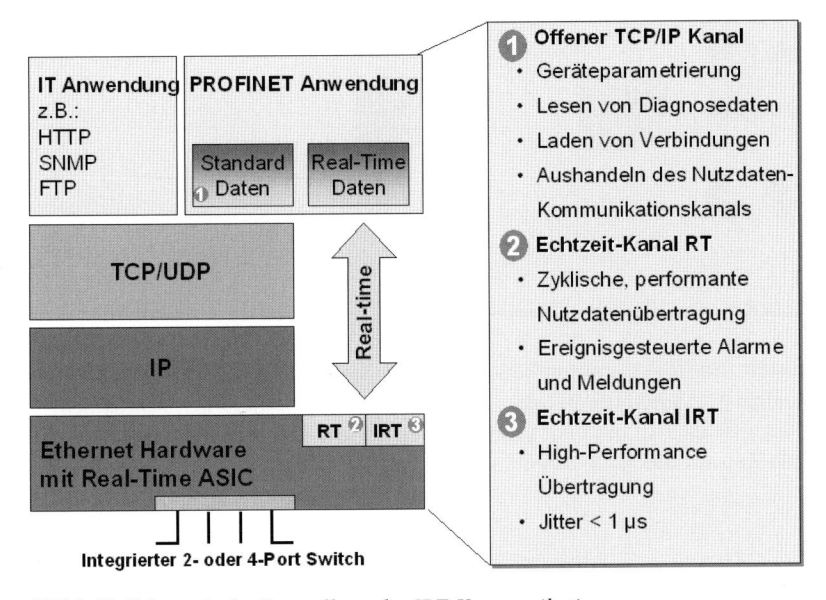

Bild 3.50 Schematische Darstellung der IRT-Kommunikation

Innerhalb der Applikationen ist ein Mischbetrieb aus Profinet RT sowie Profinet IRT nicht vorgesehen. Das bedeutet, dass IRT-Teilnehmer in einer direkten Kommunikation zu dem angeschlossenen Controller stehen. Am Ende einer IRT-Kommunikation können dagegen sehr wohl auch Standard-RT-Teilnehmer angehängt werden. Das gilt auch für Abzweige aus einem IRT Subnetzwerk. Soll die IRT-Kommunikation auch über Switches geroutet werden, müssen die Switches Teil der IRT-Struktur sein, damit sie in den Zykluszeitberechnungen mit eingehen können. Das bedeutet, dass in diesen Switches ebenfalls ein IRT-ASIC implementiert sein muss. Der Switch-ASIC verfügt standardmäßig über zwei oder vier Netzwerkanschlüsse. Mit vier Netzwerkanschlüssen sind auch Topologien möglich, in denen ohne zusätzliche Infrastruktur-Stiche von einem IRT-Subnetz geschaltet werden können. Neben den Stichen kann die Installation der RJ45-Verbindungen von mehreren Seiten erfolgen, sodass eine redundante Struktur aufgebaut werden kann. Eine stoßfreie Redundanzumschaltung der Teilnehmer wird ebenfalls innerhalb der ASICs abgewickelt.

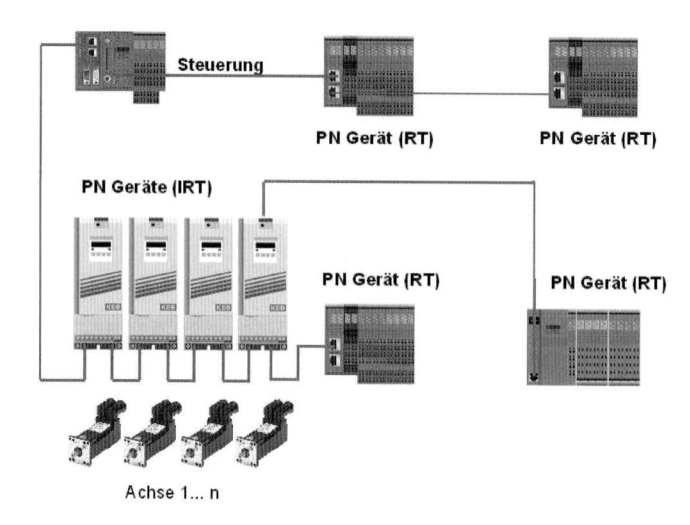

Bild 3.51 *RT- und IRT-Kommunikation in Verbund*

Grundsätzlich basiert die IRT-Kommunikation auf dem System von verteilten, synchronisierten und hochgenauen Systemuhren (vgl.: 1588-Protokoll) innerhalb der Teilnehmer. In jedem Datenzyklus gibt es also eine vorgegebene Zeit für die IRT-Teilnehmer sowie eine freie, verbleibende Zeit für die NRT-Teilnehmer im Netzwerk.

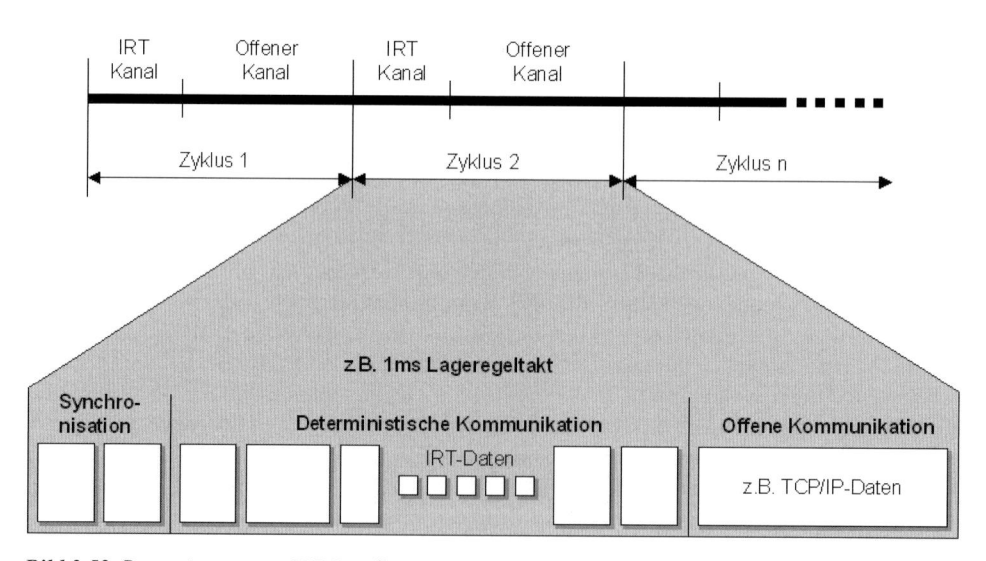

Bild 3.52 *Reservierung von IRT-Bandbreite*

Aus der Skalierung der Architekturen Profinet CBA, RT und IRT ergeben sich folgende Vorteile für die Applikationen:

– Kommunikation zwischen Steuerungen in verteilten Systemen (verteilte Intelligenz).

– Kommunikation zwischen dezentralen Feldgeräten wie z. B. Peripheriegeräten und Antrieben.

- Real-Time-Kommunikation.
- Taktsynchrone Kommunikation für Motion Control Anwendungen.
- Aufbau- und Installationsrichtlinien mit standardisierten Steckern und Netzkomponenten.
- Fernwartung und Netzwerkdiagnose durch Einsatz bewährter IT-Standards (wie z. B. SNMP).
- Schutz vor Manipulation, unberechtigtem Zugriff und Spionage mit den Industrial Security Komponenten.

3.8 Modbus TCP

Modbus TCP ist sicher eine der am längsten verfügbaren Varianten von industrieller Ethernet-Kommunikation. Dabei wurde das Ethernet-TCP/IP als eine weitere Übertragungstechnik für das seit 1979 bekannte Modbus-Protokoll zugelassen. Modbus TCP ist heute ein offener Internet Draft Standard. Die seit der Ursprungsvariante eingeführten Modbus-Dienste und das Objektmodell wurden unverändert beibehalten und auf TCP/IP als Übertragungsmedium abgebildet. Die Modbus-Kommunikation wurde um eine weitere Variante erweitert und besteht nun aus dem klassischen Modbus-RTU (asynchrone Übertragung über RS-232 oder RS-485), Modbus-Plus (High speed Kommunikation über ein Token Passing Netzwerk) und dem Modbus TCP (Ethernet-TCP/IP basierte Client-Server Kommunikation). Allen Varianten gemeinsam ist ein einheitliches Anwendungsprotokoll, das ein universelles Objektmodell für automatisierungstechnische Daten und Kommunikationsdienste für den Zugriff festlegt.

Modbus-Anwendungsprotokoll

Das Anwendungsprotokoll ist unabhängig von dem jeweils verwendeten Übertragungsmedium und nach dem Client Server Prinzip organisiert. Mit dem Aussenden des Request Telegramms initiiert der Client einen Dienstaufruf, der vom Server mit einem Response Telegramm beantwortet wird. Request und Response-Telegramm enthalten Parameter und/oder Daten. Während bei einer Standard-Modbus-Kommunikation, zusätzlich zu Befehlscode und Daten noch die Slave Adresse und eine CRC-Prüfsumme übertragen wird, übernimmt diese Funktionen bei Modbus TCP das unterlagerte TCP-Protokoll.

Modbus-Datenmodell

Das Datenmodell unterscheidet vier Grundtypen, die wie folgt strukturiert sind: die Discrete Inputs (Eingänge), Coils (Ausgänge), Input Register (Eingangsdaten) und Holding Register (Ausgangsdaten). Die Definitionen und Namen haben ihre Ursprünge im Modbus Protokoll. In vielen Implementierungen werden diese Grunddefinitionen häufig auf die vielfältigen Datentypen moderner Automatisierungsgeräte übertragen. Die Bedeutung und Adresse der Daten im jeweiligen Einzelfall müssen die Hersteller im Gerätehandbuch individuell angeben. Elektronische Gerätedatenblätter und herstellerübergreifende Engineeringtools wie bei den modernen Feldbussystemen gibt es zurzeit bei Modbus nicht.

Mapping auf TCP/IP

Modbus-TCP verwendet für die Datenübertragung in Ethernet-TCP/IP Netzwerken das Transport Control Protokoll (TCP) für die Übertragung des Modbus-Anwendungsprotokolls. Die Parameter und Daten werden dabei nach dem Encapsulation-Prinzip in den Nutzdatencontainer eines TCP-Telegramms eingebettet. Beim Encapsulation (=Einbettung) Vorgang erzeugt der Client einen Modbus Application Header (MBAP), der dem Server die eindeutige Interpretation der empfangenen Modbus-Parameter und Befehle ermöglicht. Grundsätzlich darf in einem TCP/IP-Telegramm nur ein Modbus-Anwendungstelegramm eingebettet werden.

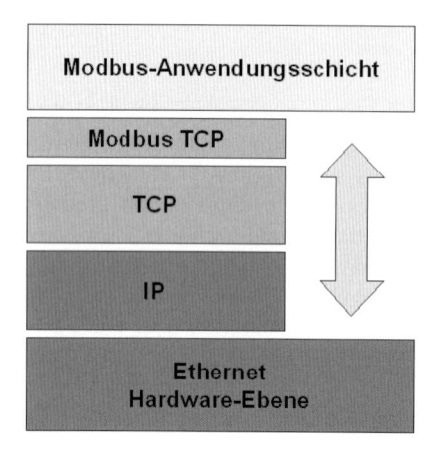

Bild 3.53 Das Modbus-Datenmodell

Modbus TCP arbeitet verbindungsorientiert

Bevor Nutzdaten über Modbus TCP übertragen werden können, muss zunächst eine TCP/IP Verbindung zwischen Client und Server aufgebaut werden. Serverseitig ist für Modbus TCP die Portnummer 502 festgelegt. Der Verbindungsaufbau geschieht typischerweise automatisch über das TCP/IP-Socket-Interface durch die Protokollsoftware und ist dadurch völlig transparent für den Anwendungsprozess. Ist die TCP/IP-Verbindung zwischen Client und Server hergestellt, können Client und Server beliebig oft und viele Nutzdaten über diese Verbindung übertragen. Client und Server können gleichzeitig mehrere TCP/IP-Verbindungen aufbauen. Die maximale Anzahl hängt von der jeweiligen Leistungsfähigkeit der TCP/IP-Anschaltung ab. Bei der zyklischen Übertragung von Eingangs- und Ausgangsdaten bleibt die Verbindung zwischen Client und Server permanent bestehen. Im Falle einer Bedarfsdatenübertragung für Parameter oder Diagnosemeldungen kann die Verbindung nach Abschluss der Datenübertragung abgebaut und bei erneutem Kommunikationsbedarf wieder aufgebaut werden.

Performance

Die Leistungsfähigkeit eines Modbus-TCP-Netzwerks hängt ganz wesentlich von der Art und Ausführung des jeweiligen Ethernet-Netzwerks und von der Leistungsfähigkeit der Prozessoren im Kommunikations-Interface der beteiligten Geräte ab. Die Protokolleffizienz des Modbus-TCP-Protokolls ist mit etwa 60 % relativ hoch. Dies wird dadurch

3.8 Modbus TCP

erreicht, dass das Anwendungsprotokoll die Übertragung mehrerer Registerwerte in einem TCP/IP Frame erlaubt und dem regulärem TCP/IP-Overhead nur wenige Bytes zusätzlichen Protokoll-Overhead hinzufügt. In der Umsetzung spielen die Übertragungszeiten im Netzwerk, und vor allem die Protokollbearbeitungszeiten in der Kommunikationsschnittstelle der Feldgeräte, eine wichtige Rolle. Die Performance wird also wesentlich von den eingesetzten Teilnehmern bestimmt. In der Praxis kann man die Performance etwa mit der Leistungsfähigkeit der etablierten Feldbusse vergleichen.

Socket-Interface

Das Socket-Interface repräsentiert eine offene Schnittstelle zur TCP/IP-Kommunikation. Wenn man die Socket (deutsch: Steckdose) mit dem Gerät vergleicht, dann sind die Ports über die eine Verbindung aufgebaut wird, die passenden Adapter.

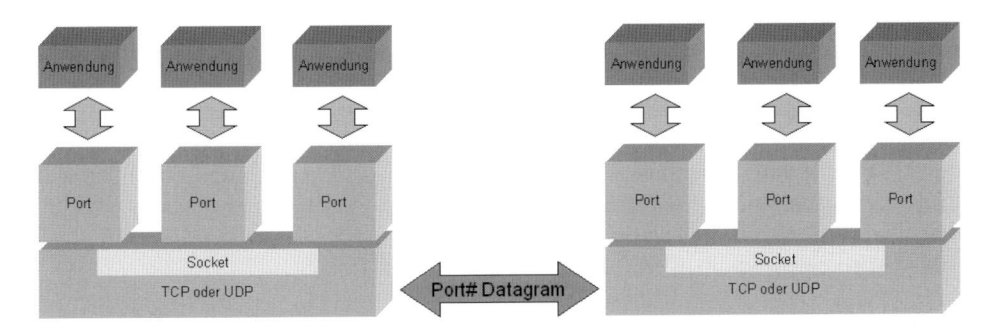

Bild 3.54 Socket-Kommunikation

Dabei definiert TCP/IP die Kommunikationsfunktionen und den Adressiermechanismus zwischen den Teilnehmern innerhalb des Netzwerkes und auch über die Netzwerkgrenzen hinaus. Aus diesem Grund hat sich das Socket-Interface als offene Schnittstelle zwischen der TCP/IP-Kommunikations-Software und den Anwendungsprogrammen (oder den ALIs, APIs) bewährt. Das Socket-Interface stammt ursprünglich aus der UNIX-Betriebssystemwelt (Berkeley UNIX V4.2 der University of California in Berkeley), aber die Funktionalität steht heute (unabhängig von UNIX) auf allen Rechnerplattformen als ein Satz von Routinen, „Socket Library" genannt, zur Verfügung. TCP/IP und UDP/IP ermöglichen damit über die jeweilige Socket Library in den Teilnehmern eine echte Interoperabilität in heterogenen Netzen. Dabei ist die Schnittstelle zwischen den UDP/TCP/IP-Kommunikationsfunktionen und der Anwendungssoftware, die diese Funktionen verwenden will, in der TCP/IP-Defmition nicht festgelegt. Der Hintergrund dafür sind die verschiedenen Plattformen, auf denen TCP/IP lauffähig sein sollte und eine derartige Definition möglicherweise unerwünschte Einschränkungen in der Zukunft zur Folge gehabt hätte. Man unterscheidet drei Typen von Sockets

– Socket zum Zugriff auf die TCP/IP-Kommunikation: Stream Socket,

– Socket zum Zugriff auf die UDP/IP-Kommunikation: Datagram Socket

– Socket zum Zugriff auf die IP-Schicht: Raw Socket.

Das Stream Socket verwendet aus historischen Gründen folgendes Prinzip:

„Open – Read/Write – Read/Write – ... – Read/Write – Close".

Der Kommunikationskanal mit seinem verbindungsorientierten Protokoll wird wie ein File-Zugriff behandelt. Zuerst wird der Verbindung geöffnet, das heißt, der Kommunikationskanal mit dem gewünschten Partner wird aufgebaut. Dann können die SEND (= WRITE) oder RECEIVE (= READ) Operationen durchgeführt werden. Am Ende der Kommunikations-Session muss die Verbindung beendet werden, das heißt, der Kommunikationskanal muss geschlossen werden. Ein Kommunikationskanal besteht jeweils zwischen einem Port im Sender und einem Port im Empfänger: Die Kommunikation kann symmetrisch im Vollduplex-Betrieb arbeiten. Das heißt, der Datenverkehr kann gleichzeitig in beide Richtungen stattfinden. TCP/IP in einem Rechner kann gleichzeitig eine beliebige Anzahl Kommunikationskanäle (jeweils ab einem anderen Port) zu anderen Teilnehmern unterhalten. Die Ports werden in den Stationen vom Programm dynamisch erzeugt und mit den entsprechenden Tasks, Programmteilen oder Prozessen verbunden.

Für eine Kommunikation im industriellen Umfeld ist eine offene TCP/IP-Verbindung allerdings nicht ausreichend. Innerhalb der Socket-Library werden nur die Kommunikationsverbindungen (Struktur, Betrieb, Überwachung, Abbau) definiert. In einem TCP-Datagramm können Daten unterschiedlicher Strukturen „verpackt" sein. Das bedeutet, dass eine entsprechende Middleware dafür sorgen muss, geeignete Programmschnittstellen zur Verfügung zu stellen. Bei Steuerungen, aber auch bei I/O-Endgeräten, ist das typischerweise das API (Application Programming Interface) bzw. das ALI (Application Layer Interface). Dieses Interface stellt die eigentliche Schnittstelle zum Anwendungsprogramm und den Speicherbereichen des Teilnehmers dar.

4 IT-Security

4.1 Sicherheit in Netzwerken

Sichere Informationen, hohe Netzverfügbarkeit und vertrauliche Kommunikation sind drei Säulen, auf denen der wirtschaftliche Erfolg eines Unternehmens beruht. Daher sind Angriffe gegen das Automatisierungsnetzwerk oder unberechtigtes Eindringen aus dem Internet ernstzunehmende Gefahren für die Betreiber automatisierter Anlagen. Darüber hinaus bedrohen unbeabsichtigt oder böswillig durchgeführte Sicherheitsverstöße im Anlagennetzwerk durch die eigenen Mitarbeiter oder externes Servicepersonal (Man in the Middle) die Automatisierungsprozesse. Daher muss die Sicherheit von Informationen, Produktionsprozessen und betrieblichen Abläufen mehr denn je betrachtet werden.

4.1.1 Gefahren erkennen und bewerten

Sicherheit ist kein statischer Zustand, sondern ein dynamischer Prozess, bei dem die „virtuellen" Risiken nur schwer einzuschätzen sind. Dennoch müssen die Abwehrmaßnahmen täglich an der Bedrohungslage und an neuen Technologien gespiegelt werden, um sie auf Wirksamkeit oder Verbesserungspotenzial zu prüfen. Jede Verbesserung des Sicherheitsniveaus beginnt damit, Gefahren zu erkennen und einzuschätzen. Nur wer sich der Gefahr bewusst ist, kann angemessen auf sie reagieren.

Gefahren/Bedrohungen setzen immer an Schwachstellen an. Daher muss im Einzelfall bestimmt werden, welche Schwachstelle ein höheres Gefährdungspotenzial hat und die Abwehrmaßnahme entsprechend priorisiert werden. Zur Priorisierung werden die Gefahren finanziell gewichtet und dem Aufwand für entsprechende Sicherheitsmaßnahmen gegenübergestellt.

4.2 Notfallvorsorge

Ein umfassendes Sicherheitskonzept zur Katastrophenabwehr beinhaltet nicht nur den Schutz vor Viren und Hackern, sondern auch Planungen gegen Naturkatastrophen, Hardwarefehler und menschlichem Versagen. Der Katastrophenfall liegt vor, wenn die Datenverarbeitung komplett unterbrochen ist. Die Ursachen für den EDV-Katastrophenfall sind vielfältig.

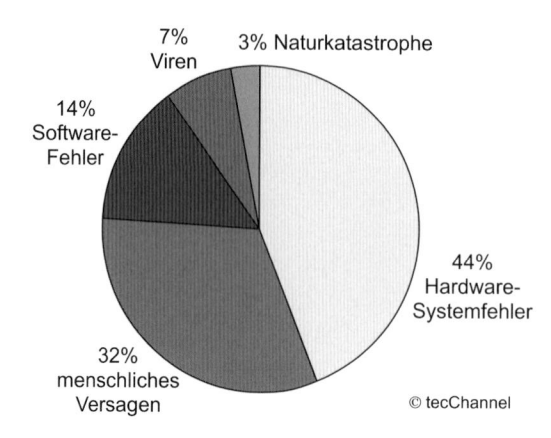

Bild 4.1 *Ursachen für den EDV-Katastrophenfall*

Zur Abwehr einer möglichen Katastrophe sind alle sicherheitsrelevanten Aspekte zu berücksichtigen und ein umfassender Schutzwall zu schaffen.

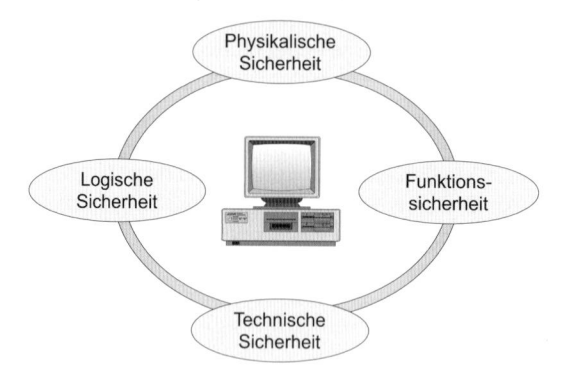

Bild 4.2 *Umfassender EDV-Schutzwall*

Dieser Schutzwall wird durch zahlreiche, mehr oder minder wahrscheinliche Faktoren angegriffen und teilweise durchbrochen. Die Abwehrmaßnahmen, um die Funktion des Schutzwalls aufrechtzuerhalten, werden im Allgemeinen als IT-Security bezeichnet.

IT-Security ist eine Art umfassende Versicherungspolice für das gesamte Unternehmen und umfasst klassische und qualitative Ziele.

Klassische Ziele sind: – Absicherung aller IT-Systeme
- Schadensabwendung
- Wiederherstellung des Geschäftsbetriebs nach einem Schaden

Qualitative Ziele sind: – Verfügbarkeit
- Vertraulichkeit
- Authentizität
- Integrität

4.2 Notfallvorsorge

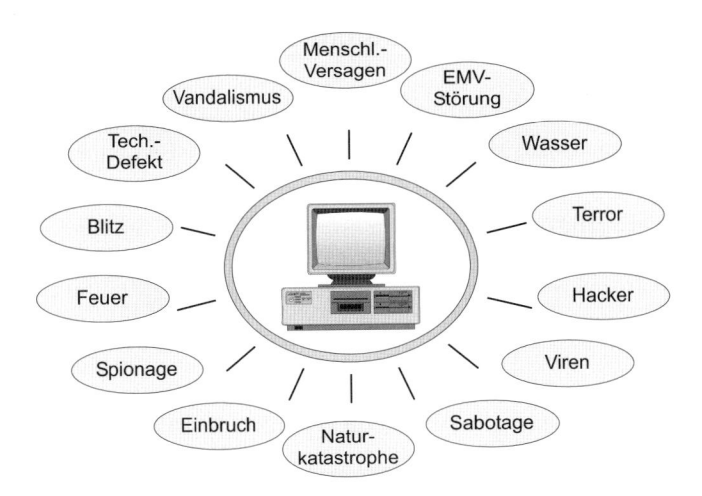

Bild 4.3 Risikofaktoren

IT-Security bedeutet heute: Die Sicherstellung eines kontinuierlichen und reibungslosen Ablaufs aller Geschäfts- und Produktionsprozesse.

Wieviel Sicherheit braucht ein Unternehmen? Leider gibt es auf diese Frage keine pauschale Antwort und keinen Maßstab, mit dem Sicherheit gemessen werden kann. Auch Fragen wie „Haben wir genug oder zu wenig Sicherheit?" oder „Haben wir die richtigen Lösungen?" lassen sich nicht einfach beantworten. Aber genau diese Fragen muss sich ein IT-Security-Verantwortlicher täglich stellen und die Antworten an die aktuelle Bedrohungslage und an neue Technologien anpassen. Im Grundschutzhandbuch des BSI (Bundesamt für Sicherheit in der Informationstechnik) wird ein Schichtenmodell dargestellt, aus dem sich die vielfältigen Aspekte im Umfeld von Security ablesen lassen. Die nachfolgende Abbildung zeigt aber deutlich die Komplexität des Themas.

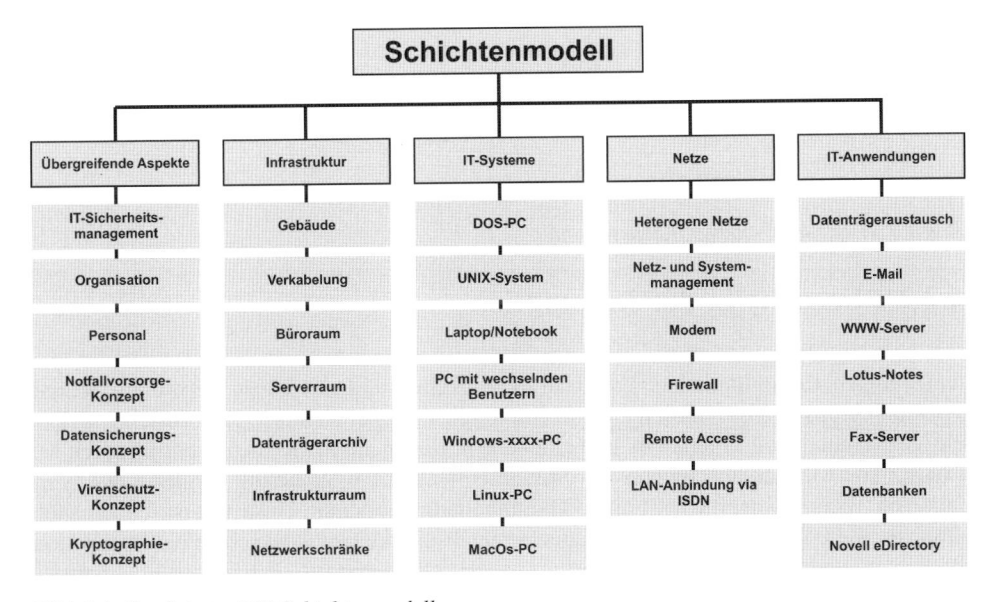

Bild 4.4 Abgeleitetes BSI-Schichtenmodell

4.2.1 Sicherheitsverletzungen und -maßnahmen

Um ein akzeptables Sicherheitsniveau zu erreichen, setzen etwa 97 Prozent der Unternehmen Virenscanner ein, während rund 70 Prozent Tools zur Zugriffskontrolle und 60 Prozent Firewalls verwenden. Maßnahmen zur Verschlüsselung des Datenstroms kommen mit weniger als zehn Prozent dagegen nur sehr selten zur Anwendung [37].

Sicherheitsverletzungen hingegen erfuhren Unternehmen in erster Linie durch die Nutzung der E-Mail-Kommunikation. In rund 60 Prozent der Fälle kam es zu Problemen mit E-Mail-Attachments, weitere 50 Prozent sammelten negative Erfahrungen mit E-Mail-Spam.

Vireninfektionen wurden von 73 Prozent der befragten Firmen angegeben, während Störungen in punkto Netzverfügbarkeit von 31 Prozent der Antwortenden moniert wurden. Geringen Anteil an Sicherheitsverletzungen hatten mit etwa sechs Prozent Industriespionage sowie mit vier Prozent die Verwendung der Plattform bei DDoS (Distributed Denial of Service)-Attacken, die das System durch Überlastung zu beeinträchtigen versuchen.

Da der gesamte Bereich „E-Mail" nicht in Automatisierungsnetzen anzutreffen ist, liegen die Bedrohungen hier im Bereich Netzverfügbarkeit, Industriespionage sowie DDoS-Attacken.

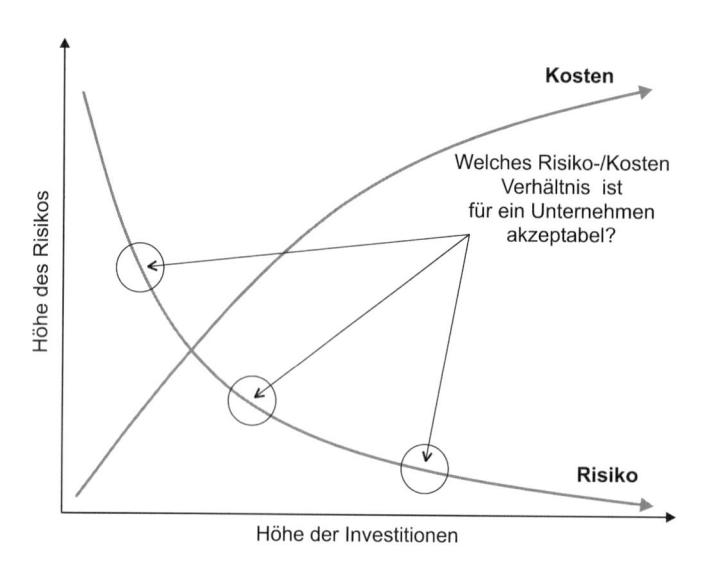

Bild 4.5 IT-Security – Risiko-/Kosten-Verhältnis

4.2.2 Security in der Automation

Die wirtschaftliche Automatisierung von Maschinen und Anlagen basiert auf einer leistungsfähigen Kommunikation. Die dazu entwickelten und mit hoher Verbreitung eingesetzten Feldbussysteme werden zunehmend durch Ethernet abgelöst. Die Vorteile, welche die Verwendung von Ethernet in der Feldebene in Bezug auf die Kostenersparnis durch den Einsatz von Mainstream-Technologie, sowie einfacheres Engineering aufgrund des Wegfalls von Technologiebrüchen bringt, sind allgemein anerkannt. Unstrittig ist jedoch auch, dass eine Ethernet-basierende Automatisierungslösung keinen Rückschritt bei Installation, Bedienung und Wartung bedeuten darf.

Im Bereich der aktiven Infrastrukturkomponenten wird heute ein ausreichendes Produktportfolio beispielsweise von industrietauglichen Switches angeboten. Diese lassen sich auch ohne informationstechnologisches Expertenwissen in Betrieb nehmen und aufgrund ihrer Robustheit maschinennah einsetzen. Die Verfügbarkeit entsprechender industrietauglicher Komponenten hat maßgeblich zum Erfolg von Ethernet beigetragen. Damit einhergehend werden nun auch Security-Aspekte im Automatisierungsumfeld diskutiert, denn zu verlockend sind die zahlreichen RJ45-Ports, die sowohl die Möglichkeit der schnellen Erweiterung, als auch des unkontrollierten Zugriffs bieten. Beschleunigt wird die Diskussion durch den einfachen Fernzugriff (Remote) sowie den Einsatz von Wireless LANs.

Wie bereits die Entwicklung von Installationsverfahren und Infrastruktur für die Automatisierungstechnik gezeigt hat, gilt auch für Security-Lösungen, dass sie nicht ohne entsprechende Anpassungen aus der IT-Welt übernommen werden können. Als Beispiel seien hier die eingeschränkte Rechenleistung der Automatisierungskomponenten, die Echtzeitanforderungen und die Forderung nach einfacher Handhabung (z. B. Konfiguration) genannt. Eine Möglichkeit mehr Sicherheit zu erreichen, ohne die Komplexität zu erhöhen, sind mechanische Verriegelungen von freien Ports und Patchkabeln. Andere Hersteller bieten erste spezifische Sicherheitsprodukte unter Nutzung von Verschlüsselungstechnologien zur Einrichtung von VPN´s (Virtual Private Network) in Verbindung mit Firewalls. Diese Lösungen sind heute noch kostenaufwändig, beeinträchtigen die Echtzeitfähigkeit und sind komplex zu parametrieren.

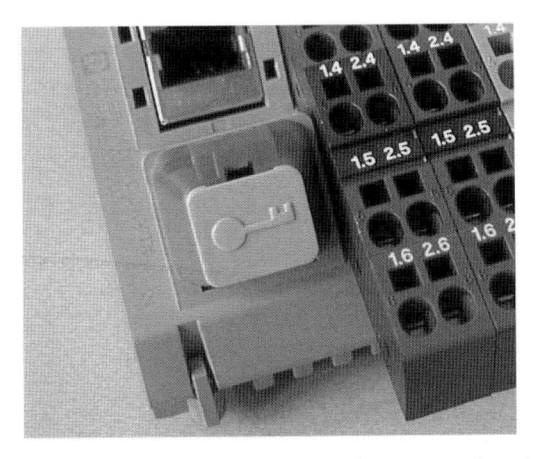

Bild 4.6 Mechanische Schutzeinrichtungen an einer Automatisierungskomponente

4.2.3 Security in Feldbussystemen

Feldbussysteme sind auf die effiziente Übertragung von I/O-Daten spezialisiert. Einige Standards wie Interbus bieten durch umfangreiche Diagnoseinformationen erhöhte Sicherheit in punkto Nichtverfälschbarkeit der Daten durch EMV-Einflüsse oder Verschlechterung des Übertragungsmediums.

In Bezug auf Vertraulichkeit, Authentizität oder Schutz vor DDoS-Angriffen stellen die Feldbussysteme keine Sicherheitsfunktionen zur Verfügung. Daher ist die Feldbustechnik nicht als sicherer als ein ungeschütztes autarkes Ethernet einzustufen. Kritischer stellt sich die Situation dar, so bald die Durchgängigkeit des Übertragungsmediums genutzt wird, die in der industriellen Kommunikation unverzichtbar ist. Die Durchgängigkeit oder Offenheit muss daher kontrolliert und eingeschränkt werden. Als effektives Sicherheitsfeature bietet eine Access Control List die Kontroll- und Reglementierungsmöglichkeiten, um, ohne komplexe Administration, die erforderliche Durchgängigkeit zu wahren.

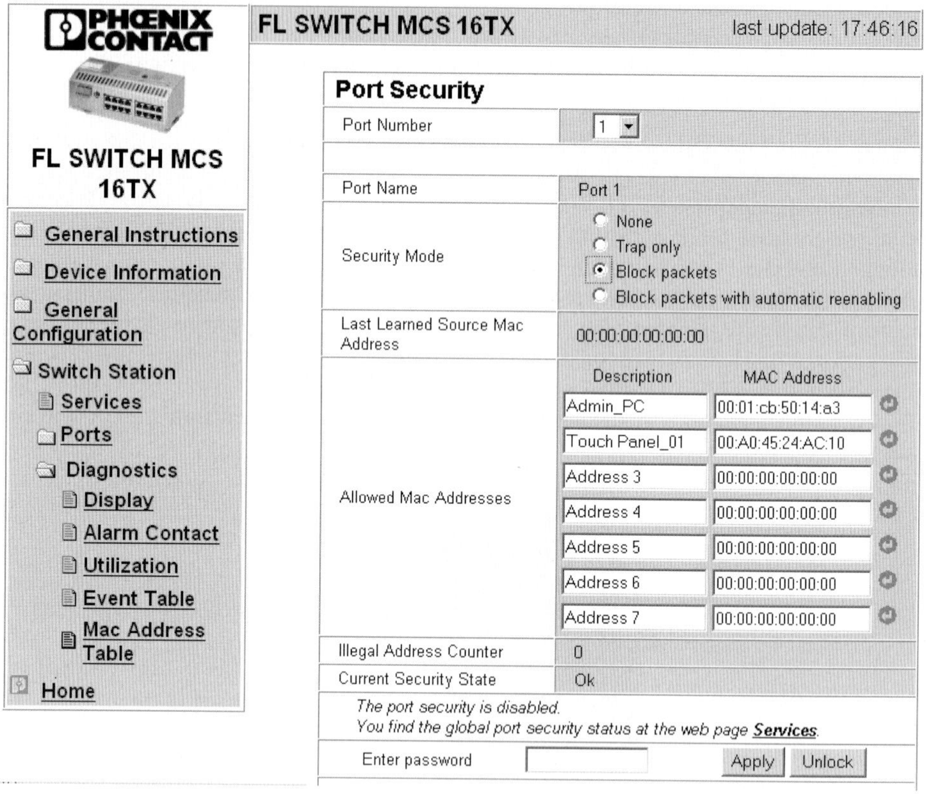

Bild 4.7 *Einrichten von Access Control Lists (ACL) auf einem industrietauglichen Switch*

4.3 Erkennung und Behandlung von Angriffen im Netzwerk

4.3.1 Ausgangssituation

Da der freie Zugang zum Internet am Arbeitsplatz häufig wünschenswert ist, wurde bereits vorhandene Netzwerkinfrastruktur an das Internet angeschlossen. Ebenso wünschenswert ist es, aus der Office-Umgebung Zugriff auf das Automatisierungsnetzwerk zu haben. So wurde indirekt, aber auch direkt, z. B. zu Ferndiagnose/-wartung, das Internet mit dem Automatisierungsnetzwerk verbunden. Da auch in der Automatisierung, zumindest teilweise, gleiche oder ähnliche Protokolle wie im Office-Umfeld verwendet werden, ist das Automatisierungsnetzwerk durch Angriffe aus dem Internet gefährdet. Diese Kopplung unterschiedlicher Netze erfolgte leider häufig ohne oder nur mit geringen Maßnahmen zur Absicherung des eigenen internen Netzes und ermöglicht das Eindringen in das Firmennetz, um dort sensible Daten auszuspionieren oder zentrale Funktionen wichtiger Betriebsabläufe zu sabotieren.

Ein wesentlicher Bestandteil eines Schutzkonzepts muss deshalb sein, wie ein möglicher Angriff entdeckt und behandelt werden kann. Durch eine zeitnahe Reaktion kann weiterer Schaden häufig vermieden werden.

4.3.2 Ablauf eines Angriffs auf das Netzwerk

Um in ein Netzwerk einzudringen, ist immer eine Bestandsaufnahme erforderlich. Diese Bestandsaufnahme liefert die notwendigen Erkenntnisse, um einen Angriff überhaupt ausführen zu können. Sie kann technisch und automatisiert durchgeführt werden (Scanning) oder „untechnisch" (Social Engineering oder Trashing). Die hierbei gesammelten Informationen und Hinweise führen zum Angriff mit mehr oder weniger geeigneten Methoden. Nachfolgend wird das mögliche Prinzip eines Angriffs aufgezeigt, aber keine Anleitung gegeben, wie der Angriff durchzuführen ist.

Bestandsaufnahme

Connect Scanning – Bestimmung der öffentlich zugänglichen Dienste

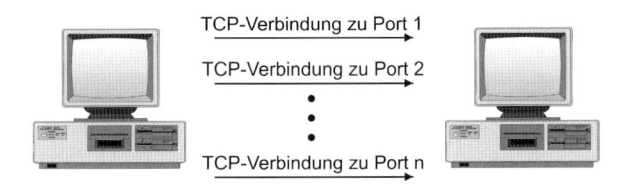

Bild 4.8 Connect Scanning

Über simple Verbindungsaufbauversuche und deren Rückmeldung (Port oder Form der zurückgeschickten Daten) können die offenen Dienste auf dem Zielrechner bestimmt werden. Oftmals werden dann die bekannten Schwachstellen der Dienste ausgenutzt. Um eine Protokollierung des Scans zu erschweren wird vom Angreifer keine Acknowledge-Meldung an das Zielsystem zurückgeschickt, damit ist der Verbindungsaufbau fehlgeschlagen. Wenn sich in kurzer Zeit die Fehlversuche häufen, kann von einem Angriff oder zumindest dessen Vorbereitung ausgegangen werden.

Firewalking – Bestimmung der Netzwerktopologie

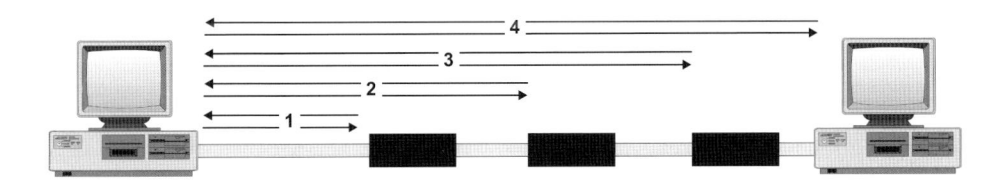

Bild 4.9 Firewalking

Beim Firewalking werden einfach Pakete an legitime Ports verschickt, deren TTL (Time To Live) mit dem Wert „1" starten. Der erste Empfänger (Router, Switch,...) inkrementiert den TTL auf „0" und verwirft das Paket. Aber: Das Paket wird nicht still und heimlich verworfen, sondern der Empfänger, der das Paket verworfen hat, gibt ein Feedback an den Absender „Time Exceed – Ich habe dein Paket verworfen und meine IP-Adresse ist ...". Das nächste Paket wird mit einer „2" als TTL geschickt und der Vorgang wiederholt sich. So wird dem Angreifer die Netztopologie bekannt gemacht, ohne von NAT-Routern verfälscht zu werden.

4.3.3 Weitere Schwachstellen

Telefonnetz

Das Telefonnetz ist auf dem ersten Blick kein lohnendes Ziel für einen Hacker, aber ein Angriff ist über das Telefonnetz um so leichter ausführbar, je größer das Unternehmen ist. Als erstes wird das Netz gescannt, indem man automatisiert jede Nummer des Unternehmens inklusive aller Nebenstellen anruft. Die Gegenstelle wird automatisch erkannt, z. B. Analog, ISDN, Fax, Modem, Anrufbeantworter, Terminalzugang, PPP, Videokonferenz u. ä. Bei diesem Scan werden häufig Dienste gefunden, die es eigentlich nicht geben dürfte: Online-geschaltete Modems, z. B. für Fernwartung durch externe Dienstleister oder eines Mitarbeiters, der sich einen restriktionsfreien Internet-Zugang eingerichtet hat. Der einfachste Angriff erfolgt über Fernwartungs-Softwaretools, wie z. B. pcAnywhere, das sich ein Netzwerkadministrator installiert hat, um nicht (etwa am Wochenende) bei jeder Störung ins Unternehmen fahren zu müssen.

Eine oftmals längst (fast) vergessene, nur noch selten benutzte, aber immer noch funktionsfähige Technologie stellt ein hohes Sicherheitsrisiko dar – der Datendienst X.25, besser bekannt als Datex-P. Datex-P ist zwar seit 01.01.2004 abgeschaltet, aber der gleiche Dienst ist unter neuem Namen weiterhin verfügbar. Über X.25 hat ein Angreifer nicht selten freien Zugriff auf alle Daten.

Penetrationstechnik

Brute Force

Die einfachste und erstaunlich erfolgreiche Technik ist der Versuch, die gültige Login-/Passwort-Kombination zu erraten (Brute Force). Mit Hilfe von Wörterbuch-Attacken, die die meist genutzten Passwörter ausprobieren, ist es möglich, Zugriff zu erhalten. Das in der Praxis meist verwendete Passwort ist „Passwort", gerne wird auch der Firmenname oder der Standort als Passwort verwendet. Auch über Gast-Zugänge und allgemeine User ist der Zugriff möglich.

Applikationsabbruch

Wird eine öffentlich zugängliche Applikation unerwartet abgebrochen (Escape, Ctrl-C, Ctrl-D, Ctrl-\, ...) findet man sich häufig in einer Eingabeaufforderung oder auf dem Desktop wieder.

4.3 Erkennung und Behandlung von Angriffen im Netzwerk

Social Enineering

Meist wird unter Vorspielung falscher Tatsachen ein Anwender angerufen und nach Login sowie Passwort gefragt.

Trashing

Entwenden von Unterlagen oder Datenträgern aus dem Büromüll. Vertrauliche Akten oder Datenträger unwiederbringlich zu löschen, wird oftmals als unnötiger Aufwand betrachtet. Allerdings ist für das Löschen von Datenträgern, je nach verwendeten Medium, auch einiges Know-how erforderlich.

Manipulation mit Metazeichen

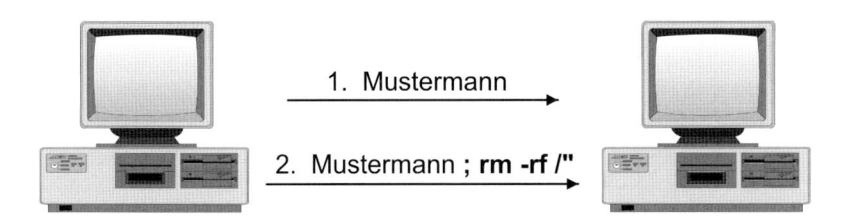

Bild 4.10 Manipulation mit Metazeichen

Beispiel: Wird im Internet ein Formular zur Registrierung für einen Newsletter angeboten, so findet folgender Ablauf statt: Das Script „Newsletter-Registrierung" startet mit dem Benutzernamen „Mustermann" als Parameter (1).

Wird aber der als zweites dargestellte String gesendet, wird das Script gestartet (mit „Mustermann" als Parameter) und danach folgt, durch Semikolon abgetrennt, ein zweiter Befehl (rm –rf /), der vom Webserver auch ausgeführt wird (Beispiel: Löschen der Festplatte auf einem Unix-System ohne Nachfrage). Durch geeignete Auswahl der verwendeten Befehle sind Manipulationen möglich.

Ungesicherte Trunking-Ports

Kann ein Angreifer auf einen ungesicherten Trunking-Port zugreifen, wird ihm, wenn er sich selbst als Switch ausgibt und die Pakete entsprechend kennzeichnet (tagged), durch den echten Switch Zugriff auf alle Netzwerksressourcen ermöglicht.

IP-Pakete mit ungültigen Parametern

Diese Art von Angriff wird häufig benutzt, um den Betrieb eines Zielsystems zu stören (Denial of Service). Anhand der ungültigen Parameter sind solche IP-Pakete leicht zu erkennen. Treten sie vermehrt auf, ist von einem Angriff auf das System auszugehen. Beispielsweise stürzen viele Rechner aufgrund einer fehlerhaften Implementierung ab, wenn die Quell- und Zieladresse, sowie Quell- und Zielport übereinstimmen.

Überflutung / Flooding

Dieser Angriff versucht, ein System oder einen Dienst dadurch auszuschalten, dass man es mit Daten und Anfragen „überflutet". Sendet man beispielsweise E-Mails in großen Mengen an ein System, so wird das Spool-Verzeichnis überlaufen und es kann keine weiteren Daten mehr entgegennehmen. Bei einigen Implementierungen kommt es auch zu einem Totalabsturz des Systems.

SYN Flooding

Beim SYN Flooding schickt der Angreifer ständig Synchronisationspakete, um einen Verbindungsaufbau zu initiieren. Diese Pakete werden mit ständig geänderten Quell-Ports auf offene Ports des Opfers gesendet. Der Zielrechner richtet daraufhin eine TCP-Verbindung ein und versendet Bestätigungsmeldungen mit gesetzten SYN- und ACK-Flags und wartet auf die Bestätigung der Kommunikationsverbindung, die der Angreifer natürlich nicht schickt. So werden unzählige „halbe" Verbindungen aufgebaut, die in Summe so viele Ressourcen verbrauchen, dass das Zielsystem seine eigentlichen Aufgaben nicht mehr wahrnehmen kann.

IP Spoofing

Beim IP Spoofing wird die Absender IP-Adresse eines Datenpakets manipuliert, so dass das Paket von einem anderen Rechner zu kommen scheint. IP Spoofing wird genutzt, um Firewalls zu überlisten oder im Falle eines Angriffs den Urheber des Angriffs zu verschleiern.

Land-Attacke

Bei einer LAND-Attacke wird ein TCP-Paket an den Zielrechner geschickt, das folgende Eigenschaften aufweist:

– Das SYN-Flag ist gesetzt.
– Die Absenderadresse ist gleich der Adresse des Zielrechners.

In der Folge interpretiert der Zielrechner sein eigenes ACK-Flag als SYN-Flag eines neuen Verbindungsaufbaus. Diese Endlosschleife führt zum Absturz des Zielsystems.

MAC Flooding / Switch Jamming

Software wie „dsniff" oder „macof" generieren Pakete mit unterschiedlichen MAC-Adressen [24]. Wird ein Switch bei einem Angriff mit Paketen mit tausenden von unterschiedlichen MAC-Absenderadressen konfrontiert, so läuft dessen interne MAC-Tabelle (ARP-Tabelle) über. Damit geht dem Switch die Zuordnungsmöglichkeit zur zielgerichteten Weiterleitung der Pakete verloren. Folge: Der Switch schaltet in die nächst schlechtere Betriebsart um und wird zum Hub. Damit sendet er alle empfangenen Pakete auf allen Ports aus und bietet damit dem Angreifer die Möglichkeit, die gewünschten Pakete mitzuschneiden.

SYN-Absender nicht erreichbar

SYN-Pakete werden normalerweise zum Verbindungsaufbau benutzt. Ist aber die Quelladresse eines SYN-Pakets unerreichbar, weil sie gefälscht wurde, wird trotzdem Arbeitsspeicher für die gewünschte Verbindung vom System reserviert. Werden solche Anfragen in schneller Folge wiederholt, bindet der Angriff im Zielsystem so viele Ressourcen, dass es seine normalen Aufgaben nicht mehr im vollen Umfang bewältigen kann.

ICMP-Echo-Request

Ein ICMP-Echo-Request (ping) dient normalerweise dazu, die Erreichbarkeit bestimmter Rechner im Netzwerk zu überprüfen. Überschreitet die Paketgröße der ICMP-Pakete die zulässige Maximalgröße, können sie aufgrund einer falschen Implementierung das Zielsystem zum Absturz bringen.

Buffer Overflow

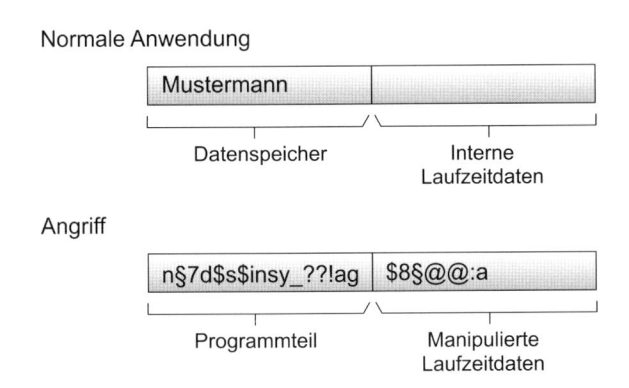

Bild 4.11 Buffer Overflow

Bei einem Buffer Overflow wird eine unerwartet lange Eingabe in z. B. einem Formular gemacht. In obigen Beispiel passt „Mustermann" in den reservierten Bereich, am Ende des Bereichs stehen Laufzeitdaten der Anwendung im Speicher. Beim Angriff wird ein ausführbarer Programm-Code direkt in Maschinensprache in die Felder geschrieben. Die manipulierten Laufzeitdaten werden vom System akzeptiert und sorgen für die Abarbeitung des malignen Programm-Codes.

Als Gegenmaßnahme gegen solche Buffer-Overflow-Attacken hat zum Beispiel Microsoft beim Service Pack 2 von Windows XP drei Rechte für Code im Datenspeicher vergeben: *read*, *write* und *execute*. Damit ist Programm-Code im Datenspeicher nicht mehr ausführbar. Da aber weiterhin die Möglichkeit besteht, vorhandenen Code (ntdll.dll, kernel32.dll usw.) auszuführen, ist ein System nach wie vor gegen solche Attacken anfällig. Außerdem gibt es viele Inkompatibilitäten zu bereits vorhandener Software, so dass davon auszugehen ist, dass viele Anwender diesen zusätzlichen Schutz deaktivieren werden, um weiterhin mit den Systemen arbeiten zu können.

Smurf-Attacke

Bei einer Smurf-Attacke wird ein ping (ICMP Echo-Request) an die Broadcast-Adresse eines Netzes oder Subnetzes gesendet. Dabei wird aber nicht die eigene Absenderadresse angegeben, sondern es wird die Broadcast-Adresse eines anderen Subnetzes als Absenderadresse angegeben. Wenn genügend Pings gesendet werden, sind beide Netze mit Abarbeitung der jeweils anderen Requests beschäftigt.

Integer Overflow

Beim Integer Overflow macht sich der Angreifer zu Nutze, dass unterschiedliche Teile eines Servers dieselbe Zahl unterschiedlich interpretieren. Beispiel:

Der Client möchte 4 294 967 295 Bytes zum Server schicken, der Server interpretiert diese Anzahl als „-1" und gibt grünes Licht für den Datentransfer, da genügend Speicherplatz für den Datentransfer von −1 Byte zur Verfügung steht. Das die Übertragung von „−1 Byte" keinen Sinn ergibt, wird nicht erkannt. Wenn die $2^{32} -1$ Bytes dann vom Client aus verschickt werden, stürzt der Server ab. Bekannte Schwäche vom Apache-Server.

4.3.4 Öffnen von Diensten

Auch wenn eine Firewall Ports und die zugehörigen Dienste blockt, gibt es relativ einfache Methoden, um Ports mit den entsprechenden Diensten zu öffnen. Ein hohes Risiko geht vom eigentlichen harmlosen FTP-Protokoll aus.

Beispiel: Normalfall: Ein Rechner schickt die Anfrage nach FTP-Datenübertragung (Port 21) durch die Firewall an den Server. Der FTP-Server antwort immer mit „227 ...". In dieser Antwort steckt für welchen Rechner die Datenübertragung freigegeben ist und auf welchem zufällig gewähltem Port sie stattfinden soll. Die Firewall wertet die Antwort ebenfalls aus (wartet/sucht nach einem Paket mit „227 .." am Anfang). Danach öffnet die Firewall für die jeweiligen Rechner die Ports und die FTP-Übertragung kann stattfinden.

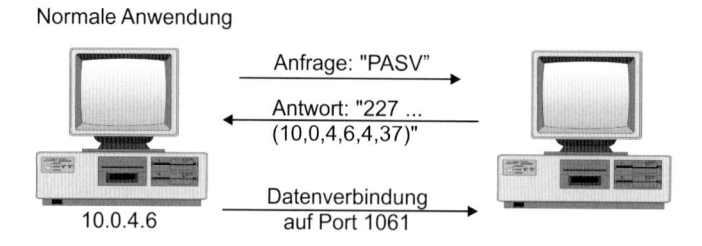

Bild 4.12 FTP-Datenübertragung

Angriff: Anfrage mit einem unsinnigen Kommando, das irgendwo, genau abgestimmt auf die Anzahl der Bits pro Datenpaket, den String „227 ..." und den Rechner, sowie den gewünschten Port enthält. Die Antwort lautet: „Invalid Command" und eine genaue Wiederholung des unsinnigen Kommandos. Wenn dann das Datenpaket mit „227 ..." kommt, welches ja im unsinnigen Kommando eingebettet war, öffnet die Firewall den genannten Port. Im Beispiel den Port 23 – Telnet.

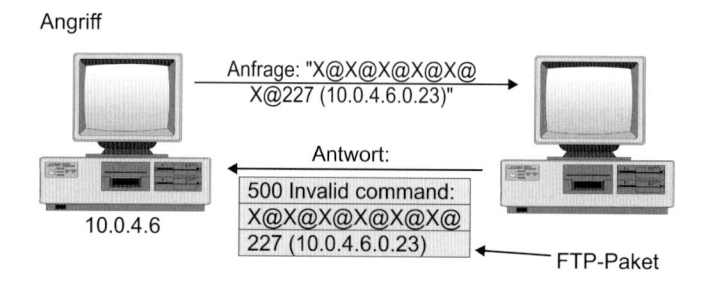

Bild 4.13 Öffnen eines geblockten Ports

4.3.5 Rootkits

Rootkits sind aufgrund ihrer Struktur, ihrer Funktionen und ihrer Arbeitsweise die komplexeste Angriffsmethode, die zur Zeit Netzwerke und Automatisierungssysteme bedroht. Die ersten Rootkits tauchten um das Jahr 2000 auf. Ein Rootkit ist ein Programm, dass unsichtbar auf einem System arbeitet. Es versteckt, um selbst unentdeckt bleiben zu können, die eigenen Prozesse, Registry-Einträge, zugehörige Dateien und Netzwerkverbindungen. Ein Rootkit fängt alle Abfragen bezüglich Festplattenplatz, laufender Prozesse, Registry-Einträge usw. ab und manipuliert sie so, dass das Rootkit selbst nirgendwo zu erkennen ist. Rootkits können Objekte verstecken, ohne Dateien auszutauschen. Rootkits können ihre eigenen Netzwerkverbindungen vor Netzwerk-Scans verbergen und finden sich auch nicht im Windows Connection Table (netstat). Sie benutzen die Ports laufender Dienste und werden so auch nicht von einer Firewall geblockt.

Abwehr von Rootkits

Die Abwehr von Rootkits ist schwierig, da der Code normalerweise Open Source ist. Daher ist es einfach möglich, ein neues Rootkit zu kompilieren, das von Antivirus-Systemen nicht erkannt werden kann. Da die Rootkits in der Regel im Kernel aktiv sind, verfügen sie über die gleichen Rechte wie das Betriebssystem selbst. Sie manipulieren dort die Treiber der Firewall und der Virenscanner.

Anwendung von Rootkits

Die Rootkits können für die verschiedensten Anwendungen genutzt werden:

- zum Verstecken von Keyloggern und anderer Spyware, die zum Ausspähen von Passworten oder zur Industrie-Spionage benutzt werden,
- zum Missbrauch von Web- und FTP-Servern, um illegale Inhalte zu verbreiten, ohne dass der Betreiber der Server dieses bemerkt,
- zur Einrichtung von Backdoors, um für DDoS-Attacken und andere Angriffe Bot-Nets zur Verfügung zu haben,
- zur Manipulation von Signaturen und Samples, die für die Erkennung von Spam, Viren, Würmern, Trojanern usw. benötigt werden.

4.4 Abwehrmechanismen

IT-Security umfasst alle geeigneten Maßnahmen, um Daten/Dateien gegen Missbrauch, Diebstahl, Spionage und Manipulation zu schützen. Um den Verlust der Vertraulichkeit, der oft einen kaum einschätzbaren materiellen Schaden, z. B. Produktionsstillstand und immateriellen Schaden, z. B. Imageverlust nach sich ziehen würde, zu vermeiden, werden verstärkt Firewall-, Intrusion-Detection/Response- und Intrusion-Prevention-Systeme eingesetzt. Ziel beim Einsatz solcher Systeme, auch in Kombination, ist eine Abschottung des eigenen Netzes gegen externe Netzwerke.

4.4.1 Abgestufte Schutzmechanismen

Ein Verbund aus Security-Maßnahmen ist immer nur so gut wie sein schwächstes Glied. Daher ist eine umfassende Betrachtung der möglichen Schwachstellen notwendig. Die erforderlichen Schutzmaßnahmen sollten gegen jede Art von Bedrohung in etwa auf einem Niveau liegen, da die Angriffe immer gegen die schwächste Stelle zielen. Es ist also unnütz, ein System gegen ein bestimmtes Risiko bzw. eine Angriffsmethode mit hohem Aufwand abzusichern, wenn hingegen andere Risiken bzw. Schwachstellen hingenommen werden. Zur besseren Orientierung sind die möglichen Schutzmechanismen in Stufen eingeteilt. Die nachfolgende Tabelle zeigt dazu die erreichte Schutzwirkung.

Tabelle 4.1 Abgestufte Sicherheitsmechanismen

Stufe	Funktion/Geräte	Schutz	Aufwand/ Kenntnisse	Kosten
0	Geräte ohne Passwortschutz – Verwendung von Hubs – frei zugängliche Geräte, Anschlüsse und Kabel	-	-	-
1	mechanisch geschützte Kabel, Geräte und Anschlüsse (Schaltschrank, Security-Kappen ...) – keine freien Leitungen	bietet Schutz gegen die versehentliche Bildung von Loops, Leitungs-unterbrechung sowie gegen unauthorisiertes Ankoppeln an das Netzwerk	-	minimal
2	Stufe 1 – keine Verwendung von Hubs – Verwendung von Unmanaged Switches	unterbindet das passive Mitschneiden von Daten und Informationen durch die zielgerichtete Weiterleitung der Daten	-	sehr gering
3	Stufe 1 – Betrieb von Managed Switches – keine Default-Passwörter; individuelle starke Passwörter	erhöhter Schutz vor Konfigurationsänderungen, die den Zugriff auf Daten und Informationen erleichtern oder deren Manipulation ermöglichen	minimal	gering
4	Stufe 1 und 3 – keine Verwendung von DHCP – Access Control aktivieren (Beschränkung der IP-Adressen)	– zweite Barriere gegen Konfigurationsänderung – keine „Frei-Haus-Lieferung" der erforderlichen Konfigurations-einstellungen, um Kontakt zum Netzwerk aufzunehmen (dritte Barriere gegen Datenspionage, zweite Barriere gegen Manipulation)	gering	gering
5	Stufe 1, 3 und 4 – Abschaltung nicht benutzter Ports – Aktivierung von Port-Security (Beschränkung der MAC-Adressen) – Auswertung von Traps (remote) – Anschluss des Alarmkontakts für lokale Meldung	– zweite Barriere gegen mechanische Fehlkonfiguration – vierte bzw. dritte Barriere gegen Spionage bzw. Manipulation – zusätzlich automatische redundante (lokal/remote) Alarmierung des Personals im Fall eines unautorisierten Portzugriffs	mittel	gering

Tabelle 4.1 Abgestufte Sicherheitsmechanismen (Forts.)

Stufe	Funktion/Geräte	Schutz	Aufwand/ Kenntnisse	Kosten
6	Stufe 1, 3, 4 und 5 – Nutzung von VLANs – Aktivierung der Redundanzmechanismen	– fünfte bzw. vierte Barriere gegen Spionage bzw. Manipulation – zusätzlich Erhöhung der Verfügbarkeit durch logische Kollisions-Domänen – automatische redundante Alarmierung des Personals im Fall eines unautorisierten Portzugriffs – nicht unterbrechbare Remote-Alarmierung bei illegalem Portzugriff – zusätzliche Alarmierung (redundant remote/lokal), falls ein benutzter Port mechanisch verändert wird (z. B. Stecker wird gezogen, um freien Port für illegales Notebook zu bekommen)	mittel/hoch	gering
7	Stufe 1, 3, 4, 5 und 6 Verwendung zusätzlicher Geräte zur Absicherung jeder einzelnen Netzwerkinsel (Firewall, Paketfilter, Virenscanner, Intrusion Detection)	– nur zulässige Dienste – nur von zugelassener Hardware – Schutz gegen Viren – Erkennung von Angriffen auf logischer Ebene – hohe Anforderungen an die Performance – schwierig in Kombination mit Echtzeit-Anwendungen	hoch	hoch
8	Stufe 1, 3, 4, 5, 6 und 7 – Integration von Authentisierungsmechanismen (RADIUS-Server) – Intrusion Response/ Avoidance PKI-Systeme (Public Key Infra-structure) – Verschlüsselung (VPN mit IPsec) – Logging – biometrische Verfahren (Fingerabdruck, Iris, Unterschrift, Stimme ...) – Smartcards	– nur von zugelassenen Personen (nicht manipulierbare Authentisierung) – Abwehr und Reaktion (Gegenangriff) auf Angriffe auf logischer Ebene – Nachvollziehbarkeit von Angriffsmethoden zur Erkennung von Schwächen – Schutz von Daten und Informationen gegen Spionage und Manipulation durch Verschlüsselung	sehr hoch	sehr hoch
9	Stufe 1, 3, 4, 5, 6, 7 und 8 – Zertifikate – Ein-Mal-Passworte – Tempest-Systeme – Mechanismen zur Anomalie-Erkennung	höchste Sicherheitsstufe, die im Umfeld von ABC-Waffen oder Geheimdiensten verwendet wird	extrem hoch	extrem hoch

4.4.2 Firewall

Die Aufgaben einer Firewall lassen sich in zwei wesentliche Bereiche unterteilen:

– Prüfung von Datenpaketen

– Protokollierung und Alarmierung

Bei der Prüfung der Datenpakete wird jedes Paket daraufhin untersucht, ob es in der gewünschten Richtung die Firewall passieren darf. Die Überprüfung wird nach zuvor definierten Kriterien, sogenannten Regeln, durchgeführt. Dabei ist es von wesentlicher Bedeutung, dass jedes eingehende und ausgehende Paket die Firewall passieren muss. Jeder alternative Weg an der Firewall vorbei, kann die Effektivität der Prüfung reduzieren oder die Wirkung der Firewall komplett ausschalten. Daher ist es wichtig, alternative Routen zu suchen und zu unterbinden.

Diese alternativen Routen können private Modems sein, die entgegen aller Sicherheitsrichtlinien und Anordnungen, an Arbeitsplätzen installiert und betrieben werden. Die Datenströme solcher Modems führen an jeder Firewall vorbei direkt ins Netzwerk. Ebenso sind Modempools, über die die Kommunikationsverbindung zu anderen Niederlassungen oder Tochtergesellschaften aufgebaut wird, eine Schwachstelle. Jedes Modem ist grundsätzlich wie ein eigenes externes Netzwerk zu behandeln und auch so abzusichern. Empfehlenswert ist die Installation von Modems auf der externen „unsicheren" Seite der Firewall.

Daher ist es empfehlenswert, die Firewall an einem zentralen Verbindungspunkt zwischen dem eigenen und den fremden Netzwerken zu positionieren. So wird hohe Sicherheit bei gleichzeitig einfacher Konfiguration erreicht.

Durch Protokollierung und Alarmierung wird eine zeitnahe und richtige Reaktion durch den Administrator auf einen Angriff ermöglicht.

Die Protokolle helfen, den Angriff zu rekonstruieren und so die benutzte Schwachstelle zu erkennen und im nächsten Schritt die Konfiguration der Firewall zu optimieren.

Häufig kommt es zu Angriffen auf das eigene Netz von innen (Man-in-the-middle). Da eine Firewall keinen Schutz gegen solche Art von Angriffen bietet, darf die Firewall nicht der einzige Punkt eines Sicherheitskonzepts sein.

4.4.3 Paketfilter

Beim Einsatz von Paketfiltern wird die Entscheidung, ob ein Paket weitergeleitet oder verworfen wird, anhand der Informationen getroffen, die jedes Paket im Header mit sich führt. Zu den ausgewerteten Informationen gehören die IP-Adresse von Quelle und Ziel, das verwendete Übertragungsprotokoll, die zugehörigen Port-Nummern, sowie die MAC-Adresse der beteiligten Geräte.

Mit Paketfiltern kann die Kommunikation zwischen bestimmten Rechnern oder Netzwerken, sowie die Verwendung bestimmter Dienste eingeschränkt oder verhindert werden.

Paketfilter sind aufgrund ihrer recht geringen Anforderung an die Rechen-Performance häufig direkt in Router oder Access Points implementiert.

Die Konfiguration eines Paketfilters ist einfach, aber nach längerer Benutzung kann das Regelwerk unübersichtlich werden. Probleme bereiten hingegen Dienste, die die zu verwendenden Ports dynamisch aushandeln. Um deren uneingeschränkte Funktion sicherzustellen, ist es erforderlich, alle Ports, die evtl. benutzt werden können, zu öffnen. Das widerspricht aus verständlichen Gründen den meisten Sicherheitskonzepten.

Stateful-Packet-Inspection

Bei der kurz Stateful Inspection genannten Variante eines Paketfilters werden zusätzlich weitere Verbindungsinformationen berücksichtigt.

4.4.4 Intrusion Detection/Response

Intrusion Detection bezeichnet ein System, das automatisch einen Angriffsversuch auf ein Netzwerk erkennt, und einen Alarm beim zuständigen Administrator auslöst. Intrusion Response ist ein System, das automatisch bei einem Angriffsversuch eine geeignete Gegenmaßnahmen einleitet.

4.4.5 Schadenstypen

Die Schäden, die durch einen Angriff auf das Netzwerk verursacht werden können, lassen sich in vier Bereiche unterteilen:

– *Integrität:* Durch den Angriff konnten Daten und/oder Dateien manipuliert werden.
– *Verfügbarkeit:* Durch den Angriff wurden Daten und/oder Dateien gelöscht oder Dienste (z. B. den WWW-Server) so verfälscht, dass sie nicht mehr im Rahmen der Anforderungen nutzbar sind (DoS – Denial of Service / DDoS – Distributed Denial of Service).
– *Authentizität:* Der Angreifer konnte eine falsche Identität vortäuschen.
– *Vertraulichkeit:* Der Angreifer konnte Informationen einsehen, die nicht für ihn bestimmt waren.

Weiterhin kann der Angreifer die Kontrolle über den angegriffenen Rechner übernehmen und ihn dazu benutzen, weitere Angriffe auf Rechnersysteme von Dritten zu starten (DoS oder Spamming).

4.4.6 Angriffe und deren Spuren erkennen

Indizien, die für einen Angriff auf ein Netzwerk oder Rechnersystem sprechen, sind z. B.:

– wiederholte Einlog-Versuche mit ungültigem Passwort, womöglich zu ungewöhnlichen Zeiten,
– unerwartetes Verhalten des Systems oder einzelner Programme,
– neue oder veränderte Dateien/Zugriffsrechte,
– Port-Scans zur Feststellung, welche Dienste ein System zur Verfügung stellt,
– Inkonsistenzen in Log-Files, z. B. zeitliche Lücken oder Abweichungen in einzelnen Protokoll-Instanzen.

4.4.7 Schwachstellen

Zahlreiche erfolgreiche Angriffsversuche nutzen Fehler und Schwachstellen aus, die schon seit Längerem bekannt sind. Da oftmals der Grundsatz „Never touch a running system" gilt, werden Updates, Patches und Bugfixes wegen der unüberschaubaren Installationsfolgen bewusst und absichtlich nicht installiert. Ein zentraler Punkt einer Sicherheitspolitik muss neben Schulung und Information die Möglichkeit sein, zentral-gesteuert Updates vornehmen zu können. Hauptgrund für Sicherheitsvorfälle in Datennetzen sind mangelhafte Systemkonfigurationen, sowie teilweise oder ganz fehlende Zugangsbeschränkungen zu öffentlichen Datennetzen, in erster Linie dem Internet.

Technische und konzeptionelle Schwachstellen

Durch den Anschluss eines an sich sicheren Netzwerkes und der darin befindlichen Rechner und Steuerungen an das Internet entstehen zusätzliche Gefährdungen durch die Programme, die für die verschiedenen Dienste notwendig sind. Diese Dienste können falsch konfiguriert sein oder Programmierfehler enthalten. Sehr häufig werden auch Programme gestartet, die nicht zwingend für die gewünschte Applikation notwendig sind.

Programmierfehler sind die häufigste Ursache für schwerwiegende Sicherheitslücken, die für einen Angriff ausgenutzt werden können. Daher ist es besonders wichtig, auf neu bekannt gewordene Fehler möglichst schnell zu reagieren.

Konfigurationsfehler sind aufgrund der meist komplexen und vielfältigen Einstellungsmöglichkeiten und den daraus resultierenden Kombinationen nicht immer auszuschließen.

Da im Internet grundsätzlich alle Informationen offen übertragen werden, ist ein Verlust der Vertraulichkeit vorgegeben. Jeder, der Zugang zu einem Netzwerk hat, kann die übertragenen Daten empfangen und mitlesen. Dies gilt auch für E-Mail und Passwörter.

Organisatorische Schwachstellen

Passwörter sind die am häufigsten benutzte Art der Authentisierung gegenüber einem Rechner. Oft sind sie leicht zu erraten, werden notiert und an einem unsicheren Platz hinterlegt oder auch ein „Universal-Passwort", dass für alle geschützten Systeme verwendet wird. Sehr häufig werden Systeme in Netzwerken, aus Bequemlichkeit oder Unkenntnis, gänzlich ohne oder nur mit dem Default-Passwort des Herstellers betrieben (i. d. R. „private").

Social Engineering: Wichtige Informationen über den Aufbau und die Struktur des Netzwerks und sogar Passwörter können durch gezielte Täuschungen (z. B. Anruf eines angeblichen Netzwerkadministrators oder gefälschte Internet-Seiten, die den Original-Seiten täuschend ähnlich sehen – Pishing) von Anwendern in Erfahrungen gebracht werden. Genauso ist es häufig möglich, als Mitarbeiter, Servicetechniker oder Kunde getarnt Zugang zu EDV-Räumen zu erlangen, um dort einen Angriff vorzubereiten. Wobei für letzteres erhebliche kriminelle Energie und die Bereitschaft, persönlich vor Ort zu erscheinen, vorhanden sein muss.

Der Zugang zu sicherheitsrelevanten Netzwerk-Komponenten ist häufig nicht klar geregelt, zu vielen Mitarbeitern möglich oder ganz offen. Häufig sind an den Netzwerkschränken Schlösser angebracht, die sich mit einem universalen Schaltschrankschlüssel öffnen lassen.

4.4.8 Sicherheitsrichtlinie und Notfallplan

Häufig werden Schutzmöglichkeiten nur sehr eingeschränkt genutzt, da sie oftmals mit einem Bequemlichkeitsverlust und erhöhtem Administrationsaufwand, manchmal aber auch mit einer Reduzierung des Funktionsumfangs einher gehen.

Selbst für Netze, für die bereits ein angemessener Schutz gegen Angriffe von außen besteht, existiert nur in seltenen Fällen ein Notfallplan, um nach einem erfolgreichen Angriff zeitnah und effektiv die notwendigen Schritte einleiten zu können. Die Erkennung und die angemessene Behandlung von Angriffen sollten Teil des IT-Sicherheitskonzepts (Security-Policy) sein, denn die richtige Reaktion im Falle eines Angriffs kann unter Umständen den verursachten Schaden deutlich eingrenzen.

Eindeutige Zuständigkeiten

Für ein sinnvolles, angepasstes Sicherheitskonzept, das sowohl eine Abwehr von Angriffen als auch eine angemessene Reaktion für den Fall des Angriffs beinhaltet, sind klare Zuständigkeiten notwendig. Grundsätzlich muss geklärt sein:

– Wer ist für die Sicherheit des Netzwerks verantwortlich?
– Wer übernimmt die Vertretung, falls der Verantwortliche abwesend ist?
– Wer wertet die Protokolle und Log-Files aus?
– Wie wird auf einen Angriff reagiert, welche Aktionen werden ausgelöst?
– Wer beurteilt die Schwere des Angriffs?
– Wer ist befugt, die Filterregeln der Firewall zu ändern oder sie abzuschalten?
– Wer entscheidet über die Verwendung von Backups?
– Wie werden Backups verifiziert?
– Wer kann Ausnahmeregelungen treffen?
– Wer passt das Sicherheitskonzept an aktuelle Entwicklungen an?

Sicherheitsrichtlinie - Security-Policy

In einer Security-Policy muss – neben den genannten Zuständigkeiten – festgeschrieben werden, was erlaubt ist, z. B. welche Dienste welchem Benutzer zur Verfügung gestellt werden, und was verboten ist, z. B. keine verschlüsselte Datenübertragung. Für eine Security-Policy muss gelten: Was nicht explizit erlaubt ist, ist grundsätzlich verboten.

Allen Beteiligten muss dargelegt werden, welche Informationen protokolliert und wie lange die Protokolle im Normalfall gespeichert werden, sowie ob und in welcher Weise die Protokollierung im Falle eines Angriffsverdachts erweitert wird.

Bei der Formulierung der Security-Policy sind, unter anderem, folgende Fragen und offene Punkte zu klären:

– Welcher Schaden kann im zu schützenden Netz verursacht werden, wenn die Schutzmaßnahmen versagen? Kann dieser Schaden hingenommen werden?
– Wie lange dauert die Beseitigung eines maximalen Schadens?

- Welche Restrisiken existieren? Sind bereits Schwachstellen der benutzten Hard- und Software bekannt?
- Wie schnell kann auf einen Angriff reagiert werden?
- Welche Protokollinformationen können bei einem Angriff manipuliert werden?
- Sind die Anwender bereit, die Restriktionen durch die Security-Policy zu akzeptieren?
- Was darf über welchen Zeitraum protokolliert werden?
- Wer wertet die Protokolle aus?
- Wie wird der Daten- und Vertrauensschutz gewährleistet?

Notfallplan

Da häufig ein Notfallplan für den Fall, dass ein Angriff erfolgreich war, in vielen Sicherheitskonzepten vergessen wurde, wird wertvolle Zeit mit dem Ausarbeiten einer Vorgehensweise verschenkt. Gerade in dieser Situation wäre aber ein abgestimmtes sicheres, meistens auch schnelles Handeln erforderlich. Mit einer falschen Reaktion zur falschen Zeit kann aus einem gelungenen Angriff eine echte Katastrophe bis hin zur Existenzbedrohung, für das gesamte Unternehmen werden. Ein durchdachter und erprobter Notfallplan kann ein Unternehmen retten. Folgende Punkte sollten u. a. im Vorfeld mit allen Beteiligten geklärt sein:

Bei Erkennung eines Angriffs

- Wer ist zuständig (inkl. Vertreterregelung)?
- Ist eine Erreichbarkeit auch an Wochenenden, nachts und an Feiertagen sichergestellt?
- Ist der Zugang zum Gelände und zu den Gerätschaften jederzeit möglich?
- Wie bzw. wodurch wurde der Angriff erkannt?
- Welche Bereiche des Netzes sind betroffen?
- Wer schätzt die Schwere des Angriffs ein und legt erste Maßnahmen fest?
- Wer muss zur Unterstützung ebenfalls „nachalarmiert" werden?

Während der Abwehr des Angriffs

- Mitteilung an die Netzwerknutzer, dass mit Störungen/Fehlern zu rechnen ist.
- Sicherstellen, dass keine Backups (mit eventuellen Fehlern) erstellt werden.
- Wer muss darüber hinaus informiert werden?
- Wie hoch wird das Risiko eingeschätzt?
- Wer sichert in welcher Form Beweismittel?

Nach einem erfolgten Angriff

- Genaue Analyse des Angriffs, um die Schwachstelle zu entdecken.
- Wiederherstellung eines sicheren Zustands.

- Durchführung von Systemtests.
- Prüfung von Backup-Möglichkeiten.
- Mit den Erkenntnissen des Angriffs den Notfallplan überprüfen und optimieren.
- Einleitung von rechtlichen Schritten.

4.5 Security bei Bluetooth

4.5.1 Kryptographische Sicherheitsmechanismen

Die in der Bluetooth-Spezifikation vorgesehenen kryptographischen Sicherheitsmechanismen verfolgen zwei Ziele: Zum einen sollen sie verhindern, dass unberechtigte Bluetooth-Teilnehmer die Kommunikation abhören und zum anderen sollen sie eine aktive unberechtigte Kommunikation vollständig unterbinden. Neben den nicht-kryptographischen Verfahren zur Erkennung und Behebung von Übertragungsfehlern sieht die Spezifikation kryptographische Authentisierungs- und Verschlüsselungs-Algorithmen vor. Da diese bereits auf Chip-Ebene implementiert sind, stehen sie auf der Link-Schicht in einheitlicher Form zur Verfügung.

Verbindungsschlüssel, sogenannte Link Keys, bilden die Basis der verwendeten kryptographischen Verfahren. Link Keys werden jeweils zwischen zwei Bluetooth-Geräten beim so genannten Pairing vereinbart.

Pairing und Verbindungsschlüssel

Wenn zwei Bluetooth-Geräte kryptographische Sicherheitsmechanismen nutzen wollen, wird zuvor, durch Pairing, ein nur für die Verbindung dieser beiden Geräte genutzter, 128 Bit langer Kombinationsschlüssel (Combination Key) erzeugt und in jedem Gerät für die zukünftige Nutzung als Verbindungsschlüssel gespeichert.

Der Kombinationsschlüssel wird aus den Geräteadressen und je einer Zufallszahl beider Geräte generiert. Für die gesicherte Übertragung dieser Zufallszahlen wird ein Initialisierungsschlüssel verwendet, der sich aus einer weiteren (öffentlichen) Zufallszahl, einer Geräteadresse und einer PIN berechnet. Dazu muss in beide Geräte die gleiche PIN eingegeben werden. Die PIN kann 1 bis 16 Byte lang sein und ist entweder durch den Nutzer konfigurierbar oder fest voreingestellt. Falls eines der Geräte über eine feste PIN verfügt, so ist diese in das andere Gerät einzugeben. Bei zwei Geräten mit fest voreingestellter PIN ist Pairing nicht möglich.

Verschlüsselung

Eine verschlüsselte Datenübertragung kann dann optional verwendet werden, wenn sich mindestens eines der beiden kommunizierenden Geräte gegenüber dem anderen authentisiert hat. Die Verschlüsselung kann durch jedes der teilnehmenden Geräte initiiert werden. Die eigentliche Verschlüsselung startet jedoch immer der Master, nachdem er die notwendigen Parameter mit dem Slave ausgehandelt hat. Als erstes wird die Schlüssellänge festgelegt, danach startet der Master die Verschlüsselung, indem er eine Zufallszahl an den Slave sendet. Der Chiffrier-Schlüssel berechnet sich aus dem Verbindungsschlüssel, einem

Cipher Offset und der Zufallszahl. Zuerst wird der Verbindungsschlüssel durch einen Master-Schlüssel ersetzt, bevor die Verschlüsselung gestartet wird.

Zum Verschlüsseln wird ein Strom-Chiffre eingesetzt. Für jedes Datenpaket wird ein neuer Initialisierungsvektor aus der Geräteadresse, sowie dem Zeittakt des Masters berechnet. Verschlüsselt sind die Daten nur während des Transports per Funk. Vor und nach der Funkübertragung liegen die Daten in allen beteiligten Geräten unverschlüsselt vor.

Sicherheitsbetriebsarten

Die Bluetooth-Spezifikation beschreibt drei Sicherheitsmodi:

– Sicherheitsmodus 1: Das Bluetooth-Gerät selbst initiiert keine Verwendung der zur Verfügung stehenden Sicherheitsmechanismen, reagiert aber auf Authentisierungsanfragen anderer Geräte.

– Sicherheitsmodus 2: Auswahl und Nutzung von Sicherheitsmechanismen werden durch den Anwender in Abhängigkeit vom Bluetooth-Gerät und vom verwendeten Dienst festgelegt. Das Gerät startet erst dann die Sicherheitsmechanismen, wenn es eine Aufforderung zum Verbindungsaufbau erhalten hat.

– Sicherheitsmodus 3: Es ist immer eine Authentisierung schon beim Verbindungsaufbau erforderlich; optional können die zu übertragenden Daten verschlüsselt werden.

Zusätzlich sind folgende Inquiry-Modi für Erkennbarkeit von Bluetooth-Geräten beschrieben:

– Non-discoverable: Das Gerät beantwortet nicht die Inquiries anderer Geräte.

– Limited-discoverable: Das Gerät beantwortet nur auf Anwenderbefehl hin die Inquiries anderer Geräte.

– General-discoverable: Das Gerät beantwortet automatisch Inquiries anderer Geräte.

Weiterhin gibt es die Betriebsmodi "non-connectable" (keine Reaktion auf Paging-Anforderungen) bzw. "connectable", sowie "non-pairable" (keine Pairing möglich) bzw. "pairable".

4.6 Security in Wireless LANs

Im Juni 2003 wurde folgende Meldung im ZDNet veröffentlicht:

– In 4,5 Stunden wurden in München 356 AP gefunden.

– 60 % der gefundenen Wireless LANs waren vollkommen ungeschützt.

– 219 LANs ohne WEP-Verschlüsselung.

– 72 LANs mit Default SSID.

– Im Juni 2004 lag die Quote vollkommen ungeschützter W-LANs bei 50 % (untersucht wurden 1400 Access Points)

Komfort, Mobilität, Einsparungen bei der Installation von Netzwerkkabeln und die problemlose Anbindung weiterer Teilnehmer an ein Netzwerk haben beim Einsatz der W-LAN-Funktechnologie auch ihre Schattenseiten: Anders als bei einer drahtgebundenen Kommunikationsverbindung kann jeder, der innerhalb der Reichweite eines Access Points

4.6 Security in Wireless LANs

ist, alle Datenpakete empfangen und auswerten. Daher sind beim Betrieb eines W-LAN, neben den Security-Mechanismen für ein drahtgebundenes Netzwerk, weitere Mechanismen erforderlich. Die Hauptursache, dass weitere Maßnahmen erforderlich sind, ist das Fehlen des physikalische Schutzes des Übertragungsmediums (Shared Medium). Weitere Besonderheiten und Gefahrenpotenziale bei der Funkübertragung sind:

- Wechselnde Ausbreitungsbedingungen und Kanaleigenschaften, sowie Interferenzen gefährden die Verfügbarkeit und die Integrität.
- Aktiver Zugriff Dritter auf den Übertragungskanal (Nutzung oder Störung) gefährdet die Verfügbarkeit, die Integrität und die Authentizität.
- Passiver Zugriff auf die Funksignale mit spezieller Empfangstechnik ist weit über die Nutzreichweite hinaus möglich und gefährdet die Vertraulichkeit.
- Autorisierte Teilnehmer buchen sich versehentlich an einem Access Point ein, den ein Angreifer aufgestellt hat.

Der Schutz des drahtlosen Netzwerks stellt folgende Anforderungen auf:

- *Vertraulichkeit*: Angreifer können den Inhalt eines empfangenen Datenpakets nicht auswerten.
- *Integrität*: Durch den Angriff konnten Daten und/oder Dateien manipuliert werden. Datenpakete mit fehlerhaften Prüfsummen müssen von Access Points und Clients verworfen werden.
- *Verfügbarkeit*: Durch einen Angriff mit Störsendern oder weiteren Access Points (gemeinsame Nutzung der Übertragungskanäle -> Reduzierung der verfügbaren Bandbreite für den Einzelnen) oder durch fehlerhafte Anmeldeversuche und Übertragung fehlerhafter Pakete lassen sich Access Points, deren Performance bekanntlich nicht besonders hoch ist, überlasten.
- *Authentizität*: Der Angreifer konnte eine falsche Identität vortäuschen. Dadurch konnte sich der Angreifer als Client unautorisiert ins das Netz einbuchen oder durch Aufstellen eigener Access Points melden sich autorisierte Clients versehentlich an.

4.6.1 Betriebsarten im WLAN

Promiscuous Mode

In diesem Modus empfängt das Gerät den *gesamten* ankommenden Datenverkehr des Access Points, mit dem es gerade verbunden ist. Die in diesen Modus betriebene Schnittstelle gibt die Daten zur Verarbeitung an das Betriebssystem weiter. Um an einer zielgerichteten Kommunikation innerhalb eines WLANs teilnehmen zu können, ist es für einen WLAN-Empfänger nicht ausreichend, nur die für ihn selbst bestimmten Pakete zu empfangen, sondern alle. Nur dann kann der Empfänger auswerten, welche Pakete für ihn relevant sind und sie dann weiterverarbeiten. Diesen Empfangsmodus nennt man Promiscuous Mode. Fast alle WLAN-Empfänger können vom Anwender in diesem Modus betrieben werden, so dass alle Datenpakete so empfangen und an den Anwender weitergereicht werden, wie sie übertragen wurden.

In diesem Modus werden Pakete abgefangen, die zu einem späteren Zeitpunkt mit entsprechendem Equipment entschlüsselt werden.

Monitor Mode

Im Monitor Mode versendet das Gerät kein einziges Paket, sondern empfängt ausschließlich die von anderen versendeten Pakete. Dabei werden nicht nur die Pakete eines Access Points / Clients empfangen, sondern die Pakete jedes Access Points / Clients, der im Empfangsbereich sendet. Durch diese rein passive Betriebsart ist es nicht möglich festzustellen, dass die Daten abgehört wurden.

Management Mode

In Management Mode werden nicht nur die eigentlichen Datenpakete (verschlüsselt oder unverschlüsselt) sichtbar gemacht, sondern auch die Informationen, die für eine Kommunikation über ein Netzwerk erforderlich sind. Diese Strukturdaten werden dann für einem Angriff auf ein Netzwerk ausgewertet, wenn man in ein fremdes Netzwerk eindringen will.

WEP – der Sicherheitsmechanismus in IEEE 802.11

WEP – Wired Equivalent Privacy – hat, wie der Name schon sagt, zum Ziel, Schutz der Vertraulichkeit, der Integrität und der Authentizität auf dem Niveau der drahtgebundenen Übertragung zu bieten. Als WEP 1999 von der IEEE entwickelt wurde, war es zum Schutz von Applikationen geplant, die mit keinerlei Chiffrierung arbeiten. Die Maßnahmen, um dieses Ziel zu erreichen sind:

– *Vertraulichkeit*: Verschlüsselung mittels Strom-Chiffre RC4 mit 64 bzw. 128 Bit (davon 24 Bit Initialisierungs-Vektor), der Schlüssel ist pre-shared und statisch, ein Schlüsselmanagement ist nicht definiert.

– *Integrität*: 32 Bit CRC-Checksumme pro Datenpaket.

– *Authentizität*: Zwei Modi sind implementiert: „Open" und „Shared Key". „Open" arbeitet ohne jede Authentisierung und „Shared Key" im Challenge-Response-Verfahren (128 Byte, einseitig) mit WEP-Schlüssel. Der Client wird vom Access Point authentifiziert.

Schwachstellen und Angriffspunkte von WEP

– Unsichere Voreinstellungen (Default): Bei Auslieferung ist WEP nicht aktiviert, die Geräte werden häufig mit Default-SSID und Default-Passwörtern betrieben.

– Betrieb mit schwachen Passwörtern, die auch noch statisch sind (ermöglichen Wörterbuch-Attacken). Ein einziges mitgeschnittenes Datenpaket ermöglicht einem Angreifer eine ausführliche Wörterbuch-Attacke, die nicht mal vor Ort ausgeführt werden muss.

– Fehlendes Schlüsselmanagement.

– Der zu kurze Initialisierungsvektor wird nach ca. 2 GByte wiederholt und liefert damit eine Vorlage für die Krypt-Analyse.

– Der verwendete RC4-Algorithmus wurde ungeschickt implementiert.

– SSID ist kein Sicherheitsmerkmal, sondern dient nur Netzsegmentierung.

– Abhörbare und manipulierbare MAC-Adressen; damit werden MAC-Adressfilter im Access Point überwindbar.

Der Sicherheitsmechanismus WEP ist **vollständig** kompromittiert. Authentizität, Integrität und Vertraulichkeit sind **nicht gewährleistet**. Aktive und passive Angriffe **sind möglich**!

Mit den aktuellen Hacker-Tools ist die Verschlüsselung (angeblich) im Bereich einiger Sekunden bis in den einstelligen Minutenbereich zu knacken.

Daraus folgt eine Bedrohung von lokalen Daten und der Verfügbarkeit (z. B. durch Bluetooth-Sender, weitere W-LANs, Störsender, DoS-Angriffe usw.). Außerdem lassen sich mit Hilfe der MAC-Adressen Bewegungsprofile erstellen, die den Datenschutzbestimmungen widersprechen.

4.6.2 Maßnahmen zur Erhöhung der Sicherheit

Die Maßnahmen, die zu einem akzeptablen Sicherheits-Niveau führen, lassen sich in drei Bereiche einteilen:

1. Konfiguration und Administration der Funkkomponenten.
2. Zusätzliche technische, evtl. proprietäre Maßnahmen
3. Organisatorische Maßnahmen

Konfiguration und Administration der Funkkomponenten

Aktivierung der Basisschutzmaßnahmen und geeignete Änderung der Voreinstellungen

– Umstellung aller Geräte auf neue starke Passwörter.
– SSID im Access Point und bei allen Clients ändern. Die neue SSID sollte keinerlei Rückschluss auf das Unternehmen oder den Verwendungszweck zulassen.
– SSID-Broadcast abschalten (die periodische, alle 100 ms, Übertragung der SSID als Broadcast nennt man auch Beacon). Besser auf die Übertragung der SSID ganz zu verzichten (Closed Wireless System), jeder der sich anmelden möchte, muss den Netzwerknamen kennen. Dadurch muss ein Angreifer warten, bis sich jemand ins Netzwerk einloggt und dann den Netzwerknamen auslesen.
– Konfiguration des Access Points nur mit Passwort ermöglichen, starke Passwörter verwenden.
– Falls der Access Point mehrere Accounts unterstützt, muss sichergestellt werden, dass die sicherheitsrelevanten Änderungen bei allen Accounts geändert werden.
– MAC-Adressen am Access Point filtern (Access Control List – ACL). Dabei ist zu beachten, dass MAC-Adressen bei manchen Systemen vom Anwender eingestellt werden können/müssen oder dass man mit geeigneten Tools die MAC-Adresse im Datenpaket ändern kann.
– Mindestens WEP-Verschlüsselung einschalten (wenn möglich mit 128 Bit).
– Authentisierungsmethode „Open" wählen, da „Shared Key" weitere Sicherheitsprobleme mit sich bringt (Empfehlung vom Bundesamt für Sicherheit in der Informationstechnik).
– WEP-Schlüssel periodisch wechseln.

- Konfiguration der W-LAN-Komponenten über sichere Kanäle (drahtgebunden, SSL, SNMPv3) und, wenn möglich, nur über zuvor definierte MAC-Adressen.
- Das Protokoll 802.1x, das die automatische Verteilung der WEP/WPA-Schlüssel übernimmt, deaktivieren (auch Automatic Key Distribution o. ä. genannt).
- Sendeleistung des Access Points optimieren, so dass nur das gewünschte Gebiet funktechnisch versorgt wird.
- Aufstellort und Antennencharakteristik der Access Points so auswählen, dass nur das gewünschte Gebiet versorgt wird (siehe nachfolgendes Bild).
- Anstelle eines Access Points mit hoher Sendeleistung mehrere mit geringer Leistung verwenden (siehe nachfolgendes Bild). Weiterer Vorteil: Performance-Steigerung, da den Clients jetzt doppelte Bandbreite zur Verfügung steht.

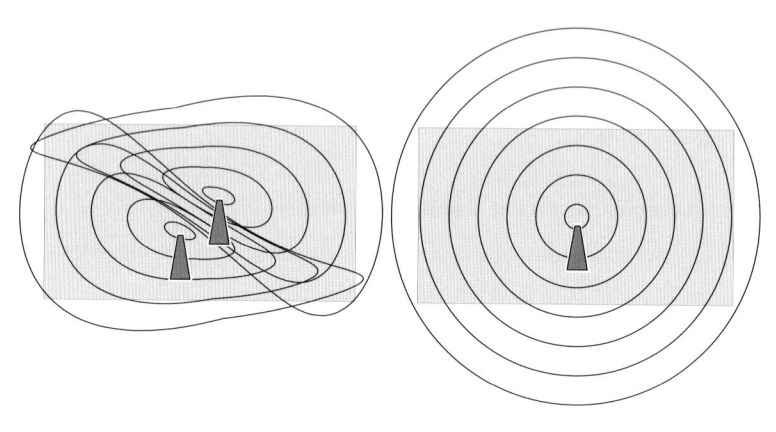

Bild 4.14 Funkversorgung eines begrenzten Gebiets

- Den DHCP-Server im Access Point abschalten und die IP-Adressen statisch vergeben.
- Alle W-LAN-Komponenten abschalten, wenn deren Funktion nicht benötigt wird.
- Upgrade der Systemkomponenten auf einen erweiterten Sicherheitsstandard (z. B. WEPplus, Fast Packet Keying, Dynamic Link Security ...).

Achtung: Alle Maßnahmen sind proprietäre Lösungen – es ist daher auf Inkompatibilitäten zu achten.

Zusätzliche technische, evtl. proprietäre Maßnahmen

- Verwendung einer zusätzlichen Authentisierung, EAP/EAPoL (Extensible Authentication Protocol / EAP over LAN). EAP/EAPoL bietet eine portbasierte und dynamische Authentisierung nach IEEE 802.1x von Client und Accesspoint.

> Besonderheit bei EAP: Durch den sicheren EAP-Tunnel zwischen Access Point und Client kann der Access Point regelmäßig den verwendeten Schlüssel wechseln (Rekeying), lange bevor die Gefahr besteht, dass der Initialisierungsvektor kollidiert.

4.6 Security in Wireless LANs

- Benutzerauthentisierung mit Benutzername und Passwort oder über Smartcard.
- Geschützte Schlüsselverwaltung und -verteilung.
- EAP mit beidseitiger Authentisierung über Zertifikate: EAP-TLS, EAP-TTLS, PEAP. Bei EAP kann für jeden Client ein eigener WEP-Schlüssel verwendet werden.
- Zertifikate via PKI
- Authentisierungs-Server benutzen – RADIUS (Remote Authentication Dial-In User Service).
- Absicherung der Clients mit einer ganzen Reihe von Maßnahmen: Personal Firewall, Virenschutz, lokale Dateiverschlüsselung, Benutzerauthentisierung, Zugriffsschutz, Diebstahlschutz, Kontrolle aller Schnittstellen, restriktive Ressourcen- und Dateifreigaben.

Organisatorische Maßnahmen

- Die Security Policy um Richtlinien für den Umgang mit W-LAN erweitern.
- Die Benutzer schulen.
- Das Sicherheitskonzept prüfen und aktualisieren.
- Einhaltung der Security Policy überprüfen:
  - Auswertung der Log-Dateien der Access Points.
  - Überprüfung der zugelassenen Clients.
  - Kontrolle, ob nur zugelassene Access Points am Standort senden (z. B. mit Mini-Stumbler) oder W-LAN-Analysator.
- Datenschutzbestimmungen bezüglich der Erstellung von Bewegungsprofilen beachten.

4.6.3 Erweiterte Sicherheitsverfahren

Die proprietäre Erweiterungen des Standards IEEE 802.11 sind durch einzelne Hersteller entstanden und umgehen einige der gravierenden Schwächen von WEP. Leider ergeben sich daraus Inkompatibilitäten zu den Geräten anderer Hersteller und es besteht die Gefahr, dass erweiterte Sicherheitsmaßnahmen deaktiviert werden, sobald Geräte anderer Hersteller in das Netzwerk integriert werden. Hier einige Beispiele für proprietäre Sicherheitsmaßnahmen:

- WEPplus – Fa. Agere – vermeidet schwache Initialisierungs-Vektoren.
- FPK (Fast Paket Keying) – Fa. RSA Security – erzeugt mittels Hash-Verfahren paketspezifische Schlüssel.
- LEAP (Lightweight Extensible Authentication Protocol) – Fa. Cisco – Paket Rekeying und zusätzliche Authentisierung.

WPA – Wi-Fi Protected Access

WPA ist kein IEEE-Standard, sondern ein von der Herstellervereinigung Wi-Fi Alliance entwickelter Sicherheitsmechanismus, der von IEEE 802.11i Draft 3.0 abgeleitet ist. WPA ist nicht vollständig kompatibel zu Draft 7.0, aber abwärtskompatibel zu 802.11. WPA ist in die Firmware der Geräte integriert, sodass bei Änderungen ein Firmware-Update durchgeführt, aber keine neue Hardware angeschafft werden muss. WPA unterstützt nicht IBSS (ad-hoc-Modus) nach 802.11f. Das Ziel bei der Entwicklung von WPA war, die Schwächen von WEP zu beseitigen.

WPA-Sicherheitsmechanismen

- Zwei Verfahren zur beidseitigen Authentifizierung:

    1. Via IEEE 802.1x inklusive Benutzerauthentisierung und Schlüsselmanagement (in großen W-LANs auch per EAP-TLS).

    2. Via PSK (Pre Shared Keys) mit manuell verteilten Schlüsseln für kleinere W-LANs.

- Strikte Trennung zwischen Anmeldung am Netzwerk und der Verschlüsselung.

- Verbesserte Verschlüsselung über AES (Advanced Encryption Standard). Leider wird AES nicht von allen Herstellern unterstützt, ist aber zu bevorzugen. Alternativ kann TKIP (Temporal Key Integrity Protocol) benutzt werden. TKIP stellt eine verbesserte Implementierung von RC4 dar (mit ausgeprägter Schlüssel-Hierarchie (MK, TK, SK) und erweitertem Initialisierungs-Vektor mit 48 Bit).

> Initialisierungsvektor mit 24 Bit vs. 48 Bit: Der Initialisierungsvektor muss nicht nach 17 Millionen Paketen wiederholt/gewechselt werden, sondern erst nach 280 Billionen Paketen.

- Paketspezifische Schlüssel per Paket Rekeying Hash.

- Verbindungsspezifische Schlüssel mit 128 Bit per Hash-MAC-Adresse. Damit ist sichergestellt, dass der selbe Initialisierungsvektor bei unterschiedlichen Sendern zu unterschiedlichen RC4-Schlüsseln führt.

- MIC (Message Integrity Check) über den Algorithmus „Michael" erzeugt einen zusätzlichen Prüfwert neben der CRC32.

- Werden pro Minute mehr als zwei Pakete mit fehlerhaften Michael-Wert detektiert, brechen Access Point und Clients die Kommunikation ab und handeln neue TKIP- und Michael-Schlüssel aus.

WPA-Schwächen

- Einfache DOS-Attacken möglich, da „Michael" bei fehlerhaften Paketen die Verbindung blockiert.

- Aufgrund der Abwärtskompatibilität zwingt ein einziger WEP-Client das gesamte W-LAN (alle Clients und Access Points) zurück auf IEEE 802.11.

- Der PSK-Modus ist anfällig für Wörterbuch-Attacken, daher sollten die Schlüssel willkürlich und mit maximaler Länge gewählt werden.

4.6.4 IEEE 802.11i

Ein Standard nach IEEE 802.11i befindet sich zur Zeit in Arbeit (als Draft V.7.0). Folgende Security-Mechanismen sind geplant (Medium Access Control Security Enhancements):

– Ein Verfahren zur Geräte- und zwei zur Benutzerauthentisierung (beidseitig):

  1. Authentisierung zwischen Client und Access Point im „4-Way Handshake". Die Benutzerauthentisierung mit Hilfe von IEEE 802.1x und EAP.

  2. Authentisierung zwischen Client und Access Point im „4-Way Handshake". Die Benutzerauthentisierung via PSK (Pre Shared Keys) mit manuell verteilten Schlüsseln für kleinere W-LANs

– Paket- und Sitzungs-spezifische Schlüssel mit einem Schlüssel pro Teilnehmer und einem 48-Bit-Paketschlüssel. Mit ausgeprägter Schlüssel-Hierarchie (MK, TK, SK).

– Zwei Verfahren zur Verschlüsselung auf Layer 2 (MAC-Ebene) zwischen Client und Access Point.

– Als Übergangslösung TKIP (Temporal Key Integrity Protocol), abwärtskompatibel zu 802.11.

– CCMP (Counter Mode / CBC-MAC Protocol) Verschlüsselungsmethode EAS mit 128 Bit. Nicht kompatibel zu 802.11, daher neue Hardware erforderlich.

– Integritätssicherung der Daten via „Michael" bzw. CBC-MAC Protocol.

IEEE 802.11i-Schwächen

– Im Auslieferungszustand (Default) sind alle Sicherheitsmechanismen ausgeschaltet.

– Alle Management- und Kontrollpakete sind weiterhin ungesichert.

Tabelle 4.2 Gegenüberstellung der Sicherheitsmechanismen WEP – WPA – 802.1x

	WEP	WPA PSK	WPA 802.1x / 802.11i TKIP	802.11i CCMP
Authentisierung der Benutzer	Nein	Nein	Möglich über 802.1x	Möglich über 802.1x
Schlüsselmanagement	Nein	Nein, aber mit Schlüsselhierarchie	Über 802.1x mit Schlüsselhierarchie	Über 802.1x mit Schlüsselhierarchie
Integritätssicherung	CRC 32 Bit	CRC 32 Bit und „Michael" mit 64 Bit	CRC 32 Bit und „Michael" mit 64 Bit	„Michael" mit 64 Bit über CBC-MAC
Datenverschlüsselung	Nach RC4 mit 40 oder 104 Bit	Nach RC4 mit 128 Bit	Nach RC4 mit 128 Bit	AES / CCM Mode mit 128 Bit

4.6.5 Virtual Private Network – VPN

– Aufbau eines kryptographisch gesicherten Tunnels zwischen Client und VPN-Server – entweder als separates Gerät oder im Access Point integriert.

– Verwendung der üblichen Tunnelprotokolle, wie z. B. IPSec, L2TP, PPTP, SSL ...

– Geräteauthentifizierung (beidseitig) über Zertifikate oder PSK, wobei der Schlüsselaustausch über ISAKMP / IKE (Internet Key Exchange) realisiert wird.

– Verschlüsselung der Daten mit DES, 3DES, AES ...

– Integritätsschutz der Daten mit Hilfe von Hash-Prüfsummen (AES-CBC-MAC / HMAC-MD5 mit 128 Bit Länge oder SHA1 mit 160 Bit Länge, sowie einem geheimen Schlüssel).

Besonders bei der Benutzung von VPN ist zu beachten, dass alle Access Points vom Rest des Netzes separiert werden müssen. Die Trennung kann über einen separaten Switch erfolgen, an den alle Access Points angeschlossen werden (physikalisch) oder über ein separates VLAN nur für die Access Points (logisch).

Die Verbindung zwischen dem „Access Point-Netz" und dem Rest des Netzwerks muss dann über das VPN-Gateway geführt werden.

VPN-Schwächen

– Keine Benutzerauthentisierung.

– In der Regel VPN-Software auf dem Client erforderlich.

4.6.6 Erhöhung der Verfügbarkeit

Bei der Planung und dem Aufbau eines W-LAN kann durch eine korrekte Funkplanung das Eindringen und das Stören Unbefugter wirkungsvoll unterdrückt werden. Zu diesen Maßnahmen gehören:

– Auswahl geeigneter Antennenstandorte, um eine günstige Ausleuchtungszone zu erreichen,

– Antennen mit geeigneter Charakteristik auswählen und diese mit angepasster Sendeleistung betreiben,

– Auswahl des zur gewünschten Ausleuchtungszone passenden Frequenzbereichs (2,4 GHz und/oder 5 GHz),

– Überlappungsfreie Kanalwahl,

– Load Balancing,

– Einsatz von Funk Intrusion Detection,

– Einsatz von Funksensoren um Störer und nicht autorisierte Access Points aufzuspüren,

– Erkennung von logischen DoS-Attacken und EAP-Flooding auf Authentisierungs-Systeme,

– die Geräte-Firmware aktuell halten und regelmäßig auf den Support-Seiten des Herstellers nach Informationen zu Fehlfunktionen und Sicherheitslücken suchen. Die Hersteller bieten Hilfestellung bei der Beseitigung der Schwächen.

Glossar

10Base-FL
Standard, der die Übertragung von 10-MBit/s-Ethernet-Verbindungen mit LWL-Technologie beschreibt. B-FOC-Stecker und 850 nm Wellenlänge sind vorgeschrieben, POF- und HCS-Übertragungssysteme in Normenanlehnung erlaubt.

10Base-T
In der Definition des 10Base-T-Standards wird die physikalische Topologie von der logischen getrennt. Die Verkabelung wird mit mindestens zweipaarigen Leitungen der Kategorie 3 mit 100 Ohm Impedanz sternförmig ausgeführt. Die Sende- und die Empfangsdaten werden getrennt auf je einem Aderpaar übertragen. Als Steckverbinder werden 8-polige RJ45-Typen verwendet; die maximale Segmentausdehnung beträgt 100 m. Als zentrale aktive Komponente ist ein Hub vorgesehen, so dass Leitungsunterbrechungen oder Kurzschlüsse nur den Ausfall eines Teilnehmers und nicht den eines ganzen Segments bedeuten.

100Base-X
Fast-Ethernet; 100Base-T wurde als ITU 802.3u offiziell zum IEEE-Standard erhoben. Dieser Standard beruht im Wesentlichen auf den Technologien von 10Base-T, der Ethernet-Variante für TP-Kabel. 100Base-T kennt mehrere Varianten, die sich in der physikalischen Schicht und damit in den Übertragungsmedien unterscheiden: 100Base-TX, 100Base-T2, 100Base-T4 und 100Base-FX. Alle 100Base-T-Netze sind sternförmig aufgebaut und an einen zentralen Hub angeschlossen. Bei einer Übertragungsrate von 100 Mbit/s wird bei diesem Verfahren die MAC-Ebene und damit das klassische Zugangsverfahren CSMA/CD beibehalten. Als Konsequenz daraus können mit 100Base-T nur sehr geringe Entfernungen überbrückt und keine Echtzeitanwendungen durchgeführt werden. Im Falle von TP-Kabeln (UTP, STP) der Kategorie 5 beträgt die maximale Segmentausdehnung 100 m; bei Verwendung von Lichtwellenleitern 400 m.

802.xx
Standard, in dem das Ethernet-System durch die IEEE festgeschrieben ist.

802.11
Funk-LAN Spezifikation des IEEE (bis zu 2 MBit/s Datenrate, 2,4 GHz-ISM-Band, FHSS, DSSS)

802.11a
802.11 Erweiterung, (bis zu 54 MBit/s Datenrate, 5 GHz-ISM-Band, OFDM)

802.11b

802.11 Erweiterung, (bis zu 11 MBit/s Datenrate, 2,4 GHz-ISM-Band, DSSS/CCK)

802.11g

802.11 Erweiterung, (bis zu 54 MBit/s Datenrate, 2,4 GHz-ISM-Band, OFDM, DSSS)

802.11h

802.11 Erweiterung, (bis zu 54 MBit/s Datenrate, 5 GHz-ISM-Band, OFDM), Einsatz in Europa, Anpassung bei Sendeleistung- und Frequenzmanagement

802.11i

802.11 Erweiterung mit zusätzlichen Sicherheitsmerkmalen

802.1X

Spezifikation eines portbasierenden Authentisierungsmechanismus durch IEEE

A

Ableiter

Ableiter sind Betriebsmittel, die im Wesentlichen aus spannungsabhängigen Widerständen und/oder Funkenstrecken bestehen. Diese Bauelemente können sowohl in Reihe oder parallel geschaltet sein oder auch einzeln verwendet werden. Ableiter dienen dazu, andere elektrische Betriebsmittel und elektrische Anlagen gegen unzulässig hohe Überspannungen oder Überströme zu schützen.

Abschirmung

Ader- und/oder Kabelummantelungen aus Drahtgeflecht oder Metallfolien, um störende Einflüsse von außen, die eine Übertragung verfälschen, zu verhindern.

Abschlusswiderstand

Ein Abschlusswiderstand (Terminator) wird bei 10Base-T / 100Base-TX nicht benötigt. Bei den koaxialen Netzwerktopologien 10Base5 oder 10Base2 werden 50 Ohm Abschlusswiderstände benötigt, um Reflexionen an Aderenden zu verhindern.

Abtastung

Erfassung der Werte eines zeitkontinuierlichen Analogsignals in bestimmten Zeitabständen, zur Erstellung eines zeitdiskreten digitalen Signals. Dabei gilt das Abtasttheorem nach Shannon.

AC (1)

Authentication Code

AC (2)

Access Client – Funkgestützte Kommunikationseinheit, die über einen Access Point einen Kommunikationskanal in ein Netzwerk aufbaut. Häufig ist zum Verbindungsaufbau eine Authentifizierung erforderlich, die Übertragung der Daten sollte verschlüsselt erfolgen.

Access Point
Komponente, die den Übergabepunkt zwischen dem drahtgebundenen und dem drahtlosen Netzwerk bildet (siehe auch AP).

Account
Allgemeine Bezeichnung für die Zugangsberechtigung zu einem System. Der Nachweis der Zugangsberechtigung erfolgt in der Regel mit einer Benutzerkennung und einem Passwort. Höhere Sicherheit bieten Smard-Cards oder biometrische Verfahren zur Zugangsberechtigung.

ACK
Acknowledge – Quittierungssignal im Handshake-Protokoll zur Bestätigung von Diensten

ACL (I)
Asyncronous Connection-less

ACL (II)
Access Control List; Liste mit Attributen, die zur Autorisierung für den Zugriff und zur Einschränkung der zulässigen Operationen auf verschiedene Objekte verwendet wird, z. B. eine Liste mit MAC-Adressen, die zum Zugriff berechtigt sind.

ACR
Attenuation to Crosstalk Ratio – Nebensprechdämpfungsverhältnis

ACSE
Association Control Service Element; ein auf der OSI-Ebene 7 angesiedeltes Element, das den logischen Auf und Abbau von Verbindungen kontrolliert (entspricht ISO 8649/50).

ActiveX
ActiveX ist eine Entwicklung von Microsoft, welche die Freigabe von Informationen zwischen Anwendungen erleichtert und die Einbettung beliebiger Objekte (Video, Sound oder Daten aus dem Feld) in fremden Dokumenten wie z. B. Web-Seiten, Excel-Arbeitsblätter erlaubt.

Ad-hoc-Netz
Funknetz, dass zwischen einzelnen Geräten ohne Access Point spontan Funk aufbaut – Point-to-Point-Verbindung.

Administrator
Systemverwalter, der für die Vergabe der IP-Parameter und die Einmaligkeit der IP-Adressen verantwortlich ist. Er hat im lokalen Netzwerk uneingeschränkte Zugriffs- und Verwaltungsrechte für das Netzwerk.

Adresstabelle

In einer Adresstabelle hinterlegt der Switch automatisch die MAC-Adresse und die Portnummer von angeschlossenen Teilnehmern. Der Datenverkehr wird so reduziert, da der Switch Telegramme nur auf dem Port aussendet, der der Zieladresse zugeordnet ist. Nach Verstreichen der Aging Time wird der Eintrag aus der Tabelle gelöscht.

AES

Advanced Encryption Standard ist ein symmetrisches Verschlüsselungsverfahren, das mit Schlüssellängen von 128, 192 oder 256 Bit arbeitet.

Agent

Prozess, der für einen auf einem anderen System laufenden Prozess Dienstleistungen erbringt. Begriff des SNMP-Managements.

Aging

Verfahren zur Aktualisierung von Daten, insbesondere in Adresstabellen (siehe Aging Time)

Aging Time

Eine gelernte IP-Adresse eines Teilnehmers (Quelladresse) wird dann aus einer Adresstabelle gelöscht, wenn innerhalb der Aging Time kein Datentelegramm von dieser Quelladresse empfangen wird. Das Gerät geht davon aus, dass das Gerät mit der Quelladresse sich nicht mehr im Netzwerk befindet.

Alphanumerisch

Nur aus Zahlen und Buchstaben bestehend

Analysator / Analyser

Messgeräte, die im Fehlerfall verwendet werden, um einzelne Signale im Netzwerk zu erfassen und auszuwerten. Außerdem werden Protokoll-Analysatoren verwendet, um die Einhalten der diversen Protokolle zu überprüfen.

ANSI

American National Standardisation Institute

Antenna Diversity

Verfahren, bei dem Funkempfänger mit zwei Antennen ausgerüstet sind, um aus den beiden Empfangssignalen das bessere auszuwählen

Antennen Gewinn

Durch die Bauform erreichte Verbesserung der Antennenleistung im Vergleich zum isotropen Strahler

AP

Access Point – Ein AP stellt die Verbindung zum drahtgebundenen Netz für die Access Clients dar. Ein AP steht mit allen ACs innerhalb seiner Funkreichweite in Verbindung und übernimmt dabei zentrale Aufgaben wie Roaming oder Security-Funktionen.

API
Application Programming Interface – Software-Schnittstelle, die Funktionen für Software-Programmierungen zur Verfügung stellt. Für Ethernet-Kommunikation unter Windows-Betriebssystemen werden die Funktionen durch die WinSock API zur Verfügung gestellt.

Applikation / Applet
Applets sind kleine Programme, die, oft in HTML-Seiten eingebunden, eng umgrenzte Aufgaben erfüllen, zum Beispiel kleinere Berechnungen anstellen, Diagramme aufzeichnen oder Formulare auswerten. Applets sind üblicherweise in der Sprache JAVA geschrieben.

Application Layer
Ebene 7 des ISO-Referenzmodells

ARCNET
Abkürzung für „Attached Ressource Computer Network". Ein von der Firma Datapoint entwickeltes Netzwerkprotokoll.

ARP
Address Resolution Protocol (RFC-826). Über ARP wird die zu einer IP-Adresse gehörende MAC-Adresse eines Netzwerkteilnehmers ermittelt. In der sogenannten ARP-Tabelle werden die ermittelten Zuordnungen auf dem jeweiligen Rechner verwaltet.

ARPA
Advanced Research Projects Agency – Behörde für fortschrittliche Forschungsprojekte

ARPAnet
Das erste Netz, das auf Basis von TCP/IP Daten übertrug

ASCII
American Standard Code for Information Interchange- Codierung zur Informationsübertragung mit einem Umfang von insgesamt 128 Zeichen (= 7 Bit ASCII: umfasst das „einfache" Alphabet ohne Umlaute und andere Sonderzeichen sowie Steuerungs-Codes) oder 256 Zeichen (= 8 Bit ASCII). E-Mails und Attachments z. B. bestehen nur aus ASCII-Zeichen.

ASN.1
Abstract Syntax Notation – allgemeine und herstellerneutrale Definition der Organisation von Daten und Informationen.

Asymmetrische Verschlüsselung
Bei der asymmetrischen Verschlüsselung werden Daten mit unterschiedlichen Schlüsseln ver- bzw. entschlüsselt. Einer der beiden Schlüssel wird vom Inhaber geheim gehalten (Private Key); der andere veröffentlicht, also Kommunikationspartnern weitergegeben. Eine mit dem öffentlichen Schlüssel verschlüsselte Nachricht kann nur vom Inhaber des privaten Schlüssels entschlüsselt werden. Wird eine Nachricht mit

dem privaten Schlüssel verschlüsselt, kann sie jeder mit dem öffentlichen Schlüssel entschlüsseln und damit feststellen, ob die Nachricht vom Inhaber des privaten Schlüssels stammt (digitale Signatur). Asymmetrische Verschlüsselungsverfahren, wie z. B. RSA, sind langsam und anfällig gegen bestimmte Angriffsmuster und werden daher mit symmetrischen Verfahren kombiniert.

AT Kommando (Set)

Summe der Hayes-Befehle, die als Standard für Modems gelten. Alle beginnen mit der Buchstabenfolge ATZ und sind besonders bei Fernwartung über Wahlverbindungen von großer Bedeutung.

ATM

Asynchronous Transfer Mode – Standardisierte drahtgebundene Hochleistungs-Übertragungstechnik in Netzwerken bzw. Backbones für große Entfernungen

AUI

Attachment Unit Interface – Schnittstelle zur Integration externer Ethernet-Transceiver

Autocrossing

Ein Gerät mit Autocrossing erkennt selbständig, mit welchem Typ von Gerät (DTE oder DCE) eine Kommunikation aufgebaut werden soll. Durch diesen Mechanismus ist keine Unterscheidung zwischen Line- und Crossover-Anschlussleitungen nötig.

Autonegotiation

Im Autonegotiation-Betrieb stellt sich ein Ethernet-Teilnehmer automatisch auf die Datenübertragungsrate (10 MBit/s oder 100 MBit/s) und auf die Übertragungsart (Halb- oder Vollduplex) des Gerätes ein, mit dem es verbunden ist.

Autosensing

Im Autosensing-Betrieb stellt sich ein Ethernet-Teilnehmer automatisch auf die Datenübertragungsrate (10 MBit/s oder 100 MBit/s) des Gerätes ein, mit dem es verbunden ist.

B

Backbone

Hochperformante Verbindung zwischen Subnetzen

Backplane

Ein im Fuß integrierter System-Steckverbinder für einen internen Systembus, der einen schnellen und fehlerfreien Aufbau von modularen Stationen ermöglicht.

Backup

Zeitnahe Sicherungskopie von Dateien und Daten.

BaKom
Bundesamt für Kommunikation – Fachstelle des Bundes, die im Umfeld von Kommunikation aller Art Berechnungen, Messungen und Messverfahren bereitstellt

Bandbreite
Differenz zwischen der niedrigsten und der höchsten Frequenz, die auf einem Übertragungskanal möglich ist. Im Bereich der digitalen Telekommunikation wird unter Bandbreite die Menge an Daten verstanden, die innerhalb eines bestimmten Zeitraums einen Übertragungskanal passieren kann. Die Bandbreite wird hier in bps (Bit pro Sekunde) gemessen.

Bandbreitenlängenprodukt
Charakteristische Größe eines LWL, über den die maximale Länge einer Faser bestimmt wird. Die Bandbreite eines LWL ist umgekehrt proportional zu seiner Länge oder das Produkt von Bandbreite und Länge ist konstant.

Baud
Nach dem französischen Forscher E. Baudot (1845-1903) benannte Maßeinheit für die Schrittgeschwindigkeit einer seriellen Signalübertragung. Ein Baud entspricht einer Zustandsänderung pro Übertragungskanal und Sekunde. „Baud" wird oft fälschlich anstelle von „bps" (Bit pro Sekunde) verwendet. Die beiden Maßeinheiten sind nicht deckungsgleich, da moderne Datenübertragungsgeräte pro Signal vier oder mehr Bit über einen Kanal senden können.

Baum-Topologie
Eine erweiterte Bus-Topologie mit hierarchischer Struktur ohne Schleifen (Loops)

BFOC
Bayonet Fiber Optic Connector – Standardisierter LWL-Stecker für Multi- und Singlemode-Fasern bei 10 MBit/s, auch als ST-Stecker bezeichnet. Die Befestigung erfolgt mit Bajonett-Verschluss.

Bit
Binary digit – kleinste Informationseinheit der Kommunikationstechnik. Ein Bit kann den Wert 0 oder 1 haben.

Bitübertragungsschicht
Erste Schicht des OSI-Referenzmodells, steuert die physikalische Übertragung von Daten.

BIOS
Basic Input Output System – ein im ROM eines Computers abgelegtes Programm, das die Zusammenarbeit der verschiedenen Hardware-Komponenten regelt und die ersten Befehle nach einem Systemstart enthält.

Bitfehlerhäufigkeit
Maß für die Angabe der Häufigkeit von verfälschten Binärzeichen

BNC

Bayonet Neill Concelman – Koaxiale Steckverbindung, die für 10BASE2-Netzwerke (RG-58) verwendet wird und heute nur noch in bestehenden Installationen verwendet wird.

BootP

Das Bootstrap-Protokoll wird im RFC 951 (Request for Comments) beschrieben. Die herstellerspezifischen Ergänzungen sind im RFC 1084 erläutert. Das Bootstrap-Protokoll setzt direkt als Applikation auf dem User-Datagramm-Protokoll (UDP) auf. Die Kommunikation erfolgt über ein einziges Datenpaket nach dem Client-Server-Prinzip. Der Client kann vom Server neben seiner eigenen IP-Adresse noch die IP-Addresse des nächsten Routers, die IP-Adresse eines bestimmten Servers oder den Namen seines Boot-Files abfragen. Im herstellerspezifischen Teil können zusätzlich speziell festgelegte Informationen übertragen werden.

BPSK

Binary Phase Shift Keying – Modulationsverfahren bei Wireless LAN

BQTF

Bluetooth Qualification Test Facility – Einrichtung zur Überprüfung der Interoperabilität von Bluetooth-Geräten unterschiedlicher Hersteller

Brechungsindex

Maß für die Ablenkung eines Lichtstrahls beim Übergang von einem Medium in ein anderes

Bridge

Eine Bridge ist ein Gerät zum Verbinden zweier getrennter Netzwerke. Die eingehenden Datenpakete werden anhand der Zieladresse gefiltert und an das zweite Netz weitergeleitet oder verworfen. Brücken verbinden gemäß des OSI-Referenzmodells Subnetze protokollmäßig auf der Schicht 2 miteinander.

Broadcast

Einen Rundruf an alle Teilnehmer im Netz bezeichnet man als Broadcast. Broadcasts werden nicht über Router und Bridges weitergeleitet.

Broadcast Adresse

Telegramme an die Broadcast Adresse 255.255.255.255 werden an alle Teilnehmer im Netz gesendet.

Broadcast-Sturm

Broadcaststürme entstehen durch Hardware-, Konfigurations- oder Softwarefehler und haben ein unkontrolliertes, bis zum Kollaps reichendes Anwachsen von Broadcasts zur Folge. Häufigste Ursache: Die Bildung eines Loops (ohne Spanning Tree) im Netzwerk.

Browser

(engl. für „schmökern"), Computer-Programm, das die Seiten des Internets (Texte, Bilder) auf einem Monitor sichtbar macht

BSI
Bundesamt für Sicherheit in der Informationstechnik

BSS
Basic Service Set – BSS bildet den Infrastruktur-Modus eines drahtlosen Netzes und stellt damit die einfachste Form eines drahtlosen Netzwerkes dar. Dabei erfolgt die Kommunikation aller Teilnehmer über einen gemeinsamen Access Point.

Burst
Kurzzeitige und plötzlich auftretende Lasterhöhung

BVt
Bereichsverteiler

Byte
Dateneinheit mit acht Bit Inhalt

BZT
Bundesamt für Zulassungen in der Telekommunikation

C

Cable Sharing
Kabelaufteilung, bei der die Adern eines Kabels an mehrere Anschlusspunkte geführt werden, um mehrere Kommunikationspfade über ein Kabel zu führen

CAP
Cable Access Point – Anschlusspunkt an ein Übertragungsmedium (Kabel)

CAT5
Spezifikation der EIA/TIA für Ethernet-Kabel, -Stecker und -Anschlussdosen. Geeignet für 10- und 100-MBit-Netzwerke, Übertragung über 2 Aderpaare.

CAT5e
Erweiterte CAT5-Spezifikation mit strengeren elektrischen Eigenschaften. Vollduplex-Betrieb über 4 Aderpaare.

CCITT
Comité Consultatif International Télégraphique et Téléphonique – ein Standardisierungsgremium der Fernmeldebehörden

CCK
Code Complementary Keying – DSSS-Modulationsverfahren im Wireless LAN (802.11b), bei dem mehrere Bits als ein Symbol übertragen werden, zur Erhöhung der Datenübertragungsrate.

CDMA

Code Division Multiplex – Code-gesteuertes Zugriffsverfahren

CEPT

Conférence Européenne des Administrations des Postes et des Télécommunications – Europäische Konferenz der Post- und Fernmeldeverwaltungen.

CHAP

Challenge Handshake Authentication Protocol – Authentifizierungs-Mechanismus, bei dem das Passwort nicht nur am Anfang, sondern auch während der Verbindung überprüft wird. Ein fehlerhaftes Passwort während des Verbindungsaufbaus oder während der laufenden Verbindung führt zu einem sofortigen Verbindungsabbruch.

Cheapernet

Andere Bezeichnung für Ethernet nach 10BASE2

Client

(engl. für „Kunde") eine Hardware- oder Software-Komponente, die Dienste von einem Server in Anspruch nimmt. Der Client ist immer der Dienstanforderer.

Client/Server-Architektur

Architektur, in der ein Server Dienste gleichzeitig vielen Clients zur Verfügung stellt.

Collision

Eine Collision entsteht, wenn zwei Teilnehmer gleichzeitig auf demselben Medium senden. Eine Collision wird nach dem CSMA/CD-Verfahren aufgelöst.

Collision Domain

Räumlich begrenztes Netz, dass durch die Laufzeitbeschränkungen des CSMA/CD-Zugriffsverfahren und durch die verwendete Datenübertragungsrate bestimmt wird. Die maximale Ausdehnung einer Collision Domain beträgt bei 10 MBit/s 4250 m und bei 100 MBit/s 412 m. Größere Netzsegmente können durch die Verwendung von Switches erreicht werden.

COM-Server

Endgerät in TCP/IP-Netzwerken, das Schnittstellen für serielle Geräte über das Netzwerk zur Verfügung stellt.

Connection Mirroring

Funktion, bei der die Übertragungsdaten eines Ports auch auf einen anderen kopiert werden, um dort z. B. mit einem Analysator untersucht zu werden.

Contention Free Period

Zeitschlitz, bei dem der Zugriff bei zeitkritischen Anwendungen durch den Access Point geregelt wird (siehe auch CP).

Crossover-Kabel

Kabelkonfiguration, die zwei gleichartige Geräte (DTE/DTE und DCE/DCE) miteinander verbindet. Die Steckerbelegung ist an den Kabelenden unterschiedlich, um die Sendeleitungen mit den Empfangsleitungen zu verbinden.

CP

Contention Period – Zeitschlitz, bei dem der Zugriff über CSMA/CA geregelt ist.

CRC

Cyclic Redundancy Check – Prüfsumme, die in Datenübertragungsprotokollen verwendet wird, um Übertragungsfehler in empfangenen Telegrammen zu detektieren. Die Prüfsumme wird mit mathematischen Verfahren ermittelt und zusammen mit den Daten an den Empfänger gesendet. Der Empfänger wendet dieselben mathematischen Verfahren an; ergeben sich dann Unterschiede am Ergebnis, ist das Paket fehlerhaft. Das Maß für die Fähigkeit, Fehler zu erkennen, ist die sog. Hamming-Distanz.

CSA

Canadian Standards Association

CSMA/CA

Carrier Sense Multiple Access with Collision Avoidance, Zugriffsverfahren auf Funkkanäle in IEEE 802.11-Netzwerken

CSMA/CD

Carrier Sense-Multiple Access with Collision Detection – Verfahren zum Umgang mit Datenkollisionen in drahtgebundenen Netzen

CTS

Clear to send – Signal im Handshake-Protokoll

cUL 508

US-Sicherheitsnorm für Industrial Control Equipment

cUL 1604

US-Sicherheitsnorm für elektrische Betriebsmittel in explosionsgefährdeter Umgebung.

Cut-Through-Switching

Weiterleitung von eingehenden Datenpaketen ab dem Moment, in dem die Zieladresse erkannt ist. Der Vorteil ist die kurze Latenzzeit, der Nachteil, dass auch defekte Datenpakete weitergeleitet werden.

CVSD

Continous Variable Slope Delta

D

DA
Destination Address – Zieladresse innerhalb von Datentelegrammen

Dämpfung
Maß für die Verminderung der Signalleistung auf einer Leitung. Einheit „dB" (Dezibel). Je geringer der dB-Wert, desto besser die Leitung.

Daemon
Ein im Hintergrund ausgeführter und ständig bereiter Prozess

Datalink Layer
Schicht 2 des OSI-Referenzmodells, in der Protokolle für Datenpakete und deren Übertragungsart definiert sind

Datenpaket
Zusammengehörige Daten, die gebündelt als Serie von Bits über Computernetze verschickt werden. Die Dateien werden nicht als kontinuierlicher Datenstrom (Streaming) versendet, sondern in kleinere Einheiten (Pakete) zerlegt und einzeln übertragen. Jedes Paket wird mit einem Header versehen (Informationen zu Quell- und Zieladresse, Fehlerprüfung) und in eine für die Weiterleitung (Routing) geeignete Größe formatiert. Durch die Information im Header sind die einzelnen Knotenrechner (Router), bei denen die Pakete eintreffen, nicht auf einen bestimmten Weg festgelegt. Welchen Weg die Pakete nehmen, entscheiden die Router immer wieder neu. Kriterien hierbei sind: kürzester und günstigster oder schnellster Weg (je nach Auslastung der Übertragungsleitungen). Sind alle Datenpakete am Ziel angekommen, werden sie auf der Empfängerseite wieder zur Originaldatei zusammengesetzt. Das typische Protokoll für den Datenversand im Internet ist TCP/IP.

Datenrate
Anzahl der binären Daten, die pro Sekunde durch das Netzwerk übertragen werden.

DATEX-P
Datenübertragungsdienst der Telekom, entsprechend X.25

Datenverbindungsschicht
Schicht 2 des OSI-Referenzmodells, in der Protokolle für Datenpakete und deren Übertragungsart definiert sind

dB
Abkürzung für Dezibel. Angabe eines Faktors als Logarithmus.

dBm
Auf 1 mW normierte Leistung zur einfachen Addition und Subtraktion bei einer LWL-Strecken-Budgetierung; Angabe eines Pegels.

DCE
Data Communications Equipment – Infrastrukturkomponenten in einem Kommunikationspfad, z. B Modem, Hub, Switch. DCE-Geräte können direkt, d. h. mit 1:1-Kabeln an DTE-Geräte angeschlossen werden. Eine direkte Verbindung von zwei DTE-Geräten kann nur über gekreuzte Kabel realisiert werden.

DEE
Daten-End-Einrichtung – siehe DTE.

Default Gateway
Über das Default Gateway werden alle Telegramme weitergeleitet, die nicht an Teilnehmer im gleichen Subnetz adressiert sind.

DES/3DES
Data Encryption Standard – Symmetrischer Verschlüsselungsalgorithmus, der als Standard für amerikanische Regierungsstellen festgelegt ist. DES verwendet Schlüssellängen von 56 Bit. 3DES ist eine neuere Variante von DES und verwendet Schlüssellängen von 168 Bit. 3DES ist Teil des IPsec-Standards.

Destination Field
Feld innerhalb eines Ethernet-Datenpakets, das die Empfängeradresse (Zieladresse) enthält

DFS
Dynamic Frequency Selection – Dynamische Auswahl der Funkfrequenz im 5 GHz-Band

DFÜ-Netzwerk
Daten-Fern-Übertragungs-Netzwerk. Das DFÜ-Netzwerk bildet unter Microsoft Windows die Brücke zwischen Internet-Anwendungen und Modem oder ISDN-Karte. Über das DFÜ-Netzwerk kann eine Verbindung zum Internet aufgebaut werden.

DHCP
Dynamic Host Configuration Protocol – Automatische, dynamische, normalerweise zeitlich begrenzte Zuteilung von IP-Adressen aus einem definierten Adressbereich.

Dispersion
Laufzeitunterschiede von Lichtwellen bei der Übertragung durch einen Lichtwellenleiter. Durch Dispersion wird ein eingespeister Lichtimpuls aufgeweitet. Man unterscheidet zwischen Material-, Moden- und Wellendispersion.

Diversity
Siehe Antenna Diversity

DLL
Dynamic Link Library – Bibliothek von Software-Funktionen/Modulen, die erst zum Zeitpunkt des ersten Aufrufs dynamisch zur laufenden Anwendung hinzugeladen und ausgeführt werden.

DNS

Der Domain Name Service wandelt die Adresseingaben der Internet-Nutzer in die numerische IP-Adresse um, unter der der gewünschte Teilnehmer im Netz zu erreichen ist. Als Datenbank für die Umwandlung dienen sog. DNS-Server.

DNS-Server

Geräte, die Domain-Namen in die zugehörige IP-Adresse auflösen

Download

Laden von Programmen oder Dateien über ein Netzwerk auf eine, an das Netz angeschlossene Station

DS

Distribution System

DSC

Duplex Straight Connector – Im industriellen Umfeld ein sehr weit verbreiteter Steckverbinder für Lichtwellenleiter

DSSS

Direct Sequence Spread Spectrum – Funkspreizbandübertragungsverfahren in IEEE 802.11b, wobei ein schmalbandiges Signal zu einem breitbandigen Signal aufgeweitet wird. Dadurch wird eine höhere Datenübertragungsrate und eine niedrigere Störanfälligkeit erreicht.

DTE

Data Terminal Equipment – Endgeräte, die immer am Anfang und Ende eines Kommunikationspfades installiert sind, z. B. PC, SPS. DTE-Geräte können direkt, d. h. mit 1:1-Kabeln an DCE-Geräte angeschlossen werden. Eine direkte Verbindung von zwei DTE-Geräten kann nur über gekreuzte Kabel realisiert werden.

DTS

Distributed Time Service – Dienst, der die Systemuhren verschiedener Systeme innerhalb eines Netzwerkes periodisch synchronisiert

Dual Homing

Bei Dual Homing ist ein Gerät über zwei unabhängige Leitungen mit dem Netzwerk verbunden. Falls die primäre Verbindung ausfällt, übernimmt die Standby-Leitung automatisch die Verbindung.

Duplex-Betrieb

Betriebsart, bei der an einer Schnittstelle gleichzeitig Daten gesendet und empfangen werden

E

E0

Strom-Chiffre zur Verschlüsselung

EAP

Extensible Authentication Protocol – EAP ist ein Standard nach IEEE 802.1x und dient zum Datenaustausch zwischen RADIUS-Servern und Access Points

EGP-Protokoll

Exterior Gateway Protocol – Protokoll auf der Vermittlungsschicht des OSI-Referenzmodells; es wird zur Kommunikation zwischen Routern benutzt und dient dem Verbund mehrerer komplexer Netze.

EIA

Electronics Industry Association – amerikanischer Ausschuss für Standardisierung von Schnittstellen für Kommunikationsanwendungen

Einfügedämpfung

Differenz zwischen der in die Verkabelungsstrecke eingekoppelten Leistung/Pegels und der am anderen Ende empfangenen Leistung/Pegel

EIRP

Effective Isotropic Radiated Power – Sendeleistung, die einem isotropen Strahler zugeführt werden müsste, damit man in einer bestimmten Senderichtung die gleiche Empfangsfeldstärke wie mit einer anderen Antenne erreicht

EMV

Elektromagnetische Verträglichkeit – Beschreibt die Einstrahlfestigkeit und das Abstrahlverhalten von Geräten

ESD

Electrostatic Discharge – Elektrostatische Entladung, kurze Spannungsspitzen mit bis zu einigen kV

ESS

Extended Service Set – ESS nennt man zwei oder mehr BSS, die am selben Switch im Netzwerk angeschlossen sind und ermöglicht Funktionen wie Roaming.

ESSID

Extended Service Set Identity

Ethernet

Von den Firmen Intel, DEC und Xerox ab 1976 entwickelter Standard für Netzwerke der vor allem in LANs weit verbreitet ist. Der Ethernet-Standard enthält Vorschriften über Netzwerkarchitektur (Bus- oder Sterntopologie), Hardware (z. B. die Verkabelung mit Koaxial- oder Twisted-Pair-Kabeln), Übertragungs- und Zugriffsverfahren.

Ethernet-Adresse
Siehe MAC-Adresse

ETSI
European Telecommunication Standard Institute – Europäische Standardisierungsorganisation

F

Fall Back
Definierte schrittweise Reduzierung der Datenübertragungsrate zur Erhaltung der Kommunikation bei Verschlechterung der Übertragungsstrecke.

Fast Ethernet
Fast Ethernet wird mit Kupfer-Leitungen der Kategorie 5 oder mit LWL betrieben, die Datenübertragungsrate beträgt 100 MBit/s. Fast Ethernet wurde 1995 durch IEEE 802.3 standardisiert.

FDMA
Frequency Division Multiplex Access – Frequenz-gesteuertes Zugriffsverfahren

FEC
Forward Error Correction – Erhöhung der Störfestigkeit eines Signals durch zusätzliche redundante Bits

FEXT
Far End Cross Talk (Fernnebensprechdämpfung) – Übersprechen am entfernten Ende der Leitung

FHSS
Frequency Hopping Spread Spectrum – Frequenzsprung-Spreizbandübertragungsverfahren in IEEE 802.11 und bei Bluetooth

Fiber Optic Cable
Übertragungsmedium mit einem Innenleiter aus Glas oder Kunststoff und mehreren Ummantelungen zum Schutz vor mechanischen Belastungen

Filterung / Filtering
Prozess, bei dem ein Switch oder Router die Weiterleitung eines Datenpaketes von dessen Inhalt abhängig macht

Firewall
Unter Firewall fasst man Netzwerkkomponenten, die mit Hilfe von speziellen Protokollen angeforderte Dienste, die enthaltenen Daten und Informationsflussrichtung überwachen und begrenzen, zusammen. Hierbei können Zugriffsrechte, in Abhängigkeit von

der Authentifizierung und Identifikation definiert werden. Aber auch die Verschlüsselung von Daten kann Aufgabe der Firewall sein.

Firmware
Software, die auf den jeweiligen Geräten läuft und so die Funktion der Geräte ermöglicht

Flow Control
Verfahren, dass den Datenfluss zwischen zwei Geräten regelt; sie verhindert, dass Daten verloren gehen, wenn der Puffer eines Gerätes voll ist.

Flusssteuerung
Siehe Flow Control

FO-Port
LWL-Anschluss (Fiber Optic)

Fragment
Einer von mehreren Teilen eines größeren Datenpaketes

Fragmentierung
Zerteilen von Datenpaketen, wenn die Originalgröße des Datenpakets nicht vom Netzwerk übertragen werden kann. Der Empfänger stellt aus den Fragmenten wieder das ursprüngliche Datenpaket her.

F-SMA-Stecker
LWL-Stecker für POF- und HCS-Fasern, Befestigung mit Überwurfmutter, einfacher Anschluss durch Schnellanschlusstechnologie

FTEG
Gesetz für Funkanlagen und Telekommunikationseinrichtungen in Deutschland

FTP
File Transfer Protocol – das File Transfer Protocol (FTP) ist ein TCP/IP-Protokoll für die Übertragung von Dateien. Um Dateien per FTP zu übertragen, muss eine Verbindung zwischen Client und einem FTP-Server hergestellt werden. Beim Login in diesen Server muss eine Zugangskennung und ein dazugehöriges Passwort angeben werden. Ab Werk sind für Nur-Lese-Zugriff das Passwort „public" und für Lese-/Schreibzugriff das Passwort „private" voreingestellt.

Full Duplex
Siehe Vollduplex

FX-Standard
Siehe 100BASE-FX

G

GARP
Generic Attribute Registration Protocol – Protokollfamilie zum Parameteraustausch zwischen Switches auf Schicht 2, enthält zur Zeit GMRP und GVRP

Gateway
Gateway (engl. für Eingangstor) nennt man die technische Einrichtung, die einen Übergang zwischen verschiedenen Netzen (z. B. zwischen Ethernet und INTERBUS) ermöglicht. Gateways sind Protokoll-Wandler, die empfangene Daten ins jeweils andere Protokoll umsetzen.

Gateway-Adresse
Siehe Standard-Gateway

GFSK
Gaussian Phase Shift Keying – Modulationsverfahren bei IEEE 802.11

GHVt
Gebäudehauptverteilung

GMRP
GARP Multicast Registration Protocol – Protokoll zur dynamischen An-/Abmeldung bei Multicast-Gruppen

Gradientenprofilfaser
Form von Lichtwellenleitern

H

Halbduplex
Datenübertragung in beide Richtungen, aber nie gleichzeitig

Halbduplex-Port
Ein Halbduplex-Port kann nur zeitversetzt Daten empfangen und senden, während ein Vollduplex-Port gleichzeitig senden und empfangen kann.

Handshake
Definierte Signale zur Kontrolle einer Kommunikationsverbindung

Hardware-Handshake
Handshake über Signalleitungen. Üblicherweise wird bei V.24 entweder mit CTS/RTS oder mit DTR/DSR signalisiert.

HASH
  Kontrollsumme zur Überprüfung der Integrität einer Information

HCS
  Hard Cladded Silica – LWL-Mischfaser, Kernmaterial Glas + Mantelmaterial Kunststoff, Durchmesser 200/230 µm, leichte Konfektionierung mit Schnellanschluss-Stecker

Header
  Der Anfang eines Datenpakets wird als Header bezeichnet. Darin befinden sich Informationen zu der Paketgröße und Übertragungsart sowie zur Sender- und Empfänger-Adresse.

Heartbeat-Signal
  Siehe Link Test Impulse

Hidden Node
  Teilnehmer einer Funkzelle, die jeweils außerhalb der Reichweite der anderen liegen. Bei gleichzeitigem Zugriff auf das Medium entstehen Kollisionen.

HIPER-Ring
  Proprietäres Redundanzverfahren, bei dem die Komponenten, die HIPER-Ring unterstützen, in einem Ring über spezielle Ports verschaltet werden.

Hop
  Ein Hop ist die Zähleinheit für den Durchlauf eines Datenpakets durch eine Infrastrukturkomponente. Jeder Hop reduziert die Lebensdauer eines Paketes (TTL – Time to Life). Der TTL-Wert wird durch jeden Hop inkrementiert, bei Null wird das Paket verworfen.

Host
  Gerät im Netzwerk, an dem, in der Regel nach einer Anmeldung, wie an einem lokalen Rechner gearbeitet werden

HTML
  Hypertext Markup Language – HTML ist keine Programmiersprache, sondern eine standardisierte Seitenbeschreibungssprache für WWW-Seiten. Damit HTML-Dokumente von allen gängigen Rechnern, Betriebssystemen und Browsern angezeigt werden können, bestehen sie aus reinem ASCII-Text. „Formatierungen" und „Befehle" werden in spitze Klammern gesetzt, damit die Browser sie vom eigentlichen Inhalt unterscheiden können. Der HTML-Standard wird vom World Wide Web Consortium (W3C) in Genf verabschiedet.

HTTP
  Hypertext Transfer Protocol – Protokoll (Übertragungsstandard), das den Datenaustausch zwischen einem WWW-Server und einem WWW-Client regelt. HTTP setzt auf TCP/IP auf.

HTTPS

Hyper Text Transfer Protocol Secure – Datenaustausch mit paketweise verschlüsselten Informationen.

Hub

Mittelpunkt einer Sterntopologie. Sendet empfangene Daten an allen Ports weiter und sorgt mit Hilfe von CSMA/CD für eine kollisionsfreie Übertragung der Daten. Ein Hub wird immer im Halbduplex-Betrieb eingesetzt.

Hyperlink

Ein Hyperlink ist ein klickbarer Verweis in einem Dokument auf eine andere Stelle in demselben oder einem anderen Dokument.

I

IANA

Internet Assigned Numbers Authority – Organisation, die für die Administration des Domain Name System (DNS) zuständig ist

IAONA(-EU)

Industrial Automation Open Networking Alliance (Europe) – Organisation zur Standardisierung von Technologien im Umfeld von Industrial Ethernet

IAPP

Inter Access Point Protocol – Protokoll zur Kommunikation zwischen Access Points

IBSS

Independent Basic Service Set – Ad-hoc-Netz zum einfachen Aufbau von Funknetzen ohne Access Point

ICMP

Internet Control Message Protocol – Protokoll zur Erkennung von Fehlern bei der Übertragung von IP-Datenpaketen. Der sicherlich bekannteste Befehl lautet „Ping".

IDA

Interface for Distributed Automation – Ethernet-Standard, der auf TCP und UDP aufsetzt

IDS

Intrusion Detection System – Ein IDS versucht, durch Sammeln und Analyse des Datenverkehrs mögliche Abgriffe auf das Netzwerk zu erkennen und Gegenmaßnahmen zu ergreifen.

IEEE

Das Institute of Electrical and Electronic Engineers legt Standards fest. Das Ethernet-System wird in der IEEE 802.xx beschrieben, wobei xx Platzhalter für die verschieden-Teilstandards sind.

IEC
International Electrical Committee – Internationales Komitee der Elektrotechnik

IETF
Internet Engineering Task Force – Gruppe von Experten, die Internet-Probleme und Aufgabenstellungen lösen

IGMP
Internet Group Management Protocol – Protokoll auf Layer 3, das Zugehörigen zu Multicast-Gruppen benachbarten Routern mitteilt

IGMP-Snooping
Internet Group Management Protocol Snooping – Funktion, bei der Switches auf Layer 2 die IGMP-Pakete untersuchen und entsprechend der Gruppenzugehörigkeit die Pakete weiterleiten.

IMAP
Internet Mail Access Protocol – Standard-Protokoll für die Zustellung von E-Mails

Interferenz
Tritt bei der Überlagerung von elektromagnetischen Wellen auf. Bei gleicher Wellenlänge und gleicher Phasenlage verstärkt sich die Amplitude, bei verschobener Phasenlage wird die Welle ausgelöscht.

Internet
Das Internet ist der weltweit größte Netzwerkverbund, in dem von den Teilnehmern durch die Verwendung von TCP/IP plattformunabhängige Dienste wie E-Mail, TFTP, HTTP usw. in Anspruch genommen werden können.

Intranet
Ein geschlossenes Netzwerk, in dessen Grenzen von den Teilnehmern internettypische Dienste genutzt werden können

IP
Das Internet Protocol ermöglicht die Verbindung von Teilnehmern, die in unterschiedlichen Netzen positioniert sind. Operiert auf Schicht 3 des OSI-Referenzmodells.

IP-Adresse
Eine IP-Adresse ist die eindeutige Teilnehmeradresse im Ethernet. Sie ist ein Zahlencode von vier Zahlen zwischen 0 und 255 (32 Bit), die durch einen Punkt getrennt werden (Decimal Dotted Notation). Die IP-Adresse wird vom Netzwerk-Administrator vergeben und besteht aus zwei Teilen: der Netzwerk-Adresse und der Host-Adresse.

IPsec
Der Internet-Protocol-Security-Standard ermöglicht es, beim Versenden von IP-Telegrammen die Authentizität des Absenders, die Integrität und die Vertraulichkeit der Daten durch Verschlüsselung zu erhalten. Die Bestandteile von IPsec sind der Authen-

tication Header (AH), die Encapsulating Security Payload (ESP) die Security Association (SA) und der Internet Key Exchange (IKE).

IPv6
Internet Protocol Version 6 – IPv6 ist spezifiziert in den RFCs 1883, 1884, 1885 und 1886. Die Version 6 des IP-Protokolls ist eine kontinuierliche Weiterentwicklung der Version 4 (IPv4) und bietet wesentlich erweiterte Adressierungsmöglichkeiten und wesentlich verbesserte Sicherheitsaspekte.

ISM
Industrial-Scientific-Medical – lizenzfrei nutzbares Frequenzband

ISO
International Organization for Standardization – Internationale Normungsorganisation, entwickelt Standards für Rechnerkommunikationsprotokolle

IT
Information Technology

IV
Initialisierungsvektor – Zufallsdaten, die bei der Verschlüsselung verwendet werden

J

Jabber
Telegramme mit ungültigem CRC und/oder einer Länge von mehr als 1536 Byte

Jam (Signal)
Ein JAM-Signal wird von einem Gerät gesendet, wenn es eine Kollision bei der Datenübertragung erkennt. Alle anderen Geräte brechen darauf ihren Sendeversuch ab und lösen die Kollision mit Hilfe von CSMA/CD auf.

Java
Java ist eine in der C++-Struktur verfasste plattformunabhängige Programmiersprache von Sun, mit der man eigene Applikationen wie auch Applikationsteile (Applets) schreiben kann, die besondere Möglichkeiten zum Einsatz im Onlinebereich, insbesondere bei grafischen Anwendungen, bieten.

Java Applet
Kleines, in der Programmiersprache Java geschriebenes Programm, das aus dem Internet geladen und in einem Java-fähigen Browser des Nutzers interpretiert und ausgeführt wird. Dazu werden Java-Befehle in HTML-Seiten eingebunden und beim Laden der Seite umgesetzt. Dabei laufen die Java-Applets in einer sogenannten „Sandbox", der „Java Virtual Machine"(JVM) ab und haben damit keinen Zugriff auf lokale Ressourcen des Computers. Bisweilen treten jedoch Fehler bei der Implementierung der JVM auf, so dass Java-Applets doch auf lokale Dateien zugreifen können.

Java Script

JavaScript ist eine von der Firma Netscape entwickelte Script-Sprache (keine Programmiersprache), die eingesetzt wird, um Webseiten dynamisch oder interaktiv zu machen. JavaScript wird direkt in den HTML-Code integriert und die Interpretation erfolgt über den Browser. Allerdings existiert hier keine „Sandbox", die eventuelle Zugriffe auf Dateien und Programme des Computers, auf dem JavaScript abläuft, verhindert. Die Microsoft-spezifische Variante von JavaScript heißt JScript. Damit Ihr Internet-Browser Java nutzen kann, muss dieses im Browser aktiviert sein (in der Regel als Standard voreingestellt).

Java Virtual Machine

Programm, das den Java-Byte-Code im Browser des Nutzers interpretiert und ausführt. Dazu werden Java-Befehle in HTML-Seiten eingebunden und beim Laden der Seite umgesetzt. Dabei laufen die Java-Programme (Java-Applets) in der geschlossenen Umgebung der JVM ab, die im Normalfall keinerlei Zugriff auf lokale Ressourcen des Computers besitzt. Deshalb wird die JVM auch als „Sandbox" bezeichnet. Bisweilen treten jedoch Fehler bei der Implementierung der JVM auf, sodass Java-Applets doch auf lokale Dateien zugreifen können.

Jitter

Signalverformungen und Laufzeitunterschiede des empfangenen Signals im Vergleich zum abgesandten Signal

K

Kategorie

Qualitätsstufe der Komponenten (Kabel/Leitungen und Verbindungstechnik) nach ISO/IEC 11801 und DIN EN 50173-1:2003-06

Kerberos

Kerberos ist ein Sicherheitssystem, das auf symmetrischen, kryptographischen Verschlüsselungsverfahren basiert und vom Massachusetts Institute of Technology (MIT) entwickelt wurde. Kerberos weist Benutzern IDs zu, mit denen dann Rechte und Ressourcen verwaltet werden.

Klasse

Qualitätsstufe des Gesamtsystems nach EN50173 und ISO/IEC

Kollision

Eine Kollision entsteht, wenn zwei Teilnehmer gleichzeitig auf demselben Medium senden. Eine Kollision wird nach dem CSMA/CD-Verfahren aufgelöst.

Kollisionsdomäne

Eine Kollisionsdomäne wird durch Endgeräte und/oder Switches, sowie Routern begrenzt. Eine Kollision von Paketen kann nur in diesen Grenzen erfolgen. Die Kollisionsdomäne wird häufig auch als Netzwerksegment bezeichnet.

L

LAN

Local Area Network – Netzwerk aus Computern, die sich Applikationen, Daten, Drucker und andere Dienste teilen. Die räumliche Ausdehnung ist dabei auf ein Gebäude und/oder auf eine Gruppe von Gebäuden lokal begrenzt.

Latenzzeit

Verzögerungszeit zwischen dem Empfang und dem Weiterleiten von Daten beim Durchlauf durch ein Gerät

Link Aggregation

Funktion, bei der bis vier Ports zu einem virtuellen Port parallel geschaltet werden. Damit wird ein wesentlich höherer Datendurchsatz, sowie Redundanz erreicht.

Link Layer

Ebene 2 des OSI-Referenzmodells

Link Status

Durch regelmäßige Link Status Impulse an die Ports der angeschlossenen Partnergeräte überwacht das Gerät die gültige Verbindung zu diesen Partnergeräten. Eine gültige Verbindung wird durch eine grüne LED angezeigt.

Line- (1:1) Kabel

Kabelkonfiguration, die zwei unterschiedliche Geräte (DTE/DCE) miteinander verbindet. Die Steckerbelegung isvt an beiden Kabelenden identisch.

Link Status

Durch regelmäßige Link-Status-Impulse an die Ports der angeschlossenen Partnergeräte überwacht das Gerät die gültige Verbindung zu diesen Partnergeräten. Eine gültige Verbindung wird bei Geräten von Phoenix Contact durch eine grüne LED angezeigt.

Link Test Impulse

Siehe Link Status

LoF

Line of Sight – LoF bezeichnet die Sichtverbindung zwischen Sende- und Empfangsantenne. Um LoF formiert sich die Fresnel-Zone, die in Abhängigkeit der verwendeten Frequenz nicht durch hineinragende Hindernisse abgedeckt werden darf.

LSA

Löt-, schraub- und abisolierfreie Verbindung über Schneidklemmen

LSB

Least Significant Bit – Niederwertigstes Bit bei einer digitalen Bitfolge

LWL

Lichtwellenleiter – siehe Fiber Optic Cable.v

M

MAC
Media Access Control – allgemeiner Begriff für die Art und Weise des Zugriffs auf Übertragungsmedien

MAC-Adresse
Weltweit eindeutige, nicht veränderbare Kennzeichnung von Netzwerkkomponenten, die aus acht Byte besteht und eine Herstellerkennung enthält

Manchester-Kodierung
Bei der Manchester-Kodierung gibt es immer einen Flankenwechsel in der Mitte eines Bits. Hierdurch ist das Signal gleichstromfrei. Die logische Lage der ersten Hälfte des Bits beschreibt immer die übertragende Information (logisch „1" oder logisch „0").

Master-Slave-Netzwerk
Zusammenschluss von mehreren Kommunikationsteilnehmern. Ein Master im System steuert die gesamte Kommunikation im Netzwerk. Hierdurch ist der Master immer an der Kommunikation beteiligt. Eine Slave-Slave-Kommunikation kann nur unter Verwendung des Masters als Relaisstation aufgebaut werden.

MAU
Medium Attachment Unit – eine MAU umfasst nach IEEE 802.3 zwei Bestandteile: den Transceiver und dessen Anschluss an die Ethernet-Leitung.

MD5
Message Digest 5 – siehe Hash

MDI
Media Dependent Interface – Ethernet-Anschluss, der direkt an andere Infrastruktur-Komponenten angeschlossen werden kann, ohne spezielle Crossover-Kabel verwenden zu müssen. Häufig werden solche Anschlüsse als „Uplink" bezeichnet.

MDI-X
Media Dependent Interface Crossover – Ethernet-Anschluss, an dem direkt Endgeräte wie PCs oder SPS-Steuerungen angeschlossen werden können.

Medienkonverter
Umsetzer von drahtgebundenen Ethernet auf Lichtwellenleiter-Technologie

Mehrwegausbreitung
Reflektionen von Funkwellen, die den Empfänger dann mit unterschiedlicher Intensität, Laufzeit und Phasenlage erreichen

Meldekontakt
Der Meldekontakt ist ein Relaiskontakt, der bei ordnungsgemäßer Funktion vom Switch geschlossen wird.

MIB
Management Information Base – Datenbank, die die Objekte und Variablen der zu überwachendenden Netzwerkkomponenten beinhaltet, die zum Netzwerkmanagement über SNMP benötigt werden

MIC
Message Integrity Check – kryptographischer Sicherheitsmechanismus in Wireless LAN

Michael
Name des MIC, der bei WPA und TKIP verwendet wird

MIT
Massachusetts Institute of Technology – renommiertes US-amerikanisches Institut (Universität)

Mode
Lage und Ausrichtung des Lichtes in einem LWL

Modem
Ein Kunstwort, das aus dem Begriffspaar Modulator-Demodulator entstanden ist. Es erklärt die Funktionsweise eines Modems: analoge Signale in digitale Daten wandeln und umgekehrt. Mit dem Modem können Computer mit dem Internet verbunden werden.

Modendispersion
Laufzeitunterschied der verschiedenen Moden durch einen LWL

Monomode
Siehe Singlemode

MSB
Most Significant Bit – Höchstwertiges Bit bei einer digitalen Bitfolge

MTBF
Mean Time Between Failure – Mittlere Zeit, die ein System ohne Fehler arbeitet

MT-RJ
Standard-Steckverbinder für LWL

Multicast
Mit Multicast bezeichnet man das Senden von Datenpaketen eines Senders an eine definierte Gruppe von Empfängern. Diese logisch zusammengefasste Gruppe erhält eine Gruppenadresse aus dem für Multicast reservierten Bereich.

Multicast Adresse
Telegramme mit einer Multicast Adresse können von mehreren Teilnehmern empfangen werden, die für diese Adresse empfangsbereit sind.

Multimaster-Netzwerk
Zusammenschluss von mehreren Kommunikationsteilnehmern. Alle Teilnehmer können gleichberechtigt die Kommunikation aufbauen, aufrechterhalten und beenden. Prinzipiell kann jedes Gerät mit jedem Gerät direkt kommunizieren.

Multimode
Großkerniger LWL, der viele Moden führen kann; vgl. Singlemode

N

NAT
Bei der Network Address Translation, auch als IP-Masquerading bezeichnet, bildet der NAT-Router die Verbindung zwischen dem Internet (außen) und ganzen Netzwerken (innen). Nach außen erscheint nur der NAT-Router mit seiner eigenen IP-Adresse, alle Verbindungen von innen nach außen bzw. umgekehrt laufen über den NAT-Router, der die entsprechenden Einträge in den Datentelegrammen manipuliert. Mit Hilfe von NAT-Routern kann ein gewisser Schutz für das innere Netzwerk sichergestellt werden.

Network Spy
Funktion, mit der bestimmte IP-Adressbereiche nach aktiven Teilnehmern durchsucht werden. Dabei können Sie die Start- und Stopp-IP-Adresse des zu durchsuchenden Bereichs vorgeben.

Netzwerk
Ein Zusammenschluss von Computern, die sich Dateien, Daten und Ressourcen teilen

Netzwerk-Adresse
Siehe MAC-Adresse

Netzwerk-Management
Das Netzwerk-Management wird durch den Administrator mit Hilfe einer Software durchgeführt (z. B. Factory Manager von Phoenix Contact). Das Netzwerk kann damit konfiguriert, optimiert und überwacht werden. Außerdem kann bei Störungen die Ursache festgestellt werden.

NEXT
Near End Crosstalk – Nahnebensprechen, auch Querdämpfung genannt, ist ein Maß für die Unterdrückung des Übersprechens zwischen zwei benachbarten Adernpaaren am Ende/Anfang eines Kabels. Wichtiges Kriterium zur Bestimmung der Güte von Leitungen und Kabeln.

NIC
Network Interface Card – Adapterkarte, die in einen PC eingebaut ist und die nötige Soft-/Hardware für eine Kommunikation über ein Netzwerk bereitstellt.

NRZ
Non Return to Zero – Beschreibung einer Daten-Codierung, bei der das elektrische Signal nicht auf Null zurückgeht

NVP
Nominal Velocity of Propagation – nominelle Signalausbreitungsgeschwindigkeit

O

OFDM
Orthogonal Frequency Division Multiplex – Modulationsverfahren bei IEEE 802.11a

OFDM/CCK
Orthogonal Frequency Division Multiplex/Complimentary Code Keying –Modulationsverfahren bei IEEE 802.11a

On the Fly-Switching
Siehe Cut Through

OPC
OLE for Process Control – Standardschnittstelle unter Windows zum Austausch von Prozessdaten und Statusinformationen

O-QPSK
Offset Quadrature Phased Shift Keying

OSI
Open System Interconnection – offene Struktur für die Vernetzung verschiedener Geräte von unterschiedlichen Herstellern

OSI-Referenzmodell
Reference Model for Open System Interconnection – Siebenschichtiges Modell für Netzarchitektur zur Datenkommunikation. Jede Schicht definiert Dienste und stellt sie übergeordneten Schichten zur Verfügung.

OTDR
Optical Time Domain Reflectometer – optisches Zeitverzögerungsmessinstrument

P

Paket
Zusammenschluss von Bits, die Daten-, Kontrollinformationen, Quell- und Zieladresse beinhalten und für eine Datenübertragung gesichert sind.

PAP
Password Authentication Protocol – Authentifizierungsmechanismus für eine PPP-Verbindung. Das Passwort kann für beide beteiligten Geräte vergeben werden. Ein Passwort-Fehler während des Verbindungsaufbaus führt zum sofortigen Abbruch der Verbindung.

Parity / Parität
Bit bei asynchroner Datenübertragung, dass der Fehlererkennung dient. Bestandteil des Übertragungsformats. Bei gerader Parität wird das Bit gesetzt, wenn die Anzahl der Bits bei den Daten gerade ist. Analog bei ungerader Parität mit ungerader Anzahl.

Patchfeld
Feld, an dem durch Zusammenstecken Kommunikationspfade hergestellt werden; Rangierverteiler.

PCF
Point Coordinated Function – Zugriffsverfahren bei zeitkritischen Diensten bei Wireless LAN

PCM
Puls Code Modulation

PEAP
Protected EAP – PEAP ist eine von Microsoft entwickelte Erweiterung zum PAP-Protokoll mit einer Transport Layer Security, auch EAP-TLS genannt.

Peer-to-Peer-Verbindung
„Peer" bedeutet im Englischen so viel wie Gleichgestellte(r). Kommunikation, bei der beide Seiten gleich verantwortlich sind für Initiierung, Aufrechterhaltung und Beendigung der Session. P2P- (Peer-to-Peer-) Netzwerke sind ein aktuelles Thema und durch Dienste wie die Musiktauschbörse Kazaa bekannt geworden. Die Nutzer laden sich die gewünschten Daten nicht von einem zentralen Server herunter, sondern von den Rechnern anderer Internet-Surfer. Mit diesem vernetzten Datenzugriff ist ein Sicherheitsproblem verbunden. Denn wer Teile seiner Festplatte für Zugriffe von außen öffnet, erhöht das Risiko von Hackerangriffen.

PGP
Pretty Good Privacy – PGP ist die am weitesten verbreitete Kryptographie-Software. PGP ist eine RSA-Implementierung, die 1991 in einer ersten Version über das Internet verbreitet wurde.

PHY
Schicht 1 im OSI-Modell in der Stecker, Pegel, Modulationsarten, Leitungen u. ä. definiert sind

Physikalische Ebene / Physical Layer
Erste Ebene im OSI-Referenzmodell, hier werden physikalische Voraussetzungen für die Datenübertragung beschrieben: Kabel, Pegel, Widerstände, Impedanzen, Anschlusstechniken

Pico-Netz
Netzwerkstruktur bei Bluetooth mit bis zu acht Teilnehmern

PIN
Personal Identification Number

Ping
Ein Ping (Packet Internet Groper) wird benutzt, um die Zuverlässigkeit einer Netzverbindung und die Reaktionszeit eines Servers zu messen. Dabei wird über einen Client ein Server auf dessen Ping-Port kontaktiert. Sobald dieser antwortet, errechnet der Client die verstrichene Zeit in Millisekunden. Ebenfalls wird festgestellt, ob Pings, das sind kleine Datenpakete, verloren gegangen sind. Um realistische Ergebnisse zu erhalten, ist es möglich, Pings mit unterschiedlichen Bytegrößen (Factory Manager: 1 Byte bis 32 Byte) abzuschicken.

PKI
Public Key Infrastructure

PLC
Programmable Logic Control – Speicherprogrammierbare Steuerrung

PoE
Power over LAN – PoE beschreibt eine Möglichkeit wie Daten und Energie über ein gemeinsames Kabel und auch über gemeinsame Adern übertragen werden können.

POF
Polymer Optical Fiber, siehe Polymerfaser

Polling
Regelmäßige Abfrage, ob Daten zur Übertragung oder Bearbeitung zur Verfügung stehen

Polymerfaser
LWL aus 100 % Kunststoff, leichte Konfektionierung mit F-SMA-Schnellanschluss-Steckern, Durchmesser 980/1000 µm

Port (1)
Schnittstelle zur Datenübergabe an einem PC. Nur mit der Internet-Adresse und dem dazugehörigen Port kann man einen Internet-Dienst erreichen. Dabei gibt es für definierte Dienste feste Port-Nummern, z. B. Port 80 für Web-Server oder Port 21 für FTP-Server.

Port (2)
Ethernet-Steckplatz an Infrastrukturkomponenten oder Endgeräten

Port Mirroring
Funktion, bei der übertragene Daten eines Port auf einen anderen Port kopiert (gespiegelt) werden, z. B. zu Diagnosezwecken

Port-Nummer
Die Vergabe von Portnummern beim Datentransport dient der Identifikation der verschiedenen Datenströme, die gleichzeitig ablaufen können. Die Wahl der Port-Nummern ist dynamisch und wahlfrei. Für einige Anwendungen sind feste, sog. Assigned Numbers, Port-Nummern definiert.

Port Security
Funktion, die unberechtigten Zugriff auf das Netzwerk verhindert. Bei geeigneten Switches lassen sich MAC-Adressen festlegen, von denen Zugriff auf das Netzwerk gestattet ist. Allen anderen wird der Zugriff verweigert.

PPP
Point-to-Point-Protokoll – Nachfolger des SLIP-Protokolls. Ermöglicht die Datenübertragung über Stand- und Wählverbindungen in analogen und digitalen Fest- und Mobilfunknetzen. Wird benötigt, wenn der PC über Telefonleitungen mit dem Internet verbunden ist.

PPPoE
Point-to-Point-Protocol over Ethernet

pps
packets per second – Maßeinheit für Datenübertragungsgeschwindigkeit

Präambel
Pufferfeld von Datenpaketen bei CSMA/CD-Systemen zur Unterstützung des Einschwingvorgangs/Synchronisation bei einer Datenübertragung

Priorisierung
Anhand zuvor definierter Kriterien werden Datenpakete schneller vermittelt als andere.

Private/Public Key
Bei asymmetrischen Verschlüsselungsverfahren werden zwei Schlüssel benötigt: der geheime (Private Key) und der öffentliche (Public Key). Bei verschlüsselter Datenübertragung verschlüsselt der Sender mit dem öffentlichen Schlüssel des Empfängers und

nur der Empfänger kann die Daten mit Hilfe des Private Keys entschlüsseln. Bei der Authentisierung werden Informationen mit dem Private Key verschlüsselt. Lassen sich die Informationen mit dem öffentlichen Schlüssel des Absenders entschlüsseln, stammen die Informationen tatsächlich vom angegebenen Absender.

PROFINET
Ethernet-Kommunikationsmodell von der Feldebene bis zur Leitebene

Protokoll
Konvention zum Datenaustausch zwischen den Rechnern in einem Netzwerk. In Protokollen wird Folgendes festgelegt: Struktur, Aufbau und Codierung von Datenpaketen.

PSK
Pre-shared Key – Element von WPA, statischer Schlüssel (Passphrase), der bei WPA-PSK nach festen Interwallen gewechselt wird

PSNEXT
Power Sum Near End Cross Talk – leistungssummierte Nahnebensprechdämpfung

Punkt-zu-Punkt-Verbindung
Kommunikation zwischen genau zwei Teilnehmern an einer Leitung, vgl. Master-Slave- und Multimaster-Netzwerke

Q

QoS
Quality of Service – Sammelbegriff für Güteklassen bei Netzwerkdiensten. Berücksichtigt z. B. Geschwindigkeit, Bandbreite, Verzögerung, Sicherheit oder Priorität.

R

RADIUS
Remote Authentication Dial-In User Service – Dienst zur Absicherung der Authentifizierung bei drahtlosen Netzen.

RARP
Reverse Address Resolution Protocol. Zeigt die IP-Adresse an, die einer spezifischen MAC-Adresse zugeordnet wurde.

RC4
Strom-Chiffrierverfahren nach Ron Rivest. Es arbeitet mit geheimen Schlüsseln von variabler Länge.

Redundanz Manager
Bestandteil des proprietären Redundanzmechanismus Hiper-Ring

RegTP
Regulierungsbehörde für Telekommunikation in Deutschland

RFC
Request for Comment – Standardisierungsdokument der Forschungs- und Entwicklungsgruppe des Internet, z. B. zur Definition von Protokollen oder Diensten

Ring
Netzwerktopologie, bei der die Teilnehmer innerhalb einer geschlossenen Schleife miteinander verbunden sind (Loop)

RIP
Routing Information Protocol – Protokoll zum Austausch von Routing-Informationen zwischen Routern

RJ45
Die RJ45-Steckverbindung wurde im Jahr 1980 von AT&T für ursprünglich 3 MHz entwickelt und wurde in die Verkabelungsnormen EN 50173-1 und FSO 11801 als Standard aufgenommen.

RMON
Remote Monitoring – RMON ist eine Untermenge von SNMP MIB II und ermöglicht die Überwachung und Verwaltung von Netzwerkgeräten mit Hilfe von zehn verschiedenen Informationsgruppen.

Roaming
Automatischer Übergang von einer Funkzelle in eine andere ohne Unterbrechung der Kommunikation

Round Trip Delay
Siehe Segmentverzögerung

Router
Router sind Verbindungselemente, die auf Schicht 3 des OSI-Referenzmodells zwischen unterschiedlichen Netzen agieren. Anhand der Ziel-IP-Adresse wird entschieden, in welches Netz das Paket zu leiten ist.

Routing
Bestimmung des optimalen Weges durch Netzwerke zum Datentransport

Routing-Tabelle
In der Routing-Tabelle werden die Wege-Informationen zu Geräten gespeichert. Sie bilden die Basis für die Entscheidung, wie die Weiterleitung des jeweiligen Paketes zu erfolgen hat.

RS232-Schnittstelle

Die RS232-Schnittstelle ist in der amerikanischen Norm EIA-232 und in der internationalen Norm CCITT V.24 definiert. Diese serielle Schnittstelle realisiert im Vollduplex-Betrieb den Datenaustausch zwischen zwei Geräten (Punkt-zu-Punkt-Verbindung). Die Übertragungsrate beträgt maximal 115,2 kBit/s, die Übertragungslänge maximal 15 m. Siehe DCE, DTE

RSA

Das wohl bekannteste asymmetrische Verschlüsselungsverfahren, das heute den Rang eines internationalen Quasi-Standards einnimmt, wurde nach seinen Erfindern Ronald Rivest, Adi Shamir und Leonard Adleman benannt.

RTS

Request to Send – Sendeaufforderung im Hardware-Handshake, Signal bei der V.24-Schnittstelle

RTS/CTS-Steuerung

Request to send/Clear to send – Verfahren zur Kollisionsvermeidung. Siehe auch Hardware-Handshake

Rückflussdämpfung

Verlust von Signalleistung durch Reflektion an Übergangsstellen, z. B. zwischen Kabel und Steckverbinder, Maß dafür, welcher Anteil der in die Faser eingekoppelten Leistung zur Quelle reflektiert wird

Rx

Abkürzung für Receiver – Kennzeichnung für Empfangs-Ports

S

Scatternet

Netzstruktur bei Bluetooth, bei der mehrere Pico-Netze zusammengeschlossen sind

SC-Duplex-Stecker

Kunststoff-LWL-Stecker (meist teilbar) für Multimode- und Singlemode-Fasern. Der Stecker wird durch einen Push-Pull-Mechanismus auf den Sende-/Empfangskomponenten arretiert.

Schicht

Bei Ethernet beziehen sich die Schichten auf die Softwareprotokollebenen, wobei jede Schicht für die übergeordnete Schicht Dienste bereitstellt.

Schnittstelle

Definierte Grenze zwischen zwei Hardware-, zwei Software- oder zwischen Hard- und Software-Komponenten, die technische Funktionen und/oder administrative Zuständigkeiten technischer Geräte voneinander abgrenzt.

Segment
Elektrisch kontinuierlich fortgesetzter Abschnitt eines Netzwerkes

Segmentverzögerung
Laufzeit, die ein Signal benötigt, um von einem Ende des Segments zum anderen zu gelangen

Serielle Übertragung
Methode zur Datenübertragung, bei der die Bits eines Datenzeichens sequentiell über einen einzigen Datenkanal übertragen werden

Server
(engl. für „Diener", „Dienstleister"), im Hardware-Bereich handelt es sich dabei um einen Computer in einem Netzwerk, der anderen Teilnehmern Dienste zur Verfügung stellt. Im Software-Bereich ist damit ein Programm auf einem Server-Computer gemeint, das bestimmte Dienste bereitstellt. Siehe Client-Server-Prinzip

Session
Eine Verbindung zu einem Netzwerk-Service bezeichnet man als Session.

Singlemode
LWL, in dem bei der Betriebswellenlänge des LWL-Kabels nur ein einziger Mode ausbreitungsfähig ist. Kerndurchmesser etwa 9 µm bei 1300 nm Wellenlänge

SIG
Bluetooth Special Interest Group

Site Survey
Funk- und Ausleuchtungsvermessung, die die Qualität eines drahtlosen Netzwerkes sicherstellt, da die Ergebnisse eines Site Survey in die Planung mit eingehen.

SLIP
Serial Line Internet Protocol – veraltetes Protokoll, um eine TCP/IP-Verbindung über serielle Verbindungen aufzubauen. Wurde durch das PPP abgelöst.

SNMP
Simple Network Management Protocol – herstellerneutraler Standard für das Ethernet Management. SNMP besteht aus drei Bestandteilen: dem Protokoll selbst, der Struktur der Verwaltungsinformationen (SMI) und der Verwaltungsinformationsbasis (MIB). Das Protokoll transportiert die Daten, die von SMI und MIB definiert und gesammelt werden.

SNR
Signal to Noise Ratio – Signal/Rauschabstand, gibt die Signalstärke relativ zum Hintergrundrauschen an

Software-Handshake

Handshake durch festgelegte Zeichen. Für Binärübertragungen ohne Übertragungsprotokoll nicht geeignet, da die Daten auch die reservierten Handshake-Zeichen enthalten können. Die üblichsten Zeichen sind XON/XOFF. Siehe XON, XOFF

Source Code

Programm-Code, der weder kompiliert noch assembled ist

Socket

Bezeichnet den Zusammenschluss der IP-Adresse und des Kommunikations-Ports, wodurch eine eindeutige Verbindungszuordnung sichergestellt ist.

Spanning-Tree-Algorithmus

Spanning-Tree ist ein Verfahren zur Schleifenunterdrückung (Loops) in (redundant) gekoppelten Netzwerken. Es werden die physikalischen redundanten Netzwerkstrukturen ermittelt und durch gezielte Port-Abschaltungen in eine Loop-freie Struktur überführt. Diese Maßnahme reduziert die aktiven Verbindungswege einer beliebig vermaschten Struktur. Die entstandene Baumstruktur hat zwei maßgebliche Eigenschaften:

– Alle vernetzten Punkte (Ports) sind nur durch einen Weg miteinander verbunden.

– Alle vernetzten Punkte sind von allen vernetzten Punkten aus erreichbar.

Der Algorithmus ist in die entsprechenden Teilnehmer implementiert, wobei jeder Switch auf Basis definierter Qualitätskriterien den Weg zum Root-Switch berechnet. Als Qualitätskriterien können Entfernungen, Kapazitäten, Kosten, Auslastungen o. ä. herangezogen werden.

Spoofing

Spoofing ist die Angabe einer falschen Internet-Adresse, um in den Besitz von persönlichen Daten anderer zu gelangen

SSID

Service Set Identifier Address – Name des Funknetzes bei Wireless LAN, wird mit Beacons zyklisch ausgestrahlt

SSL

Secure Socket Layer – Protokoll zur Übermittlung vertraulicher Informationen, dass ein Public-Key-Verfahren zur Verschlüsselung nutzt.

Standleitung

Spezielle Telefon- oder andere Telekommunikationsleitung, bei der die Verbindung ständig aktiv ist. Damit muss zum Datenaustausch nicht erst eine Verbindung aufgebaut werden. Solche Leitungen werden z. B. von Firmen zwischen ihren Filialen eingesetzt oder auch als Verbindung zu einem Internet-Service-Provider.

Startbit

Bit bei asynchroner Übertragung, das den Anfang eines Datenwortes anzeigt. Immer logisch „0".

Stoppbit

Ein oder zwei Bits bei asynchroner Übertragung, die das Ende eines Datenwortes anzeigen. Immer logisch „1".

Store-and-Forward

Switching-Technologie, bei der das gesamte Datenpaket gelesen und auf Fehler untersucht wird, bevor es weitergeleitet wird

STP

Shielded Twisted Pair – Abgeschirmte Datenleitung, bei der die zusammengehörigen Datenadern miteinander verdrillt sind

ST-Stecker

Siehe B-FOC-Stecker, Schutzmarke der Fa. AT&T

Subnetz Maske

Die Subnetzmaske legt fest, welcher Teil der IP-Adresse als Subnetzadresse benutzt wird. Beispiel: In einem Klasse A-Netzwerk (Subnetzmaske 255.0.0.0) stellt das erste Feld der IP-Adresse das Subnetz dar. Die IP-Adresse ist 207.142.2.1, somit ist die Subnetzadresse 207.0.0.0 und die Teilnehmeradresse 142.2.1.

Switch

In lokalen Netzwerken werden sogenannte LAN-Switches (Multiport-Port-Ethernet) eingesetzt. Diese verbinden Bereiche des Netzwerkes, die beispielsweise mit unterschiedlichen Geschwindigkeiten arbeiten (10 oder 100 MBit/s) oder halten Bereiche mit sehr großem Traffic (Datenaufkommen pro Zeit) von anderen Bereichen des Netzes getrennt. Der Switch erkennt bei Datenpaketen, für welchen Bereich des Netzwerkes sie bestimmt sind und leitet sie nur bei Bedarf in das andere Segment weiter. Dadurch steigt die nutzbare Gesamtbandbreite des Netzes.

Symmetrische Verschlüsselung

Bei der symmetrischen Verschlüsselung werden die Daten mit dem selben Schlüssel ver- und entschlüsselt.

Synchrone Verbindung

Verbindung, bei der neben den Nutzdaten auch ein Taktsignal übertragen wird, so dass auf Start- und Stopbits, wie bei einer asynchronen Verbindung, verzichtet werden kann. Dadurch ist eine synchrone Verbindung schneller als eine asynchrone.

Systemreserve

Optische Sicherheitsreserve. Um die technisch bedingte Alterung der Sendedioden langfristig zu kompensieren, muss sie bei der Projektierung von LWL-Strecken berücksichtigt werden (typisch 3 dB).

T

TCP
Transmission Control Protocol – TCP setzt auf IP auf und sorgt für die Korrektheit der Daten und die richtige Reihenfolge der Datenpakete bei der Übertragung.

Transmission Control Protocol/Internet Protocol (TCP/IP)
TCP/IP sind zwei kombinierte Protokolle, die den Transport von Daten über eine feste Leitung und die Fehlerkontrolle und -korrektur dieses Transportes koordinieren.

TCP/IP Stack
Teil des Betriebssystems oder ein Treiber, der alle für die Unterstützung des IP-Protokolls benötigten Treiber und Funktionen zur Verfügung stellt

TDD
Time Division Duplex

Telegrammlänge
Länge des gesamten Telegramms von der Zieladresse bis zum CRC-Feld. Die maximale Länge beträgt 1536 Byte.

Telnet
Terminal over Network – Standard-Protokoll, das benutzt wird, um zu anderen Geräten über Ethernet eine interaktive Verbindung aufzubauen. Telnet setzt auf TCP/IP als Übertragungs- und Sicherungsprotokoll auf.

Terminal-Programm
Einfaches Kommunikationsprogramm zur Übertragung von ASCII- und Binär-Daten. In PC-Betriebssystemen standardmäßig implementiert, z. B. Windows Hyperterminal.

Terminator
Ein Abschlusswiderstand (Terminator) wird bei 10Base-T / 100Base-TX nicht benötigt. Bei den koaxialen Netzwerktopologien 10Base5 oder 10Base2 werden 50 Ohm Abschlusswiderstände benötigt.

TFTP
Trivial File Transfer Protocol – Das Protokoll ist zur Übertragung ganzer Dateien geeignet, dabei benutzt es nur ein Minimum an Kommandos und UDP als Übertragungsprotokoll.

TFTP-Server
Server, von dem Komponenten über TFTP (Trivial File Transfer Protocol) neue Firmware laden können.

TIA/EIA
Telecommunications Industry Organisation / Electronic Industries Association – Elektronikindustrie Vereinigung / Telekommunikationsindustrie Vereinigung, amerikanische Normungsorganisation auf privater Basis

TKIP
Temporal Key Integrity Protocol – Verfahren zum zyklischen Wechsel der Schlüssel bei Wireless LAN. Schließt die Schwachstellen des WEP-Mechanismus.

TLS
Transport Layer Security – TLS ist ein Sicherheitsprotokoll, das häufig im Umfeld des Internets vorzufinden ist. TLS benutzt eine Verschlüsselung nach DES.

Topologie
Die räumliche Anordnung und Verbindung der Netzwerkteilnehmer wird als Topologie bezeichnet. Es wird zwischen Ring-, Bus-, Stern- oder Baumtopologie unterschieden.

TP
Siehe Twisted Pair

TPC
Transmission Power Control – Automatische Regelung der Sendeleistung im 5 GHz-Band

Transceiver
Gerät, das Nachrichten senden und empfangen kann. Es bildet die Schnittstelle zwischen dem Endgerät und dem Netzwerk.

Trap
Traps sind SNMP-Alarm- oder Ereignismeldungen, die mit höchster Priorität ggfs. an unterschiedliche Adressen übertragen und anschließend im Klartext von der Management-Station dargestellt werden.

Trap Targets
Trap Targets sind die Ziele, die Traps (Alarm- oder Ereignismeldungen) auswerten.

Trunking
Siehe Link Aggregation

TTL
Time to live – Feld im Internet-Protokoll, das festlegt, nach wie vielen Hops ein Paket als unzustellbar verworfen wird.

Twisted Pair
Datenleitung, bei dem je zwei Datenadern miteinander verdrillt sind. Durch die Verdrillung der „Hin- und Rückleitung" wird ein deutlich verringertes Übersprechverhalten erreicht. Man unterscheidet zwischen STP (Shielded Twisted Pair) und UTP (Unshielded Twisted Pair).

TX
Sendeleistung eines Senders ohne Berücksichtigung einer Bündelung der Abstrahlung durch Antennenkonstruktionen

Tx

Abkürzung für Transmitter – Kennzeichnung für Sende-Ports

U

UART

Universal Asynchronous Receiver and Transmitter – Integrierter Schaltkreis, der zwischen seriellen und parallelen Signalen umsetzt. Er bietet Übertragungstaktung und speichert Daten in einem Puffer, die zu oder von einem Computer gesendet werden.

UDP

User Datagram Protocol – UDP ist ein verbindungsloses Protokoll, dass auf IP aufsetzt, aber über keine Sicherheitsmaßnahmen verfügt. UDP ermöglicht höhere Geschwindigkeiten bei der Datenübertragung.

UL-Zulassung

Von den Underwriters Laboratories Inc. auf Einhaltung der zur Zeit gültigen Vorschriften geprüft und zugelassen

UPS

Uninterruptable Power Supply .- Unterbrechungsfreie Stromversorgung, die im Falle eines Stromausfalls die Speisung der angeschlossenen Geräte übernimmt (entweder zum Weiterbetrieb oder um das System kontrolliert herunterzufahren).

UTP

Unshielded Twisted Pair – Nicht abgeschirmtes Datenkabel mit je zwei verdrillten Adern

V

V.24

Definitionen einer Schnittstellen zwischen DEE und DÜE zur seriellen Datenübertragung (CCITT-Empfehlung)

VLAN

Virtual Local Area Network – Virtuelles Netz zur Bildung von logisch-getrennten Netzwerken, die physikalisch miteinander verbunden sein können

Vollduplex

Simultane, unabhängige Zweiwegeübertragung in beide Richtungen; gleichzeitiges Senden und Empfangen

VPN

Ein Virtual Private Network verbindet mehrere, von einander getrennte Netze, über ein öffentliches Netz, z. B. dem Internet, miteinander. Die Vertraulichkeit und die Authentizität wird durch Verwendung kryptographischer Protokolle sichergestellt.

W

WAN
Wide Area Network – Ein Netzwerk, das übliche Übertragungsmechanismen verwendet. Die Netzausdehnung umfasst dabei einen großen geographischen Bereich wie Länder oder Kontinente.

WBM
Web Based Management – Beim WBM werden HTML-Seiten zu Diagnose- und Konfigurationszwecken von den Geräten teilweise dynamisch erstellt und in den Webbrowser geladen.

WCDMA
Wideband CDMA – Modulationsverfahren für hohe Datenübertragungsraten

WDS
Wireless Distribution System – ermöglicht den drahtlosen Anschluss eines Access Points an einen anderen Access Points, um die erforderliche Kabelstrecke einzusparen.

WECA
Wireless Ethernet Compatibility Alliance – Zusammenschluss der Hersteller von Wireless-LAN-Produkten, die die Kompatibilität ihrer Produkte durch Tests nachweisen.

WEP
Wired Equivalent Privacy – Verschlüsselungsverfahren aus RC4-Basis bei Wireless LAN (Achtung: WEP ist vollständig kompromitiert)

WiFi
Wireless Fidelity – Technologie zur Erhöhung der Sicherheit in drahtlosen Netzwerken, die von einigen Herstellung unter der Führung von Microsoft entwickelt wurde

WINSOCK
Standard-API im Windows-Betriebssystem, in der alle Funktionen für eine Netzwerkkommunikation enthalten sind

WLAN
Wireless Local Area Network – Netzwerk, dass ohne Kabel/Leitungen nach den Standards des IEEE arbeitet

WPA
WiFi Protected Access – Authentifizierungsverfahren mit dynamischen Schlüsselaustausch. WPA1 basiert auf RSA RC4 und WPA2 auf AES.

X

X.25
Schnittstelle zur paketorientierten Datenübertragung in einem öffentlichen Netz; Empfehlung des (CCITT-Empfehlung)

Xmodem
Übertragungsprotokoll, für den Transfer von ASCII- und Binärdateien zwischen verschiedenen Rechnern über DFÜ-Verbindungen in Blöcken von 128 Byte

XON/XOFF
Bezeichnung für Start- und Stoppbit im Software-Handshake-Betrieb einer RS232-Verbindung

Y

Ymodem
Übertragungsprotokoll, für den Transfer von ASCII- und Binärdateien zwischen verschiedenen Rechnern über DFÜ-Verbindungen in Blöcken von 1024 Zeichen

Z

Zmodem
Schnellere Version des Xmodems

Literaturverzeichnis

[1] ANSI/IEEE Std. 802.1D-1998 : Media Access Control (MAC) Bridges, IEEE, 1998

[2] IEEE – http://www.ieee.org

[3] IT-Grundschutzhandbuch, BSI 7252, Bundesanzeiger-Verlag, Köln 1998 oder http://www.bsi.bund.de

[4] Ethernet Industrial Protocol (EtherNet/IP) www.ethernet-ip.org.

[5] Microsoft Corporation, www.microsoft.com

[6] IEEE Std. 802.3x : Specification for 802.3. Full Duplex Operation, IEEE, 1997

[7] http://www.avm.de

[8] http://www.bsi.de

[9] http://www.phoenixcontact.com

[10] Marshall, Perry: Industrial Ethernet – A Pocket Guide, ISA Instumentation, Systems and Automation Society, USA 2002, ISBN 1-55617-774-7

[11] Profibus Nutzerorganisation e. V., Profinet – Architecture Description and Specification, Version 2.9, 2003

[12] ANSI/IEEE Std. 802.1Q-1998 : Virtual Bridged Local Area Networks, IEEE, 1998

[13] Langmann, Reinhard, Interbus – Technologie zur Automation, München, Carl Hanser Verlag, 1999

[14] Dembowski, Klaus, Computerschnittstellen und Bussysteme, 2. Auflage, Heidelberg, Hüthig GmbH, 2001

[15] Tecchannel compact, Netzwerk- und Server-Praxis, München, IDG Interactive GmbH, 2003

[16] www.Siemens.de

[17] Habiger, Ernst, Elektromagnetische Verträglichkeit, Heidelberg, Hüthig GmbH, 1998

[18] Weber, Alfred, EMV in der Praxis, 3. Auflage, Heidelberg, Hüthig GmbH, 2005

[19] http://www.ietf.org

[20] http://www.lancom-systems.de

[21]   Tecchannel compact, Sicher ins Internet, Mail, Fax & VPN, München, IDG Interactive GmbH, 2004

[22]   Rose, Marshall / McCloghrie, Keith, Management Information Base for Network Management of TCP/IP-based Networks, RFC 1213, März 1991

[23]   http://www-iaona-eu.com

[24]   c´t vom 27.12.2004, Heft 1/05 S. 91, Hannover, Heise-Verlag, 2004

[25]   Ruhr-Universität Bochum, Lehrstuhl für Datenverarbeitung, Verteilte Systeme

[26]   Cisco Networking Academy Program, www.cisco.com

[27]   http://www.glasfaserinfo.de

[28]   http://www.profibus.com

[29]   http://www.w3.org

[30]   http://www.internic.net

[31]   Vogel-Heuser, B., Anforderungen an Ethernet-basierte Automatisierungssysteme und Web-basiertes Engineering aus der Verfahrens- und Fertigungstechnik, Echtzeitkommunikation und Ethernet/Internet, Boppard, Pearl 2001,

[32]   Furrer, Frank, Industrieautomation mit Ethernet-TCP/IP und Web-Technologie, Heidelberg, Hüthig GmbH, 2003

[33]   www.interbusclub.com

[34]   IAONA, Industrial Ethernet Planning and Installation Guide, Version 1.0, 2001

[35]   IAONA, IAONA Handbook – Industrial Ethernet, 2005

[36]   A&D Kompendium 2005 – das Referenzbuch für industrielle Automation, publish-industry Verlag GmbH, München 2005

[37]   http://www.cert.org

[38]   Breyer, Robert; Riley, Sean, Switched and Fast Ethernet, MacMillan Computer Publishing, Emeryville, USA 1996

[39]   IDA-Group, www.ida-group.org . IDAArchitecture Description and Specification V1.0, November 2001.

[40]   A&D Kompendium 2000 – das Referenzbuch für industrielle Automation, publish-industry Verlag GmbH, München 2000

[41]   www.denic.de

[42]   http://www.iana.org

[43]   http://www.icann.org

[44]   Tanenbaum, Andrew, Computer Netzwerke – 3. Auflage, Upper Saddle River, USA, Prentice Hall 1996

[45]   Bernstein, Herbert, PC-Netze in Theorie und Praxis, VDE-Verlag, Berlin 1996

[46]   Leiden, Candace, Wilensky, Marshall, TCP/IP für Dummies, MITP Verlag, München 1998

Stichwortverzeichnis

1000BASE-T 40
24-V-DC 130

Abrechnungsmanagement 154
Abschirmgaze 143
Abstract Syntax Notation One 161
Access Control 224
Access Control List 243
Account 243
Acknowledge 225
ACL 48, 224, 243
ACR 96, 98, 99
Active Ethernet 41
Active Member Address 52
Active-Scanning 71
ActiveX 168
Adaptive Cut-Through 14
Adaptive Frequency Hopping 56
adaptiven Frequenz-Hopping 47
Adresstabelle 16
Advanced Encryption Standard 246
AES 246
Agent 155
Aging-Time 16, 17
Akzeptanzwinkel 84
Alarm-Datenverkehr 204
Alarmierung 234
American Wiring Gauge 105
Antennencharakteritik 62
Antennen-Diversität 58
Antennengewinn 62
Antennenhöhe 64
Anycast 181
Apache-Server 230
Application Layer Interface 218

Application Programming Interface 218
arp 22
ARPANET 155
ARP-Response 209
ASN.1 161
Association-Request 71
Asynchronous Connectionless Link 48
Attenuation 96
Authentizität 235, 241
Autocrossing 18
Auto-Cross-Over 18
Automatic Key Distribution 244
Autonegotiation 18
Autopolarity 18
Autosensing 18
AWG 105

Backoff-Strategie 7
Balanced Cable 92
Bandbreite 114
Bandbreiten-Längen-Produkt 84
Basic Encoding Rules 161
Basis Service Set 70
Beacon 243
Bequemlichkeitsverlust 237
BER 161
Bestandsaufnahme 225
Betonstahlschweißern 140
Bewehrungsstahl 140
BFOC 90
Biegeradien 82
Bild 3.36 196
Bilevel Entities 158
Bilingual Entities 158
Blitzschutz 62

Blitzschutzklassen 116
Blockierung 14
Bluetooth 47
Bluetooth Device Address 51
Bluetooth Special Interest Group 47
Breakout-Ader 87
Brechungsindizes 85
Brennspannung 119
Bridge Protocol Data Unit 176
Broadcast 40
Broadcast-/Kollisionsdomäne 45
Broadcast-Adresse 29
Brute Force 226
BSS 70
Buffer Overflow 229
Bündelader 87

Carrier Sense 6
Cat-6-S/STP 94
CBA 193
CCMP 247
CERT 4
Channel-Hopping-Sequence 52
Chiffrier-Schlüssel 53, 239
CIP 185
Cipher Offset 53
Closed Wireless System 243
Collision Detection 6
Collision Domain 10
COM 168
Combination Key 53, 239
Community 158
Community-Name 158
Component Based Automation 193
Component Object Model 168
Connect Scanning 225
ConnectionID 191
Consumer 187
ControlNet 184
CRC-Prüfung 13
CSMA/CA 54, 69
CSMA/CD 6
CSMA/CD-Segment 10
Cut-Through 13
Cyclic Redundancy Check 13

Dämpfung 60
Dämpfungs-Nebensprech-Verhältnis 98
Datenkollision 8
Datenkonzentrator 200
Datex-P 226
DC Loop Resistance 96
DCOM 168
DDOS 222
Default-Passwort 236
Default-SSID 242
Delay 96
DeNIC 5
DeviceNet 184
Dezibel 60
DFS 74, 76
DHCP 34
DHCP-Server 244
DHCPv6 35
Dielektrizitätskonstante 106
Differenzsignalübertragung 92
DIN VDE 0888 88
DIN EN 50173 107
DIN VDE 0899 91
Direct Sequence Spread Spectrum 67
Directed Broadcast 191
Disconnect-Mechanismus 44
Dispersion 84
Dispersionsverhalten 84
DNS-Domäne 35
Domain-Postfix 206
Dotted Decimal Notation 28
Drehstrom-Asynchronmotor 147
DSSS 67, 72
DTE Power via MDI 41
DTE-Power-via-MDI 41
Duplex-Stecker 89
Durchsatzraten 2
Dynamic Frequency Selection 75, 76
Dynamic Host Configuration Protocol 34
Dynamic Link Security 244

E2000-Stecker 89
EAP over LAN 244
EAP/EAPoL 244
Echtzeit 223

Einfügedämpfung 98, 101
Einspeiseleistung 44
EIRP 62
ELFEXT 96, 100
Elfext 96
Empfängerreserve 63
EMV 133
EN 50 173 96
EN 50173 3, 107, 109
Encapsulation 216
Endspan Insertion 41
Enhanced Data Rate 48
Entnahmeleistung 44
Entstörfilter 147
ESS 70
EtherNet/IP 184
Explicit Messages 186
Explizites Tagging 46
Extended Multicast Filtering 190
Extended Service Set 70
Extensible Authentication Protocol 244

Fall-Back-Datenraten 76
Fasertypen 81
Fast Ethernet 10
Fast Packet Keying 244
Fast Paket Keying 245
Fehlermanagement 154
Feldbusse 3
Feldbussysteme 223
Fernnebensprechdämpfung 102
Fernspeisung 42
Festader 87
FEXT 102
Fext 96
FHSS 67, 71
Finger 22
Firewalking 225
Firewall 231, 234
Flooding 228
Foam-Skin-PE 106
Foileshielded Twisted Pair 94
Forward Error Correction 49, 75
FPK 245
Fragment Free Switching 13

Fragmentierung 71
Freiraumdämpfung 60
Frequency Hopping Spread Spectrum 67
Frequenzspreizverfahren 67
Frequenzsprungverfahren 48
Frequenzumrichter 147
Frequenzwechselhäufigkeit 48
Fresnel-Zone 64
F-SMA-Stecker 82
FSMA-Stecker 90
FTP 94
ftp 22
FTP-Protokoll 230
Fundamenterder 124

Galvanische Kopplung 117
GARP VLAN Registration Protocol 46
Gasableiter 119
General-discoverable 240
Generic Station Description Markup Language 209
Geräteschutz 43
Gerätetaufe 206
Get 159
GetNext 159
Ghost Frames 10
Gigabit Ethernet 39
Glasfaserkabel 81
Gleichstrom-Schleifenwiderstand 100
Grundschutzhandbuch 221
GSD-Datei 198
GSDML 209
GVRP 46
GVRP-PDU 46

Hard Clad Silica 82
HCS 82
HE 112
Header 234
HEMS 156
Hidden Node 69
High-Level Entity Management System 156
Hopping-Sequenz 48
Host-ID 28

Hub 15
Hybrid-Erdung 141

I/O-Controller 199
I/O-Device 199
I/O-Supervisor 199
IANA 5
IAONA 6
ICANN 5
ICMP-Echo-Request 229
Identify-Dienst 208
IEEE 4
IEEE 802 67
IEEE 802.11a/h 74
IEEE 802.11b 72
IEEE 802.11h 76
IEEE 802.11i 247
IEEE 802.3af 41
IEEE-1588 181
IEEE-Norm 802.1D 176
IETF 4
IGMP 189
IGMP-Query 189
Implicit Messaging 186
Induktive Kopplung 118
Infrastruktur-Modus 70
Initialisierungsschlüssel 53, 239
Initialisierungsvektor 53, 240, 244, 246
Inquiry 51
Inquiry-Modi 240
Insertion Loss 96
Integer Overflow 230
Integrität 235, 241
Interbus 3
Interbus-Proxy 210
Interferenz 58
Interframe Gap 19
InterNIC 5
Intrusion Detection 235
Invalid Command 230
IP Spoofing 228
IP-Adresse 26
ipconfig 23
IP-Header 38
IPv5 39
IPv6 36

ipxroute 23
IRT-Kommunikation 212, 214
ISDN 226
ISM 47
ISM-Band 55, 66
ISO/IEC 11801 3, 107
ISO/IEC 8802-3 6, 8
ISOC 5
Isolierung 106

Jabber 10
Jam-Signal 9

Kanalwahl 74
Kanalzugriff 69
Kapazitive Kopplung 117
Katastrophenfall 219
Keramik-Ferrule 90
Koaxial-Kabel 92
Kollisionsdomäne 6
Kollisionserkennung 8, 18
Kollisionsfreiheit 12
Kombinationsschlüssel 239
Kommunikationsbeziehung 202
Kompaktader 87
Kompatibilität 43
Komponente 195
Konfigurationsmanagement 154
Kopplungswiderstand 103
Kugelstrahler 62

L2CAP 50
Laserdioden 84
Late Collisions 9
Latenzzeit 18
Laufzeit-Grenzwerte 100
Laufzeitverzerrungen 114
Layer-3-Switching 20
LEAP 245
Lease-Zeit 35
Leistungsmanagement 154
Leistungssummierte Fernnebensprechdämpfung 102
Leistungssummierte Nahnebensprechdämpfung 101
Level-2-VLAN 45

Stichwortverzeichnis 297

Lichteinkopplung 87
Lichtleistungsstufen 83
Lichtwellenleiter 81
Lightweight Extensible Authentication Protocol 245
Limited Broadcast 191
Limited-discoverable 240
Link Key 52, 239
Link Manager Protocol 50
LMP 50
Load Balancing 248
Local Broadcast 191
Logical Link Protocol 50
Loopback-Funktion 29
LSA-Stecker 89
LWL 81
LWL-Verlegekabel 91

MAC Flooding 228
MAC Level RTS/ CTS Protocol 69
MAC-Adresse 12
MAC-Tabelle 228
Managed Object 164
Management 153
Management Information Base 155
Management Mode 242
Massepunkt 132
Master 48
Master-Uhr 182
Maximum Round Trip Delay 10
Mehrwegeempfang 58
Message Integrity Check 246
Metazeichen 227
Metcalfe 2
MIB 155
MIB-Modul 163
MIB-Tree 162, 164
MIC 246
Michael 246, 247
Midspan Insertion 42
Modem 234
Modified Cut-Through 13
Modular Jack 108
Monitor Mode 242
Monomode-Fasern 86
MTRJ-Stecker 90

Multicast 181
Multimode-Gradientenfaser 85
Multiple Access 6
Multi-Port-Bridge 12

Nahbereichsfunk 47
Nahnebensprechdämpfung 98, 101
nbtstat 23
net 23
netstat 23
Network Management System 155
Netzadresse 27
Netzdrosseln 148
Netzfilter 149
Netzfolgestrom 120
Netz-ID 28
Netzklasse 27, 28
Netzwerkverteilerschränke 112
Neutralisierungsdrossel 136
NEXT 101
Next 96
Non-discoverable 240
Non-SNMP nodes 158
Notfallplan 237, 238
NRT-Funktionen 205
Numerische Apertur 84
numerischen Apertur 81

Object Identifier 164
OFDM 74
OFDM-Modulation 74
OLE für Process Control 167
On The Fly 13
OPC 167
OPC Compliance Test 167
OPC Data Access 170
OPC DX 169
OPC Foundation 167
OPC XML-DA 170
Open System Interconnection 20
Optische Fenster 84
OSI 20

Page-Hopping-Sequence 52
Paging 51
Pairing 52, 239

Paket Rekeying Hash 246
Paketfilter 234
PAM5-Kodierung 40
Parked Member Address 52
Passive-Scanning 71
Passwörter 236
Patchfeld 110
pcAnywhere 226
PD 41
Pegel 60
Perimeterdämmung 126
Permanent Link 97
Phantom-Speisung 42
Phasenreferenz 75
Photodiode 84
Physical 21
Piconet 51
Pigtail 91
PIN 53, 239
ping 23, 229
PoE 41
POF 81
Polymerfaser 82
Polymerummantelung 82
Port Mirroring 15
Portbasierende-VLAN 45
Port-Scans 235
Power over Ethernet 41
Power over LAN 41
Power Sourcing Equipment 41
Power Sum Next 96
Powered Devices 41
Präambel 18
Priorisierung 219
Privacy Extensions 39
Producer 187
Profinet 192
Profinet Gerätetaufe 206
Profinet I/O-Stack 198
Profinet IRT 213
Promiscuous Mode 241
Prompt-Befehle 22
Protokollbasierte-VLAN 45
Protokollierung 234
Proxy 192
PSACR 99

PSE 41
PSELFEXT 100
PSFEXT 102
PSNEXT 99, 101
PTP-Uhr 182
Punkt-zu-Punkt 11
Punkt-zu-Punkt-Verbindungen 11

Quarzglas 83
Quelladressen 16
Querdrücke 82
Querier 188

RADIUS 245
Rapid Spanning Tree Protocol 179
RARP-Protokoll 33
RC4 242
rcp 24
Real-Time-Kommunikation 212
Renumbering 36
Resistive-Power-Discovery 43
Retransmission 14
Return Loss 96
RFC 1157 156
RFC 1213 156
Richtkoppler 40
RJ45-Steckverbinder 108
Roaming 70
Rootbridge 178
Round Trip Delay 18
Router 40
Routing 20
RSTP 179
RTD 10, 18
RT-Kommunikation 199
RTS/ CTS Protocol 69
Rückflussdämpfung 98, 101

S/FTP 94
S/STP 94
S/UTP 94
SCADA-Systeme 167
Scanning 71
Scatternet 52
Schadenstypen 235
Schneidmutter 143

Schrägschliffkopplung 89
Schwerpunktfrequenz 40
SCO 48
Screened/Foileshielded Twisted Pair 94
Screened/Shielded Twisted Pair 94
Screened/Unshielded Twisted Pair 94
SC-Stecker 90
SDP 50
Secure SNMP 157
Security-Policy 237
Segmentierung 10
Sekundär-Coating 87
Sekundärschutz 91
Sendeversuch 7
Service Discovery Protocol 50
Service Pack 2 229
Set 160
SGMP 156
Shared Ethernet 6
Shared Medium 241
Shielded Twisted Pair 94
Short Frames 10, 13
Sicherheitsmanagement 154
Sicherheitsmodus 240
Sicherheitsrichtlinie 237
SIG 47
Silikat 83
Simple Gateway Monitoring Protocol 156
Simple Network Management Protocol 155
Singlemode-Faser 86
Sinusfilter 149
Skew 96
Slottime 8, 10
SMI 161
SMON-Protokoll 15
SNMP 155
SNMP OPC 167
SNMP-Management 156
SNMP-OPC-Gateway 171, 172
SNMPv1 156, 157
SNMPv2 157
SNMPv2c 156
SNMPv2p 156
SNMPv3 156
Social Engineering 236
Social Enineering 227

Socket-Interface 217
Spanning Tree Protocol 176
Spanning-Tree-Algorithmus 177
Spektralbreite 87
Sperrzeit 8
Spleissen 90
Spreizgewinn 72
Spreizverhältnis 72
SSID 242
SSID-Broadcast 243
Stateful Inspection 235
Stateful-Packet-Inspection 235
Sternarchitektur 11
Sternstruktur 12
Sternvierer 93
Steuerspannung 130
Store-and-Forward 13, 14
STP 94
Stream Socket 217
Strombelastbarkeit 103
Strom-Chiffre 53, 240, 242
Stromspar-Modi 52
Structure of Management Information 161
ST-Stecker 90
Stufenindexfaser 85
Subnetz 40
Subslotmechanismen 210
Switch 12
Switched Ethernet 11
Switching-Matrix 14
Switching-Technologie 13
Synchronisation 180
Synchronous Connection Oriented 48
SYN-Pakete 228

T568A 109
TAG-Browser 172
TDMA 180
Teilentladung 148
Telefonnetz 226
telnet 24
Temporal Key Integrity Protocol 246
Tertiärbereich 104
tftp 24
TIA 854 40
Time Division Duplex 48

Time Slots 48
TKIP 246
Topologie 104
Totalreflexion 83, 85
TPC 74, 76
TRABTECH 116
tracert 24
Transmission Power Control 75, 76
Transparent-Modus 46
Trap Funktion 160
Trashing 227
Trunking 227
TSB-67 96
TSB-95 96
Twisted-Pair 93

Überflutung 228
Überspannungsableiter 116
Übertragungsfrequenz 48
Übertragungsqualität 63
ULA 38
UND-Verknüpfung 32
Unicast 181
Unified Archictecture 170
Unique Local Address 38
Unshielded Twisted Pair 94
UTP 94

Verbindungsschlüssel 52
Verfügbarkeit 235, 241
Verriegelung 223
Verschaltungseditor 196
Verschaltungsmatrix 11
Verschlüsselung 53, 239
Verseilung 93
Verteilerraum 113
Vertraulichkeit 235, 241
Virtual Local Area Network 44
VLAN 44

VLAN-ID 46
Vollader 87
Vorsicherung 122

W3C 5
WECA 69
Wellenausbreitung 57
Wellenlängenfenster 84
WEP 242
WEPplus 244, 245
Western Plug 108
Wi-Fi Alliance 245
Wi-Fi Protected Access 245
Windows XP 229
winipcfg 24
Wireless Ethernet 70
Wireless Ethernet Compatibility
    Alliance 69
Wireless Fidelity 69
Wireless LAN 55
Wire-Speed 14
Wörterbuch-Attacken 226, 242
WPA 245

X.25 226
XEROX 1

Y-Kondensator 144

Zeitschlitzlänge 48
Zielsegment 12
ZigBee 54
ZigBee Alliance 54
Zores-Kabelkanal 121
Zugriffsverfahren 40
Zyklischer Datenverkehr 203

Feldbus   Remote-Access   Datenkommunikation   **Ethernet**

LANGLEBIGE VERBINDUNGEN. ON DEMAND.

Lynx 300

Konsequentes High-End-Design
Höchste Verfügbarkeit
Keine Hitzeentwicklung
Für extreme Temperaturbelastung
Bis zu 85 km per LWL
Zulassung MIL, Marine, Rail

For Reliable Data Communications

westermo®

Westermo Data Communications GmbH
Goethestraße 67 • 68753 Waghäusel • Tel. +49 (0) 72 54-9 54 00-0 • Fax: +49 (0) 72 54-9 51 00-9 • info@westermo.de • www.westermo.de

Profis haben starke Partner.

PROFIBUS

PROFINET

[Produkte, Technologie, Dienstleistung]

Anwender bauen bei industrieller Kommunikationstechnik zunehmend auf PROFIBUS und PROFINET. Hierzu stehen Ihnen mit dem Leistungsspektrum von Softing 20 Jahre Know-how und Erfahrung zur Verfügung.

Komponenten, Systeme
- PC-Interface-Karten (PCI, PC/104, PC Card, USB)
- Gateways
- OPC Server
- FDT/DTM
- Analysetools für Entwicklung, Inbetriebnahme, Wartung

Dienstleistung, Engineering
- Beratung
- Software-Entwicklung
- Hardware-Entwicklung
- Diagnose und Optimierung von Businstallationen
- Trainings

Technologie
- Protokollsoftware für PROFIBUS und PROFINET
- FDT Technologie

softing

Softing AG
Industrial Automation
Richard-Reitzner-Allee 6
D-85540 Haar

Tel.: +49 (89) 4 56 56-340
Fax: +49 (89) 4 56 56-399
info.automation@softing.com
www.softing.com